仿人机械臂的生物启发式控制
——鲁棒和自适应方法

Biologically Inspired Control of Humanoid Robot Arms: Robust and Adaptive Approaches

[美]Adam Spiers　Said Ghani Khan　Guido Herrmann　著

谭天乐　曾强　孙建党　谢长生　译

国防工業出版社

·北京·

图书在版编目(CIP)数据

仿人机械臂的生物启发式控制:鲁棒和自适应方法/(英)亚当·斯皮尔斯(Adam Spiers),(英)赛德·加尼汗(Said G Khan),(英)圭多·赫尔曼(Guido Herrmann)著;谭天乐等译. —北京:国防工业出版社, 2020.12

书名原文:Biologically Inspired Control of Humanoid Robot Arms:Robust and Adaptive Approaches

ISBN 978-7-118-12265-7

Ⅰ.①仿… Ⅱ.①亚… ②赛… ③圭… ④谭… Ⅲ.①机械手—仿生—自适应控制 Ⅳ.①TP241

中国版本图书馆 CIP 数据核字(2020)第 243240 号

※

国防工業出版社 出版发行

(北京市海淀区紫竹院南路 23 号 邮政编码 100048)

天津嘉恒印务有限公司印刷

新华书店经售

*

开本 710×1000 1/16 **插页** 13 **印张** $17\frac{1}{4}$ **字数** 305 千字

2020 年 12 月第 1 版第 1 次印刷 **印数** 1—2000 册 **定价** 123.00 元

(本书如有印装错误,我社负责调换)

国防书店:(010)88540777 书店传真:(010)88540776

发行业务:(010)88540717 发行传真:(010)88540762

引言

目前,仿人机器人发展的趋势是要发展出一些适当的动作控制方案,而不是沿用那些长期以来应用于“危险的”工业机器人的运动学动作控制方法。对于那些从事人-机交互和社交服务类型机器人研究的学者而言,这是一个重要的先决条件,因为他们研究的这些机器人需要接近人类,与人进行交互和协作。有学者提出,一个适当的控制方案能够实现对人类各种典型动作的模仿,这不但增加了交互中人类的信心,而且也使得机器人能充分利用其身体的位形功能。此外,人类与机器人的交互必须要确保物理安全性(如柔性),通过合适的仿人机器人受控动作和各种感知机制,这也是可以实现的。服务应用领域需要考虑这些因素,机器人工业/制造领域亦应如此。

对于仿人机器人的兴趣以及开发这些控制方案的迫切需要是撰写本书的动机所在,以期将开发出的针对仿人机械臂的动作和力控制的生物启发式解决方案分享给大家。本书作者都是机器人领域的专家,长期致力于先进控制方法的研究。但是,本书主要是为普通的、通常高度跨学科的机器人社区撰写的。因此,本书的大部分内容对于那些接受过动力学、控制和机电一体化培训的机器人学专业研究生而言是可理解的。此外,对读者而言,对生物启发式工程有兴趣,对机器学习/神经网络有基本的了解,也将有助于阅读后面的章节。在许多方面,本书试图通过动机、研究综述以及充分的细节/诠释,来帮助/指引从事机器人研究的控制工程师或想要获得控制领域知识的机器人专家。

本书以动态合成类人运动为目标,提出了一种机械臂控制的生物启发式方法。以往在机械臂中运用的典型控制方法是运动学驱动的方法,而这里的生物启发式方法是另一种替代方案。本书使用非线性、鲁棒和自适应控制技术将其直接应用于实际仿人机器人系统(英国 Bristol 机器人实验室(BRL)的 Elumotion BERUL 仿人臂和 BERT 仿人机器躯干)。这些技术方案的灵感源于大量的有关生物动作的研究文献,实质上,这些文献是基于动力学的、基于模型的和最优动作驱动机制的研究成果。因此,有关人类动作和合成动作控制的文献是本书主要章节的参考和灵感来源。

机器人控制的操作空间方法是本书研究工作的基础，这是因为该方法具有一些吸引人的相关特性，如基于生物力学的一些概念，提供了最小化代价函数以便创建最优姿态动作。然而，在实际实现过程中，“纯”技术的一些缺点很快显现了出来。本书使用滑模控制技术解决了关于鲁棒性的一些问题，并将其应用于任务动作控制和姿态控制。特别在姿态动作控制中，通过一个更具鲁棒性的简化方法实现了“力作用”代价函数的实时最小化，从而得到了一个新颖的最优滑模控制方案。应用势场理论将由“不舒适”姿态所激发的“平滑”关节极限融入代价函数中也获得了实现，同时没有增加复杂度。通过仿真和实际机器人系统，这些技术都得到了测试。

在主动柔顺性控制（确保人机交互物理安全）中，通过自适应技术实现了任务控制，证明了姿态控制器方法的多功能性。为克服执行器饱和（执行器饱和是使用自适应控制器时经常会观察到的一个现象），该自适应控制器还引入了抗饱和方法。本书提出的自适应和滑模技术无须知道实际机器人精确的模型参数，这些参数通常是无法得到且会发生变化的。

为测试人类动作理论，获得相关控制方案中测试和训练的示范动作数据，本书还使用了真人动作捕捉技术。这些实验发展出了一种新颖的使用神经网络技术观察学习的方法。因此，最终提出了一种鲁棒的生物启发式控制器方案，该控制器简化了现有工作，易于实现，同时机器人的性能也获得了提高。

撰写本书的主旨是希望提出的方法可以激发所有想要参与到仿人机器人动作控制领域的读者的灵感。虽然本书提出的控制方案聚焦于手臂动作，但是这些方案也可移植到其他问题、平台、应用领域以及与其他技术结合使用。最终得到的新方案可能还需考虑到机械手的控制或者一组功能更为多样的传感器和执行器。

最后，我们要感谢 CHRIS 项目（协作人机交互系统，FP7 215805，www. chris-fp7. eu）、项目协调人 Chris Melhuish 教授（Bristol 机器人实验室）和交互安全性项目主管 Anthony Pipe 教授（Bristol 机器人实验室）。CHRIS 项目提供了仿人机器人系统 BERT2 和 BERUL2 并资助了 S. G. Khan 博士的研究工作，EPSRC（物理科学研究委员会）博士培训账户资助了 Adam Spiers 博士的研究工作。我们还要感谢本书的审稿专家，感谢他们善意而有洞察力的见解。同样，我们要感谢 Bristol 大学 Erwin José Lopez Pulgarin 先生对本书的编辑给予的支持。

Adam Spiers
Said Ghani Khan
Guido Herrmann
2016 年 1 月

目录

第二部分 机器人控制:实现

第4章 基本的操作空间控制器

第5章 滑模控制器的改进

第6章 基于“不舒适”姿态的平滑关节极限

第7章 滑模最优控制器

附录 A 运动学简介

附录 B BERUL2 机械臂的逆运动学

附录 C 自适应柔顺控制器的理论概括

附录 D 视频列表

第 1 章 导论

1.1 序言

近年来，人们对仿人机器人的兴趣大大增加。不断升级的核心技术使这种系统的研制越来越可行，成本也越来越合理。因此，各个实验室和相关研究组织开发出了许多定制的仿人系统（如 Sakagami 等，2002；Sandini 等，2007；Elumotion 2010；Guizzo，2010；Park 等，2006；Kaneko 等，2008；Willow Garage，2009；Nelson 等，2012；Dynamics，2010）。核心技术（如执行器、电源、传感器和处理器）的进步使得那些完全可编程和可重构的微型机器人逐步实现商用化，即便是普通的业余爱好者也能够负担得起（Hitec，2010；Robotis，2010）。备受瞩目的国际大赛，如 DARPA 机器人挑战赛（DARPA，2015；Guizzo 和 Ackerman，2015），以及在机器人技术会议上举办的竞赛，展示了当前尖端的仿人机器人研究的复杂性和多样性。

仿人机器人的目标是多方面的，而且不同的研究者有不同的目标。一方面，一个真正的仿人机器人是完美的通用工具，能够使用为人类设计的各种设备，适应人类各种环境。这样一个理想的系统也能够承受各种极端的条件（如高温、缺氧或辐射），在这些极端环境中，人类工作效率低下甚至有生命危险。因此，这些机器人可能是承担危险工作或进行勘探的理想系统。另一方面，仿人机器人可以视为工业机器人的延伸，在工作场所或家庭环境中帮助人们完成那些不那么重要的工作。这个新概念的一个固有特性是这些机器人与人类之间潜在的交互性。人形赋予了机器个性和背景，使它成为一个更具吸引力的工作伙伴。

虽然机器人已经从具有有限自由度的单臂式机器人发展到了更复杂的仿人机器人，但是驱动这些系统的控制方法，即与工业机器人一样用逆运动学来控制仿人机器人的方法，并不总能与这种外形发展相匹配（Tellez 等，2009）。这种动作控制方法效率高，并且实施起来相对简单，但主要用于提高工业生产线的速

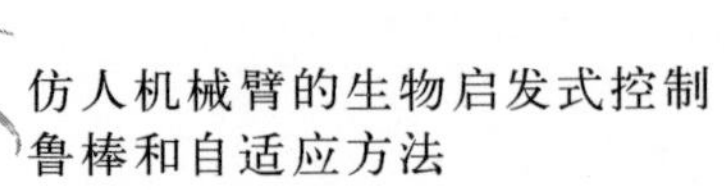

度、精度和重复性。与大多数工业制造技术一样,这种技术具有潜在风险,不能在靠近人的地方使用,因而逆运动学的安全性也受到质疑。大多数工业机器人都置于某种封闭的工作单元中,如果有人走近,它们就会自动停止工作,那么很明显,在人类环境中采用这样的控制方案很可能导致重大事故。通过采用基于动力学的动作控制方案,操作者可以对机器人系统有更多的控制,能够同时监测和控制作用在机器人上的力和扭矩的相关参数。一旦安装了合适的传感器,这种方法也能确保机器人附近操作员的人身安全。

人们普遍认为人类的动作模式是某些变量优化的结果(Todorov,2004)。最优化也是控制系统设计的一个重要分支。因此,一个合乎逻辑的步骤是:考虑使用非线性最优控制方法,即一种动态控制机器人高效完成任务的方法,同时动作又尽量做到自然(将在第3章中讨论其益处)。然而,基于动力学的控制方法显然比传统运动学方案更复杂,因为多关节机器人是非线性动力学系统,所以要做出想要的各种动作,需要利用其他的技术方法。

为开发出不同于工业机器人控制的控制器,首先需要了解工业机器人控制的构成以及为什么它不适用于仿人机器人。

1.1.1 工业机器人

欧洲标准 EN775(欧洲标准化委员会,1992 年)和 ISO 8373(国际标准组织,2012 年)将机器人定义为“具有多个自由度的自动控制、可重复编程、多用途、可操作的机器,这种机器可固定或可移动,应用于工业自动化”。显然,这个定义是针对工业机器人的。

典型的工业机器人都置于工作单元中,很少或没有自治权。在一天的工作中,它们以很高的精度和速度无休止地执行同样的任务,通常在这种相对简单的状态机器上只安装了最小数量的传感器。工业机器人由于速度快、强度高,再加上刚性关节控制方案,被认为是非常危险的。通常情况下,这些机器人被放在安全笼中,或者与操作员隔离。如果有人进入安全笼或光幕被挡住,机器人就会停止活动。

图 1-1 显示了一个典型的机器人工作单元。这里,机器人在进行汽车零件装配。很明显,工人接近这些机器人是非常危险的。操作工人最多只能在工作单元之外参与生产过程,如装卸零件。

HSE 机器人安全指导文件,即 HSG43(健康与安全执行 2000),是一份 50 页的综合文件,涵盖了堆垛和机器卸载等制造任务。关于人员进入工作单元(机器人的工作空间)的指导定义如下:

图1-1 工业机器人工作单元(机器人在一个安全笼里工作,以防止与操作员接触。机器人只使用简单的传感器来触发机器进行作业)

> ……要求人员整个身体进入工作单元的情形下……最好使用一套门锁钥匙交换系统……此外,在获准进入前关闭机器人控制开关并移除电源。

"门锁钥匙交换系统"是指在机器人附近的人手持一种装置,该装置可以防止任何其他操作或自动对机器人加电。很明显,这样一组约束不能用于设计在人类环境中并积极参与物理人机交互的仿人机器人,如物体的传递。

1.1.2 仿人机器人

目前,大多数先进的仿人机器人只在研究实验室、竞赛(如第1.1节所述)或其制造商的公关活动中运行或展示。然而,从概念上讲,仿人机器人不仅能够在大多数人类活动的环境中工作,还可以在那些危险的、不适合人类活动的环境中工作,如放射性区域(Nagatani 等,2013)、空间(Bluethmann 等,2003)或存在危险化学品的地方(Nelson 等,2012)。

理想情况下,仿人机器人能与人类一起完成有价值的工作,并能够进行物理人-机交互(HRI),达到与实用性人际关系(如 Sakagami 等,2002)相当的水平。如图1-2所示,Bristol 机器人实验室的 BERT2 机器人正在与一个人进行物理交互——递杯子,这个任务风险不大。这样的任务可以在医院进行,递给病人药物或者丢弃杯子。如果让一个小孩执行同样的任务,那么就会明白为什么这样的机器人系统应该得到人们的信任。如果害怕机器人会带来危险或无法完成成年人可以轻松完成的任务,那么接到杯子的那个人不可能认为机器人的服务是有价值的。第 2.1 节将进一步讨论仿人机器人的潜在应用。

图 1-2　仿人机器人的潜在应用,操作物体,与人进行物理交互,详见第 8 章、附录 D 中的相关视频和 Khan 等人的工作(2010,2014)

1.1.3　仿人动作的重要性

人类动作遵循典型的路径和约束(Lacquaniti 和 Soechting,1982;De Sapio 等,2006)。当以一种不自然的方式做动作时,很明显,我们会马上意识到这种不自然。人类走路时双臂会在身体两侧摆动,这样的走路姿势是有原因的,并不仅仅是因为身体自然地运动到那个位置。

仿人机器人的外观潜在地为工具操作和物理交互提供了大量的便利,大致的人形外观也促进了与人的自然交互和交流(Matsui 等,2005)。在 Matsui 等的著作中,机器人具有一个逼真的人形外表,作者介绍道:"如果人形外观导致我们以人的标准来评估机器人的行为,那么我们可能会更多地认识到机器人与人之间的差距。"这与 Breazeal(2004)的观点相似,他强调了仿人机器人可能并不如所期望的那样,即由于功能有限,人形赋予机器人的各种特质并没有得到充分发挥,如动作不自然。

Kemp 等(2008)建议:以"一面令人愉悦的镜子"为思路设计的仿人机器人在引发互动上将是成功的,因为设计中引入了人际交互中的心理情感,这些心理情感因素会引导产生社交互动。仅就外观而言,人类大脑中有专门的神经中枢负责识别人形(Farah 等,2000)。

此外,如果"机器人的感知能力是在人 - 机交互过程中出现的一种主观现象"(Minato 等,2004),那么根据机器人在这种交互过程中的行为,信心和其他情感特质的出现也是可能的。从逻辑上讲,如果仿人机器人能做出类似人的动作,它更可能成功地让人类参与到自信的身体互动中(Bicchi 等,2008)。

正如大家所预期的,Arbib 等(2008)介绍道:"机器人的外观是一个人形机械,因此机器人的研制一直以来受到仿生学的启发。"这种受生物学启发的方法不应只局限于模仿形式和外观,还应着眼于自然人类的基本控制机制。正如 De Sapio(2005)所说的"理论上,人类的动作基于解剖学和生理学",因此本书希望能够用生物力学的各种概念来建立动作控制器(至少部分),这样仿人动作就应由此产生。

仿人动作也可能使机器人系统的仿人能力向高层次发展,这或许有助于对这些高层次能力的理解。Hersch 和 Billard(2006)提出:"一个具有仿人控制能力的机器人或许可被赋予一种能力,即可以根据自己的动作来诠释人类的动作,从而更好地'理解'人类的动作。"这是基于灵长类动物所具有的一种能力提出的,即能够模仿具有类似其身体形状的其他动物的动作。作者还指出:"相反,人类可能更喜欢与机器人进行看似'自然'的交互。"同样,iCub 人形认知机器人(Metta 等,2008)是围绕实际操作的概念开发出来的,实际操作是人形认知开发的关键(Sandini 等,2007)。

1.1.4　生物启发式设计

自然系统的形态和功能对工程设计及优化有很大的启发,在理论上,模仿生物的控制或许能获得一个类似的有效的机器人控制方案。但是,演变的结果通常不会像生物系统一样受到同样的限制。这意味着对于许多问题(如飞行)通常可以通过生物启发(如固定翼)来找到更合适的解决方案(在鲁棒性、复杂性等方面),而不是直接模仿(如扑翼)。或许,人类最有价值的工程成就——轮子,只有在自然界的微观层面上才能被识别出来(Macnab,1999),这说明了自然也许并不总是一个完美的老师。考虑到这些观点,这里提出的控制方案以生物学概念为基础，但经过适当的修改，以应用于机器人系统。

1.1.5 人身安全和主动柔顺性控制

虽然我们已经列出了仿生动作在人－机交互过程中的好处，但很明显，在这种交互过程中人身安全是至关重要的。在这种交互中实现人身安全的一种方法是通过主动柔顺控制，即在可能的碰撞过程中控制作用于机器人上的力。

在力控制或其他类似应用中，最初的大部分研究工作(20 世纪七八十年代)旨在解决车间里的工业问题，如抛光、表面研磨或装配操作，以及将一个零件装入另一个零件等。这一时期还研究了刚性工业机器人的主动柔顺性方案和力/位置混合控制方案。在 20 世纪 90 年代开始，重点转向了机器人内在或被动的柔顺性能力。为了解决人－机交互中的安全问题，在过去 10 年左右的时间里，主动/被动柔顺控制机器人及其结构成为关注的中心。新一代的被动执行器，如人工肌肉和线缆驱动机构，正越来越受欢迎。毫无疑问，被动柔顺控制的机械臂要比刚性手臂安全得多。然而，它们通常在机械上较为复杂，在其他方面不作折中考虑则很难设计和制造。一个机械臂如果有太多被动柔顺控制，可能会丧失正确操纵物体的能力。这种机器人可能不适用于需要位置精度和控制效果的任务。第 8 章将结合生物力学启发的动作控制分量，对一个柔顺控制方案进行更深入的讨论。

1.1.6 鲁棒和自适应控制

机械臂的任何动力学模型都会受到模型不确定性的制约。因部件磨损或环境变化(如环境温度)而导致机器人发生的微小变化可能会造成机器人内部产生不期望发生的变化，从而引起现有模型参数的偏差。此外，实际上很难确定机械臂的物理动态特性，如连杆的精确惯性模型，这意味着机器人模型不太可能与物理机器人精确匹配。这些导致了控制方案中的可靠性问题，需要使用固定数学模型进行设计。解决这一问题的方法是应用鲁棒的、自适应的非线性控制方案。因此，本书提倡两者结合使用。滑模控制是一种鲁棒控制方案，能克服关节摩擦力以及机械臂内部的参数变化(第 5、6 和 7 章)。与滑模控制相结合使用，自适应控制方法具有非常好的性能，这将在第 8 章的柔顺控制方案的应用中进一步讨论。

1.2 本书的目的

本书的目的是提供必要的技术细节、指导和基础知识，让读者熟悉机器人运动的一个“可供选择”的技术方向。这些技术借鉴了生物动作生成的各个方面，以更好地适应仿人机器人的要求，仿人机器人是一种在物理上模仿人类形态的机器人系统。这些技术是通过一系列非线性的、基于动力学的控制器来实现的，这些控制器也考虑了在物理机器人上的实际应用。因此，除了规划仿人的机械臂动作外，控制器还能在处理物理系统不确定性的同时实时实现这种动作。这些特性使得这些控制方案在现实动态环境中具有吸引力，而在这样的环境中，对工业机器人而言，预先设定的动作轨迹很可能失败。此外，本书后面还介绍了一些新颖的控制方法，以实现自适应柔顺控制（为了人机交互安全）并产生新的动作路径，这些方法基于对参试人员的观察（观察学习）。

为了实现这个目标，我们从人类动作的驱动机制（非线性的、动态的、最优的等）中获得灵感，并将其融入机器人控制的框架中。从本质上讲，一旦建立了这些特性（在本书开始写作的阶段，借助机器人技术和生物力学文献），就可以选择和开发满足这些要求的控制器。本书的大多数章节都是在前人研究的基础上进行详细探讨并逐步阐述这一开发过程的。总的来说，本书给出了学习和掌握的路径，并且都经过了实验的验证。

除了开发动作控制器，本书还介绍了仿人机器人以及仿人动作的动机、应用，并提供了一个了解生物动作和动作捕捉技术的基础。书中引用了更多的参考资料，为深入研究这些引人入胜的领域提供了极好的参考。

1.3 读者指南

本书由三个主要部分组成。第一部分提供了有关仿人机器人（第2章）和人类动作（第3章）的背景信息。第2章介绍了一些机器人学的一般概念，包括仿人机器人的实际目标和仿人动作，概述了典型的机器人动作控制方法，详述了本书中用作所有实验平台的机器人专用硬件。第3章重点聚焦人类手臂动作的生物学特性，提出了与人类动作的结构和驱动机制相关的各种理论和评论，概述了观察人类动作的方法以及多种复制或合成人类动作的通用技术。

第一部分为背景知识，第二部分论述仿人机械臂控制方法的实现。第一步是利用 Oussama Khatib 教授开创的操作空间控制方法来实现这一目标。第 4 章介绍了一种利用简化人形手臂完成一个高于头部的伸臂取物任务的控制技术。De Sapio 等(2005)提出的控制器的简化版本提供了一种动态的、基于模型的、最优的方法，通过将动作控制分解为任务和姿态分量来合成自然动作，分别处理机器人的末端执行器和冗余部分。第 5 章通过滑模任务控制器解决了控制器的一个缺点(在物理机器人上实现时末端执行器定位较差)，该控制器能够降低模型的不确定性。第 6 章介绍了一种在不影响仿人动作的情况下实现机器人关节极限的新方法，修正了最优姿态控制器的代价函数，将“不舒服”区域引入机器人的工作空间。第 7 章对姿态控制器进行了进一步的修正，提出了一种新的滑模最优控制器，提高了姿态控制器的鲁棒性能。

第 8 章，即第二部分的最后一章，将一种自适应柔顺性控制器应用于任务动作(末端执行器的动作)。主动柔顺性任务控制器确保了安全的人机交互，而姿态控制器遵循第 4 章和第 6 章中的设计思路。就像第二部分一样，任务动作遵循一些给定的名义线性动力学，而姿态遵循一个生物力学启发式控制方案。

第三部分论述利用一套动作捕捉光学系统，通过观察人的动作，动态生成任务(末端执行器)动作的方法。第 9 章对参试人员的任务动作实验进行了分析。这些实验的目的是确定参试人员的动作轨迹是直线还是曲线，以及是否受重力分量影响。此外，第 9 章还介绍了一种将记录下来的动作从人缩放到机器人的方法。第 10 章使用了这些结果，一个观察学习技术被集成到之前的操作空间控制器中，从而能够根据之前所学到的示例动作生成新的任务轨迹。

本书的附录提供了更多的背景资料，包括机器人运动学的概述(附录 A)、4 自由度 BERUL2 机械臂的逆运动学解(附录 B)，第 8 章中自适应控制器的稳定性理论依据(附录 C)。附录 D 还列出了支持本书特定章节的在线视频一览表。

1.3.1 推荐阅读路径

图 1-3 给出了几种不同的阅读路径。首先也是最重要的是，从头到尾通读这本书(路径 1)。然而，有些读者可能有不同的目的，并且/或者在一些介绍性主题上已经有了相当的背景知识。建议的两种备选路径如下：

路径 2：具有仿人姿态的柔顺性臂动作

这条路径帮助理解物理人-机交互中经过实际验证的柔顺性控制器的理论和使用。要达到这个目的，可直接跳到第 4 章(理解操作空间控制器)、第 5 章(通过增加鲁棒性使其能在物理系统上实现)、第 6 章(关于受到关节限制约束

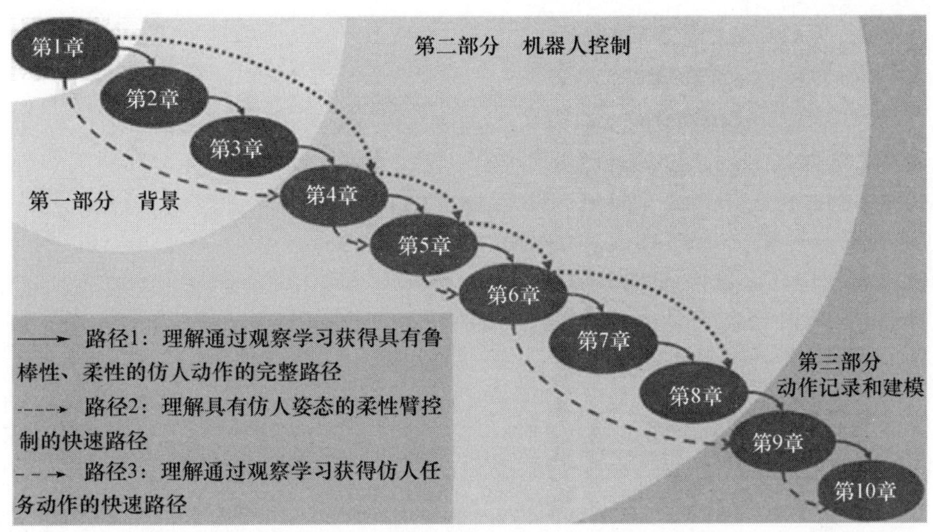

图 1－3 本书的结构及推荐阅读路径（见彩插）

的生物启发式姿态动作），随后是第 8 章（有关一种自适应柔顺性控制器的设计和测试）。请注意，第 5 章或许也可以跳过，尽管这时控制器还不会在物理机器人上起作用，直到第 8 章中的控制器完全实现。

路径 3：通过观察学习获得仿人任务和姿态动作

这条路径向读者介绍了生物启发式任务和姿态控制的基本原理，包括熟悉人类动作数据的捕捉和处理，以用于神经网络学习方案生成任务动作。因此，也需要第 4 章、第 5 章和第 6 章来创建基本的机器人控制器。第 9 章和第 10 章讨论了动作捕捉和学习内容。

参考文献

Arbib M, Metta G, van der Smagt PP(2008) Neurorobotics: from vision to action. In: Siciliano B, Khatib O(eds) Springer handbook of robotics. Springer, Berlin, pp 1453 – 1480

Bicchi A, Peshkin M, Colgate J(2008) Safety for physical human – robot interaction. In: Siciliano B, Khatib O(eds) Springer handbook of robotics. Springer, Berlin, pp 1335 – 1348

Bluethmann W, Ambrose R, Diftler M, Askew S, Huber E, Goza M, Rehnmark F, Lovchik C, Magruder D(2003) Robonaut: a robot designed to work with humans in space. Auton Robots 14(2): 179 – 197

Breazeal C(2004) Social interactions in HRI: the robot view. IEEE Trans Syst Man Cybern Part C: Appl Rev 34(2): 181 – 186. doi: 10.1109/TSMCC.2004.826268

DARPA(2015)The robotics challenge. http://www. theroboticschallenge. org/. Accessed 05 Sept 15

De Sapio V, Warren J, Khatib O, Delp S(2005)Simulating the task – level control of human motion: a methodology and framework for implementation. Visual Comput 21(5):289 – 302

De Sapio V, Warren J, Khatib O(2006)Predicting reaching postures using a kinematically constrained shoulder model. Adv Robot Kinemat 3:209 – 218

Dynamics B(2010) Atlas: the agile anthropomorphic robot. [Online] http://www. bostondynamics. com/robot_Atlas. html. Accessed 23 Sept 15

Elumotion(2010)Elumotion website. http://www. elumotion. com/. Accessed 04 Oct 10

European Committee for Standardization(1992)CEN EN 775 – Manipulating Industrial Robots – Safety;(ISO 10218:1992 Modified)

Farah M, Rabinowitz C, Quinn G, Liu G(2000)Early commitment of neural substrates for face recognition. Cogn Neuropsychol 17(1):117 – 123

Guizzo E(2010)Iran's humanoid robot Surena 2 walks, stands on one leg – IEEE Spectrum. http://spectrum. ieee. org/automaton/robotics/humanoids/iran – humanoid – robot – surena – 2 – walks – stands – on – one – leg

Guizzo E, Ackerman E(2015)The hard lessons of DARPA's robotics challenge[News]. IEEE Spectr 52(8):11 – 13

Health and Safety Executive(2000)HSG43 industrial robot safety: your guide to the safeguarding of industrial robots. HSE Books, Sudbury

Hersch M, Billard A(2006)A model for imitating human reaching movements. In: Proceedings of the 1st ACM SIGCHI/SIGART conference on human – robot interaction. ACM, New York, p 342

Hitec(2010)Robonova official website. http://www. robonova. com/. Accessed 23 Oct 15

International Organization for Standards(2012)ISO 8373:2012 – Robots and robotic devices – Vocabulary

Kaneko K, Harada K, Kanehiro F, Miyamori G, Akachi K(2008)Humanoid robot HRP – 3. In: 2008 IEEE/RSJ international conference on intelligent robots and systems(IROS 2008). IEEE, Hamburg, pp 2471 – 2478

Kemp C, Fitzpatrick P, Hirukawa H, Yokoi K, Harada K, Matsumoto Y(2008)Humanoids. In: Siciliano B, Khatib O(eds) Springer handbook of robotics. Springer, Berlin/Heidelberg, pp 1307 – 1333

Khan S, Herrmann G, Pipe T, Melhuish C, Spiers A(2010)Safe adaptive compliance control of a humanoid robotic arm with anti – windup compensation and posture control. Int J Soc Robot 2(3): 305 – 319

Khan SG, Herrmann G, Lenz A, Al Grafi M, Pipe AG, Melhuish CR(2014)Compliance control and human – robot interaction: Part(ii) – experimental examples. Int J Humanoid Robot 11(3). doi: 10. 1142/S0219843614300025

Lacquaniti F, Soechting J(1982)Coordination of arm and wrist motion during a reaching task. J Neurosci 2(4):399 -408

Macnab R(1999)The bacterial flagellum:reversible rotary propellor and type(iii)export apparatus. J Bacteriol 181(23):7149

Matsui D,Minato T,MacDorman K,Ishiguro H(2005)Generating natural motion in an android by mapping human motion. In:2005 IEEE/RSJ international conference on intelligent robots and systems,2005(IROS 2005). IEEE,Edmonton,pp 3301 -3308

Metta G,Sandini G,Vernon D,Natale L,Nori F(2008)The iCub humanoid robot:an open platform for research in embodied cognition. In:Proceedings of the 8th workshop on performance metrics for intelligent systems. ACM,New York,pp 50 -56

Minato T,Shimada M,Ishiguro H,Itakura S(2004)Development of an android robot for studying human - robot interaction. In:Orchard B,Yang C,Ali M(eds)Innovations in applied artificial intelligence. Lecture notes in computer science,vol 3029. Springer,Berlin/New York,pp 424 -434

Nagatani K,Kiribayashi S,Okada Y,Otake K,Yoshida K,Tadokoro S,Nishimura T,Yoshida T,Koyanagi E,Fukushima M et al(2013)Emergency response to the nuclear accident at the fukushima daiichi nuclear power plants using mobile rescue robots. J Field Robot 30(1):44 -63

Nelson G,Saunders A,Neville N,Swilling B,Bondaryk J,Billings D,Lee C,Playter R,Raibert M (2012)Petman:a humanoid robot for testing chemical protective clothing. Robot Soc Jpn 30(4): 372 -377

Park I,Kim J,Lee J,Oh J(2006)Mechanical design of humanoid robot platform KHR -3(KAIST humanoid robot 3:HUBO). In:2005 5th IEEE - RAS international conference on humanoid robots. IEEE,Tsukuba,pp 321 -326

Robotis(2010)Bioloid official website. www. robotis. com/xe/bioloid_en. Accessed 23 Sept 15

Sakagami Y,Watanabe R,Aoyama C,Matsunaga S,Higaki N,Fujimura K(2002)The intelligent ASIMO:System overview and integration. In:2002 IEEE/RSJ international conference on intelligent robots and systems,vol 3. IEEE,Lausanne,pp 2478 -2483

Sandini G,Metta G,Vernon D(2007)The iCub cognitive humanoid robot:an open - system research platform for enactive cognition. In:Lungarella M,Iida F,Bongard J,Pfeifer R(eds)50 years of artificial intelligence. Lecture notes in computer science,vol 4850. Springer,Berlin/Heidelberg,pp 358 -369

Tellez R,Ferro F,Garcia S,Gomez E,Jorge E,Mora D,Pinyol D,Oliver J,Torres O,Velazquez J et al(2009)Reem - B:an autonomous lightweight human - size humanoid robot. In:8th IEEERAS international conference on humanoid robots(Humanoids 2008). IEEE,Daejeon,pp 462 -468

Todorov E(2004)Optimality principles in sensorimotor control. Nat Neurosci 7(9):907 -915

Willow Garage(2009)Overview of the PR2 robot. http://www. willowgarage. com/pages/pr2/overview. First Accessed 12 Jan 11

第一部分

仿人机器人和人类动作的背景知识

第 2 章 仿人机器人与控制

仿人机器人的结构形式之所以设计成与生物原型相似,存在着各种原因,从可完成任务的多样性,到融入(并利用)人类工作环境的潜力。本章重点介绍仿人机器人的一些基本概念,并进一步解释了与仿人动作和物理交互相关的益处和挑战。本章将介绍一些有用的机械臂基本原理,如正、逆运动学和机械臂的动力学建模。本章末尾,将介绍作为本书工作基础的机器人平台以及相关的技术细节。

2.1 仿人机器人

仿人机器人是基于人类某些形态的系统。这可以是人体的局部,如手臂(Albu - Schaffer 等,2007)或头部(Jaeckel 等,2008;Hanson 等,2005)或一个具有环境操纵、感知和两足行走能力的更完整的系统(Sakagami 等,2002)。

人类动作合成一直是许多仿人机器人研究人员的目标,人们采取了多种途径来确保机器人能以一种充分利用其人形的方式做动作,从而以自然外观实现高效动作。

一般而言,仿人机器人研究背后的动因各不相同。首先,基于自然科学(如神经科学和实验心理学)理论,仿人机器主要被设计成探索者、工人、表演者和试验台(Kemp 等,2008)。现在将更详细地讨论这些应用。

2.1.1 功能测试工具

研制仿人机器人的动因之一是人形提供的功能性和环境整合能力。由于人的身体形态和功能性,人类能够有效地执行各种各样的物理任务。此外,人形使得人类创造了一个适合人类形态的环境。工具通常具有人手大小的握把,世界

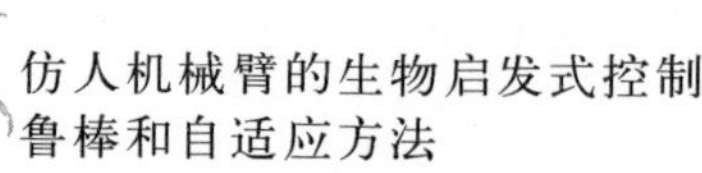

各地的门把手和台阶的高度也几乎相同，而且各种各样的有形界面都是为了方便使用而设计的。另一方面，人类的形态进化也是为了适应无序的自然世界。仿人机器人可以利用这些特性，从而无须为了机器人的使用而对环境或对象进行修改（Smith 等，2012）（见图 2－1）。

东京建筑有限公司、川崎重工、国家先进工业科学技术研究所

图 2－1　正在操作一台未经改进的反铲挖掘机的遥控 HRP－2 机器人（Shin－Ichi，2006），演示了将仿人机器人作为通用工具的使用，能在危险的环境中不知疲倦地操作人类工具

更具体地说，仿人机械臂也需要使用一种进化而来，具有出色操控能力的形式，即类人的手臂和手。人类手臂的运动学结构已经在许多机器人中被复制出来，如 DLR 轻型机器人（Albu－Schaffer 等，2007）和三菱 PA－10（Chiaverini 等，2008）。类人手作为通用机械臂是无与伦比的，这是力学和控制的结果（Jones 和 Lederman，2006）。

2.1.2　人类的模型

另一种研究方法是使用仿人机器人作为工具来研究人类的行为、智力和能力。仿人动作的分类和合成是一个跨越生物力学、神经科学和机器人工程学等领域的研究领域（De Sapio 等，2006）。一个早期的仿人机器人的例子是麻省理工学院的 Cog 机器人，它的传感器和执行器是对人体的感觉和运动动力学的一种近似模拟（Brooks 等，1999）。这项工作基于这样一个概念："类人智能必须能与世界进行类人交互。”(MIT,2010)在最近的 iCub 开放机器人平台的任务声明中也有类似的假设:“RobotCub 关于认知的理念核心是相信操纵在认知能力的发展中起基础作用。”(Tsagarakis 等,2007)Cog 机器人也是一个研究人类行为发展的平台(Adams,2001)。

从生物动作分析的观点来看,Atkeson 认为,机器人可以指导生物研究,并强调事先设定控制方案进行实验测试的重要性:“在试图建造一个真正能工作的机器时,理论必须是明确和具体的,难点问题不能被忽视。”(Atkeson,1989)Schaal 和 Schweighofer(2005)也有类似观点:灵长类动物和机器人动作之间的相似性使得“灵感启发、基线性能、有时直接模拟神经科学”也可被当作机器人方法采用。

2.1.3　人 - 机交互

Cog 机器人的设计思想(MIT,2010)是能与人进行交互。Cog 项目概述如下:

> 如果机器人具有仿人形态,那么人类与它的交互一定是简单和自然的。事实上,我们观察到,即便仿人机器人只呈现出一点点的人类行为特征,人类也会很自然地进入到与其交互的模式中,就好像它是人类一样。

人类在与仿人形态的交互中显得自然愉悦,这在许多实例中都有体现。如上所述,这种交互的大部分都是直观的。这表明:通过模仿人类特征,机器人将能够利用人际交互中的一些资源与人类交互。

服务和社交机器人已经进入了消费市场,未来一定会越来越多。在服务机器人应用上,如完成医院送餐或家务辅助等,自主机器人直接与人接触(Wilkes 等,1998)。在这些场景中,人们会期望机器人能以一种吸引人的、令人愉悦的或无缝的方式进行人 - 机交互。这种以类似人类的方式进行的人 - 机交互从本质上定义了社交机器人(Breazeal,2004b)。这些概念也可以扩展到制造环境中的机械臂。安全笼中的危险机器人的概念现在被用于制造交互式且界面友好的机械臂的愿望所取代(Albu - Schaffer 等,2007)。

在当前的社交机器人研究中,从人类与 Paro 机器人的交互中得到了有趣的结果,Paro 是一种婴儿海豹机器人,用来鼓励老年人的互动(Kidd 等,2006)。这项工作的结果表明,机器人伴侣,就像动物一样,“可以给脆弱的人某种精神和心理慰藉”。如果这种伙伴关系可以通过一个仿人机器人来实现,那么机器人就可以在这个人的生活中扮演一个精神性和功能性的角色(就像家庭助手一样)。

2.2 仿人动作的目标

正如大家所认同的那样,人类天生就愿意与仿人系统进行交互。这种形式也使机器人能够以类似于人类的方式完成仿人动作以及与其所处的环境进行交互(Smith 等,2012)。

Breazeal(2004a)对 Cog 项目的研究(Brooks 等,1999),强调了预期与实际不匹配的问题,即人类预期机器人会以某种生物的行为方式做动作,但机器人却未能达到预期。相比与非人形的机器交互,人更倾向于与仿人机器人进行交互,其意义也更为丰富,如果机器人给人的印象是机械的、不能胜任的或危险的,那么这种倾向很快就会消失。因此,有必要用仿人行为来强化仿人机器人的外观。这种行为需要在认知到动作技能等层面上实现,这样才能令人信服地再现人类的各种能力。

对于试图理解人类行为复杂性的学者来说,人类动作驱动理论和人工虚拟代理方法的实现也揭示出许多有趣的结论。例如,基于观察这一方法,人类功能性在实际机器人系统上实现的各种方案可以通过一个恰当的形式得到测试。这样的物理系统通常比仿真系统(Atkeson,1989)更有启发性,因为在建立仿真环境过程中,一些参数容易被忽略或简化(从而导致偏离实际情况)。Brooks(1990)中有一句名言,即“世界是它自己最好的模型”。

Cog 项目还探索了更多的仿人化概念,包括在机器人的动作规划软件中引入了对人体肌肉代谢方面的仿真,以增加仿人动作限制和位置反馈(Adams,2001)。这样做基于两方面考虑:第一,仿人动作的目的是在机器人和与其交互的人类之间提供“更大的一致性”,潜在地使机器人形成人类意义上的动作“模式”,Adams(2001)认为这对模仿学习很重要。第二,这些限制将使机器人沿着人类的路线发展,而不是向“超人”发展,那些非人类的传感器(如红外摄像机)或过于强大/快速的执行器会导致非人类所能及的能力和交互。

虽然这些论据可能被认为是有点带有推测性的,但足以证明仿人机器人呈现人形特点以及仿人动作的重要性,这种重要性甚至可延伸到认知科学的领域。因此,这就表明仿人动作的合成对一些功能的应用是有利的。

本书的目标是开发一些低级别机器人的动作控制器,这些控制器可以根据其他高级别机器人控制器发出的基本指令执行。这些指令通常是所期望的末端执行器的位置,可由一套集成了任务规划器的视觉系统决定。这些控制器的设计灵感来自机器人专家对人类动作的生物力学启发(Khatib 等,2004 和 2009;Demircan 等,2008)。本章特别是第 3 章中将清晰地看到这一点。

2.3 机器人动作控制概述

机器人动作通常涉及指定空间中关节机器人各个连杆的移动(位置、速度和加速度)。在最常见的情况下(如在工业环境中),这种动作的目的是末端执行器或工具在给定时间内从初始位置和姿态移动到期望的目标位置和姿态。然而,不同的用户对机器人动作有不同的理解。一般来说,机器人的动作规划可以分为四大类,如图 2-2 所示,这些分类动作规划的目标是为了方便实现柔顺控制(可能实现的控制程度)。

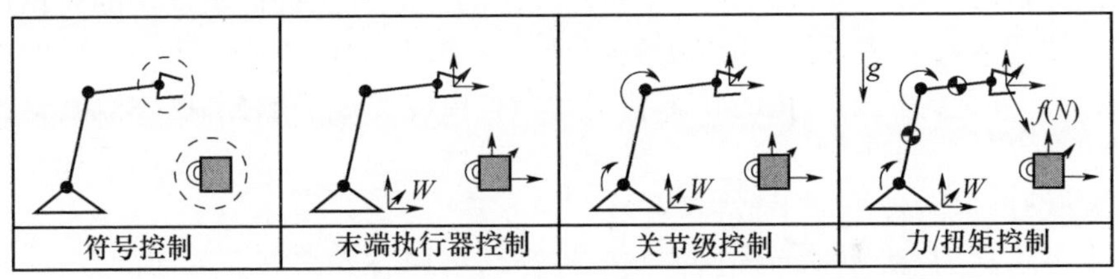

图 2-2　从动作编程人员的角度看不同级别的机器人动作控制
(程序员感兴趣的变量:W 为全局坐标系;g 为重力作用;f 为力)

在社交环境中,无缝融入人类环境是许多仿人机器人的目标(Breazeal,2004b)。在这样的场景中,动作目标可以通过发出如“拿起杯子”这样的符号指令来实现。在这种情况下,“程序员”(或指导员)发出的指令与在人际交互中发出的指令类似。就像在人际交互中一样,重要的是动作的结果,而不是姿态和轨迹的细节,这些细节是正常的(即不值得注意的)和可接受的。当然,在这样的场景中,一个复杂的控制器将在机器人的外壳下工作,隐藏在指导者的视线之外。

对末端执行器进行运动规划是机器人运动中最常见的操作,即将末端执行器置于笛卡儿空间中,很少或不考虑机器人的冗余自由度(DOF)。在这一阶段,机器人程序员使用一个全局坐标系(而不是符号指令)来处理机器人抓爪或工具的动作。正如在本节开头所提到的,这种控制通常应用于工业机械臂,它通常在固定基座环境中工作,很少有危险,而且目标位置是可重复的。一般来说,只有末端执行器的位置和姿态是重要的,才会使用逆运动学(详见第 2.3.1.2 节)。在大多数商业机器人系统中,逆运动学被预先编程到系统中,以便训练有素的操作员快速建立末端执行器运动路径。

逆运动学的前提是关节级控制,这意味着程序员可以自由地处理单个关节动作以实现所期望的末端执行器的动作,同时还可以控制冗余自由度的位姿。这种控制在复杂的固定基座环境中非常有用,通常与正运动学结合使用。

一般情况下,两种运动方案的执行机构都采用高增益线性控制器。这些关节控制器自动产生电机电流,并在集成了位置传感器的局部控制回路中遵循预定的关节轨迹。

力/扭矩控制是一个前沿的控制技术方向,一般包括机器人动力学。利用这些信息,可以为每个机器人执行器生成扭矩,以便为末端执行器和冗余自由度生成所需的动作模式。这些关节扭矩也可以组合在一起,以在末端执行器上产生一个所需的力。从理论上讲,由于位置、速度和加速度是关于受控扭矩的函数,所以这种机器人的驱动方式为这些令人关注的控制方法提供了最多的自由度和潜力。使用这种方法,可以实现更类似于第 3.3.2 节中描述的基于动态的人工控制方案,即允许根据变化的状态利用冗余自由度完成柔顺控制。然而,这种控制方法是最复杂的,因为面对一个复杂的非线性系统,程序员极易出现控制不当的情况,继而导致性能低下或极不稳定。

本书将在力/扭矩层面探讨控制器设计。虽然有许多耦合方面的复杂性,但这种设计思路也为我们实现控制整个机器人结构提供了最为多样的机会和经验。我们的目标是创建一些适用于仿人单臂动作的鲁棒的、低级别的控制器原则。这还包括开发一种自适应控制器,该控制器使用类似人的手臂位姿运动的设计理念,明确地引入柔顺性控制动作。因此,将扭矩传感器集成到仿人机器人的关节中,然后使用传感器来实现这种控制器。我们将在第 2.3.2 节中进一步讨论动态控制方法。

为了展示所研究的控制方案的优点,我们将概述一些典型的控制方案以及在机器人仿人行为和仿人手臂控制领域的相关工作。第 3 章将进一步讨论人的动作及机器人动作复制。

2.3.1 基于运动学的机器人动作控制

Craig(2005)中是这样描述运动学的,即"运动学是一门运动科学,它不考虑引起运动的力"。在机器人表达的这个分支中,机器人系统被建模为一个连杆和关节的集合，只考虑这些连杆的位置、速度和加速度，以便确定机器人当前和未来的位置。为简便起见，这些变量将在本章的其余部分中仅称为“位置”，因为所有这些项都可以通过位置传感器（如光学编码器）的数据来确定。从根本上说，引起这些运动所需的力被忽略了。运动学方法是目前最常用的控制机械臂的方法，特别是在工业环境中。

由 KUKA 机器人公司（德国一家成立于 1898 年的先进工业机器人公司）的生产线可以看出动态控制方法的新颖性。2010 年，公司生产了约 115 个机械臂（KUKA 网站，2010），KUKA 只提供一个力控制平台，即 LWR 机械臂（Albu - Schaffer 等，2007），它是一种轻型多关节机械臂。

运动学可分为正运动学和逆运动学两大类。请注意，虽然运动学经常应用于移动机器人，但在本章中，我们将只探讨机械臂。下面的章节和附录 A 将更深入地探讨机器人运动学的方法。

2.3.1.1 正运动学

正运动学（也称直接运动学）是研究机械臂的重要工具，它使机器人程序员能够在给定各关节变量（如关节角度）条件下计算出笛卡儿空间中的机器人各连杆变量（如位置）。运动学和动力学一样，都依赖于机器人的模型。然而，与动力学不同的是，运动学模型不考虑质量分布或连杆惯性。该模型是离线确定的，而且是基于坐标系的，坐标系表示物理机器人系统各段的测量值，通常使用 Denavit - Hartenberg 符号表示法（参见附录 A），这就可以通过一系列矩阵变换确认机器人的形态。

一般情况下，在运行时使用正运动学模型来给出当前的机器人位姿（如末端执行器位置）的反馈。正运动学模型也是逆运动学的基础。

2.3.1.2 逆运动学

逆运动学是机器人控制的一种常用方法，即在已知机器人末端执行器的位姿的条件下，计算出所对应的关节参数。这与正运动学方法相反，因此得名为“逆运动学”。逆运动学也可用于在已知机器人结构的其他部分的位置（如肘部所需达到的位置）的条件下计算出所对应的关节角度。

逆运动学是基于正运动学模型的操作。因此，逆运动学只使用位置变量，所以也不受作用于机器人的力的影响。这意味着逆运动学运动控制器一般只根据关节位置参数来处理机器人系统的执行机构。

大多数实用机器人系统都包含一个冗余部分，由于理论上关节位姿有无数个，因此该冗余部分可使末端执行器可以到达工作空间中的许多点。这将在第 3.1 节中被描述为“冗余问题”。通常情况下，逆运动学算法会在机器人开始做动作之前选择其中一种位姿,生成一组目标关节角(在纯转动系统的情况下)。该算法还将预先定义每个执行机构的运动,使其从当前位置到达目标角度。通常使用一些函数(如多项式)来确保可实现的执行机构加速和关节运动的同步启动和停止(Craig,2005;Ata,2007)。这种直观的计划和执行动作的方法非常类似于早期的人类手臂动作控制理论(Feldman,1974),在线轨迹生成理论提出之后,目前这些早期理论就很少使用了(Todorov 和 Jordan,2002)。

2.3.1.3 基本的逆运动学实例

为了更详细地说明逆运动学方法,现在将给出一个简短的实例。图 2-3(a)显示了一个简单的 2 自由度平面机器人,其肩关节和肘关节,分别用 q_1 和 q_2 表示。机器人有 2 个连杆:连杆 1 在肩和肘关节之间;连杆 2 在肘关节和末端执行器之间。连杆的长度分别为:$l_1 = 0.36\text{m}$;$l_2 = 0.23\text{m}$。机器人的肩部在(0,0)处,目标在$[X,Y] = [0.1,0.4]$。

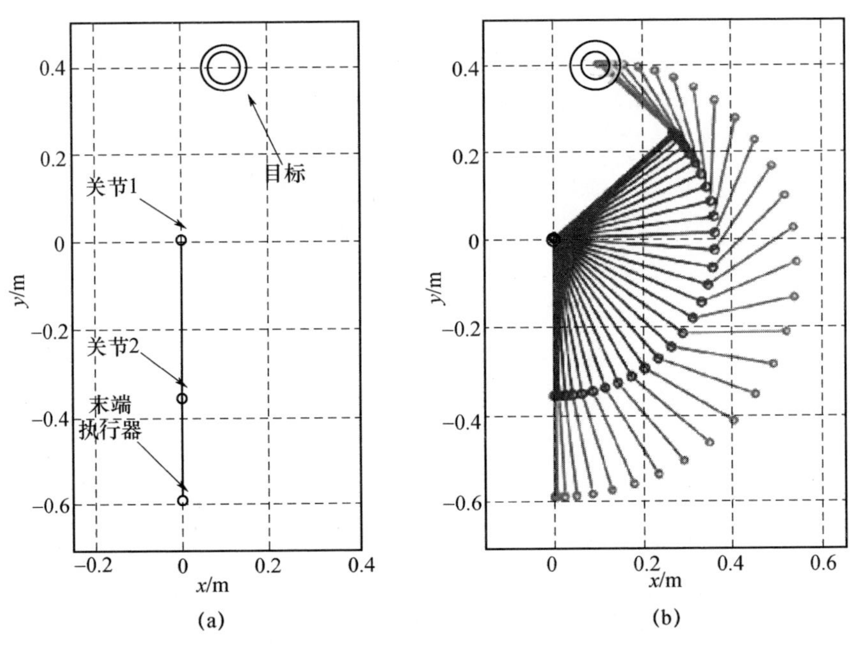

图 2-3 2 自由度平面机器人实例

(a)二连杆平面机器人与目标末端执行器位置;(b)由一般逆运动学算法确定的动作路径(Craig,2005)。

使用一般的逆运动学方案(见 Craig(2005)第 4 章描述),可以计算出达到目标末端执行器位置的目标关节角,即 $q_{t1} = 132.168°$,$q_{t2} = 94.329°$。

将每个关节的三次多项式函数插入到当前关节角($q_{01} = 0°$ 和 $q_{02} = 0°$)和目

标角之间。这产生了一个单一的动作，即所有关节同时开始和停止，而且最大关节速度出现在 $t=0.5\times t_{max}$ 时。得到的机器人动作如图2-3(b)所示。

多项式函数实质上是在开始关节角和结束关节角之间生成一条平滑的样条曲线，以创建一条综合了关节加速度的动作轨迹。在生成所需的动作轨迹后，关节由各个对应的局部电机控制器控制，控制器跟踪轨迹如图2-4所示。这意味着动作规划和机器人控制是在关节空间中执行的，与机器人处于何种位姿或末端执行器处于哪个位置无关。因此，得到的末端执行器轨迹在笛卡儿坐标系中呈现为一条大弧度曲线。

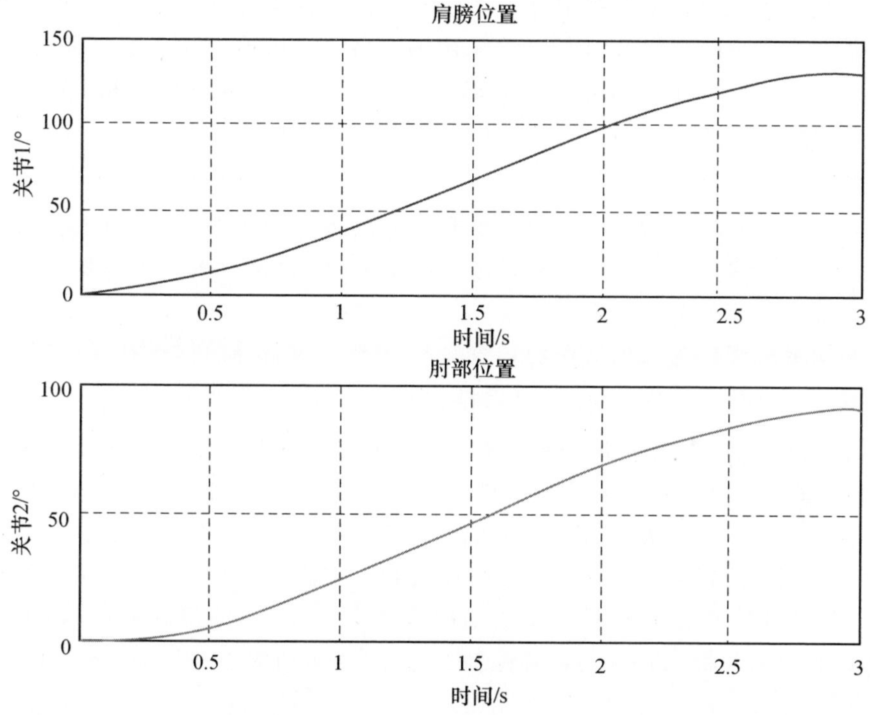

图2-4 由一般逆运动学算法(Craig,2005)确定的图2-3所示的动作的关节位置

2.3.1.4 运动学控制

对于许多机器人程序员来说，机器人硬件方面的工作止步于上述的实例，因为现代电机驱动系统往往都有“内置”控制器，通过使用简单线性控制器的局部高增益反馈回路，将所需位置转换为电机电流。对于许多小型仿人机器人或机械臂，如Robonova(Hitec,2010)机器人，它们都是基于集成的“hobby”伺服技术研制的，用户无法获得反馈。较大型工业机器人也是如此，它们的目标是快速集

成和易于使用。

当然,工业机器人要比上面给出的简单例子复杂得多,而且对一般逆运动学算法的修改会产生类似焊接机器人的动作轨迹。然而,在关节空间中也是能计算出并完成这些动作的,即利用逆运动学计算出期望路径上的许多点,从而通过速度雅可比矩阵确定关节动作(Ata 和 Myo,2006)。在这种情况下,必须确保工具的运动不会产生关节空间奇点。

在典型的机器人应用中,这些关节级控制方法直观,并产生了理想的结果。然而,机器人与人类协同工作的灵活性肯定会引起工业机器人制造商的注意。使用典型的关节级运动学控制方案来控制机械臂并不适合人机交互,所以机器人必须要有安全防护栏。KUKA(一家德国大型工业机器人和自动化制造商)与DLR(德国国家航空航天中心(DLR 2010))合作,尝试将柔顺性"DLR 轻型机器人"(Albul - schaffer 等,2007;De Luca 等,2006)应用于工业环境中。以下摘录于 2009 年公司报告:

> 机器人技术的一个突破性里程碑是轻型感知机器人,它为支持工厂工人或提供个人服务的全新应用打开了大门。我们和德国航空航天中心一起开发了这个感知机器人。我们将做好生产线的准备。KUKA 公司的轻型机器人已经成功通过了汽车生产线制造的试运行,生产了超过 15000 套后桥差速器(路透社,2009)。

Ata(2007)在应用于机械臂的最优轨迹规划综述中有这样的陈述:"虽然运动学方法简单直观,但由于缺乏惯性和扭矩约束,在实施过程中会遇到一些问题。"Collins 等(2001)从有腿机器人的角度发表评论道:用系统各部分在空间中相对于时间的位置来描述动作性是很自然的。这就获得了机器人最常见的控制方法,即控制各关节角来模仿人类动作。事实上,在同一份文献中,Collins 等(2001)将这种机器人常见的轨迹控制方法称为"运动学强迫"。

2.3.2 基于动力学的机器人动作控制

机器人动力学提供了作用于机器人的力和扭矩与由此产生的加速度和动作轨迹之间的关系(Featherstone 和 Orin,2008)。因此,机器人动力学控制提供了一种方法,即通过控制相关执行器扭矩来实现所期望的机器人动作。由于机器人表达的基本性质,这些期望的动作也可以用力来表示。这就可能使机器人系统具有柔顺性,或者引入与能量消耗相关的因素或者其他动力学分量(De Luca 等,2006)。

动力学控制并非没有缺点，因为相比运动学模型中的关节角参数，作用在机器人上的力和扭矩更难获得或控制。从更实际的意义上而言尤为如此，因为绝大多数的机器人和机电执行器都是专为运动学控制而设计的，不能使用动力学控制所必需的原始电机电流。不管是否考虑硬件，处理高度耦合的动力学系统意味着复杂度的增加，使得非线性控制技术经常被用来处理由动力学控制的机器人系统。

MIRO 是一款由 DLR 设计的外科手术机器人，动力学控制的重要性在 MIRO 的设计方法中得到了体现：

> 除了传统的通过规划轨迹控制机器人的方法外，(MIRO)机器人还提供了柔顺性机器人方法应用的可能性。利用集成扭矩传感技术，实现了机器人的阻抗控制和重力补偿。这使得用户可以直接与机器人进行交互，因为外力和扭矩被感知到并用于闭环控制算法中。

2.3.2.1　动力学建模

如第 2.3.2 节所述，机械臂的动力学控制通常依赖于非线性控制技术，即动力学参数可建模为非线性函数。实现控制的一种合理而典型的方法是通过对一个被控对象的建模和对该模型的操控来确定一个等效控制器，该控制器能够使被控对象做出所期望的动作。即使在自适应控制技术中(将在第 8 章讨论)，控制工程师通常也清楚模型的一般结构，即便不知道具体细节。

机械臂或任何机械系统的动力学建模本身就是一个研究领域。实际上，大多数机械工程一般都关注于理解和利用机械的动力学机制来优化性能、效率和安全。虽然有许多技术可用于物理系统的建模，但那些适用于机器人控制器设计中的串联技术是最受关注的。

对机械臂进行完整动力学建模最常见的方法是拉格朗日法，通过手工计算求出机械臂的代数表达式为

$$\boldsymbol{\Gamma}=A(q)\ddot{q}+b(\dot{q},q)+g(q) \tag{2.1}$$

式中：$\boldsymbol{\Gamma}$ 为关节扭矩矢量；$\boldsymbol{A}$ 为系统质量/惯量；b 为科里奥利和离心项；g 为重力；$\boldsymbol{q}$ 为关节位置的矢量。$\boldsymbol{A}$ 是一个矩阵，而 b 和 g 都是矢量。该等式充分描述了机械臂的动力学量(假设没有未知参数)。然而，在建模过程中产生的等式很长，在推导过程中容易出错。对于那些具有更多自由度的更为复杂的实际机器人系统，需要计算的动力学方程会变得越来越难以处理，并且在合理的时间步长内也越来越难以计算。

Craig(2005)使用了递归牛顿 - 欧拉算法(RNEA)来替代拉格朗日法，用来确定机器人动力学。Luh 等(1980)发表了计算动力学量的算法，即：使用从下至

上迭代计算方法，求出作用于每个连杆质心上的速度和加速度，由此可以计算出作用于每个连杆上的力和扭矩。最后使用从上至下计算方法，求出作用于每个关节上的力和扭矩。Featherstone 和 Orin（2002）将这种算法描述为“非常高效”，从而使其成为“被引用次数最多的动力学算法”。

这种效率很大程度上是基于项的缩减，这主要归因于连杆到连杆的数值计算方法。最后，用一个执行器矢量的各个集总数值项来表达计算出的扭矩和加速度。因此，不可能求出式（2.1）中每个元素产生的最终扭矩的数量。这对执行“结构化”控制技术有严重的影响，如反馈线性化或操作空间控制（Nakanishi 等，2008）。

在 Khatib 等（2004，2009）和 Demircan 等（2008）中，操作空间公式应用于具有分支特征的高自由度系统（如多臂、多腿或多指）。在 De Sapio 等（2005）中尤为如此，他们成功地对高度复杂的系统进行了建模和控制，即用同样的控制方案对人体的骨骼和拮抗肌执行机构进行建模和控制。考虑到这种控制方法需要对各惯性矩阵（n 自由度系统的 $n \times n$ 矩阵）求逆，作者不可能应用拉格朗日动力学方法，因为在研究过程中，利用 MATLAB 对 4 自由度惯性矩阵编译时经历了一系列错误。

此外，使用空间符号表示法，即一种由 Featherstone（1987，2008）开发出的动力学符号表示法，使得对复杂的串联式机械臂进行动力学建模和控制成为可能，并且大大降低了系统复杂度，即简化为算法符号 $O(n)$[①]。而对于一个 n 自由度的机械臂，传统拉格朗日方法的复杂度是 $O(n^3)$（Lilly 和 Orin，2002）。其他学者进一步发展了类似的技术（Kreutz - Delgado 等，1992；Lilly 和 Orin，2002），将空间符号表示法应用于分支机构（如人形机器躯干和手），获得了 $O(n)$ 完全递归实现（Featherstone，2008）。Chang 和 Khatib（2000）的研究表明，通过使用一种替代的操作空间符号（不要求对惯性矩阵求逆）和空间概念，可以用递归牛顿 - 欧拉方法来进行操作空间控制。

图 2 - 5 展示了空间符号在降低高自由度系统动力学模型复杂性方面的能力，其中空间符号的作用远远超出了实际机器人系统的要求。

在这项研究中，空间符号的整合将有利于高自由度机器人控制，从而使得控制器能扩展应用到真正的仿人形式（如分支机构）的控制。但应注意，人的动作研究中的一般模型往往只侧重于那些经过简化的人体模型。由于这种低自由度方法对于生物动作模型识别是可以接受的，所以本书将采用类似的低自由度方

① $O(n)$ 代表算法使用的一种计算资源，称为“大 O 符号”（Cormen 等，2001）。该函数描述一种等效的极限特性，即表示输入 n 的增长率函数，这里是指机器人自由度。

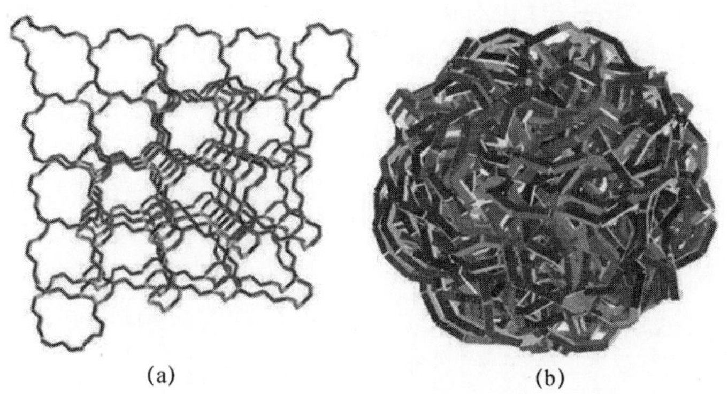

(a)　(b)

图 2－5　Featherstone 为测试动力学算法使用的机器人(一个具有 2187 个连杆的刚性、分形维数机器人)的两种结构(Featherstone,2013)。为了清晰起见,原始图像反色显示(图示经 R. Featherstone(2013 年 5 月 24 日)许可印制)

法。这种有限的自由度模型可以直接采用拉格朗日技术来建模,因为过于复杂并非将所有动态项一一呈现,尽管这样做有许多优点。

2.3.2.2　模型规范

实现动力学控制并不总是需要完整的动力学模型。在一些自适应控制技术中,模型只是根据一个总体结构和尺寸来定义的(见第 8 章)(见式(2.1)),而且模型运行时的各项参数仍然是不确定的(Khan 等,2010)。

应当注意,即使是完全定义的模型,在应用到实际系统(而不是仿真系统)时,也总是会有一些不确定性。机器人系统是由许多部件组成的,每个部件都有其自身的动力学特性,随着时间的推移可能会发生变化(如由于温度变化或磨损)。例如,变速箱动力学是一个持续的研究领域(Ottewill 等,2009)。而这些动力学往往无法确定,如果它们能够得到确定,那么将这些确定的动力学引入机器人模型将导致复杂性很高。当机器人模型在实际系统中运行时,不妨假设其类似于

$$\Gamma = A(q)\ddot{q} + b(\dot{q},q) + g(q) + \varepsilon(\dot{q},q) \tag{2.2}$$

式中:$\varepsilon(\dot{q},q)$为未建模的动力学,如执行机构动力学、摩擦力、电噪声等。也可以对 ε 的各个方面进行建模,如通过摩擦识别(Howard 等,2009;Jamisola 等,2002)。另外,鲁棒控制可以提供一种方法来克服未建模的动力学,而不必进一步复杂化机器人模型。

2.3.3　最优控制

最优动作已被确定为生物系统动作产生的主要因素(Todorov,2004)。同样

的,机器人控制系统的设计也有助于一些标准的最小化。在工业部门中,主要应用机械臂技术,其制造工艺的优化提高了生产率。因此,更快、更高效的机械臂是机器人控制系统的目标。

Ata(2007)概述了机械臂的各种最优技术,指出“最优性能对不同的人意味着不同的事情,如最小时间、最小动能和避障”。这当然是正确的,因为如果某些量得到优化,几乎所有的应用都可以实现得更好,尽管这些量可能并不总是相互补充的。例如,一个机器人帮助残疾人进食(如 Parsons 等(2005)描述的机器人),又不断尝试减少做动作时间,这将是不合适的。因此,在进行最优控制器设计之前,确定所要最小化的代价函数是十分重要的。

Ata 和 Myo(2006)将关注点放在使末端执行器在沿轨迹的每个中间点的位置误差之和最小化,以便末端执行器能够精确地跟踪指定的轨迹。使用一个结合了遗传算法和模式搜索的算法,这是可以做到的。作者认为“搜索所有可能的函数值以获得最小的代价是所有优化程序的核心”。但对于许多最优控制方法(如进行局部而不是全局代价分析的梯度下降法)来说,情况并非如此(Kirk,2004)。

在 20 世纪 80 年代早期,Bobrow 等(1983)强调,由于当时的机械臂速度慢,所以在许多工业应用中是不经济的。这引起了对最小时间控制问题的关注,即机器人在最短时间内移动到给定位置。Bobrow 等认为当考虑约束和动力学时也会出现这个问题。Wen 和 Desrochers(1986)在将非线性机器人动力学近似成线性的过程中也强调了这一问题。

2.3.4 操作空间控制

与工业机器人的静态环境不同,仿人机器人的目的是在仿人环境中和/或与人类一起工作。这两种情况都增加了机器人环境的不可预测性。对于需要精确控制末端执行器动作的环境不确定任务,关节空间控制方案是不合适的(Chung 等,2008)。这就发展出了操作空间控制方案,即通过在笛卡儿空间(“操作”空间)中表达动力学的方法,动力学控制方案可以在任务/操作空间中实现(Khatib,1987)。

用这种投射动力学的方法,能够根据任务(末端执行器的任务动作)动态控制机器人。因此,与由扭矩矢量直接驱动机器人关节不同,操作员能够对机器人的末端执行器施加虚拟的力,以便沿着期望的轨迹“拉”它。利用机器人的雅可比矩阵,这个力可以被转换回关节空间,从而产生合适的执行机构扭矩信号。

这种方法还可以用来将整个控制解耦为不同的层。当末端执行器由任务控制器进行处理时，冗余的自由度由一个单独的零空间（或“姿态”）控制器进行处理。第二个控制器允许冗余自由度处于其他位置，这些位置可以在控制器中设定。这是一种典型的最优控制器，即冗余自由度的姿态满足一些最小化标准。操作空间控制方案的详细细节将在第 4 章给出完整的数学解释。

2.3.5 双机械臂控制

两侧操作（同时使用两只手臂完成一项任务）是典型的人类行为。这使得系统操作起来更加复杂，难以稳定，导致需要引入更多的作用力或对象属性不确定。事实上，即使是部分丧失了双手功能（如在部分肢体截肢或中风后），也会明显削弱个人的自主性（Resnik 和 Borgia，2012）。双手操作这种具有明显潜力的功能对于机器人学领域是有吸引力的。虽然本书不会直接提供双臂控制的方法，但本章并没有忽略仿人机器人控制的这一方面内容。

许多独立的因素是使用机器人双臂机构的动机，如与人类形态的相似性（便于集成）、多任务处理、增强刚度/强度、任务灵活性和人机交互熟悉感（Smith 等，2012；QiXin 等，2007；Surdilovic 等，2010）。事实上，完全拟人化的系统在理论上可以帮助或取代工作场所中的人类操作员，而无需对工作环境进行重大修改（Smith 等，2012）。Vahrenkamp 等（2009）以及 Edsinger 和 Kemp（2008）也考虑到了在家庭环境中进行这种集成。值得关注的是，许多遥操作系统都使用双手主从系统，在典型的研究场景中都使用这种主从系统（Buss 等，2007），并且广泛地应用于机器人辅助外科手术（Sung 和 Gill，2001）。这种系统利用人类在双手操作场景中增加的灵活性，直接控制远程双臂机器人。

几十年来，工业机器人一直使用多臂机器人自动化单元，目的是在机器人按照事先编好的程序精确执行时增加作业任务的柔顺性（Hsu，1989 和 1993）。例如，焊接作业时，一个机器人在部件不同的位置进行焊接，而另一个机器人移动部件以提高作业效率，否则很难达到功能要求（如 Ahmad 和 Luo，1989）。双臂机器人系统已经被证明可以减少部件制造时间（Camillo，2011）。相比多个单臂机器人，双臂机器人的空间要求较低，因此有专家提出了应用于工业的双臂系统方案。由于可以共享通用硬件组件，所以整体成本也有可能降低（Smith 等，2012；Surdilovic 等，2010）。

双手操作场景并不局限于工业领域，近年来还有一些流行的双手操作平台，如 Rethink Robotics 公司的 Baxter 智能协作机器人（Robotics，2013；Fitzgerald，2013）和 Willow Garage 公司的 PR2 机器人（Willow Garage，2009），对机器人研究做出了巨大贡献。相比工业机器人，非工业仿人机器人可能会遇到较少结构化的环境、对象和任务。因此，对多机械臂进行非事先规划的协调会出现许多问题，这些问题可能不会出现在单机械臂中。这对高级系统集成、高级规划以及最重要的控制方法/结构提出了更高的要求。

在过去，已经为多机械臂系统开发了各种动力学控制方法，如机器人动力学线性化（Tarn 等，1987）、负载分配（Zheng 和 Luh，1985）、位置/力混合控制（Uchiyama 和 Dauchez，1987；Yoshikawa，1991；Yoshikawa 和 Zheng，1990；Zheng 和 Luh，1985）、自适应控制（Yao 和 Tomizuka，1993）和分散控制（Kosuge 和 Hirata，2004；Liu 和 Tomizuka，1996）。Mahyuddin 和 Herrmann（2013）采用了基于代理的人－机合作控制方法，两个机械臂作为同步代理来完成一项由人的身体动作引导的举起重物任务。其他有关双臂操作的最新实例可以参见 Andersson（2011）、Kruger 等（2011）、Vick 等（2013）以及 Shin 和 Kim（2015）。

2.3.6 抓持控制

抓取和操纵物体是机器人和生物系统的基本活动。实体机器人的本质在于与物理世界的交互，通常是通过机器人的末端执行器（也称为抓爪）来实现。人类将许多复杂的策略应用于其末端执行器（手），根据要抓取的物体或要完成的任务频繁地在握持之间切换（Bullock 等，2013a）。与前面提到的双臂控制的好处相似，手也具有探索、控制和操纵物体的能力（Bicchi 和 Kumar，2000）。最近，Feix 等（2014）将人手使用分成 33 种不同的抓持动作。

抓持对于机器人来说是一项具有挑战性的任务，从而引发了许多研究。许多研发都从生物世界中寻找灵感，创造了拟人化的手（Kurita 等，2011）和复杂的感知/控制架构，为给定的对象选择合适的抓取动作（Daoud 等，2012）。其他一些方法则寻求使用更简单的、机械自适应的抓爪，即通过很少的控制输入配置到适当的抓取类型中（Dollar 和 Howe，2010；Ma 等，2015）。这种模式也被应用于假肢手领域。尽管开发出了拟人化、多抓取终端装置（如 Zlotolow 和 Kozin，2012；Clement 等，2011），但考虑到动作能力的简化和感知输入的减少，许多用户更喜欢简单的由身体驱动的钩形抓爪，控制界面更直观也更可靠（Carey 等，2015）。

机器手的传感器和机械装置比人类的要简单得多（Controzzi 等，2014）。这种受限的能力大大减少了抓爪和对象交互的数量（Bullock 等，2013c）。Napier（1956）提出了一种分类方案，即将所有的抓持动作分成力量抓持和精确抓持。在力量抓持中，手指包住一个物体，也可以把它固定在手掌上。在后者中，物体被夹在手指之间（Bicchi 和 Kumar，2000）。虽然 Cutkosky 和 Howe（1990）及 Feix

等(2014)先后对这一分类法进行了扩展,但力量和精确抓持仍然是人类最常见和通用的抓持方式(Bullock 等,2013b)。因此,许多机器手都采用这两种抓持方式。

从反馈控制的角度来看,有些学者(Griffin 等,2000;Akin 等,2002;Geng 等,2011;Wang 等,2005;Gioioso 等,2013)建议,低级控制需要考虑要抓持的对象的类型和几何形状。在要求机械手主要执行圆柱形抓持动作的这些特定场景中(Akin 等,2002),在控制器设计中使用了球坐标(Herrmann 等,2014)。Yoshikawa(2010)中有类似主题的优秀文献综述。图2-6所示为有关机械手控制与设计的最新进展,可参见 Quispe 等(2015)、Ala 等(2015)以及 Hellman 等(2015)和 Cerruti 等(2015)。

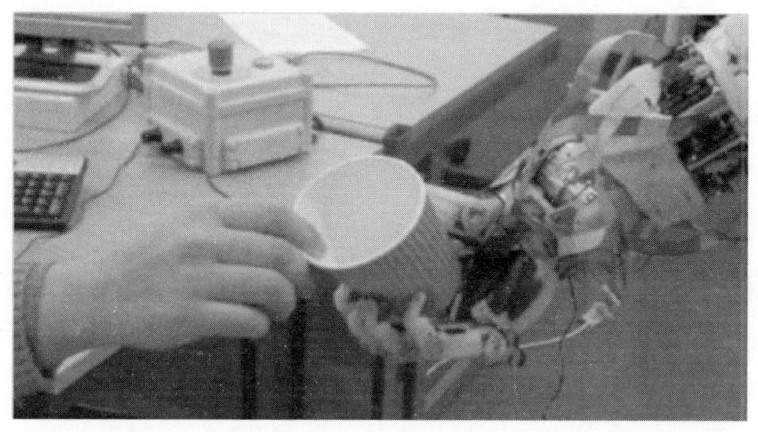

图2-6　传递过程中机器人做出的力量抓持动作,基于 Khan 等的研究(2014)

2.4　感知和机械臂动作

机器人的典型特征是它们在环境中移动的能力,通常是对某些刺激或环境条件所做出的反应。就手臂的动作而言,这些条件可能是抓持对象的位置以及那些必须避开的障碍物。传感器和相关软件的功能是识别刺激和/或确定这些对象和障碍物的位置和其他特征。大量的工作已经投入到开发传感硬件和软件中,以使机器人能够感知周围的环境。

机器人感知的方法发生了明显的变化。直接仿生模拟人类感知方法,如立体光学相机(Sabe 等,2004)或密集指尖传感器(Wettels 等,2008),已被证明在

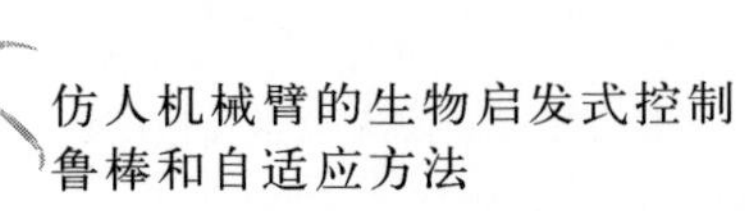

各种应用中很受欢迎。实际上,这些方法延续了模仿人体形态和功能的人形哲学。当然,这样的硬件会产生大量复杂的数据,很难从中提取出显著的特征。在整个研究领域,计算机视觉可以解决这些问题。

其他传感技术则试图通过更简单或更抽象的硬件方法来降低数据处理的负载,从而降低传感的复杂性。有几种方案可以替代那些仅使用视觉的方法,如使用微软 Kinect 摄像头和深度传感器(Han 等,2013)或 Vicon 光学动作捕捉系统(Lallée 等,2012)。虽然这些方法可能会产生类似于仿生感知方法的结果,但都没有使用类似于人类感官的方法。即使是简单的二进制接近开关,也已经被广泛地应用于结构化工业中(见第 1.1.1 节和图 1-1)。

机器人感知是一个巨大的研究领域,从而产生了各种方法以及诸多潜在成果。事实上,单就这个话题就可以写一本厚厚的书。本书提供了实现机械臂动作的方法,假设动作的目标是由机器人控制方案中的其他过程决定的。机器人操作系统 ROS(Quigley 等,2009)等系统的开发使这种模块化和高效的方法能够用于开发完整的机器人系统。

2.5 机器人与控制硬件

通过规定执行机构扭矩,本书重点讨论驱动机械臂的动力学控制方案。为了在物理系统上实现这一点,机器人硬件必须允许控制每个电机的电流输入,因为电机扭矩与电流成正比。由于很多机器人仅仅是为运动学控制方案而设计的,所以执行机构通常都是作为带有局部 PID 控制器的伺服机构来实现的,没有电流传感或驱动能力(在这样的系统中,程序员只向系统传递位置或速度要求,而不是典型的控制理论意义上的变化的控制器信号)。确实,NAO 仿人机器人缺乏力的控制能力(Gouaillier 等,2009)。不过,该平台在社交机器人实验室很受欢迎,其研究重点可能是“更高级”的动作细节。

2.5.1 Elumotion 机器人平台

本书提出的结论是在 Elumotion 公司(2010)设计和制造的几代机器人上实现的,该公司是英国的一家小型机器人公司,总部位于巴斯。BERT(Bristol 机器人实验室开发的 Elumotion 半身仿真机器人)、BERUL(Bristol 机器人实验室开发的 Elumotion 机械臂)、BERUL2 和 BERT2 机器人都对本书的研究做出了贡献

(图2-7、图2-8和图2-9)。BERT2/BERUL2是第二代BERT/BERUL机器人,与第一代相比有了显著的机械改进。Elumotion机器人的特点是其拟人化设计,其具有近似于人类手臂的主要自由度,并进行了一定的简化。第2.5.2节将对这些机器人进行更详细的讨论。这些机器人的尺寸和成人差不多。

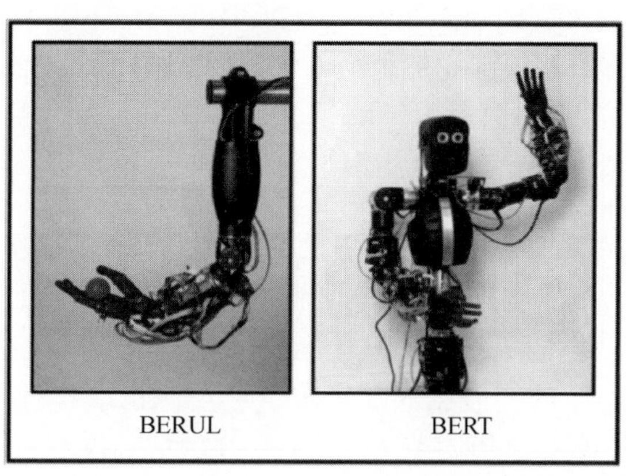

图2-7　BERUL和BERT拟人化机器人

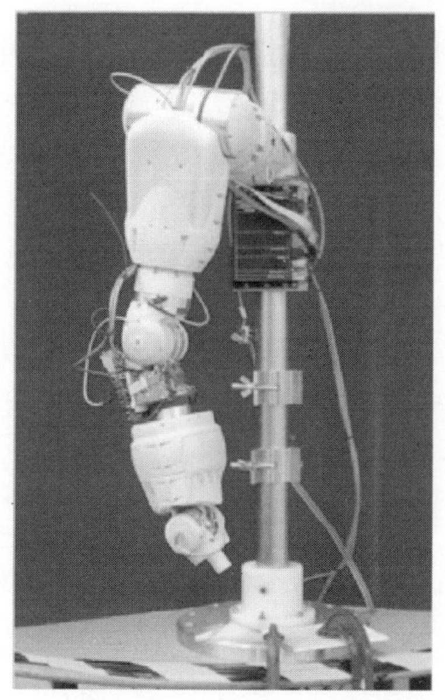

图2-8　BERUL机器人

图2-9　Bristol机器人实验室开发的BERT2半身仿真机器人,具有完整的双臂和双手

BERUL 机器人为 5 自由度拟人臂，其最近端关节近似于上肢肱骨关节，能够旋转，也就是说 BERUL 没有肩部。该机器人用于操作空间控制方法的初步实现。BERT 机器人由两只 7 自由度臂（和 BERUL 机械臂一样，但是包括一个2自由度肩）、一个安装在 2 自由度颈上的脑袋和一个 2 自由度腰（总共 18 个自由度）组成。这些机器人分别如图 2－7（a）和（b）所示。BERT 和 BERUL 都有一双高度灵活的多关节机械手，它们也是由 Elumotion 公司设计的。这些手的更多最新版本可以从机器人制造商 Schunk（Schunk 2015）购买。BERT2 半身仿真机器人（见图 2－9）是为人－机协作（CHRIS）EU 项目设计的。该项目的目的是开发一种安全可靠的人－机协作系统，用于日常生活任务。与最初的 BERT 和 BERUL 机器人一样，BERT2 机械臂也复制了真人手臂主要的 7 个自由度，并且尺寸也相同。BERT2 机器人还有铰接式的颈部和腰部（都是 2 自由度）。与许多机器人系统一样，Elumotion 机器人具有刚性的机械结构，不具有柔顺性。实际上，执行机构中使用的谐波驱动导致了这些反向可驱动性有限的刚性关节。虽然这些特性在典型的工业应用中确保了良好的精确度和可靠性，但是对于物理人－机交互来说，这些因素可能是危险的。因此，在 BERT2 机器人的关节中加入了扭矩传感器，以便对物理人－机交互中的主动柔顺控制和碰撞检测进行研究。

BERUL2（见图 2－8）是 BERT2 机器人的单机臂，特性相同且都具有 7 自由度。与 BERT 和 BERUL 机器人相比，第二代 Elumotion 机器人改进了执行器传动机构（啮合间隙较小）、扭矩传感器、绝对位置传感器（电位计）、内部支撑结构（更牢固）、电机（功率更强大）和限位开关位置，并且采用封闭式设计，将许多电源和通信电缆隐藏于机器人外壳之下。本书中的大部分控制器都是在 BERUL2 机器人上实现的。

Elumotion 机器人不同于许多其他商用机器人系统，没有任何形式的中央控制器。相反，程序设计员完全负责该机器人所有执行器的驱动和通信（将在第 2.5.4 节中详细讨论）。通常情况下，在其他拟人研究平台，机载电脑（如 Barrett 公司的 WAM 机械臂（Rooks 2006））或控制界面（如 KUKA 轻量级机器人（Albu－Schaffer 等，2007））作为一个通信中心与用户进行交互，并执行控制方案以完成一般的机器人任务（如通过逆运动学定位末端执行器）。工业机器人系统和小型仿人机器人如 NAO（Gouaillier 等，2009）或 Robonova（Hitec，2010）也是如此。这种执行器级控制为机器人开发者提供了更多的自由。然而，也应该意识到，以这种方式与机器人连接，通常意味着这些集成度更高的系统的安全性不足。例如，除非开发人员编写一种控制方案响应关节限位开关，否则机器人就会忽略其物理限位。这显然会对硬件造成损害，并对附近的用户造成潜在的危险。

2.5.2 机器人结构

和许多其他仿人机器人一样，Elumotion 机器人尝试重建人体的主要自由度（Sakagami 等，2002）。然而，与人的身体不同的是，这些机器人不是由拮抗肌驱动的骨骼（通过各种复杂的机制相互翻转和滑动）组成，而是由传统机械元件组成，元件间通过旋转执行器耦合。

这种运动学的、拟人化的简化带来了一些动作上的显著约束，而受到约束的动作却是机器人可以完成的。例如，一个典型的 2 自由度机械肩可以弯曲和外展，但不能耸肩或做出身前内收动作（图 2－10），因为这种动作是具有多自由度肩关节复杂结构的人才能做出的（图 2－11）。此外，关节的位置和机构经常被简化。举个例子，手腕的前翻/后翻通常被建模为一个同轴旋转关节，位于机器人前臂中的某个位置。实际上，人的手腕这种动作源于两根长骨、桡骨和尺骨，即沿着前臂的整个长度相互交叉旋转。同样的，肱骨（上臂）的旋转源于 3 自由度肱骨肩关节（图 2－11），在大多数仿人机器人中，这三种旋转是独立的（如图 2－12 中 q_1、q_2 和 q_3 所示）。

传统上，机器人是围绕末端执行器的定位和姿态来设计的。末端执行器最多可以 6 自由度移动，3 个平移运动将末端执行器移动到不同的位置，3 个旋转运动使其重新定向（这将在附录中进一步讨论）。对于 7 自由度的机械臂，如 BERT2 机械臂，其末端执行器可进行全 6 自由度运动，外加 1 个冗余自由度。

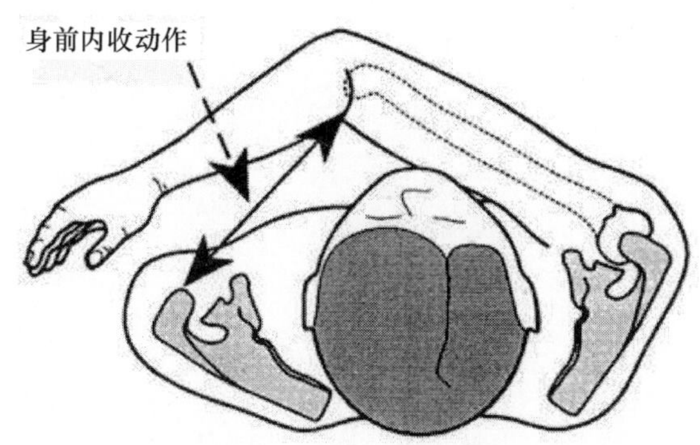

图 2－10　身前内收动作（华盛顿大学，2013），在肩部简化的条件下，该动作不可能出现在大多数仿人机器人的动作中（图示经作者 S. Lippitt 许可印制，2015 年 9 月 8 日）

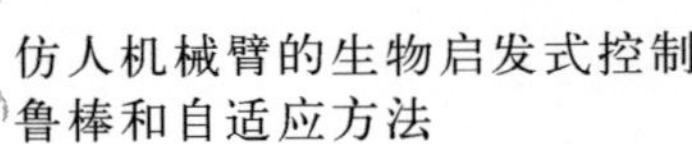

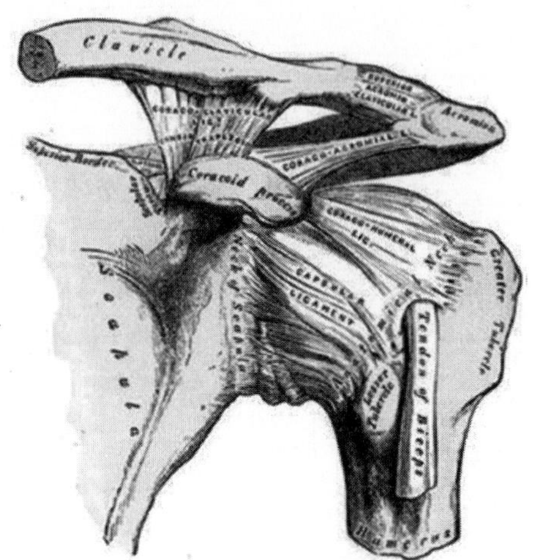

图 2 - 11　人的肩关节结构(Williams,1918)

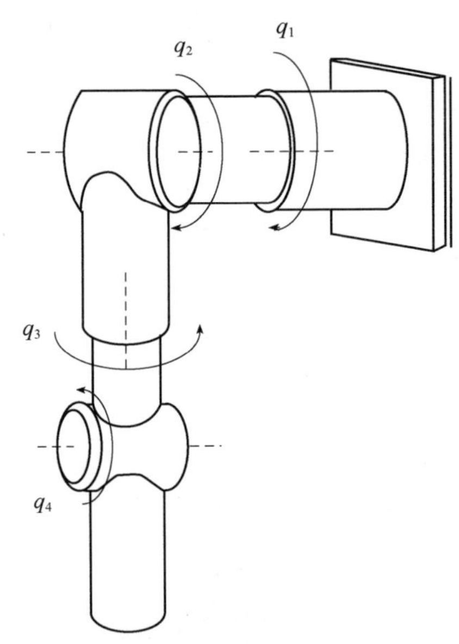

图 2 - 12　BERT 和 BERUL2 机械臂的 4 自由度上臂

相对于人的动作,机械臂自由度的缺乏(如无法耸肩)几乎不会对其做动作造成影响,但会产生一些有趣的问题,因为人体的运动结构从根本上是不同的。这一点将在第 3. 5 节讨论,并将在第 9 章再次强调。

2.5.3 执行器

Elumotion 机器人的每个自由度都配有 Maxon 无刷直流电机（Maxon 2016a）、变速箱、增量编码器和 Maxon EPOS 电机控制器（Maxon 2010）。在 BERUL2 和 BERT2 机器人中，还配备有扭矩和绝对位置传感器。手腕上方所有的自由度都配置了谐波传动变速箱（传动比为 100：1 和 88：1），这种变速箱啮合间隙非常小，但摩擦系数高，如静摩擦/黏滞系数（Ishida 和 Takanishi，2006）。手部外面的所有执行器都可反向驱动，但静摩擦/黏滞特性通常较高。

2.5.4 电机驱动器

有三种型号的 Maxon EPOS 电机驱动器用于机器人中（Maxon 2010）。一些特定型号可根据所连接电机的特性进行设置。例如，机械臂的肩关节屈曲执行器必须能够抬起整个手臂，而手腕屈曲自由度只需能移动手即可。EPOS 电机驱动器是一种通用的电机控制器，不仅仅用于机器人，还应用于如轮式车辆的驱动机构（Foreman 等，2009）。

所有的 EPOS 单元都有基于固件的可调 PID 控制器，可以在位置、速度或基于电流的动作控制模式中实现，也可以在轨迹控制模式中实现（EPOS 单元自动生成加速到某个位置或速度状态的轨迹）。EPOS 控制器通过 CAN（控制器局域网）总线联网。在 CAN 网络中，每个节点在网络上都有一个唯一的地址，并且只响应对它的请求指令。在机械臂系统中用 CAN 网络进行传感器和执行器的管理是非常普遍的（Sandini 等，2007；Rooks，2006；Yu 等，2008）。采用模块化 dSPACE 系统作为具体实现的控制硬件（dSPACE，2010）。系统由 DS1006 双核处理器板和 CAN 接口板组成。dSPACE 是一个用于硬件控制器快速原型设计的平台。dSPACE 软件结合 MATLAB 和 Simulink 仿真软件，将 MATLAB m 程序和模型文件自动编译成 C 代码，然后在嵌入式 dSPACE 平台上运行。dSPACE 人机界面软件 Control Desk 为 Simulink 模型的数据可视化和参数变化提供了实时用户界面，同时控制器也在嵌入式平台上运行。

2.5.5 EPOS 接口方法

利用来自编码器、电位计和限位开关的输入信号，每个 EPOS 电机驱动器都能够进行位置、速度或基于电流的局部执行器控制。驱动每个控制器的参数是完全可编辑的,EPOS 单元的许多其他功能也是如此,如电流限制。

虽然 dSPACE 为控制器原型设计提供了极大的便利(大多数应用中用户不再需要编写嵌入式代码),但它在控制工程师和物理硬件之间增加了一个额外的抽象层。在典型的实验室控制应用中,如果设备(如一台 H 桥式连接控制电路的电机或一个被动式驱动组件)直接响应 dSPACE 硬件输出(如一个模拟电流或脉宽调制数字信号),就不会有问题,因为这直接类似于一个 Simulink 仿真控制系统的输出。然而,在 Elumotion 半身仿真机器人系统中,如果要与几台 Maxon 电机驱动器进行通信就要借助一连串 CAN 编码的数字信息,每一个数字信息都包含执行器 ID 号和所发送的信息规范。接收来自执行器的状态反馈信息必须遵循类似的协议。因此,执行器接口是根据间接编码的数据指令而不是明确清晰的电子信号来实现的。

例如,如果要通过位置和角速度的 PD 反馈信号来实现一个单关节扭矩控制器,那么就必须从 dSAPCE 向 EPOS 单元发送至少三条信息(即电流需求、位置状态请求和角速度状态请求)和接收三条 CAN 信息(电流需求确认、位置状态和速度状态)。此外,还必须通过一连串初始化信息使电流能够作用于电机,并确保以恰当的时序发送信息,以免造成数据冲突。

发送到 EPOS 单元的每个 CAN 信息由以下信息和结构组成(如图 2-13 所示)。

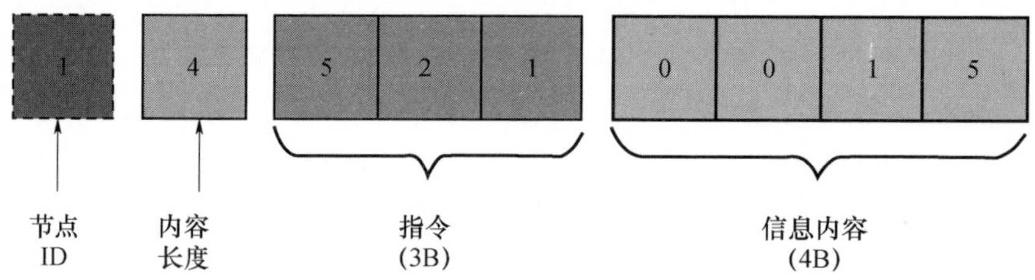

图 2-13 EPOS 节点 CAN 信息结构,包含 1 个节点 ID 和 8B
(图示经 Maxon Motor 公司许可印制,2015 年 9 月 9 日)
1—目标节点标识,对应于信息要发送给的执行器(1B);2—信息内容长度(B)(1B);
3—指令(与 EPOS 固件规范库中的一条指令对应的 3B(Maxon,2016b));
4—信息内容(目标速度)(0~4B)。

出于安全考虑,在一连串指令发送到驱动器之前,EPOS 控制器不允许启动电机。这些指令遵循状态机逐步激活,以防止意外通电,激活安全关键系统。如果 EPOS 控制器进入错误状态(如超过了电流极限),那么系统必须通过相同的状态机重新初始化。

为了实现 EPOS 的激活和与 dSPACE 的通信,在 Simulink S 函数中开发出了一种等效状态机，该函数通过“mex”编译器被写成 MATLAB 和 C 语言形式。由于初始化指令不会生成任何类型的来自 EPOS 的确认信息（与其他命令不同），所以这个初始化序列是以一个定时计数器为基础的，即在传输下一条信息之前，相同的信息会被重复传输数毫秒。一旦初始化完成，相同的 S 函数进入一个循环，从 EPOS 单元请求位置和速度值，同时驱动和监控电流。S 函数还监控电机电流，尽管这种状态仅用于调试目的，而且在控制器中也不重要。限位开关监控也可以通过 S 函数实现，即当检测到限位触点时，关闭电机电源。

2.6 小 结

本章介绍了有关机器人动作与人 - 机交互的一些基本概念，还介绍了本书中实验结果所使用的机器人硬件。第 3 章将讨论人类动作及其对机械臂动作的意义。

参考文献

Adams B(2001) Learning humanoid arm gestures. In: Working notes – AAAI spring symposium series: learning grounded representations, Stanford

Ahmad S, Luo S(1989) Coordinated motion control of multiple robotic devices for welding and redundancy coordination through constrained optimization in cartesian space. IEEE Trans Robot Autom 5(4):409 – 417

Akin D, Carignan C, Foster A(2002) Development of a four – fingered dexterous robot end effector for space operations. In: IEEE international conference on robotics and automation. IEEE Computer Society Press, Washington, DC

Ala R, Kim DH, Shin SY, Kim C, Park SK(2015) A 3D – grasp synthesis algorithm to grasp unknown objects based on graspable boundary and convex segments. Inf Sci 295:91 – 106

Albu – Schaffer A, Haddadin S, Ott C, Stemmer A, Wimbock T, Hirzinger G(2007) The DLR lightweight robot: design and control concepts for robots in human environments. Ind Robot: Int J 34(5):376 – 385

Andersson D(2011) Planning, programming and control of dual – arm robot contact operations. Chalmers University of Technology, Gothenburg

Ata A(2007) Optimal trajectory planning of manipulators: a review. J Eng Sci Technol 2(1):32 – 54

Ata A, Myo T(2006) Optimal point – to – point trajectory tracking of redundant manipulators using generalized pattern search. Arxiv preprint cs/0601063

Atkeson C(1989)Learning arm kinematics and dynamics. Annu Rev Neurosci 12(1):157 – 183

Bicchi A,Kumar V(2000)Robotic grasping and contact:a review. In:Proceeedings of the ICRA,San Francisco,pp 348 – 353

Bobrow J,Gibson J,Dubowsky S(1983)On the optimal control of robotic manipulators with actuator constraints. In:American control conference,San Francisco,pp 782 – 787

Breazeal C(2004a)Designing sociable robots. MIT Press,Cambridge

Breazeal C(2004b)Social interactions in HRI:the robot view. IEEE Trans Syst Man Cybern Part C:Appl Rev 34(2):181 – 186. doi:10. 1109/TSMCC. 2004. 826268

Brooks R(1990)Elephants don't play chess. Robot Auton syst 6(1 – 2):3 – 15

Brooks R,Breazeal C,Marjanovi'c M,Scassellati B,Williamson M(1999)The cog project:building a humanoid robot. In:Nehaniv C(ed)Computation for metaphors, analogy, and agents. Springer, Heidelberg/Berlin,pp 52 – 87

Bullock I,Zheng J,Rosa S,Guertler C,Dollar A(2013a)Grasp frequency and usage in daily household and machine shop tasks. IEEE Trans Haptics 6(3):296 – 308. doi:10. 1109/TOH. 2013. 6

Bullock IM,Feix T,Dollar AM(2013b)Finding small,versatile sets of human grasps to span common objects. In:2013 IEEE international conference on robotics and automation (ICRA), Karlsruhe. IEEE,Piscataway,pp 1068 – 1075

Bullock IM,Ma RR,Dollar AM(2013c)A hand – centric classification of human and robot dexterous manipulation. IEEE Trans Haptics 6(2):129 – 144

Buss M,Lee KK,Nitzsche N,Peer A,Stanczyk B,Unterhinninghofen U(2007)Advanced telerobotics:dual – handed and mobile remote manipulation. Adv Telerobot 7(7):3177 – 3185

Camillo J(2011)Robotics:two arms are better than one. ASSEMBLY 1(43):400 – 410. doi:10. 1109/70. 246051

Carey SL,Lura DJ,Highsmith MJ et al(2015)Differences in myoelectric and body – powered upper – limb prostheses:systematic literature review. J Rehabil Res Dev 52(3):247

Cerruti G,Chablat D,Gouaillier D,Sakka S(2015)Design method for an anthropomorphic hand able to gesture and grasp. ArXiv preprint arXiv:150401151

Chang K,Khatib O(2000)Operational space dynamics:Efficient algorithms for modeling and control of branching mechanisms. In:Proceedings of the IEEE international conference on robotics and automation,2000(ICRA'00),San Fransisco,vol 1. IEEE,Piscataway,pp 850 – 856

Chiaverini S,Oriolo G,Walker I(2008)Kinematically redundant manipulators. In:Siciliano B,Khatib O(eds)Springer handbook of robotics. Springer,Berlin/Heidelberg,pp 245 – 268

Chung W,Fu LC,Hsu SH(2008)Motion control. In:Siciliano B,Khatib O(eds)Springer handbook of robotics. Springer,Berlin/Heidelberg,pp 133 – 159

Clement R,Bugler K,Oliver C(2011)Bionic prosthetic hands:a review of present technology and future aspirations. Surgeon 9(6):336 – 340

Collins S, Wisse M, Ruina A(2001) A three – dimensional passive – dynamic walking robot with two legs and knees. Int J Robot Res 20(7):607

Controzzi M, Cipriani C, Carrozza MC(2014) Design of artificial hands: a review. In: Balasubramanian R, Santos VJ(eds) The human hand as an inspiration for robot hand development. Springer, Heidelberg, pp 219 – 246

Cormen T, Leiserson C, Rivest R, Stein C(2001) Introduction to algorithms. MIT press, Cambridge

Craig J(2005) Introduction to robotics: mechanics and control, 3rd edn. Pearson Prentice Hall, Upper Saddle River

Cutkosky MR, Howe RD(1990) Human grasp choice and robotic grasp analysis. In: Venkataraman ST, Iberall T(eds) Dextrous robot hands. Springer, New York, pp 5 – 31

Daoud N, Gazeau J, Zeghloul S, Arsicault M(2012) A real – time strategy for dexterous manipulation: fingertips motion planning, force sensing and grasp stability. Robot Auton Syst 60(3):377 – 386

De Luca A, Albu – Schaffer A, Haddadin S, Hirzinger G(2006) Collision detection and safe reaction with the DLR – III lightweight manipulator arm. In: 2006 IEEE/RSJ international conference on intelligent robots and systems, Beijing. IEEE, Piscataway, pp 1623 – 1630

De Sapio V, Warren J, Khatib O, Delp S(2005) Simulating the task – level control of human motion: a methodology and framework for implementation. Vis Comput 21(5):289 – 302

De Sapio V, Warren J, Khatib O(2006) Predicting reaching postures using a kinematically constrained shoulder model. Adv Robot Kinemat 3:209 – 218

Demircan E, Sentis L, De Sapio V, Khatib O(2008) Human motion reconstruction by direct control of marker trajectories. In: Lenarcic J, Wenger P(eds) Advances in robot kinematics: analysis and design. Springer, Netherlands, pp 263 – 272

DLR(2010) DLR web portal(English). http://www.dlr.de. Accessed 1 Oct 10

Dollar AM, Howe RD(2010) The highly adaptive SDM hand: design and performance evaluation. Int J Robot Res 29(5):585 – 597

dSPACE(2010) dSpace website. http://www.dspaceinc.com/. Accessed 04 Oct 10

Edsinger A, Kemp CC(2008) Two arms are better than one: a behavior based control system for assistive bimanual manipulation. In: Lee S, Kim MS, Suh IH(eds) Recent progress in robotics: viable robotic service to human. Lecture notes in control and information sciences, vol 370. Springer, Berlin/Heidelberg, pp 345 – 355

Elumotion(2010) Elumotion website. http://www.elumotion.com/. Accessed 04 Oct 10

Featherstone R(1987) Robot dynamics algorithms. Kluwer Academic, Boston

Featherstone R(2008) Rigid body dynamics algorithms. Springer, New York

Featherstone R(2013) Roy Featherstone's website. http://royfeatherstone.org/fractal/. Accessed 26 May 2013

Featherstone R, Orin D(2002) Robot dynamics: Equations and algorithms. In: Proceedings of the

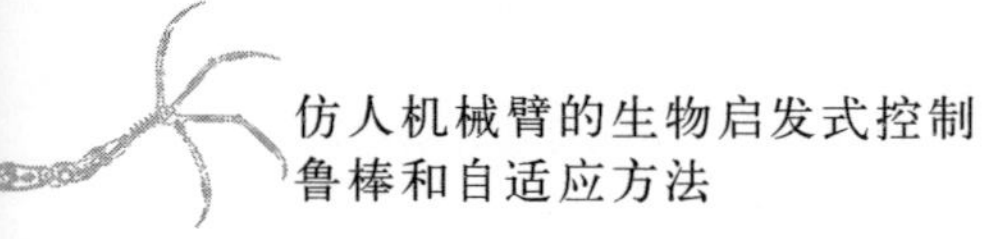

IEEE international conference on robotics and automation, 2000 (ICRA'00), vol 1. IEEE, Piscataway, pp 826 – 834

Featherstone R, Orin DE(2008) Dynamics. In: Siciliano B, Khatib O(eds) Springer handbook of robotics. Springer, Berlin/Heidelberg, pp 35 – 65

Feix T, Romero J, Schmiedmayer HB, Dollar AM, Kragic D(2014) The grasp taxonomy of human grasp types. IEEE Trans Hum – Mach Syst 46(1):66 – 77

Feldman A(1974) Change of muscle length due to shift of the equilibrium point of the muscle – load system. Biofizika 19:534 – 538

Fitzgerald C(2013) Developing baxter. In: 2013 IEEE international conference on technologies for practical robot applications (TePRA), Boston. IEEE, Piscataway, pp 1 – 6

Foreman J, Yazdouni M, Russo S, Chan G, Spiers A, Herrmann G, Barber P(2009) Hardware in the loop validation of a gradient and weight estimation algorithm and longitudinal speed control using a laboratory car. In: Proceedings of the international conference on systems engineering, Coventry

Geng T, Lee M, Hlse M(2011) Transferring human grasping synergies to a robot. Mechatronics 21 (1):272 – 284

Gioioso G, Salvietti G, Malvezzi M, Prattichizzo D(2013) Mapping synergies from human to robotic hands with dissimilar kinematics: an approach in the object domain. IEEE Trans Robot 29(4): 825 – 837

Gouaillier D, Hugel V, Blazevic P, Kilner C, Monceaux J, Lafourcade P, Marnier B, Serre J, Maisonnier B(2009) Mechatronic design of NAO humanoid. In: Proceedings of the 2009 IEEE international conference on robotics and automation, Kobe. IEEE Press, Piscataway, pp 2124 – 2129

Griffin WB, Findley RP, Turner ML, Cutkosky MR(2000) Calibration and mapping of a human hand for dexterous telemanipulation. In: ASME IMECE 2000 symposium on haptic interfaces for virtual environments and teleoperator systems, Orlando, pp 1 – 8

Hagn U, Nickl M, J'org S, Passig G, Bahls T, Nothhelfer A, Hacker F, Le – Tien L, Albu – Schaffer A, Konietschke R et al(2008) The DLR MIRO: a versatile lightweight robot for surgical applications. Ind Robot: Int J 35(4):324 – 336

Han J, Shao L, Xu D, Shotton J(2013) Enhanced computer vision with microsoft kinect sensor: a review. IEEE Trans Cybern 43(5):1318 – 1334

Hanson D, Olney A, Prilliman S, Mathews E, Zielke M, Hammons D, Fernandez R, Stephanou H (2005) Upending the uncanny valley. In: Proceedings of the national conference on artificial intelligence 1999, Menlo Park, vol 20. AAAI Press, Cambridge/MIT Press, London, p 1728

Hellman RB, Chang E, Tanner J, Tillery SIH, Santos VJ(2015) A robot hand testbed designed for enhancing embodiment and functional neurorehabilitation of body schema in subjects with upper limb impairment or loss. Front Hum Neuro – Sci 9:1 – 10

Herrmann G, Jalani J, Mahyuddin M, Khan S, Melhuish C(2014) Robotic hand posture and compliant grasping control using operational space and integral sliding mode control. Robotica. doi:10.

1017/S0263574714002811

Hitec(2010)Robonova official website. http://www. robonova. com/. Accessed 23 Sept 15

Howard M,Klanke S,Gienger M,Goerick C,Vijayakumar S(2009)A novel method for learning policies from constrained motion data. In:Proceedings of international conference on robotics and automation(ICRA),Kobe

Hsu P(1989)Control of multimanipulator systems – trajectory tracking, load distribution, internal force control,and decentralized architecture. In:Proceedings,1989 international conference on robotics and automation,Scottsdale,pp 1234 – 1239

Hsu P(1993)Coordinated control of multiple manipulator systems. IEEE Trans Robot Autom 9(4): 400 – 410. doi:10. 1109/70. 246051

Ishida T,Takanishi A(2006)A robot actuator development with high backdrivability. In:2006 IEEE conference on robotics,automation and mechatronics,Bangkok,pp 1 – 6

Jaeckel P,Campbell N,Melhuish C(2008)Facial behaviour mapping – From video footage to a robot head. Robot Auton Syst 56(12):1042 – 1049

Jamisola R,Ang M,Oetomo D,Khatib O,Lim T,Lim S(2002)The operational space formulation implementation to aircraft canopy polishing using a mobile manipulator. In:Proceedings of the IEEE international conference on robotics and automation,Washington,DC,vol 1,pp 400 – 405

Jones LA,Lederman SJ(2006)Human hand function. Oxford University Press,New York

Kemp C,Fitzpatrick P,Hirukawa H,Yokoi K,Harada K,Matsumoto Y(2008)Humanoids. In:Siciliano B,Khatib O(eds)Springer handbook of robotics. Springer,Berlin/Heidelberg,pp 1307 – 1333

Khan S,Herrmann G,Pipe T,Melhuish C,Spiers A(2010)Safe adaptive compliance control of a humanoid robotic arm with anti – windup compensation and posture control. Int J Soc Robot 2(3): 305 – 319

Khan SG,Herrmann G,Lenz A,Al Grafi M,Pipe AG,Melhuish CR(2014)Compliance control and human – robot interaction:Part(ii) – experimental examples. Int J Humanoid Robot 11(3). doi: 10. 1142/S0219843614300025

Khatib O(1987)A unified approach for motion and force control of robot manipulators:the operational space formulation. IEEE J Robot Autom 3(1):45 – 53

Khatib O,Sentis L,Park J,Warren J(2004)Whole body dynamic behaviour and control of humanlike robots. Int J Hum Robot 1(1):29 – 43

Khatib O,Demircan E,De Sapio V,Sentis L,Besier T,Delp S(2009)Robotics – based synthesis of human motion. J Physiol – Paris 103(3 – 5):211 – 219

Kidd C,Taggart W,Turkle S(2006)A sociable robot to encourage social interaction among the elderly. In:IEEE international conference on robotics and automation(ICRA),Orlando. Citeseer

Kirk D(2004)Optimal control theory:an introduction. Dover Publications Inc. ,New York

Kosuge K,Hirata Y(2004)Human robot interaction. In:Proceedings of the IEEE international conference on robotics and biomimetics, Shenyang, pp 8 – 11

Kreutz – Delgado K, Jain A, Rodriguez G (1992) Recursive formulation of operational space control. Int J Robot Res 11(4):320

Kron A, Schmidt G (2004) Bimanual haptic telepresence technology employed to demining operations. In: Proceedings of the eurohaptics, Munich, vol 43, pp 490 – 493

Krüger J, Schreck G, Surdilovic D(2011) Dual arm robot for flexible and cooperative assembly. CIRP Ann – Manuf Technol 60(1):5 – 8

KUKA website (2010) Kuka product range [online]. http://www. kuka – robotics. com/en/products/. First Accessed 09 June 11

Kurita Y, Ono Y, Ikeda A, Ogasawara T(2011) Human – sized anthropomorphic robot hand with detachable mechanism at the wrist. Mech Mach Theory 46(1):53 – 66

Lallée S, Pattacini U, Lemaignan S, Lenz A, Melhuish C, Natale L, Skachek S, Hamann K, Steinwender J, Sisbot EA et al(2012) Towards a platform – independent cooperative human robot interaction system: III. An architecture for learning and executing actions and shared plans. IEEE Trans Auton Mental Dev 4(3):239 – 253

Lilly K, Orin D (2002) Efficient O(N) recursive computation of the operational space inertia matrix. IEEE Trans Syst Man Cybern 23(5):1384 – 1391

Liu Yh, Arimoto S(1996) Distributively controlling two robots handling an object in the task space without any communication. Computing 41(8):1193 – 1198

Luh J, Walker M, Paul R(1980) On – line computational scheme for mechanical manipulators. J Dyn Syst Meas Control 102:69

Ma RR, Spiers A, Dollar AM(2015) M2 gripper: extending the dexterity of a simple, underactuated gripper. In: Proceedings of the 2015 IEEE international conference on reconfigurable mechanisms and robotics(ReMAR), London.

Mahyuddin M, Herrmann G(2013) Cooperative robot manipulator control with human 'pinning' for robot assistive task execution. In: Herrmann G, Pearson MJ, Lenz A, Bremner P, Spiers A, Leonards U(eds) Social robotics. Lecture notes in computer science, vol 8239. Springer, Berlin/New York, p 521

Maxon(2010) Maxon motor controller (EPOS website). http://www. maxonmotor. com/2288. html. Accessed 04 Oct 10

Maxon(2016a) Brushless DC motors online catalogue. http://www. maxonmotor. com/maxon/view/catalog/. Accessed 05 Apr 16

Maxon(2016b) EPOS Positioning controller firmware specification

MIT(2010) Cog project overview [online]. http://www. ai. mit. edu/projects/humanoid – robotics-group/cog/overview. html. Accessed 23 Sept 10

Nakanishi J, Cory R, Mistry M, Peters J, Schaal S(2008) Operational space control: a theoretical and empirical comparison. Int J Robot Res 27(6):737 – 757

Napier JR(1956)The prehensile movements of the human hand. Surger 38 – B(4):902 – 13

Ottewill J,Neild S,Wilson R(2009)Intermittent gear rattle due to interactions between forcing and manufacturing errors. J Sound Vib 321(3 – 5):913 – 935

Parsons B,White A,Prior S,Warner P(2005)The middlesex university rehabilitation robot. J Med Eng Technol 29(4):151 – 162

Qixin C,Zhen Z,Jiajun G(2007)A distributed control and simulation system for dual arm mobile robot. In:Computational Intelligence,Jacksonville,pp 450 – 455

Quigley M,Conley K,Gerkey B,Faust J,Foote T,Leibs J,Wheeler R,Ng AY(2009)Ros:an open – source robot operating system. In:ICRA workshop on open source software,Kobe,vol 3,p 5

Quispe AH,Milville B,Gutiérrez MA,Erdogan C,Stilman M,Christensen H,Amor HB(2015)Exploiting symmetries and extrusions for grasping household objects. In:IEEE international conference on robotics and automation(ICRA),Seattle

Resnik L,Borgia M(2012)Reliability and validity of outcome measures for upper limb amputation. JPO:J Prosthet Orthot 24(4):192 – 201

Reuter T(2009)Kuka – annual report. www. kuka. com/res/media/geschaeftsberichte/gb_2009/en/editorial. html. Accessed 1 Oct 10

Robotics R(2013)Baxter research robot. http://www. rethinkrobotics. com/baxter – research – robot/. Accessed 12 Sept 15

Rooks B(2006)The harmonious robot. Ind Robot:Int J 33(2):125 – 130

Sabe K,Fukuchi M,Gutmann JS,Ohashi T,Kawamoto K,Yoshigahara T(2004)Obstacle avoidance and path planning for humanoid robots using stereo vision. In:Proceedings of the 2004 IEEE international conference on robotics and automation(ICRA'04),New Orleans,vol 1. IEEE,Piscataway,pp 592 – 597

Sakagami Y,Watanabe R,Aoyama C,Matsunaga S,Higaki N,Fujimura K(2002)The intelligent ASIMO:system overview and integration. In:2002 IEEE/RSJ international conference on intelligent robots and systems,EPFL Lausanne. IEEE,Piscataway,vol 3,pp 2478 – 2483

Sandini G,Metta G,Vernon D(2007)The iCub cognitive humanoid robot:An open – system research platform for enactive cognition. In:Lungarella M,Iida F,Bongard J,Pfeifer R(eds)50 years of artificial intelligence. Lecture notes in computer science,vol 4850. Springer,Berlin/Heidelberg pp 358 – 369

Schaal S,Schweighofer N(2005)Computational motor control in humans and robots. Curr Opin Neurobiol 15:675 – 682

Schunk(2015)Servo – electric 5 – finger gripping hand svh @ ONLINE. http://mobile. schunkmicrosite. com/en/produkte/produkte/servo – electric – 5 – finger – gripping – hand – svh. html. Accessed 12 Sept 15

Shin SY,Kim C(2015)Human – like motion generation and control for humanoid's dual arm object manipulation. IEEE Trans Ind Electron 62(4):2265 – 2276. doi:10. 1109/TIE. 2014. 2353017

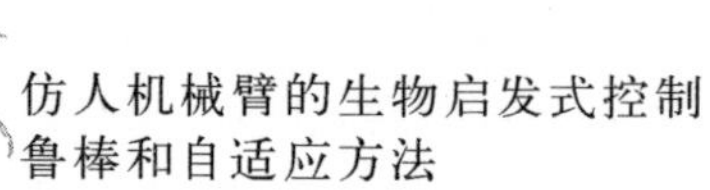

Shin – Ichi T(2006) NIPPONIA, number 38, humanoid robots continue to evolve[online]. http://web – japan. org/nipponia/nipponia38/en/feature/feature05. html. First Accessed 30 Sept 10

Smith C, Karayiannidis Y, Nalpantidis L, Gratal X, Qi P, Dimarogonas D, Kragic D(2012) Dual arm manipulation a survey. Robot Auton Syst 60(10):1340 – 1353

Sung GT, Gill IS(2001) Robotic laparoscopic surgery: a comparison of the da vinci and zeus systems. Urology 58(6):893 – 898

Surdilovic D, Yakut Y, Nguyen TM, Pham XB, Vick A, Martin – Martin R(2010) Compliance control with dual – arm humanoid robots: design, planning and programming. In: 2010 10th IEEE – RAS international conference on humanoid robots(Humanoids), Nashville. IEEE, Piscataway, pp 275 – 281

Tarn T, Bejczy A, Yun X(1987) Design of dynamic control of two cooperating robot arms: Closed chain formulation. In: Proceedings of the 1987 IEEE international conference on robotics and automation, institute of electrical and electronics engineers, Raleigh, pp 7 – 13

Todorov E(2004) Optimality principles in sensorimotor control. Nat Neurosci 7(9):907 – 915

Todorov E, Jordan M(2002) Optimal feedback control as a theory of motor coordination. Nat Neurosci 5(11):1226 – 1235

Tsagarakis N, Metta G, Sandini G, Vernon D, Beira R, Becchi F, Righetti L, Santos – Victor J, Ijspeert A, Carrozza M et al(2007) iCub: the design and realization of an open humanoid platform for cognitive and neuroscience research. Adv Robot 21(10):1151 – 1175

Uchiyama M, Dauchez P(1987) Hybrid position/force control for coordination of a two – arm robot. In: Proceedings of the IEEE international conference on robotics and automation, Raleigh, pp 1242 – 1247

University of Washington(2013) Evaluation of a stiff shoulder[online]. http://www. orthop. washington. edu/? q = patient – care/articles/shoulder/evaluation – of – the – stiff – shoulder. html. Accessed 26 Sept 15

Vahrenkamp N, Boge C, Welke K, Asfour T, Walter J, Dillmann R(2009) Visual servoing for dual arm motions on a humanoid robot. In: 9th IEEE – RAS international conference on humanoid robots, Paris, vol 43. pp 208 – 214

Vick A, Surdilovic D, Kruger J(2013) Safe physical human robot interaction with industrial dual arm robots. In: Proceedings of the 9th international workshop on robot motion and control, Wasowo, pp 264 – 269

Wang H, Low KH, Wang MY, Gong F(2005) A mapping method for telemanipulation of the non – anthropomorphic robotic hands with initial experimental validation. In: Proceedings of the 2005 IEEE international conference on robotics and automation(ICRA). IEEE, Piscataway, pp 4218 – 4223

Wen J, Desrochers A(1986) Sub – time – optimal control strategies for robotic manipulators. In: Proceedings of the 1986 IEEE international conference on robotics and automation, vol 3, pp 402 –

406. doi:10. 1109/ROBOT. 1986. 1087701

Wettels N, Santos VJ, Johansson RS, Loeb GE(2008) Biomimetic tactile sensor array. Adv Robot 22(8):829 – 849

Wilkes D, Alford A, Pack R, Rogers T, Peters R, Kawamura K(1998) Toward socially intelligent service robots. Appl Artif Intell 12(7):729 – 766

Williams P(1918) Gray's anatomy of the human body

Willow Garage(2009) Overview of the PR2 robot. http://www. willowgarage. com/pages/pr2/ overview. First Accessed 12 Jan 11

Yao B, Tomizuka M(1993) Adaptive coordinated control of multiple manipulators handling a constrained object. In: IEEE international conference on robotics and automation, Atlanta, vol 43, pp 624 – 629

Yoshikawa T(1991) Coordinated dynamic control for multiple robotic mechanisms handling an object. Proc IROS 91: IEEE/RSJ Int Workshop Intell Robots Syst 91(91):315 – 320. doi:10. 1109/IROS. 1991. 174469

Yoshikawa T(2010) Multifingered robot hands: control for grasping and manipulation. Ann Rev Control 34(2):199 – 208

Yoshikawa T, Zheng X(1990) Coordinated dynamic hybrid position/force control for multiple robot manipulators handling one constrained object. In: Proceedings/international IEEE conference on robotics and automation, May 1990, Cincinnati, vol 2, pp 1178 – 1183

Yu Z, Huang Q, Li J, Chen X, Li K(2008) Computer control system and walking pattern control for a humanoid robot. In: IEEE/ASME international conference on advanced intelligent mechatronics, 2008(AIM 2008), pp 1018 – 1023. doi:10. 1109/AIM. 2008. 4601801

Zheng Y, Luh JS(1985) Control of two coordinated robots in motion. In: 1985 24th IEEE conference on decision and control, December. IEEE, pp 1761 – 1766. doi:10. 1109/CDC. 1985. 268839

Zlotolow DA, Kozin SH(2012) Advances in upper extremity prosthetics. Hand Clinics 28(4):587 – 593

第 3 章　人的动作

第 2 章重点强调了仿人动作将有利于将仿人机器人集成到现实场景中。本章将聚焦于人的动作，特别是伸臂取物任务动作，这是本书中所追求的控制方法的总体目标。这种动作在健康人群中大体上是一致的，在很大程度上是受到人的生理学结构约束。本章回顾了一些与理解人的动作和处理冗余度有关的文献，这在机械臂控制中是特别值得关注的。除了记录人的动作和将其缩放为机器人动作的方法外，还将探讨有助于理解这种动作的各种方法，相比人的身体，这些方法的复杂度并不全面。

3.1 简　介

本章将讨论与人的动作的结构和驱动机制有关的观察和理论，因为如果要合成人的动作，那么首先确立动作的定义是很重要的。请注意，本书选择伸臂取物任务动作作为研究的主要对象。第 4 章将详细探讨选择这个任务动作的全部动机。目前，已经有许多关于人的动作其他方面的研究，如平衡、步态、眼球运动以及精细控制等（Schaal 和 Schweighofer，2005）。在机械臂领域，根据其所处的环境进行操作或与人交互、取物及抓物动作等是最值得关注的方面。

很容易观察到：大多数自然动作遵循一定的路径和约束，以产生大体一致的动作模式（De Sapio 等，2006；Lacquaniti 和 Soechting，1982），而且多年来对这些动作模式的客观分类投入了大量的研究工作。最早进行客观动作分析的是 Muybridge（1881 和 1883），他拍摄了人类和动物的动作序列进行科学分析（见图 3－1）。这些数据最初被用来确定关于人类和动物运动的未知问题。因此，这可以看作是动作捕捉的第一个实例。在探讨动作模型以对所观察到的现象做出解释之前，本章将采用更为先进的观察方法。

图3-1 男人跳跃动作的连续照片,用于动作分析,由 Edwars Muybridge 摄于1879年(Muybridge,1881)

3.2 动作研究

针对人类手臂动作的许多研究试图解决"冗余问题"或对末端执行器轨迹进行分类。冗余问题涉及移动过程中选择恰当的手臂姿势,因为许多姿势都能完成相同的任务动作。我们将在后面看到,冗余问题是机器人技术的主要关注点。人类的冗余问题是以一种一致的方式来解决的(Kang 等,2005)。尽管这些问题仍是争论的焦点,但对驱动假说的许多关键贡献都是在20世纪80年代和90年代提出的。因此,本节中引用的许多论文都来自这一时期。

在最早的一项关键研究中,Lacquaniti 和 Soechting(1982)概述了一些关于人类在自由空间中伸臂取物动作的观察,试图描述一些"支配这些运动的时空演化的一般规律"。通过观察伸臂取物过程中肩部、肘部和腕部之间的关系,可以看出:伸臂取物动作是基于关节层面的运动学关系来规划和执行的。有证据显示:对于某一特定任务,保持关节角度之间的恒定关系,可以有效地减少自由度,从而使冗余问题更容易解决(Flash 和 Hogan,1985)。另一种方法是只关注手部的动作而忽略手臂的其他部分(Burdet 和 Milner,1998)。在这类研究著作中,对末端执行器动作的一般性质进行了大量的观察。一个夹紧的绘图仪所完成的平面移动产生了近似直线的运动轨迹(Morasso,1981;Abend 等,1982;Flash 和 Hogan,1985)。这些研究者和其他人(Georgopoulos 等,1981)也观察到动作中对称的钟形速度轨迹,尽管这种对称性在后来的研究中存在争议(Burdet 和 Milner,1998)。

此外,伸臂取物动作通常包括接近阶段和调整阶段,这在 100 多年前就已经观察到了(Woodworth,1899)。Meyer 等(1988)扩展了这一观点,他们认为一个完整的动作由一连串连续的较小的子动作组成。Fitts 和 Peterson(1964)描述了在伸臂取物和抓物动作中出现的速度与到达准确性之间的折中关系,即移动得太快到达目标时就会停不住,因此不得不根据目标的大小提前减速,这就会减缓到达目标的速度,延长到达目标的时间,这就是费茨法则(Fitt's law)。最近,有观点认为:这种失准性归因于“运动系统中与信号相关的生物噪声”(Todorov 和 Jordan 2002;Harris,2009)。

3.3 动作模型

人的动作的一致性意味着存在一些内在的、一致的动作驱动机制。以上各节中提到的许多观察都对应着具体的模型。然而,必须记住,人体是一个复杂的系统,有许多相互关联的要素。因此,对动作的驱动控制不可能是对单个生理量控制的结果。

Kawato(1999)所述的生物轨迹规划的两种主要方法,即运动学内部模型法或动力学内部模型法,一直以来“颇具争议”。以下将讨论这两种方法的示例。

3.3.1 运动学模型

“VITE”模型是由 Bullock 和 Grossberg(1988)开发的,该模型对肌肉控制的神经信号进行了描述,而且也具备了之前在伸臂取物任务动作中所呈现出的特性,如非对称钟形速度轨迹(Flash 和 Hogan,1985)和速度—准确性折中法则

(Fitts 和 Peterson,1964)。Hersch 和 Billard(2006)将该模型以混合控制方案的形式应用到机器人任务动作中,即一个 VITE 控制器在末端执行器笛卡儿空间中,另一个在零空间(或关节空间)中。Feldman(1974)提出了"质量—弹簧假说"(也称为"平衡点假说"),该假说认为运动源于肢体平衡位置的变化,而这种平衡是神经控制下解剖学组成部分(骨骼和肌肉,类似于质量和弹簧)相互作用的结果。尽管这种平衡受到动力学影响,但该假说提出:首先,在运动开始前计算出最终的关节角度,然后运动开始,每个关节独立于其他关节移动到其最终位置。Feldman 假说本质上是逆运动学过程(见第 2.3.1.2 节),但是根据生物学观察得出的。Cruse 和 Bruwer(1987)指出了这种方法的局限性,即与经验证据相冲突,如做动作时关节方向的变化(非单调)。大量的证据支持这样一种说法,即在动作的规划和/或执行过程中会出现某种形式的优化。然而,需要对优化下的代价函数进行解释,而且许多反向代价函数也被提了出来。这里将讨论一些关键的运动学优化建议。Flash 和 Hogan(1985)提出了一种模型,该模型再现了在平面多关节任务动作中观察到的特征。这是一种基于加加速度(即位置的三阶导数)的动力学优化模型,采用了 Pontryagin 方法(Pontryagin,1962)。通过将加加速度看作纯运动系统中一个最小化的目标函数,在点到点的任务动作中再现了具有钟形速度轨迹的手的平滑动作。如第 3.2 节所述,Atkeson 和 Hollerbach(1985)对这些直线的关节空间轨迹表示怀疑,他们进行了垂直而非水平的任务动作实验,观察到关节角的非单调变化(做动作时关节方向的变化)以及呈曲线(非线性)的工作空间轨迹,由此作者得出这样的结论,即"非线性路径仅仅是由重力引起的"。Cruse 和 Brüwer(1987)也在垂直和某些特定的水平动作中观察到曲线路径,但他们认为 Atkeson 和 Hollerbach 的"仅由重力"的推测并不完全正确。

Cruse 和 Brüwer(1987)提出,水平运动轨迹表示两个准则之间的一种折中,即力图使运动中的每个关节角的变化保持大致相等与使基于关节的代价函数之和最小(即最低点在每个关节的运动范围的中间,见 Cruse,1986)之间的折中。正如 Flash 和 Hogan(1985)所述的那样,通过选择最优代价方案,冗余问题得到了解决(尽管 Cruse 的方法仅适用于研究中任务动作结束时的静态位置)。在 Cruse 和 Brüwer(1987)的实验中,参试者也受到约束而只能做二维水平动作,因此该模型对处于放松位置的动作(即肘部通常以一个接近完全弯曲的角度保持在某个位置)是无效的。由于这两个准则产生了轨迹呈曲线的工作空间(末端执行器)运动,所以第三个准则在工作空间的直线轨迹和关节空间的直线(单调)轨迹之间应用了一种动力学折中。

Desmurget 等(1997)通过对比 Atkeson 和 Hollerbach(1985)以及 Lacquaniti

等(1986)(观察到曲线轨迹)的研究工作,指出了 Flash、Hogen(1985)和 Morasso(1981)(在任务动作中观察到直线轨迹)观测结果中的矛盾之处,而且暗示不同的实验方法或许影响了记录的轨迹。这两种方法之间最明显的区别是,直线动作轨迹经常在涉及某个(通常是带有装置的)工具(如钢笔、操纵杆等)的动作的研究中被观察到,而曲线动作轨迹则在无约束的动作中被观察到(经常使用光学跟踪参试者动作)。此外,值得注意的是,在许多产生直线轨迹的研究中,参试者受到约束,在做平面动作时忽略了作用于手臂的重力作用(研究中对肘部进行支承的目的是尽可能减小重力的影响)。如果在典型的非水平平面动作中,最优准则是重力相关的,那么很明显,这种约束实验方案将严重影响研究的观察结果,从而偏离更为常见的那些场景。

3.3.2 动力学模型

以上的动作建模运动学方法都没有考虑到动作的解剖学基础或执行器极限以及和能量的约束。显然,机械系统受其结构和所包含的执行机构类型的限制,我们不能指望装有液压凸轮的装置具有与音圈驱动的硬盘读写头相同的运动能力或特性。与此类似的是人类所固有的运动基础,即使用许多复杂的执行器来驱动一个受动力学法则和解剖学结构约束的系统,也明显背离了肢体的概念,即肢体是完全根据位置来建模的无重量关节的连接(见图 3-2)。本章提出的理论运用了动力学的各种概念,将手臂视为一个系统,并受到内部和外部环境因素的影响。

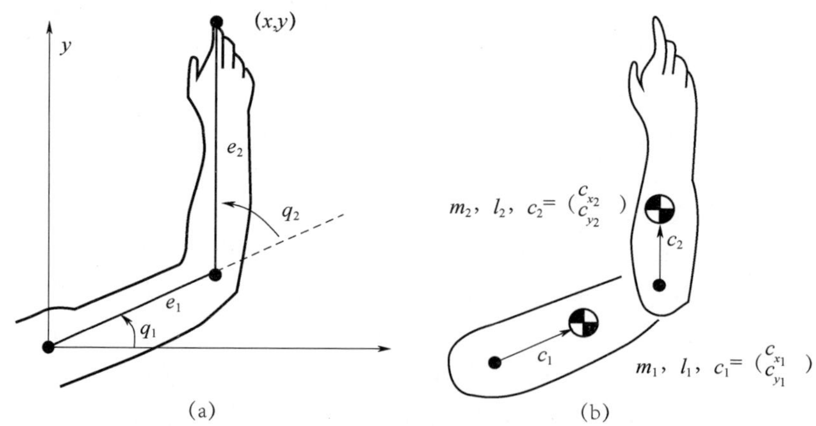

图 3-2 人类手臂的简图(图示经"Annual Review of Neuroscience, Learning arm Kinematics and Dynamics, Volume 12 © 1989 by Annual Review, http://www. annualreviews"许可转载)
(a)运动学模型;(b)动力学模型。

最近,Khatib 等(2009)有这样的陈述,“利用肌肉系统模型的特性,该模型很好地诠释了肌肉运动学和强度特性,对于真实模拟人类动作至关重要,因为人类动作经常受到生理约束的影响”。该结论是建立在以往数十年研究的基础上得出的,这些研究将各种生理模型引入到最优动作中。Atkeson 和 Hollerbach(1985)观察到了非水平任务动作场景中末端执行器的非直线路径,并将曲线轨迹归结为重力的产物,这暗含一个动态(即基于力的)代价函数和动态变量在控制结构中的作用。Uno 等(1989)提出人类动作是由关节扭矩变化和肌肉力量变化共同驱动的。Soechting 和 Flanders(1998)通过能量消耗最小化方法获得了手臂最终姿态,而通过力变化最小化方法获得了手部轨迹,两种方法中的最小能量准则使得作者得出结论,即动作规划必须涉及动力学。

Luo 等(2004)还应用了优化技术来最小化末端执行器施力和整体肌肉施力的变化(为了简化肌肉位置,将在下面描述),以重现平面曲柄旋转。由于环境约束(受试者的手臂被悬吊以产生二维手臂位形,并且曲柄一直被夹紧),任务可以被视为 1 自由度。由此,作者提出:使用一个手臂动力学模型来实现任务空间中的轨迹规划。Kang 等(2005)为了解决一个 4 自由度手臂模型(肩部 3 个自由度,肘部 1 个自由度用来弯曲)的逆运动学冗余问题,将关节扭矩所做的总功最小化。Rengifo 等(2008)尝试控制一只由 8 块肌肉驱动的 2 自由度手臂。为了解决冗余问题,使用了一些代价函数,代价函数中包括肌肉总施力的最小化、肌肉总应力的最小化以及肌肉做功的最小化。他们对跟踪误差和扭矩平方进行了优化。类似的肌肉模型在其他研究中也有使用,将在下面详细介绍。Kuo(1995)使用的分析人类姿态平衡的方法是将腿和躯干视为一连串倒立摆,由最优控制器控制,代价函数使状态偏差最小化以控制质心,稳定头部位置,保持直立姿态,减少控制器的工作。其作用是实现非线性踝关节和髋关节策略,以纠正纵断面较大的扰动,因为这些扰动会导致髋关节比踝关节施加更大的力。虽然这一连串倒立摆是非线性的,但作者仍将系统和控制器近似为线性,认为系统在有限区域内是线性的。Alexander(1997)着眼于与简化肌肉模型相关的代谢能量代价的最小化,以解决快速运动中的冗余问题。Adams(2001)也应用了类似的概念来抑制过强的仿人动作。

在上面描述的许多建模技术中,最优性是在没有感知反馈的情况下进行处理的。神经科学领域最近的研究在反馈控制律方面重新定义了最优性,并将重点放在了在线产生行为的机制上,可参见 Todorov(2004)中的综述。

3.4 生理建模

3.4.1 肌肉模型

上面列出的许多动态优化方法都在其人类动作的最优驱动模型中引入了肌肉力和动力学模型。因此,在本书的控制方案中也引入了肌肉模型。这就需要对肌肉建模方法进行简要综述。这种建模方法发展得比较完善,一般来说,肌肉性能是根据以下标准来衡量的,即受肌肉的生理和解剖特征(Fung,1993)的影响:

(1)力产生大小;

(2)产生力的速度;

(3)力可维持的时间长度。

描述肌肉运动特性的一种常用方法是使用 Hill 方程(Hill,1910),即

$$(v+b)(P+a)=b(P_o+a) \tag{3.1}$$

式中:P 为长度不变情况下(夹紧);强直("主动")的肌张力,v 为收缩速度,a,b 和 P_o 为常数。Hill 方程式用来表征强直肌肉收缩的能力,并说明了在肌肉强直的条件下做功的速率是恒定的(Fung,1993)。该方程说明了 P 和 v 之间的双曲线关系,即较高的负载导致较慢的收缩速度,较高的收缩速度导致较低的张力。

如图 3-3 所示,肌肉模型由三个元素组成:

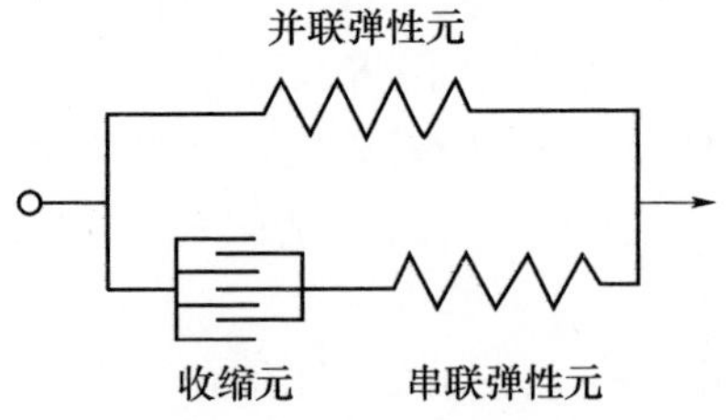

图 3-3 Hill 三元素肌肉模型(Hall,2003)(© 2003 图示经 McGraw-Hill Education,S. J. Hall. Basic Biomechanics:Fourth Edition 许可转载)

(1)收缩元,放松时无张力,激活时收缩。

(2)串联弹性元,当肌肉被动拉伸时,充当弹簧储存能量。

(3)并联弹性元,表示肌肉松弛状态下的力学性质,即弹性和抗被动拉伸性。

Hill 模型虽然很受欢迎,但是并不完整。一些其他的变量也已经被提了出来(Hall,2003)。特别是在 Zajac(1989)详细描述的模型中不仅包括肌肉中的肌肉纤维方向,还包括肌腱特性,即肌腱作为肌肉和骨骼之间的界面,本质上是弹性元。为了简化模型,可以将肌腱视为具有无限刚性,这样就可以将肌腱简化为肌肉执行器长度的延伸(De Sapio 等,2005)。

已经确定的肌肉模型关键参数会随着骨骼上的肌肉在运动过程中的变化而变化,如图 3-4 所示。该肌肉形态明显改变了肌肉的运动学和动力学模型。此外,还可以引入代谢效应以模拟疲劳或能量消耗(Alexander,1997;Adams,2001)。

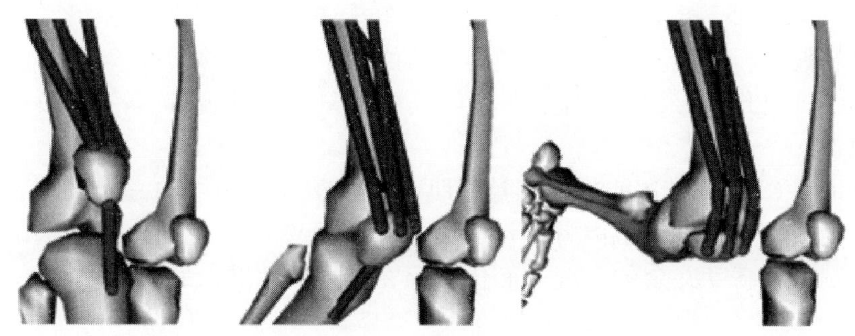

图 3-4　使用 OpenSim 仿真的膝关节弯曲时肌肉形态
(© 2007 图示经 OpenSim Project 许可转载)

3.4.2　生理的复杂性

虽然肌肉动力学似乎在人类动作的形成过程中起到很大的作用,但对这些动力学建模并将其引入到模型中是一项很繁重的工作,在许多层面上增加了复杂性。紧接着,反向驱动的加入也增加了关节控制的复杂性(Grebenstein 和 van der Smagt,2008);然而,通常情况下,在人体中肌肉的运动并不是直接映射关节的运动,某些关节的移动可能要使用两块以上的肌肉。例如,肘关节屈曲(即折叠肘关节使上肢和下肢之间的角度减小)就是来自手臂的 4 块独立肌肉(肱肌、肱二头肌、肱桡肌和旋前圆肌)不同程度的扭矩贡献。这些肌肉的相对贡献取决于肢体其余部分的方向(Hall,2003)。与屈曲动作相反,伸展动作使用完全不同的一组肌肉。但是,实际情况是“单块肌肉很少单独工作”(Trew 和 Everett,

2001)。对人体肌肉的额外建模也大大扩展了与运动相关的冗余问题,即为了以协调的方式移动部分身体,许多肌肉必须协同工作以形成协同作用(Bullock 和 Grossberg,1988)。很明显,这些肌肉随后可能以多种不同的方式组织起来,以产生相同的动作。Bullock 和 Grossberg(1988)在评论不同肌肉群(和协同作用)在各种动作中的柔顺性协作时指出,由于这个肌肉组织的复杂性,固定动作规划的观点是不适用的、无效的,“一旦人们正视这个问题,即许多行为上重要的协同作用不是固定的,而是在时间上动态耦合和解耦的,时间取决于行为方经验和训练的方式,那么就会发现,对所有协同作用方的轨迹进行明确预先规划是无法做到的。”Rengifo 等(2008)也强调了一个事实,在逆动力学中,肌肉数量远远超过关节数量,因此冗余是一个主要问题。考虑到已经在解决手臂运动冗余问题上所做的努力,这样的观点有点令人担忧、这与肌肉无关。

Lee 等(2005)指出在对动态系统模型分析中,这些“常见”的动态方法导致了很大的数值和符号复杂性。这使得经典的基于优化的移动方案只适用于最简单的系统。因此,引入肌肉动力学将使其更加复杂。Mitrovic 等(2010)也赞同这一观点。

Delp 等(2007)描述的软件工具是肌肉骨骼动力学领域的一个发展,从而便于用生物力学分析复杂肌肉骨骼动力学模型。虽然这大大简化了肌肉的建模,但在控制这个高度冗余的系统方面仍然存在着复杂性增加的问题。

3.4.3 神经模型

动作模型的建立使研究人员在许多层面上怀疑人类动作的驱动机制。虽然人类动作可以被看作是解剖学约束的产物,但还有一个问题:生物有机体的中枢神经系统(CNS)是如何表达动作的。本节将提出一个有力的证据支持内部模型在神经系统中的作用。内部模型是能模拟输入/输出特性的神经机制,或反过来说,肢体运动组织。正向内部模型可以由发出的运动指令的输出副本预测感觉结果,而逆向模型可以由期望的轨迹信息计算出必要的前馈指令(Kawato,1999)。

神经生物学研究强调了动力学的内部表达在控制和学习复杂动作任务中的作用和必要性(Mussa - Ivaldi 和 Patton,2000)。在机器人学中也已经同样开展了这些研究(Atkeson 和 Schaal,1997)。Flash 和 Hogan(1985)在观察任务动作过程中的时间标度特性时,认为动作规划与基本的动力学有关。Luo 等(2004)根据实验证据也提议在任务空间中使用动态模型来规划轨迹。

内部模型的概念被证明是合理的,因为生物反馈回路的速度慢,增益低,不允许仅在反馈控制下执行快速和协调的手臂动作（Kawato，1999）。相反，内部模型假设：中枢神经系统需要获得被控制对象的逆动力学模型，在此之后，以“纯前馈方式”执行动作控制（Kawato，1999）。需要注意的是，非结构化环境中的大多数物理系统都适用这些带反馈控制（作为处理各种干扰的方法）的模型。

Hanneton 等（1997）进一步开发了缓慢的生物反馈和不确定的人体逆动力学模型及其环境（这也意味着在中枢神经系统中同时进行开环和闭环控制）之间的相互作用。利用一个操纵杆进行跟踪实验，作者“建议在对一个未知动态系统进行视觉－手动控制过程中，可以用滑模控制来描述固定模式扫视动作”。他们的论据是根据观察得出的，即观察到滑模表达法可用来简化一个复杂系统的动力学，并且能在面对不确定性的情况下实现高效控制。在 Hanneton 等人（1997）的研究工作中，滑模变量是视觉误差（在跟踪任务中）及其进一步导数的组合。可以注意到，滑模控制的应用贯穿本书（特别是在第5章和第7章），即作为一种补充方法来处理基于模型的控制系统中的不确定性。

有关肢体内部模型和大脑其他区域的理论已持续数十年（Ito，1970），最近的实证实验支持了这些理论，实验涉及机械臂（Mussa－Ivaldi 和 Patton，2000）、旋转室（Lackner 和 Dizio，1998）和动力外骨骼（Mistry 等，2005）。事实上，Schaal（2006）在探讨将逆动力学模型引入其控制方案时有这样的表述：“这样做的动机来自于神经生物学数据，这些数据有力地证明了大脑顶叶皮质区主要涉及运动学轨迹规划的表达（见相关文献），小脑主要涉及逆动力学模型的表达”。Mussa－Ivaldi 和 Patton（2000）认为，在存在人工斥力场（通过外骨骼产生）的条件下重复试验后，参试志愿者能够恢复他们最初的、未受干扰的轨迹。然而，当力场被移除，轨迹误差在与先前作用力相反的方向上变得很大。这表明，已经存在于使用者大脑中的手臂逆模型已经适应了作用力场。这些方法已被用于改善中风患者的运动技能恢复训练（Patton 等，2006）。Mistry 等（2005）的外骨骼实验表明，人类能克服冗余自由度（如肘部）的扰动以恢复任务动作轨迹。这一证据表明实现了动作的主要目标（任务）和身体其余部分的位形（姿态）之间的解耦。在许多动作研究中（伸臂取物、定向、说话和移动等）可以观察到，相比姿态，完成任务动作更重要（Todorov 和 Jordan，2002）。通过这些研究可以得出结论：在做重复动作时，相比姿态，任务动作的可重复性更大；而且在动作受到扰动的情况下，任务表现比冗余自由度重要。此外，在刚性、运动学、关节空间轨迹规划方面，这些研究都形成了强有力的支持。

3.4.4 简化模型

动作研究经常是在没有完整的手臂或身体模型的情况下进行的,因为一个相对简单的任务的基本控制方案通常也可以应用于更多自由度的研究。例如,在许多论文中,动作被简化为一个 2 自由度(肩部和肘部弯曲)平面臂来代表手臂(Luo 等,2004;Mussa - Ivaldi 和 Patton,2000;Burdet 等,2006;Rengifo 等,2008;Alexander,1997;Tee 等,2010),见图 3 - 5。Kang 等(2005)在三维动作建模中使用了一个 4 自由度臂模型,即肩部 3 自由度和肘部 1 自由度,基本上忽略了腕部的 3 自由度。

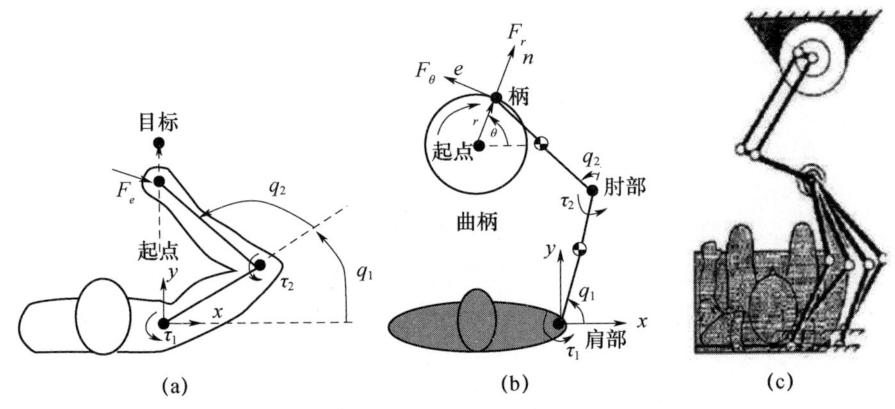

图 3 - 5 各种文献中的一些 2 自由度人类手臂模型

(a)伸臂取物时(Burdet 等,2006);(b)曲柄臂旋转时(Luo 等,2004);

(c)与机械臂交互时(Mussa - Ivaldi 和 Patton,2000)。

注意,(c)中所示的几个肩部位置用以图解动力学评估技术。(a)© 2006 图示经 Springer 许可转载;(b)© 2005 IEEE 图示转载自"IEEE, Luo Z, Svinin M, Ohta K, Odashima T, Hosoe S(2005) On optimality of human arm movements. In IEEE International Conference on Robotics and Biomimetics, pp 256 - 261";(c)© 2000 IEEE 图示转载自"IEEE, Mussa - Ivaldi F, Patton J(2000) Robots can teach people how to move their arm. In: IEEE International Conference on Robotics and Automation, IEEE; 1999, vol 1, pp 300 - 305"

在动态肌肉建模方面,为了能使用最小/最优标准产生肩部和肘部的平面动作,Luo 等(2004)、Rengifo 等(2008)、Tee 等(2010)和 Alexander(1997)都使用高度简化的肌肉布局模型,如图 3 - 6 所示。相比之下,图 3 - 7 所示的 OpenSim 手臂模型更为逼真。

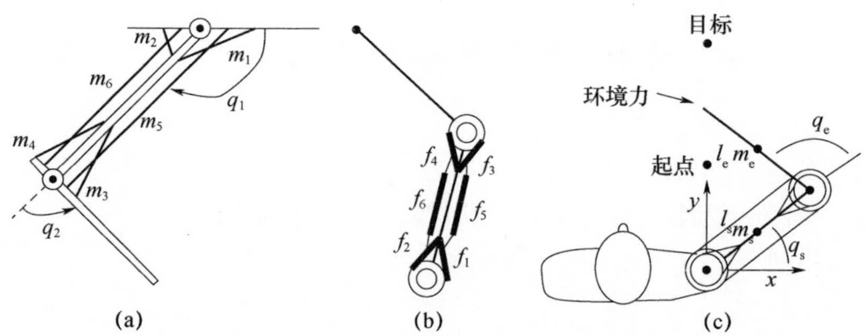

图 3-6 手臂肌肉简化模型,使用6块肌肉来控制2个关节

(a)转载自 Rengifo 等(2008);(b)转载自 Luo 等(2004);(c)转载自 Tee 等(2010)。

((a)© 2008 IEEE 图示转载自"IEEE, Rengifo C, Plestan F, Aoustin Y(2008) Optimal control of a neuromusculoskeletal model: a second order sliding mode solution. International Workshop on Variable Structure Systems pp 55-60";(b)© 2005 IEEE 图示转载自"IEEE, LuoZ, Svinin M, Ohta K, Odashima T, Hosoe S(2005) On optimality of human arm movements. In: IEEE International Conference on Robotics and Biomimetics, pp 256-261. © 2006";(c)图示经 Springer(Tee et al. 2010)许可转载)

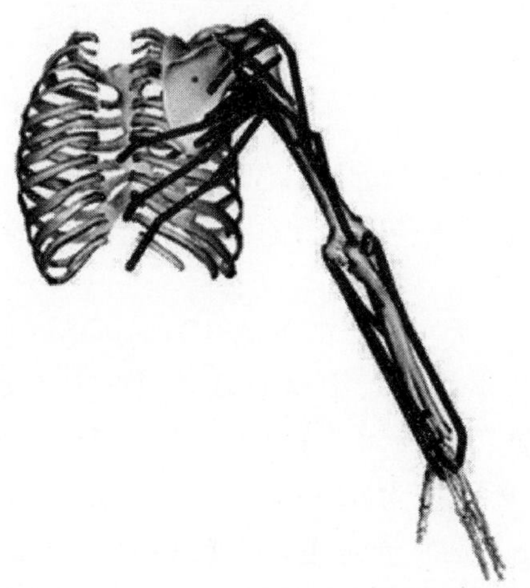

图 3-7 肩部、肘部和腕部的肌肉仿真(后视图),

由 OpenSim 建模(Delp 等,2007)(© 2007 图示经 OpenSim 项目许可转载)

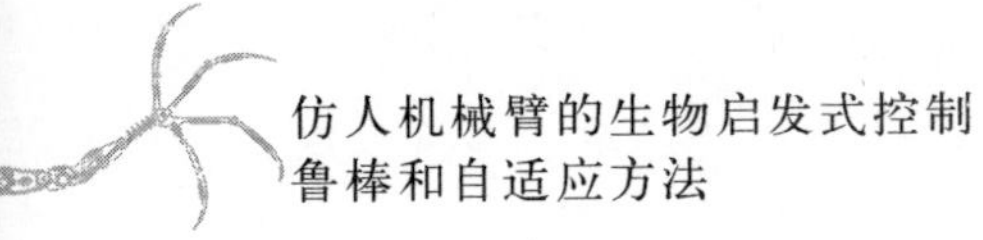

3.5 动作捕捉方法和技术

为了分析人类动作,首先必须准确地观察。动作捕捉技术已经发展了几十年,目的是捕捉到动作(通常是人类动作)的各种运动学元素。事实上,之前提到的大多数研究都是使用某种形式的动作捕捉来得出他们的结论。

动作捕捉是一种经常应用于生命科学的工具,如检查运动的细微差别(Roach 等,2013)或诊断运动障碍(Mell 等,2005a;Montagnani 等,2015)。然而,它在流行文化中的盛名源于为电影工业制作的逼真 CGI 动画(Computer - generated imagery),即电脑生成动画,又称三维动画(Lee 等,2002;Menache,2000)。

在迄今给出的示例中,动作捕捉技术是作为一种测量工具来使用的,生成的数据用于离线分析。然而,在机器人领域,将捕捉的动作实时集成作为感知系统的各种具身代理的实例比比皆是。在空中机器人学中可以找到一个重要的实例,如一架 4 - 旋翼无人机,相比机载惯性测量单元(IMU),一个高分辨率光学动作捕捉系统更容易精确测量其空间位置和方向。这使得主动控制算法和多独立代理的编排成为可能(Mellinger 等,2012)。类似的光学动作捕捉系统也充当了仿人机器人的感知系统(Lallée 等,2012),从而能在超出头戴式摄像机能力的环境中精确定位人和物。

动作捕捉技术在成本、分辨率、工作空间和对被捕捉对象的穿戴方面差别很大(Zhou 和 Hu,2008)。在选择应用系统时,研究人员必须在这些因素之间对比权衡。在本节中,我们将回顾一些用于生命科学和工程应用的动作捕捉的流行技术。

电磁动作捕捉结合了人工产生的磁场和磁场传感器。通过对感知场的模式进行处理,可以对传感器进行六维空间高精度定位(<1.5mm RMS,见德国 Ascenion 公司的相关数据,2015)。这些传感器可以非常小和轻,如 Ascenion Trakstar 系统的传感器直径仅为 0.56mm,(见德国 Ascenion 公司的相关数据,2015)。然而,这些传感器通常通过电缆连接到中央单元。此外,铁磁性物体或其他电磁场(如电机产生的)会导致磁场扭曲和定位错误(Kaliki 等,2013),这使得系统在应用于机器人或执行器中常常会出现问题。其他问题来自有限的工作空间,相比其他系统(美国 Bray 控制系统公司,2015),该系统工作空间 $<2\text{m}^3$(见德国 Ascenion 公司的相关数据,2015),并且需要用电缆连接参试者(这就减少了某些任务的机动性)。许多学者都使用流行的 Ascenion 公司“Flock - of -

Birds/Trakstar”传感器系统(Ascenion,2015)来捕捉人类手臂动作(Liarokapis 等,2013;Mell 等,2005b;Kaliki 等,2013),并使用绷带、系带或胶带来固定传感器。

机电动作捕捉的实现方式与机械臂本体感知相似——通过使用编码器、电位计和柔顺性传感器以及可穿戴系统,确定身体各部分的位置。现今的一些商业系统的感知范围更大,从全身感知(荷兰 XSens 技术公司,2015)到手部感知(英国 Vicon 系统公司, 2015)不一而足。

对于特定的研究应用,有些文献还创建了各种定制的解决方案,其中一些关注于人体的有限区域,如手腕(Ryu 等,1991)。这些动作捕捉的方法可以具有很高的鲁棒性,因为测量技术只测量参试者的局部,所以不容易受到环境的扭曲或阻碍。然而,这些系统可能比较笨重,电枢从身体突出,可能会干扰环境中的物体。由于系统只进行局部测量,所以测得数据的坐标系也是局部的,这对于多智能体系统或需要观察环境交互作用时可能会出现问题。

Ciocarlie 等(2008)构建了一种混合系统,使用 Cyberglove 系统公司的可穿戴数据手套来测量人手的抓握动作(握着物体时的手指位置),并通过磁跟踪系统记录手部的全局位置和方位。

惯性传感器(加速度计和陀螺仪)可以用来捕捉人的动作。Fougner 等(2011)将包括 MEMS 加速度计和陀螺仪在内的传感器安装在参试者身体的不同位置。虽然这样的系统在成本上是划算的,但随着时间的推移,传感器偏移会带来一些明显的问题(Zhou 和 Hu,2008)。XSens 是一家很受欢迎的该技术制造商,也销售带有集成传感器的全身套装(XSens 2015)。值得注意的是,这类传感器一般都以某种方式连接在电缆上,与其他技术相比可能比较笨重。与机电方法一样,传感器不依赖于环境感知,因此工作于参试者的局部坐标系中。

事实证明,光学动作捕捉系统(使用标记)在生命科学、机器人和动画应用中非常受欢迎。这在很大程度上是由于其同时具有精确性、相对较大的工作空间和鲁棒性的优点。这种系统通常使用多个红外相机(带有红外频闪灯)来跟踪附着在参试者或物体上的光反射标记的位置。每个相机都知道它在全局空间中的位置(归功于自动校准过程),通过相机之间的三角测量来定位全局坐标系中的每个标记。通过将运动学模型输出叠加到视频数据上(Vicon 2015),校准光学摄像机也可以作为系统的组成部分来对所捕获的数据进行可视化验证(Vicon 2015)。为避免常见的遮挡问题(相机看不到标记的地方),必须谨慎地选择相机的放置位置(Zhou 和 Hu,2008)。这也可以在设置中添加更多的相机,增加工作空间的视野,并使用算法来估计被遮挡标记的位置。虽然该系统需要将许多标记固定到参试者身上,但标记本身是小巧轻便的塑料球,通常用胶带固定或整合成可穿戴的“簇”。本书使用的是一套光学动作捕捉系统。这将在第 9 章介绍。

一些研究团队也尝试使用无标记光学动作捕捉方法。这些方法的好处是:不需要在参试者身上放置任何装置,因为这会干扰参试者的动作或行为。此外,由于不需要使用标记,因此系统可以部署在各种各样的场景中,而不是像其他系统一样局限于实验室。Sundaresan 和 Chellappa(2005)使用一种多相机方法通过三维场景重建来识别身体各个部分。与基于光学标记的系统获得的动作模型相比,Sholukha 等(2013)验证了无标记方法的精度等级“在生理上是可以接受的”。

微软公司发布的一款带深度摄像头的传感器套件的 Kinect,使得对特定场景中人体姿态的无标记估计变得容易(Kar,2010),在机器人技术领域被投入到各种应用中,包括机器人操纵。Luo 等(2013)使用 Kinect 传感器套件来估计骨骼动作,即通过阻抗控制方案在机器人上重建骨骼动作,并将其比例缩放为机器人的尺寸和自由度。

Kinect 传感器套件的使用进一步扩展到生物力学领域。Metcalf 等(2013)将 Kinect 体感技术应用于人手康复过程中的动作分析。作者引证了在手部放置标记测量手指动作的困难(这会导致传感器放置得过于密集),这凸显出了无标记方法的优点。Clark 等(2013)通过对使用 Kinect 传感器套件与使用基于标记的光学系统所获得的步态估计结果进行比较,发现 Kinect 无法准确测量许多参数。Bonnechere 等(2014)对非步态动作进行了类似的分析,得出了相同的结论。事实上,即便使用深度相机,无标记动作捕捉技术目前仍无法与硬件专用的动作测量技术相比。

3.6 人类动作复制和合成

到目前为止,我们已经探讨了人类动作的一些理论、仿人动作的优点以及一些观察人类动作的方法。本节将探讨一些在机器人和其他人工虚拟代理(如动画角色)中用来重现或合成仿人动作的方法。

3.6.1 人类动作直接复制

我们已经了解了有许多方法可以精确地测量和记录人类动作。虽然这些数据可以作为人工虚拟代理动作的基础,但不同个体之间或机器人与人之间的动作映射可能存在问题。Pollard 等(2002)实现了机器人对所记录的人类上身动作捕捉数据(用于动画娱乐机器人的编程)的复制,但强调即使是直接的方法也要处理人体和仿人机器人(在本例中是 Sarcos 仿人机器人)之间的结构差异。这些差异主要是自由度的明显减少导致的,如图 3－8 所示,这种结构简化的结果导致了“万向节死锁”的现象。当手臂到身体的外展角为 90°时,这种情况就会在肩部出现,从而导致一个自由度的丢失(Siciliano 和 Khatib,2008)。作者通过识别出人类数据中临近万向节锁的各个点并计算出用于机器人执行的一个“受限自由度”的解,克服了这一问题。除了关节差异之外,作者还发现,在比较机器人和人类动作时,不同的体型、匹配关节的有限动作范围和较低的关节速度也是必须考虑的因素。为克服身体不匹配而引入的局部缩放方法将导致机器人末端执行器定位错误,结果是影响了在电子动画中的目标上的应用。

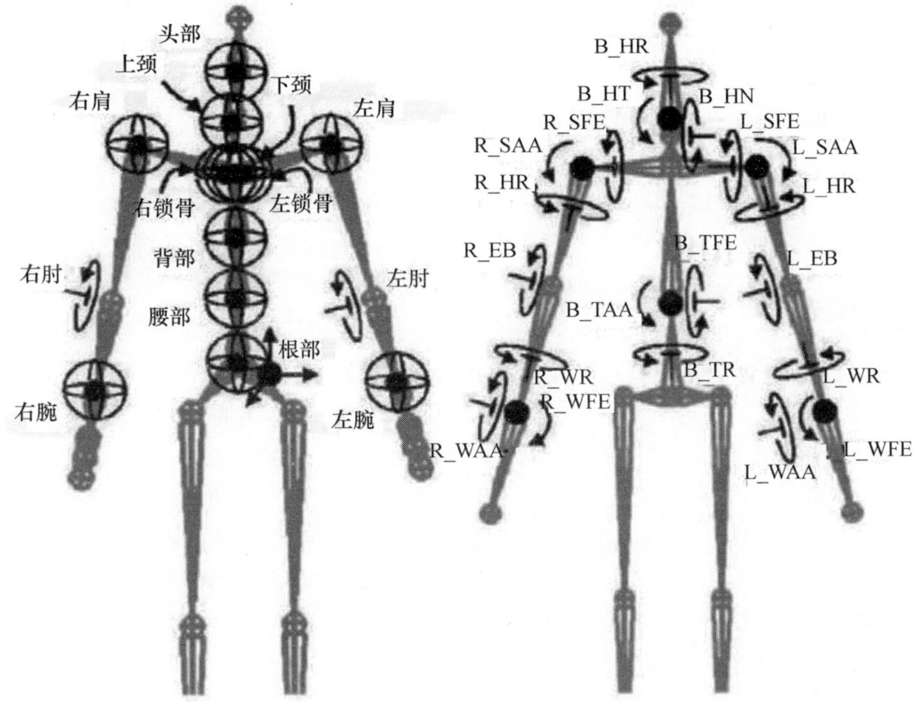

图 3－8　Vicon(英国 Vicon 公司的动作捕捉系统)人体骨骼模型(左图)和 Sarcos 仿人机器人(美国 Sarcos 机器人公司研制)运动学结构(右图)之间的结构差异。人的模型中几乎所有关节都是 3 自由度、球形关节(引自 Pollard 等(2002)和 Safonova 等(2003)。© 2002 IEEE. 图示转载自“IEEE, Pollard N, Hodgins J, Riley M, Atkeson C(2002) Adapting human motion for the control of a humanoid robot. Proceedings of the 2002 IEEE International Conference on Robotics and Automation”)

Zordan 和 Van Der Horst(2003)提出了一种通过使用虚拟弹簧来实现逼真的动画人物动作控制的方法,虚拟弹簧连接演员佩戴的动作捕捉标记和虚拟角色动态模型中的适当标志点。它通过施加在虚拟角色上的力和力矩来产生动作,参试人员和虚拟代理可以有不同的位形。这种映射不仅对那些拥有不同寻常身体形状的动画人物有吸引力,而且对那些自由度(减少)和刚体连杆尺寸都与参试人员不相匹配的仿人机器人也特别有吸引力。

Yamane 等(2004)尝试从人的运动实例数据库中提取那些具有冗余动作倾向的动作,并通过逆运动学来解读动作的捕捉数据以创建人物动画。这项工作只是在模拟中实现的,因为作者的目标是简化计算机动画的编程。

Safonova 等(2003)继续 Pollard 等(2002)的工作,开发了对所记录的动作进行限制的技术,以提高对 Sarcos 仿人机器人的适用性。这是通过优化技术来实现的,即将规定的关节角和速度极限施加在所跟踪的轨迹上,同时避免自碰撞。通过对目标函数和约束集进行优化,所记录动作的各种显著特征被保留了下来。在这项工作中,优化函数增加了一个指数惩罚项,以防止动作接近关节极限。

Ude 等(2000)还提出了一种对人类 - 机器人的参数进行换算以解读动作捕获数据的自动方法。这里,为机器人集成准备人类数据被认为是模仿学习系统初始化的一个重要步骤。在本书之后的部分,我们将描述类似的要求(参见第 9 章)。

在另一种模仿方法中(Nakaoka 等,2007;Ikeuchi,2009),通过将人类的动作捕捉数据分类为一系列预先设定好的上下肢动作,来教授机器人模仿传统的日本舞蹈。虽然这个框架不能直接推广到其他任务动作(如通用对象操作),但是它展示了通过模仿学习来完成复杂动作的能力,否则就需要大量的编程工作。在仿人机器人系统上实现之前,机器人的动作要经过一个动力学和运动学滤波器过滤,该滤波器可以防止机器人自碰撞或执行会导致机器人摔倒的动作。该研究是 Nakazawa 等(2002)人工作的延伸,其中记录的人类传统舞蹈动作被归集到一般的"动作基元"组中。生成的动作通过逆运动学应用于一个有腿仿人机器人,但另外引入了动态平衡技术,同样是为了防止摔倒。Teachasrisaksakul 等(2015)在转换动作捕捉步行数据时也给出了类似的动态考虑因素,不过重点强调了对"重要"动作帧的手动选择。Ruchanurucks(2015)通过 B - 样条函数再次解决了舞蹈诠释问题。

在这些观点的推动下,Ramos 等(2015)使用 HRP - 2 机器人模仿舞蹈动作,提出了操作空间逆动力学方法来替代常用的逆运动学(无法解决动力学约束问题)和模型预测控制(Maus 等,2015)方法。Gams 等(2015)中,一个柔顺性仿人机器人能在保持平衡的同时模仿示范人员的全身动作。该方案基于优先级任务控制策略，并使用改进的优先运动学控制来约束模仿动作以防止机器人翻倒。

Demircan 等(2008)通过将操作空间控制器应用于机器人系统对动作捕获标记数据的跟踪，从而无需通过逆运动学将捕获的动作转换为关节角度。然而，使用任务优先控制器(Sentis 和 Khatib, 2005; Khatib 等, 2004)跟踪多个标记，又带来了另一层复杂性。标记控制是通过将人的缩比动态模型映射到实验标记位置，然后沿着标记轨迹实时模拟模型来实现的。此外，标记组被划分为多个独立的子集，任务的层次结构与每个子集相关联。

与动作捕捉不同的是，Bremner 和 Leonards(2015)使用远程操作来重现人类的手势，通过 Kinect 进行记录，并在一个 Nao 仿人机器人上再现。得出的研究结论是，机器人做的“打拍子动作”不如人做得有效。

3.6.2 学习方法

学习是获得和发展技能的自然途径，在任何社会环境下都是如此(Demiris 和 Dearden, 2005)。在人类中，运动协调从蹒跚学步(运动的自我感知自适应学习，也称为身体的自我感知自适应学习)的婴儿阶段就开始了，即身体的随机运动。这类似于婴儿发出的一种看似随意的声音。这两种情况都是在肌肉激活和由此产生的运动、身体位置或听觉之间产生映射(Meltzoff 和 Moore, 1997)，可以看作是一种社会的、发展的学习。

广义上，学习可被认为是一种生物启发式机器人编程方法，有些学者对此作出评论：运动学习是一种减少传统的利用代码进行技术编程的主要方法(Takamatsu 等, 2007)。在服务机器人应用中，机器人与非技术人员交互，示范学习将使得机器人能学习和修改人所示范的技能。Park 等(2008)运用了一种学习手和手臂示范动作的方法，使用进化算法推演在受限的交互区域中可能做出的下一步动作。在进行归纳之前，训练集需要大量的示例动作(如抓球示范动作就有 311 种)。还需将这些动作编码到关节轨迹中，而不是末端执行器轨迹中。

模仿学习是一种强大的方法，它将行为模式从一个代理传递到另一个代理，以减少观察者完成任务所需的时间(Argall 等, 2009)。在人类之间教授运动动作中，经常会有某种形式的观察和模仿，无论是跟随体育老师的动作，还是观看关于打领带的教学视频。

有些学者通过在他们的机器人控制器中运行自我感知自适应算法，将控制方案应用到机器人学习中(Saegusa 等, 2008)，以自动生成本体感觉输入(如连接到关节的编码器)和执行器输入之间的映射。与人类一样，这最终会获得可靠的状态预测能力。Demiris 和 Dearden(2005)将运动的自我感觉自适应学习与模仿人相结合,从而制造出一个机器人,它可以在一个1自由度的抓爪上模仿人类的手部动作。

3.6.3 动态运动基元

动态运动基元(DMP)(Schaal,2006)是一种将动作编码为非线性吸引子函数的实际方法,在轨迹生成中非常流行。Gams 和 Ude(2009)采用了 DMP 方法,同时使用局部加权回归对机器人的动作进行归纳,这些动作是教授给机器人的手臂物理操纵动作。

Pastor 等(2009)将示范学习描述为对一个非线性微分方程的学习,该微分方程复制了示范动作。作者为这些动作建立了一个情景库,然后可以将其归纳为新的条件(如任务空间中出现一个障碍物)。Kormushev 等(2010)也对动态运动基元的结构框架进行了修改,以强化对完成具有高可变性任务的学习(如纸板翻薄饼动作)。为了完成这一动作,研究人员在 DMP 学习运动基元(通过对机器人的真人操作示范)和环境变量(煎饼位置)之间应用了耦合。经过多次尝试之后,机器人对所学的翻和抓薄饼动作轨迹进行了修正,并在动作结束时自动添加一个柔顺性元素,以防止薄饼从平底锅中"弹跳"出来。

Howard 等(2009)强调:使用直接策略学习技术(Schaal 等,2003)学习受约束动作,会导致系统为每个动作都学习不同的策略,即便每一次所要完成的动作是相同的。因此,Howard 等(2009)对 Schaal 的技术进行了修改,允许单个策略的约束信息在观察期间或在观察之间发生变化。这项工作是与本田公司合作的,最终的控制技术已经应用到一个 ASIMO 机器人上。

本书不使用 DMP,而是采用了一种替代方法,即使用相关系数将任务空间动作编码为多项式表达。这与 DMP 有相似的优点,可以通过对现有数据的小改动生成不同的函数,同时允许集成到操作空间控制方案中以实现最优姿态控制。这将在第10章中详细描述。

3.6.4 操作空间控制

第2.3.4节讨论了机器人控制的操作空间方法,即一种机械臂的力(解耦的)控制方法。这种控制概念在生物学上是合理的,通过人类经验数据就可以验证这一点(Mistry 等,2005;Todorov 和 Jordan,2002;Schaal 等,2003),并可以用"柔顺性任务控制"来描述(Nakanishi 等,2008)。这意味着人类以更高的增益控制任务变量,同时尽可能使冗余自由度保持柔顺性。

Peters 和 Schaal(2008)对此作出评论:"操作空间控制是最佳的任务控制方法之一……从机械臂的末端执行器控制到仿人机器人的平衡和步态执行都可以应用此方法"。在最近的一项研究中,Nakanishi 等(2008)对操作空间方法的各种实现进行了确定并作出了实证评估,强调了基于力的控制方案在面对建模不准确时性能不佳。Peters 和 Schaal(2008)作出了补充,即未建模对象非线性的存在,再加上许多需要注意安全的人际交互场景中所要求的柔顺性、低增益控制,会导致性能不佳或者零空间不稳定。可以认为,这些建模误差可以通过鲁棒控制技术(补偿建模误差)(Slotine 和 Li,1991)或自适应控制方法(使控制器在运行时能学习最新的动态模型)来解决(Khan 等,2010)。

De Sapio 等(2005)将操作空间框架应用于对人类动作的仿真合成,这是基于人的动作是由一种类似控制层级驱动的推测,即基于主要任务空间目标和次级冗余自由度的控制(由肌肉施力最小化驱动)驱动。这种人类动作合成的方法引入了一个 SIMM(交互式骨骼肌肉建模仿真软件)人类肌肉骨骼系统的详细模型(包括神经元放电)(Delp 和 Loan,2000)。

3.7 小 结

本章综述了一些有关人类动作分析和分类的文献。

在点到点任务动作中,观察到任务空间中人手动作轨迹在最初阶段呈直线,不过后来有些学者对此提出了异议,因为他们观察到了曲线轨迹。他们提出,直线实际上是按照实验方案产生的结果,即要求参试者操纵一个带有测量装置的工具以便数据捕捉。而另一些学者认为,曲线动作是由于重力的作用。在这些著作中我们可以观察到,在许多直线动作实例中,参试者的手臂动作被约束在水平面上,因此重力作用大部分是无效的。

优化已被广泛认同是人类动作的驱动力,尽管代价函数一直存在争议。许多不同的代价函数似乎在不同的场景中产生了有效的结果。看起来研究方向要从纯粹的运动学考虑(通常是在关节层面)转到动态量上来,如肌肉力量或关节扭矩的变化。

虽然肌肉模型通常被认为是运用动作代价函数的可行方法,但也使得模型的复杂度和冗余度大大增加,这意味着许多学者在其仿真中实现的只是高度简化的肌肉模型,即肌肉的数量和位置与真人不匹配。这些因素导致在肢体的控制上增加了大量额外的冗余度。

但是,有些学者仍然倾向于使用手臂的简化运动学模型,通常集中于2 自由度或3 自由度平面系统。一些实例中已经引入了4 自由度臂模型实现的三维动作。许多研究将参试者限制在二维平面上完成水平任务动作。广义的动作模型则是基于这些特定的、否定重力的场景中收集的数据。引入动力学和运动学的现代模型似乎比纯粹的运动学模型更有吸引力,特别是考虑到神经运动分析的结果。

有证据表明,肢体的运动学和动力学以及外部对象表达(模型)都是受人类中枢神经系统支配的。有学者提出,经过一段时间的学习,在创建这些模型之后,大脑机制是使用前馈控制方案,利用这些模型来产生运动能力,而这在身体缓慢的反馈机制下是不可能的。

考虑到影响人类动作的因素的数量,有学者提出非排他性的平面动作路径受几个方面的影响,包括通过优化某些生理量(受到外部动态因素影响,如重力的变化和运动方向)来解决冗余问题。

本书遵循操作空间方法的理念来探讨这一概念,将仿人机械臂(末端执行器)的任务动作和姿态在几何学上分割开来。姿态是通过生物力学启发的实时优化法创建的,从而为单独的任务识别提供了基础。

参考文献

Abend W, Bizzi E, Morasso P (1982) Human arm trajectory formation. Brain: J Neurol 105 (Pt 2):331

Adams B(2001) Learning humanoid arm gestures. In: Working notes – AAAI spring symposium series: learning grounded representations, Stanford

Alexander R(1997) A minimum energy cost hypothesis for human arm trajectories. Biol Cybern 76 (2):97 – 105

Argall B, Chernova S, Veloso M, Browning B (2009) A survey of robot learning from demonstration. Robot Auton Syst 57(5):469 – 483

Ascenion(2015) Trakstar @ ONLINE. http://www. ascension – tech. com/products/. Accessed 05 Sept 15

Atkeson C(1989) Learning arm kinematics and dynamics. Ann Rev Neurosci 12(1):157 – 183

Atkeson C, Hollerbach J(1985) Kinematic features of unrestrained vertical arm movements. J Neurosci 5(9):2318

Atkeson C, Schaal S(1997) Robot learning from demonstration. In: 14th international conference on machine learning, Nashville, Citeseer, pp 12 – 20

Bonnechere B, Jansen B, Salvia P, Bouzahouene H, Omelina L, Moiseev F, Sholukha V, Cornelis J,

Rooze M, Jan SVS(2014) Validity and reliability of the kinect within functional assessment activities: comparison with standard stereophotogrammetry. Gait Posture 39(1):593 – 598

Bray J (2015) Markerless based human motion capture: a survey @ ONLINE. http://visicast.co.uk/ members/move/Partners/Papers/MarkerlessSurvey.pdf

Bremner P, Leonards U(2015) Speech and gesture emphasis effects for robotic and human communicators: a direct comparison. In: Proceedings of the tenth annual ACM/IEEE international conference on human – robot interaction(HRI '15), pp 255 – 262. doi:10.1145/2696454.2696496

Bullock D, Grossberg S(1988) Neural dynamics of planned arm movements: emergent invariants and speed – accuracy properties during trajectory formation. Psychol Rev 95(1):49 – 90

Burdet E, Milner T(1998) Quantisation of human motions and learning of accurate movements. Biol Cybern 78(4):307 – 318

Burdet E, Tee K, Mareels I, Milner T, Chew C, Franklin D, Osu R, Kawato M(2006) Stability and motor adaptation in human arm movements. Biol Cybern 94(1):20 – 32

Ciocarlie M, Clanton S, Spalding M, Allen P(2008) Biomimetic grasp planning for cortical control of a robotic hand. 2008 IEEE/RSJ international conference on intelligent robots and systems, Nice, pp 2271 – 2276

Clark RA, Bower KJ, Mentiplay BF, Paterson K, Pua YH(2013) Concurrent validity of the microsoft kinect for assessment of spatiotemporal gait variables. J Biomech 46(15):2722 – 2725

Cruse H(1986) Constraints for joint angle control of the human arm. Biol Cybern 54(2):125 – 132

Cruse H, Brüwer M(1987) The human arm as a redundant manipulator: the control of path and joint angles. Biol Cybern 57(1):137 – 144

De Sapio V, Warren J, Khatib O, Delp S(2005) Simulating the task – level control of human motion: a methodology and framework for implementation. V Comput 21(5):289 – 302

De Sapio V, Warren J, Khatib O(2006) Predicting reaching postures using a kinematically constrained shoulder model. Adv Robot Kinemat 3:209 – 218

Delp S, Loan J(2000) A computational framework for simulating and analyzing human and animal movement. Comput Sci Eng 2(5):46 – 55. doi:10.1109/5992.877394

Delp S, Anderson F, Arnold A, Loan P, Habib A, John C, Guendelman E, Thelen D(2007) OpenSim: open – source software to create and analyze dynamic simulations of movement. IEEE Trans Biomed Eng 54(11):1940 – 1950

Demircan E, Sentis L, De Sapio V, Khatib O(2008) Human motion reconstruction by direct control of marker trajectories. In: Lenarcic J, Wenger P(eds) Advances in robot kinematics: analysis and design, Springer, Netherlands, pp 263 – 272

Demiris Y, Dearden A(2005) From motor babbling to hierarchical learning by imitation: a robot developmental pathway. In: Berthouze L, Kaplan F, Kozima H, Yano H, Konczak J, Metta G, Nadel J, Sandini G, Stojanov G, Balkenius C(eds) Proceedings of the fifth international workshop on epigenetic robotics: modeling cognitive development in robotic systems, Nara, vol 123. Lund University Cognitive Studies. ISBN:91 – 974741 – 4 – 2

Desmurget M, Jordan M, Prablanc C, Jeannerod M(1997) Constrained and unconstrained movements involve different control strategies. J Neurophysiol 77(3):1644

Feldman A(1974) Change of muscle length due to shift of the equilibrium point of the muscle – load system. Biofizika 19:534 – 538

Fitts P, Peterson J(1964) Information capacity of discrete motor responses. J Exp Psychol 67(2): 103 – 112

Flash T, Hogan N(1985) The co – ordination of arm movements: An experimentally confirmed mathematical model. J Neurosci 5(7):1688 – 1703

Fougner A, Scheme E, Chan AC, Englehart K, Stavdahl Ø (2011) Resolving the limb position effect in myoelectric pattern recognition. IEEE Trans Neural Syst Rehabil Eng 19(6):644 – 651

Fung Y(1993) Biomechanics: mechanical properties of living tissue. Springer, New York

Gams A, Ude A(2009) Generalization of example movements with dynamic systems. In: Humanoids 2009. 9th IEEE – RAS international conference on humanoid robots, pp 28 – 33. doi: 10. 1109/ICHR. 2009. 5379607

Gams A, Van den Kieboom J, Dzeladini F, Ude A, Ijspeert AJ(2015) Real – time full body motion imitation on the coman humanoid robot. Robotica 33(05):1049 – 1061

Georgopoulos A, Kalaska J, Massey J(1981) Spatial trajectories and reaction times of aimed movements: effects of practice, uncertainty, and change in target location. J Neurophysiol 46(4):725

Grebenstein M, van der Smagt P(2008) Antagonism for a highly anthropomorphic hand – arm system. Adv Robot 22(1):39 – 55

Hall S(2003) Basic biomechanics, 4th edn. McGraw – Hill, New York

Hanneton S, Berthoz A, Droulez J, Slotine J(1997) Does the brain use sliding variables for the control of movements? Biol Cybern 77(6):381 – 393

Harris C(2009) Biomimetics of human movement: functional or aesthetic? Bioinspiration Biomim 4

Hersch M, Billard A(2006) A model for imitating human reaching movements. In: Proceedings of the 1st ACM SIGCHI/SIGART conference on human – robot interaction. ACM, New York, p 342

Hill A(1910) The possible effect of the aggregation of the molecules of h. moglobin. J Physiol 40: 4 – 7

Howard M, Klanke S, Gienger M, Goerick C, Vijayakumar S(2009) A novel method for learning policies from constrained motion data. In: Proceedings of international conference on robotics and automation(ICRA), Kobe

Ikeuchi K(2009) Dance and robotics. In: Digital human symposium, Tokyo

Ito M(1970) Neurophysiological aspects of the cerebellar motor control system. Int J Neurol 7(2):162

Kaliki RR, Davoodi R, Loeb GE(2013) Evaluation of a noninvasive command scheme for upper – limb prostheses in a virtual reality reach and grasp task. IEEE Trans Biomed Eng 60(3):792 – 802

Kang T, He J, Tillery S(2005) Determining natural arm configuration along a reaching trajectory. Exp Brain Res 167(3):352 - 361

Kar A(2010) Skeletal tracking using microsoft kinect. Methodology 1:1 - 11

Kawato M(1999) Internal models for motor control and trajectory planning. Curr Opin Neurobiol 9(6):718 - 727

Khan S, Herrmann G, Pipe T, Melhuish C, Spiers A(2010) Safe adaptive compliance control of a humanoid robotic arm with anti - windup compensation and posture control. Int J Soc Robot 2(3): 1 - 15

Khatib O, Sentis L, Park J, Warren J(2004) Whole body dynamic behaviour and control of humanlike robots. Int J Humanoid Robot 1(1):29 - 43

Khatib O, Demircan E, De Sapio V, Sentis L, Besier T, Delp S(2009) Robotics - based synthesis of human motion. J Physiol - Paris 103(3 - 5):211 - 219

Kormushev P, Calinon S, Caldwell D(2010) Robot motor skill coordination with EM - based reinforcement learning. In: Proceedings of IEEE/RSJ international conference on intelligent robots and systems(IROS), Taipei, pp 3232 - 3237

Kuo A(1995) An optimal control model for analyzing human postural balance. IEEE Trans Biomed Eng 42(1):87 - 101

Lackner J, Dizio P(1998) Gravitoinertial force background level affects adaptation to Coriolis force perturbations of reaching movements. J Neurophysiol 80(2):546

Lacquaniti F, Soechting J(1982) Coordination of arm and wrist motion during a reaching task. J Neurosci 2(4):399 - 408

Lacquaniti F, Soechting J, Terzuolo S(1986) Path constraints on point - to - point arm movements in three - dimensional space. Neuroscience 17(2):313 - 324

Lallée S, Pattacini U, Lemaignan S, Lenz A, Melhuish C, Natale L, Skachek S, Hamann K, Steinwender J, Sisbot EA et al(2012) Towards a platform - independent cooperative human robot interaction system: III. An architecture for learning and executing actions and shared plans. IEEE Trans Auton Mental Dev 4(3):239 - 253

Lee J, Chai J, Reitsma P, Hodgins J, Pollard N(2002) Interactive control of avatars animated with human motion data. ACM Trans Graph 21(3):491 - 500

Lee S, Kim J, Park F, Kim M, Bobrow J(2005) Newton - type algorithms for dynamics - based robot movement optimization. IEEE Trans Robot 21(4):657 - 667

Liarokapis MV, Artemiadis PK, Kyriakopoulos KJ(2013) Mapping human to robot motion with functional anthropomorphism for teleoperation and telemanipulation with robot arm hand systems. In: 2013 IEEE/RSJ international conference on intelligent robots and systems(IROS), Tokyo. IEEE, Piscataway, pp 2075 - 2075

Luo R, Shih BH, Lin TW(2013) Real time human motion imitation of anthropomorphic dual arm robot based on cartesian impedance control. In: 2013 IEEE international symposium on robotic and sensors environments(ROSE),pp 25 – 30. doi:10. 1109/ROSE. 2013. 6698413

Luo Z,Svinin M,Ohta K,Odashima T,Hosoe S(2004)On optimality of human arm movements. In: IEEE international conference on robotics and biomimetics(ROBIO 2004), Shenyang, 22 – 26 Aug 2004. IEEE,Piscataway,pp 256 – 261

Maus HM,Revzen S,Guckenheimer J,Ludwig C,Reger J,Seyfarth A(2015)Constructing predictive models of human running 12(103). doi:10. 1098/rsif. 2014. 0899

Mell AG,Childress BL,Hughes RE(2005a)The effect of wearing a wrist splint on shoulder kinematics during object manipulation. Arch Phys Med Rehabil 86(8):1661 – 1664

Mell AG,Childress BL,Hughes RE(2005b)The effect of wearing a wrist splint on shoulder kinematics during object manipulation. Arch Phys Med Rehabil 86(8): 1661 – 4. doi: 10. 1016/j. apmr. 2005. 02. 008. http://www. ncbi. nlm. nih. gov/pubmed/16084823

Mellinger D,Michael N,Kumar V(2012)Trajectory generation and control for precise aggressive maneuvers with quadrotors. Int J Robot Res. doi:10. 1177/0278364911434236

Meltzoff A,Moore M(1997)Explaining facial imitation:A theoretical model. Early Dev Parent 6(3 – 4):179 – 192

Menache A(2000)Understanding motion capture for computer animation and video games. Morgan Kaufmann,San Diego

Metcalf CD,Robinson R,Malpass AJ,Bogle TP,Dell T,Harris C,Demain SH et al(2013)Markerless motion capture and measurement of hand kinematics:validation and application to home – based upper limb rehabilitation. IEEE Trans Biomed Eng 60(8):2184 – 2192

Meyer D,Abrams R,Kornblum S,Wright C,Smith J(1988)Optimality in human motor performance: ideal control of rapid aimed movements. Psychol Rev 5:340 – 370

Mistry M,Mohajerian P,Schaal S(2005)Arm experiments with joint space force fields using an exoskeleton robot. In:Proceedings of the 9th international conference of rehabilitation robotics,Chicago,p 408

Mitrovic D,Klanke S,Vijayakumar S(2010)Adaptive optimal feedback control with learned internal dynamics models. In:Sigaud O,Peters J(eds)From motor learning to interaction learning in robots. Studies in Computational Intelligence. Springer,Berlin/Heidelberg,pp 65 – 84

Montagnani F,Controzzi M,Cipriani C(2015)Is it finger or wrist dexterity that is missing in current hand prostheses? IEEE Trans Neural Syst Rehabil Eng 23(4): 600 – 609. doi: 10. 1109/TNSRE. 2015. 2398112

Morasso P(1981)Spatial control of arm movements. Exp Brain Res 42(2):223 – 227

Mussa – Ivaldi F,Patton J(2000)Robots can teach people how to move their arm. In:Proceedings of IEEE international conference on robotics & automation 2000,San Francisco,vol 1. IEEE,Piscataway,pp 300 – 305

Muybridge E(1881)The attitudes of animals in motion:a series of photographs illustrating the consecutive positions assumed by animals in performing various movements. CAU,San Francisco

Muybridge E(1883)The attitudes of animals in motion. J Frankl Inst 115(4):260 – 274

Nakanishi J,Cory R,Mistry M,Peters J,Schaal S(2008)Operational space control:a theoretical and empirical comparison. Int J Robot Res 27(6):737 – 757

Nakaoka S,Nakazawa A,Kanehiro F,Kaneko K,Morisawa M,Hirukawa H,Ikeuchi K(2007)Learning from observation paradigm:leg task models for enabling a biped humanoid robot to imitate human dances. Int J Robot Res 26(8):829

Nakazawa A,Nakaoka S,Ikeuchi K,Yokoi K(2002)Imitating human dance motions through motion structure analysis. In:IEEE/RSJ International Conference on Intelligent Robots and System 2002, Lausanne,vol 3

Park G,Ra S,Kim C,Song J(2008)Imitation learning of robot movement using evolutionary algorithm. In:Proceedings of the 17th IFAC work congress,Seoul,vol 17,part 1

Pastor P,Hoffmann H, Asfour T, Schaal S(2009)Learning and generalization of motor skills by learning from demonstration. In:IEEE international conference on robotics and automation 2009 (ICRA'09),Kobe. IEEE,Piscataway,pp 763 – 768

Patton J,Kovic M,Mussa – Ivaldi F(2006)Custom – designed haptic training for restoring reaching ability to individuals with poststroke hemiparesis. J Rehabil Res Dev 43(5):643

Peters J,Schaal S(2008)Learning to control in operational space. Int J Robot Res 27(2):197

Pollard N,Hodgins J,Riley M,Atkeson C(2002)Adapting human motion for the control of a humanoid robot. In:Proceedings of the 2002 IEEE international conference on robotics and automation, Washington,DC

Pontryagin L(1962)The mathematical theory of optimal processes. Interscience,New York

Ramos OE,Mansard N,Stasse O,Benazeth C,Hak S,Saab L(2015)Dancing humanoid robots:systematic use of OSID to compute dynamically consistent movements following a motion capture pattern. IEEE Robot Autom Mag 22(4):16 –26. doi:10. 1109/MRA. 2015. 2415048. IEEE Journals & Magazines

Rengifo C,Plestan F,Aoustin Y(2008)Optimal control of a neuromusculoskeletal model:a second order sliding mode solution. In:International workshop on variable structure systems,Antalya,pp 55 –60

Roach NT,Venkadesan M,Rainbow MJ,Lieberman DE(2013)Elastic energy storage in the shoulder and the evolution of high – speed throwing in homo. Nature 498(7455):483 –486

Ruchanurucks M(2015)Humanoid robot upper body motion generation using b – spline – based functions. Robotica 33(04):705 –720

Ryu J,Iii WPC,Askew LJ,An Kn,Chao EYS(1991)Functional ranges of motion of the wrist joint. J Hand Surg 16:409 –419

Saegusa R,Metta G,Sandini G,Sakka S(2008)Active motor babbling for sensory – motor learning. In:2008 IEEE international conference on robotics and biomimetics(ROBIO2008),Bangkok, 14 –17 Dec

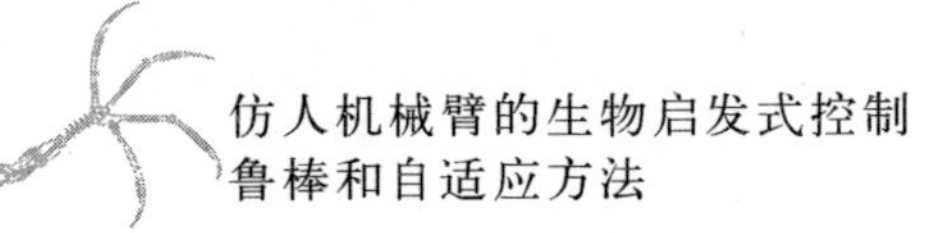

Safonova A, Pollard N, Hodgins J(2003) Optimizing human motion for the control of a humanoid robot. In: Proceedings of applied mathematics and applications of mathematics, Nice, pp 155 – 165

Schaal S(2006) Dynamic movement primitives – a framework for motor control in humans and humanoid robotics. In: Kimura H, Tsuchiya K, Ishiguro A, Witte H(eds) Adaptive motion of animals and machines. Springer, Tokyo, pp 261 – 280

Schaal S, Schweighofer N(2005) Computational motor control in humans and robots. Curr Opin Neurobiol 15:675 – 682

Schaal S, Ijspeert A, Billard A (2003) Computational approaches to motor learning by imitation. Philos Trans R Soc of Lond B 358(1431):537 – 547

Sentis L, Khatib O(2005) Synthesis of whole body behaviors through hierarchical control of behavioural primitives. Int J Humanoid Robot 2(4):505 – 518

Sholukha V, Bonnechere B, Salvia P, Moiseev F, Rooze M, Jan SVS(2013) Model – based approach for human kinematics reconstruction from markerless and marker – based motion analysis systems. J Biomech 46(14):2363 – 2371

Siciliano B, Khatib O(2008) Springer handbook of robotics. Springer, Berlin

Slotine J, Li W(1991) Applied nonlinear control. Prentice Hall, Englewood Cliffs

Soechting J, Flanders M(1998) Movement planning: kinematics, dynamics, both or neither. In: Harris LR, Jenkin M(eds) Vision and action. Cambridge University, Cambridge, pp 352 – 371

Sundaresan A, Chellappa R(2005) Markerless motion capture using multiple cameras. In: Computer vision for interactive and intelligent environment 2005, pp 15 – 26. doi:10. 1109/CVIIE. 2005. 13

Systems C(2015) Cyberglove. http://www. cyberglovesystems. com/

Takamatsu J, Ogawara K, Kimura H, Ikeuchi K(2007) Recognizing assembly tasks through human demonstration. Int J Robot Res 26(7):641 – 659

Teachasrisaksakul K, Zhang Z, Yang GZ, Lo B(2015) Imitation of dynamic walking with BSN for humanoid robot. IEEE J Biomed Health Inform 19(3):794 – 802

Tee K, Franklin D, Kawato M, Milner T, Burdet E(2010) Concurrent adaptation of force and impedance in the redundant muscle system. Biol Cybern 102(1):31 – 44

Todorov E(2004) Optimality principles in sensorimotor control. Nat Neurosci 7(9):907 – 915

Todorov E, Jordan M(2002) Optimal feedback control as a theory of motor coordination. Nat Neurosci 5(11):1226 – 1235

Trew M, Everett T(2001) Human movement: an introductory text. Elsevier Health Sciences, Edinburgh/New York

Ude A, Man C, Riley M, Atkeson C(2000) Automatic generation of kinematic models for the conversion of human motion capture data into humanoid robot motion. In: Proceedings of the first IEEE – RAS conference on humanoid robotics(Humanoids 2000), Massachusetts Institute of Technology, Cambridge

Uno Y, Kwato M, Suzuki R(1989) Formation and control of optimal trajectory in human multijoint arm movement. Biol Cybern 26:109 – 124

Vicon(2015) Vicon motion capture@ ONLINE. http://www. vicon. com

Woodworth RS(1899)The accuracy of voluntary movements. Psychol Rev,Monogr 3:54 – 59

XSens(2015) Xsens intertial motion capture @ ONLINE. https://www. xsens. com/products/mti10 – series/

Yamane K,Kuffner J,Hodgins J(2004) Synthesizing animations of human manipulation tasks. ACM Trans Graph(TOG)23(3):532 – 539

Zajac F(1989) Muscle and tendon:properties,models,scaling and application to biomechanics and motor control. Crit Rev Biomed Eng 17(4):359 – 411

Zhou H,Hu H(2008) Human motion tracking for rehabilitationA survey. Biomed Signal Process Control 3(1):1 – 18. doi:10. 1016/j. bspc. 2007. 09. 001. http://linkinghub. elsevier. com/retrieve/ pii/ S1746809407000778

Zordan V,Van Der Horst N(2003) Mapping optical motion capture data to skeletal motion using a physical model. In:Proceedings of the 2003 ACM SIGGRAPH/Eurographics symposium on computer animation,Eurographics Association,pp 245 – 250

第二部分

机器人控制：实现

第4章 基本的操作空间控制器

本章介绍利用操作空间控制方法观察和用机器人再现人的曲臂取物动作的初步研究工作。姿态(冗余自由度的位置)是本章重点详述的内容,特别是在进行高于头部的曲臂取物动作时。利用操作空间控制器姿态方案中的力作用(Effort)优化准则,复现取物动作中的自然曲伸动作是有可能的。姿态方案还加入了一个反馈线性化任务控制器,来完成一个典型动作,即驱动机器人到达笛卡儿空间中的一个特定高度。通过对机器人雅可比矩阵求伪逆的方法,来解耦任务和姿态方案,防止姿态方案对任务行为的影响。仿真和实际的实验都验证了该方案的有效性。

4.1 简介

正如本书第一部分所阐述的,人类动作可以呈现出众多特点。其中最有意思的特点之一是:对某个动量进行优化,作为运动模式的驱动因素。为了实现一个合成动作,必须定义一个基准任务以评估动作控制器的性能。该基准任务应能完成一些实际的目标,余下的只需经过简单计算即可。任务目标应包括:

(1)做出可被认定为自然或人工的各种动作;

(2)能以限定的自由度实现(使系统动力学保持相对简单);

(3)涉及非线性,因此需要一个非线性控制器;

(4)可扩展的,同样的方法可用于未来更为复杂的任务和系统;

(5)实用且常见的人类动作。

基于这些准则,选择垂直方向伸臂取物作为基准任务。在实现该基准任务中,参试者(人或机器人)被要求在高于肩部的地方悬空触碰一个物体。放置一个物体,与肩部的纵断面共面(方便用二维来表示动作的起始点和结束点),这就使动作的复杂度大大降低，即简化为近似平面。这意味着动作近似于带旋转关节的 2 自由度平面机器人，就像第 3.4.4 节所述的许多有关人类动作的研究中所采用的方法。

选择垂直方向运动而不是水平方向运动，以便研究重力作用导致的动态非线性。重力作用所导致的这种变化意味着可以建立姿态控制的一个“力作用”代价函数（受重力作用支配）。

在本节的探讨中，还使用了一段在线视频（Spiers 等，2016）。

4.1.1 真人验证

为了验证动作模式是否会产生有趣且明确的识别模式，进行了一项由 10 位参试志愿者参加的简单实验。实验中，悬空放置一个重量轻的小球，与参试者的肩部的纵断平面共面（使肩部、肘部和球在同一垂直平面上），参试者被要求从一个初始“放松”位置（手臂松弛置于身体两侧）去触碰小球，并在不同的高度重复这个实验。通过对每个参试者一帧帧的视频分析，验证结果表明：这些动作模式非常相似，如图 4－1 所示。

图 4－1 志愿者伸手够头上的目标（图示印制经志愿者允许，2013 年 5 月 26 日）（见彩插）

动作中，肘部的运动完全不同于肩部，这一点很有趣。实质上，肘部使小臂和手朝着身体的方向弯曲完成动作的第一部分，然后肘部伸展完成最后一部分的动作，同时使前臂保持一个较垂直的位置靠近目标。该非单调动作（动作中关节改变方向）在Cruse（1986）中得到重点关注，即将其作为用关节运动控制无法解释的无约束人类动作的一个特征。该结果确实不同于第2.3.1节和图2－3所述的关节－空间轨迹生成，即前臂的伸展贯穿整个曲伸手臂取物动作，过程中肩部和肘部的关节运动曲线是一致的。

观察到的动作轨迹可以这样解释：弯曲小臂，意味着上举动作在肩部处所需的扭矩小于前臂伸举的扭矩。实际上，曲臂减小了手臂的惯性力矩。这一解释与第3.3节所提到的最优化观察一致。这样，也可以说参试者下意识地减小完成整个动作所需的肌肉施力。当一些参试者其后被要求刻意用前臂伸展去完成够目标物体的动作时，则被描述为肩部的“不自然”和不舒服动作。

4.1.2　机器人技术指标

志愿者完成高于头部的取物动作可被近似地看作2自由度平面机械臂。图4－2所示为该机械臂模拟肘部和肩部的弯曲动作。通过动力学建模，机器人由两个同质圆柱形连杆构成，表4－1和表4－2给出了相关系数。

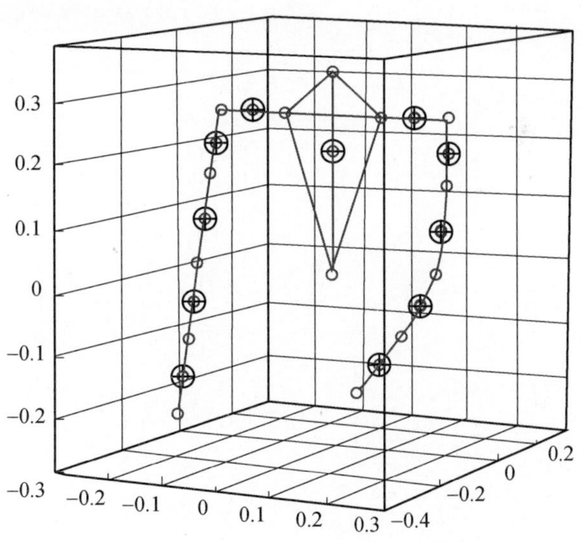

图4－2　最初实验使用的2自由度机器人模型，通过动力学建模，机械臂由圆柱形连杆构成

表4-1 机器人模型系数(基于BERUL机器人)

系数	符号	值
连杆1质量	M_1	1.8kg
连杆2质量	M_2	1kg
连杆1长度	a_1	0.21m
连杆2长度	a_2	0.23m
连杆1半径	r_1	0.035m
连杆2半径	r_2	0.02m

表4-2 机器人模型系数(基于BERUL2机器人)

系数	符号	值
连杆1质量	M_1	1.8kg
连杆2质量	M_2	2.14kg
连杆1长度	a_1	0.2735m
连杆2长度	a_2	0.2573m
连杆1半径	r_1	0.07m
连杆2半径	r_2	0.05m

由此可引出系统方程,即

$$\Gamma = \begin{bmatrix} A_{11} & A_{12} \\ A_{21} & A_{22} \end{bmatrix} \ddot{q} + \begin{bmatrix} b_1 \\ b_2 \end{bmatrix} + \begin{bmatrix} g_1 \\ g_2 \end{bmatrix} \tag{4.1}$$

式中,惯性项为

$$A_{11} = a_1 M_2 a_2 \cos(q_2) + \frac{1}{3} M_1 a_1{}^2 + a_1{}^2 M_2 + \frac{1}{3} M_2 a_2{}^2 + \frac{1}{4} M_1 r_1{}^2 + \frac{1}{4} M_2 r_2{}^2 \tag{4.2}$$

$$A_{12} = \frac{1}{12} M_2 (3 r_2{}^2 + 4 a_2{}^2 + 6 a_1 a_2 \cos(q_2)) \tag{4.3}$$

$$A_{21} = \frac{1}{12} M_2 (3 r_2{}^2 + 4 a_2{}^2 + 6 a_1 a_2 \cos(q_2)) \tag{4.4}$$

$$A_{22} = \frac{1}{12} M_2 (3 r_2{}^2 + 4 a_2{}^2) \tag{4.5}$$

离心项和科氏项为

$$b_1 = -a_1 M_2 a_2 \dot{q}_1 \dot{q}_2 \sin(q_2) - \frac{1}{2} a_1 M_2 a_2 \dot{q}_1^2 \sin(q_2) \tag{4.6}$$

$$b_2 = \frac{1}{2} a_2 M_2 \sin(q_2) \dot{q}_1^2 a_1 \tag{4.7}$$

重力分量为

$$\begin{aligned} g_1 &= \frac{1}{2} a_2 \sin(q_1) \cos(q_2) M_2 g_c + \frac{1}{2} a_2 \cos(q_1) \sin(q_2) M_2 g_c \\ &\quad + \sin(q_1) a_1 M_2 g_c + \frac{1}{2} \sin(q_1) a_1 M_1 g_c \end{aligned} \tag{4.8}$$

$$g_2 = \frac{1}{2} a_2 M_2 (\cos(q_1) \sin(q_2) g_c + \sin(q_1) \cos(q_2) g_c) \tag{4.9}$$

式中：g_c 为重力加速度，即 9.81 m/s^2。从上述这些方程式可以注意到：机器人动力学特性是高度耦合的，每个连杆的动力学都会受到机器人结构的其他部分位形的影响。例如，执行器 q_1 和 q_2 的角度都影响到两个连杆所受重力（g_1 和 g_2）。

4.1.3 机器人目的改变

要使经过合成的伸臂取物轨迹发生变化，那就需要在事先规划的伸臂取物任务中增加一个冗余元素。不是用一个完全定义的笛卡儿坐标来表示所够目标物，而只用高度项来定义目标物。当任务坐标 X 的矢量小于关节坐标 q 的矢量时，允许在 2 自由度机械臂中增加水平冗余，因为在任务参数中只包括 X_y。图 4－3 对 q 和 X 之间的关系进行了定义。需要注意，任务中并未定义目标物的方向角。

4.2 操作空间数学公式

操作空间公式是一种力控制方法，即将机器人动力学解耦成任务空间和零空间，每个空间都使用一个独立且具有明显区别的控制器来控制，解耦要在控制器控制各自空间之前完成。这种方法也有助于优先处理控制方案，由此任务控制器就成为机器人运动的主驱动器。因此，任务主导姿态，而姿态不应影响任务。从直观上看，这类似于自然的由任务驱动的运动（Nakanishi 等，2008），这里，控制任务都具有比冗余自由度更高的增益。当然也有许多“富于表现力”的情形，如跳舞或竞技体育时，这时动作优先是指身体的其他部位（如肘部）或身体的延伸（各种工具）。这些情形也可以被整合入操作空间方案，用任务坐标来代表身体的一部分，这部分身体动作可被视为最高优先级。

4.3 任务控制

机器人任务被定义为末端执行器的笛卡儿坐标定位。各任务变量用 $X(q)$ 表示，如图 4－3 所示。鉴于当前任务的特性（第 4.1.3 节中定义的），只用末端执行器的高度项 X_y 来定义任务。

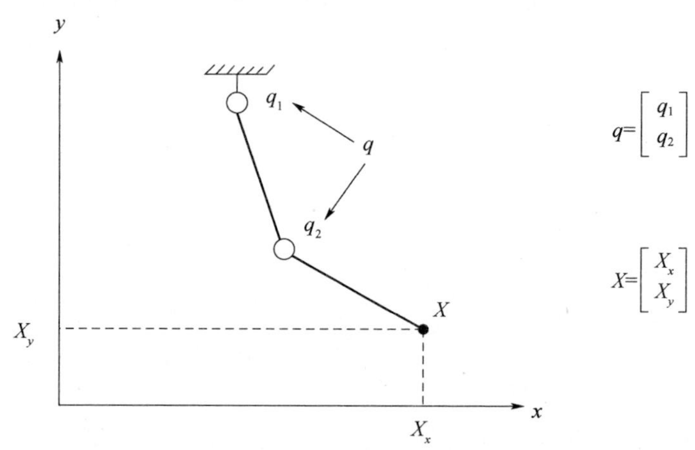

图 4－3　任务 X 和关节 q 坐标的定义。X 坐标代表末端执行器的笛卡儿坐标，而 q_1 和 q_2 分别代表肩部和肘部弯曲关节角

4.3.1 雅可比伪逆

为了控制笛卡儿任务坐标，需要将机器人动力学从关节空间转换到笛卡儿空间中。一个机器人雅可比矩阵 J 允许将关节空间中的速度映射到笛卡儿空间中（Craig，2005），关系式为

$$\dot{X}=\boldsymbol{J}\dot{q} \tag{4.10}$$

因此，雅可比矩阵可定义为

$$\boldsymbol{J}=\frac{\partial X}{\partial q} \tag{4.11}$$

这意味着从关节到任务的反向转换取决于雅可比矩阵的逆，即

$$\dot{q}=\boldsymbol{J}^{-1}\dot{X} \tag{4.12}$$

通常，一个冗余机械臂的自由度数量超过末端执行器的任务变量数。这里

所探讨的系统正是如此，即有两个关节和一个任务坐标。因此，雅可比矩阵不是方阵，且不可逆。因此，用于控制 X_y（不考虑 X_x）的雅可比矩阵为

$$\boldsymbol{J} = \begin{bmatrix} \frac{\partial X_y}{\partial q_1} & \frac{\partial X_y}{\partial q_2} \end{bmatrix} \tag{4.13}$$

这个雅可比矩阵将用于本书后续章节中涉及 2 自由度系统的探讨。为方便继续探讨式（4.12）中的转换，有必要使用一个雅可比矩阵“伪逆”。Khatib（1987）提出了以下雅可比矩阵伪逆，这也将用于本书的探讨，即

$$\bar{\boldsymbol{J}} = \boldsymbol{A}^{-1}\boldsymbol{J}^{\mathrm{T}}\left(\boldsymbol{J}\boldsymbol{A}^{-1}\boldsymbol{J}^{\mathrm{T}}\right)^{-1} \tag{4.14}$$

由此可得

$$\bar{\boldsymbol{J}}^{\mathrm{T}}\boldsymbol{J}^{\mathrm{T}} = \boldsymbol{I} \tag{4.15}$$

即乘积等于单位矩阵 $\boldsymbol{I}$。

Khatib（1995）以动能表达式为中心给出了伪逆的详细解释。为了将关节空间动力学投射到笛卡儿空间中，可以应用该伪逆。

4.3.2　任务空间动力学转换

根据式（2.1），最初的机器人关节空间动力学为

$$\boldsymbol{\Gamma} = \boldsymbol{A}\ddot{q} + b + g \tag{4.16}$$

动力学等式的两边分别左乘雅可比矩阵的伪逆转置 $\bar{\boldsymbol{J}}^{\mathrm{T}}$，可以实现关节空间到任务空间的转换，即

$$\bar{\boldsymbol{J}}^{\mathrm{T}}\boldsymbol{\Gamma} = \bar{\boldsymbol{J}}^{\mathrm{T}}(\boldsymbol{A}\ddot{q} + b + g) \tag{4.17}$$

惯性项可表示为

$$\bar{\boldsymbol{J}}^{\mathrm{T}}(\boldsymbol{A}\ddot{q}) = (\boldsymbol{J}\boldsymbol{A}^{-1}\boldsymbol{J}^{\mathrm{T}})^{-1}\boldsymbol{J}\ddot{q} \tag{4.18}$$

式中，关节加速度在一定程度上替代了任务加速度项 $\ddot{X}$。通过链式法则，可得

$$\dot{X} = \boldsymbol{J}\dot{q} \tag{4.19}$$

$$\ddot{X} = \dot{\boldsymbol{J}}\dot{q} + \boldsymbol{J}\ddot{q} \tag{4.20}$$

$$\boldsymbol{J}\ddot{q} = \ddot{X} - \dot{\boldsymbol{J}}\dot{q} \tag{4.21}$$

$$\bar{\boldsymbol{J}}^{\mathrm{T}}(\boldsymbol{A}\ddot{q}) = (\boldsymbol{J}\boldsymbol{A}^{-1}\boldsymbol{J}^{\mathrm{T}})^{-1}(\ddot{X} - \dot{\boldsymbol{J}}\dot{q}) \tag{4.22}$$

最终形式可由精简项 Λ 表示，即

$$\Lambda = (\boldsymbol{J}\boldsymbol{A}^{-1}\boldsymbol{J}^{\mathrm{T}})^{-1} \tag{4.23}$$

$$\bar{\boldsymbol{J}}^{\mathrm{T}}(\boldsymbol{A}\ddot{q}) = \Lambda\ddot{X} - \Lambda\dot{\boldsymbol{J}}\dot{q} \tag{4.24}$$

式（4.24）引入的附加项（$\Lambda\dot{\boldsymbol{J}}\dot{q}$）可被归入离心和科氏项 μ，即

$$\mu = \bar{\boldsymbol{J}}^{\mathrm{T}}b - \Lambda\dot{\boldsymbol{J}}_y\dot{q} \tag{4.25}$$

重力补偿项为

$$p = \bar{\boldsymbol{J}}^{\mathrm{T}} g \tag{4.26}$$

概括起来,从关节空间转换到任务空间的项为:

$$\Lambda = (\boldsymbol{J}\boldsymbol{A}^{-1}\boldsymbol{J}^{\mathrm{T}}) \tag{4.27}$$

$$\mu = \bar{\boldsymbol{J}}^{\mathrm{T}} b - \Lambda \dot{\boldsymbol{J}} \dot{q} \tag{4.28}$$

$$p = \bar{\boldsymbol{J}}^{\mathrm{T}} g \tag{4.29}$$

$$f = \bar{\boldsymbol{J}}^{\mathrm{T}} \Gamma \tag{4.30}$$

由此得出最终的任务空间动力学,即

$$\Lambda(q)\ddot{X}_y + \mu(q,\dot{q}) + p(q) = f \tag{4.31}$$

这里需要注意,执行器扭矩的关节空间矢量 Γ 由 f 代替,即笛卡儿空间中作用于末端执行器上的力的一个矢量。当然,这些力仍由机器人系统的执行器产生。因此,为了确定提供 f 所需的执行器扭矩,必须投射回关节空间中,即

$$\Gamma = \boldsymbol{J}^{\mathrm{T}} f \tag{4.32}$$

现在,可以通过式(4.31)中的模型设计出一个控制器。

4.3.3 反馈线性化

任务控制器的核心是采用了反馈线性化的传统非线性控制法(Slotine 和 Li,1991)。该控制方案使用一个对象模型来确定运行时个体对象动态变量的估值。通过调整控制器输出对这些变量进行补偿。通过对该对象非线性部分的补偿,有效得到了一个线性系统。这样一来,一个基于式(4.31)中模型的控制器将产生一个合适的虚力 f 以完成所要求的任务动作。

为了实现对机器人的任务控制,有必要控制作用于末端执行器上的笛卡儿力 f;因此,控制出现在经过转换的动力学中,参见式(4.31)。在下列等式中,假设了一个理想模型。这是可以在仿真中实现的,但是要真正实现对机器人的控制是极其困难的,因为会出现大量复杂且未知的动力学,这会导致模型的复杂性和不确定性等问题。这些问题将在第 4.5.3.1 节和第 5 章中进一步探讨。这些控制方案中所使用的这一模型是通过 MapleSim(Maple 物理建模和仿真工具关联包)并利用拉格朗日动力学计算过的。

假设一个理想的结构模型,设计一个具有诸多模型不确定性的反馈线性化控制器,即

$$f = \hat{\Lambda}(q) f^{*} + \hat{\mu}(q,\dot{q}) + \hat{p}(q) \tag{4.33}$$

式中,字母头部的标记表示由系统模型确定的动态量的估值。所有动力学项都是非线性的,但在对等式进行估计之后,这些项将消去(以便正确识别系统参

数)，只剩下$\ddot{X}=f^*$，即一个二阶线性系统。这意味着末端执行器的笛卡儿加速度可以由f^*项控制。在线性化特性实现之后，f^*可由一个线性比例微分(PD)控制器实现，即

$$f^* = -K_x(X_y - X_{y0}) - K_v\dot{X}_y \tag{4.34}$$

式中：X_{y0}为末端执行器的理想位置；X_y为当前位置。需要注意，计划的任务只有一个任务坐标(X_y)，但这一方法或许可扩展到更高的维度。

4.4 姿态控制

任务控制器对末端执行器的位置进行控制时，姿态控制器正努力控制机器人其他连杆的位形。除了定义机器人系统的最终静止位置，姿态控制器还定义机器人做动作时各连杆的轨迹。相比任务控制器，姿态控制器在完成目标方面相对灵活，其增益较低，可充分利用机械臂的冗余度。通过这一方法，可在线计算出冗余轨迹。

可以通过多种方法来定义姿态控制器。本书努力创建一种能做类人动作的机器人，因此，设计一种基于人类动作驱动器的姿态控制器是可行的。如第 3.3 节所述，人类的动作源于某个量的最小化。因此，姿态控制器被定义为一个最优控制器，即在完成任务动作过程中使某一代价函数 U_p 的幅值最小化。该 U_p 项被称为力作用函数，详见第 4.4.1 节。

通过求 U_p 关于 q 的偏导数，可以确定力作用的变化量，即

$$\nabla U_p = \frac{\partial U_p}{\partial q} \tag{4.35}$$

适当的比例和微分增益，即 K_p 和 K_d，可求出姿态扭矩 Γ_p，实质上该扭矩用于控制各冗余项，目的是使 U_p 测量值达到最小，即

$$\Gamma_p = -K_p\nabla U_p^{\mathrm{T}} - K_d\dot{q} \tag{4.36}$$

因此，控制器的目标是利用函数梯度 $-K_p\nabla U_p^{\mathrm{T}}$ 来最小化代价函数 U_p，同时也利用阻尼分量 $-K_d\dot{q}$ 来确保稳定性。

4.4.1 “力作用”代价函数

Khatib 等(2004)以及 De Sapio 等(2005)都使用了一种高度复杂的肌肉骨骼系统模型(见图 4-4)，该模型可通过 SIMM(一种人类生物力学软件，见 Delp 和 Loan，2000)和 SD/fast(一种力学系统物理仿真软件，见 Hollars，1994)创建。

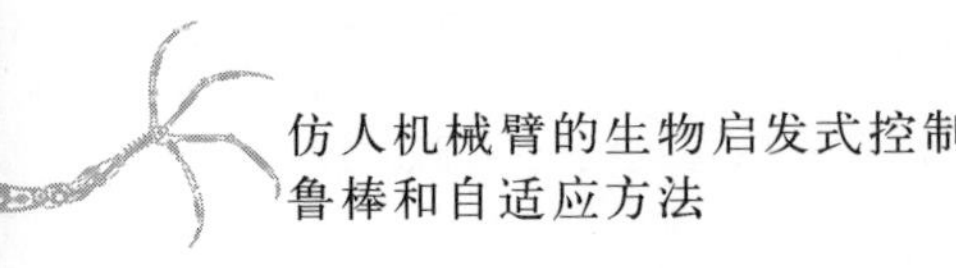

该软件组合建立了一个人类系统模型,模型具有一个刚性骨骼结构,该骨骼结构带有线性执行器且具有类似人类肌肉特性,用于控制肌肉施力。图 4 - 5 所示为使用 SimMechanics 仿真软件创建的类似肌肉骨骼系统。

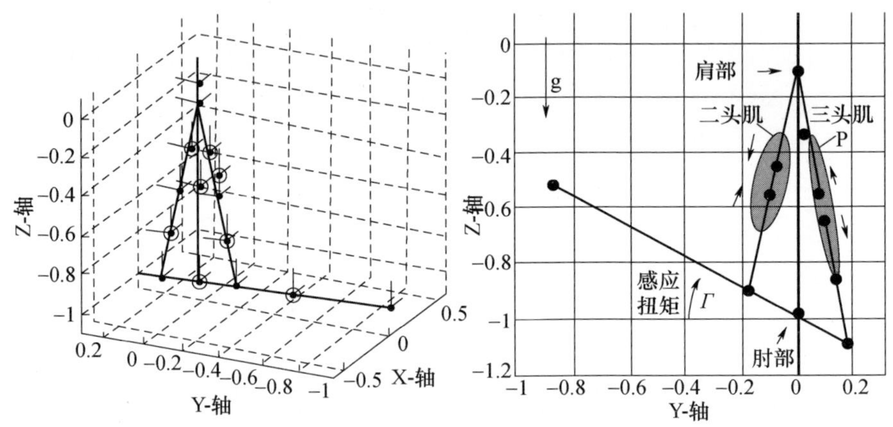

图 4 - 4　Khatib 等(2004)以及 De Sapio 等(2005)使用的人类肌肉骨骼系统的 25 自由度动力学模型。红线代表具有类似肌肉 - 肌腱功能的 144 个执行器(© 2005,图示经 Springer 出版社许可转载(De Sapio 等,2005))

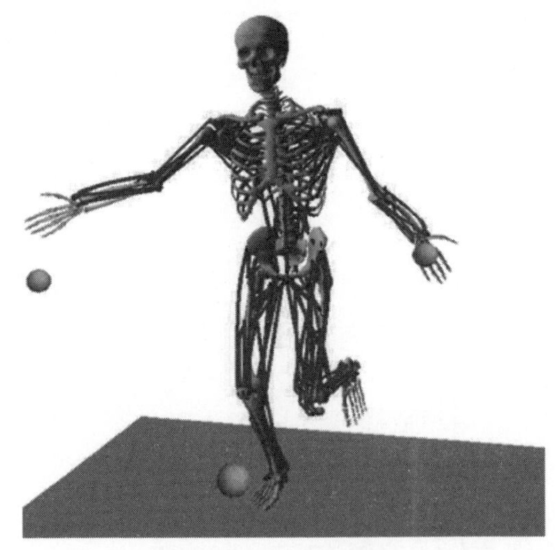

图 4 - 5　使用 SimMechanics 软件创建的肘部沿着拮抗肌(人体肌肉中的一个部分,又称对抗肌,这里是一种近似)弯曲的基本线性"肌肉"驱动模型

有趣的是,通过最优化一个非人类模型可以创建类似人类的动作。但是,是否能够通过对系统结构的力作用最小化,使任一系统(不一定拟人化)做出自然

动作,而不仅仅是类似人类,这还需要进一步探讨。

《牛津字典》(1989)年对“Effort”的定义为“努力用劲,体力的或脑力的;一种辛苦的尝试;一种艰难的移动”。这里“Effort”是指施加在肌肉骨骼系统上的力的效果,也可以是指相对于重力方向(施加在身体系统上的外力)肌力和姿态的组合。图 4-6 所示为够到高度为 X_{y0} 的目标物的两种姿态。机器人前臂保持在肩部附近的姿态(a),与手臂离开身体伸展的姿态(b)相比,相对于重力的惯量小。

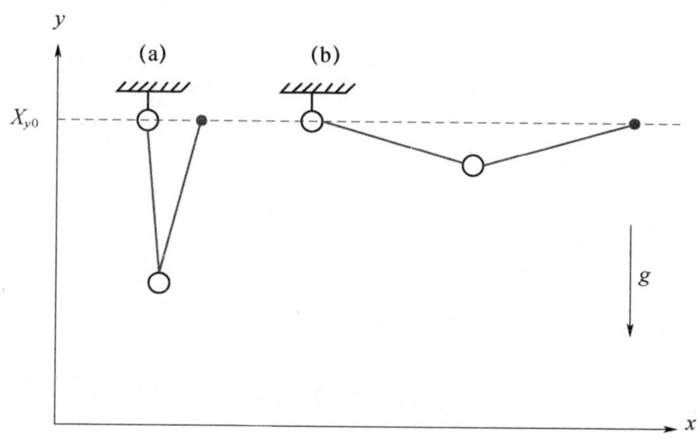

图 4-6　2 自由度机器人以不同的力伸臂够到高度为 X_{y0} 的目标的两种姿态。姿态(a)所需的力明显小于姿态(b)所需的力

如果一个机器人要和目标对象交互,那么这些目标对象也要对系统施力,如同受到随时间变化的各种附加约束的代谢模型(Adams,2001),如疲劳。考虑一个简化模型,该模型是这样确定的,即:力作用的贡献是基于一个对角矩阵,该矩阵优先加权机器人系统的每个连杆;而不是根据整个肌肉骨骼系统的一个复杂定义来确定的。该模型对人类—机器人结构的描述非常简单,如将肩部执行器定义为比肘部执行器更有力的执行器。

对于一个 2-连杆机器人,该激活矩阵或肌肉矩阵可表示为

$$\boldsymbol{K}_a = \begin{bmatrix} K_{a1} & 0 \\ 0 & K_{a2} \end{bmatrix} \tag{4.37}$$

式中:K_{a1} 和 K_{a2} 为比例增益,形式为 K_{an},代表第 n 节机器人连杆对代价函数的影响。

如果要使肌肉矩阵受重力支配,可将重力矩阵的二次形式与激活矩阵组合起来成为一个标量 U_p,即

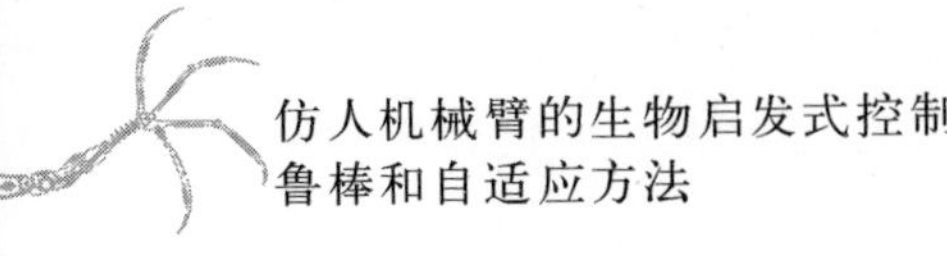

$$U_p = \boldsymbol{g}^{\mathrm{T}} \boldsymbol{K}_a^{-1} \boldsymbol{g} \tag{4.38}$$

De Sapio 等(2005)使用了同样的方法,但用一个复杂的肌肉骨骼模型替代激活矩阵 $\boldsymbol{K}_a$。

4.4.2 任务/姿态分离

直观上,应优先考虑完成任务,而不是完成的姿态是否舒适,当然,最舒适的姿态不包括处于静止位置时的姿态。假设在某个环境中使用一个机器人来操纵物体,如果由于力作用的增加而无法实现操控,那么该机器人就是一种设计糟糕的控制器。为了将实现操控列为操作空间控制器的优先级,可利用一个解耦项 N^{T},将由姿态控制器产生的扭矩信号从由任务控制器产生的扭矩信号中解耦/分离出来,即

$$\boldsymbol{\Gamma} = \boldsymbol{J}^{\mathrm{T}} f + \boldsymbol{N}^{\mathrm{T}} \boldsymbol{\Gamma}_p \tag{4.39}$$

$$N^{\mathrm{T}} = (\boldsymbol{I} - \boldsymbol{J}^{T} \bar{\boldsymbol{J}}^{T}) \tag{4.40}$$

如果整个控制信号通过与 $\bar{\boldsymbol{J}}^{\mathrm{T}}$ 相乘应用到任务空间中,那么消去元素 $\boldsymbol{N}^{\mathrm{T}}$,可得

$$\bar{\boldsymbol{J}}^{\mathrm{T}} \boldsymbol{\Gamma} = \bar{\boldsymbol{J}}^{\mathrm{T}} \boldsymbol{J}^{\mathrm{T}} f + \bar{\boldsymbol{J}}^{\mathrm{T}} (\boldsymbol{I} - \boldsymbol{J}^{\mathrm{T}} \bar{\boldsymbol{J}}^{\mathrm{T}}) \boldsymbol{\Gamma}_p \tag{4.41}$$

$$= \boldsymbol{I} f + (\bar{\boldsymbol{J}}^{\mathrm{T}} - \bar{\boldsymbol{J}}^{\mathrm{T}} \boldsymbol{J}^{\mathrm{T}} \bar{\boldsymbol{J}}^{\mathrm{T}}) \boldsymbol{\Gamma}_p \tag{4.42}$$

$$= f + (\bar{\boldsymbol{J}}^{\mathrm{T}} - \bar{\boldsymbol{J}}^{\mathrm{T}}) \boldsymbol{\Gamma}_p \tag{4.43}$$

$$= f + (0) \boldsymbol{\Gamma}_p \tag{4.44}$$

这意味着:当控制方案被应用到任务空间时,没有受到姿态扭矩 $\boldsymbol{\Gamma}_p$ 的影响。更准确地说,任务空间只受到任务力 f 的影响。这也意味着姿态空间转换到任务控制空间的为零空间,因此矩阵 $\boldsymbol{N}$ 也被称做零空间矩阵。

4.5 仿真与实现

首先对控制器进行仿真测试,使用 SimMechanics 仿真软件建立一个 2 - 连杆平面机器人模型(如图 4 - 2 所示)。控制器在其后的仿真测试中取得了成功,控制器集成了 dSPACE 实时仿真系统,并应用于 BERUL 机器人,该机器人采用了与仿真测试中使用的平面机器人相同的结构配置。由于 BERUL 机器人没有肩部,所以肘部和腕部屈肌被用作仿真平面机器人的两个关节。

4.5.1　控制器实现

如图4－7所示，主要使用Simulink仿真软件来设计控制器，使用Maple和MapleSim建模仿真工具计算动力学。由于许多控制器单元具有显著的代数性质，所以使用“嵌入式MATLAB”仿真模块将这些函数写成MATLAB代码形式。相比按照Simulink模块或S－function函数模块（用于建立EPOS接口）所要求的C代码来重建那些长长的代数方程组，这要简单得多。使用嵌入式MATLAB模块的一个缺点是在开始仿真之前模型初始化所用的时间长，这是由于对嵌入式编码的编译要求所致。但是，这只在嵌入式代码改变之后首次编译模型时才会出现。初始编译完成之后，模型仿真开始，仿真速度与一个普通的Simulink模型的仿真速度相同，即运行时嵌入式模块并没有明显降低模型的仿真速度。

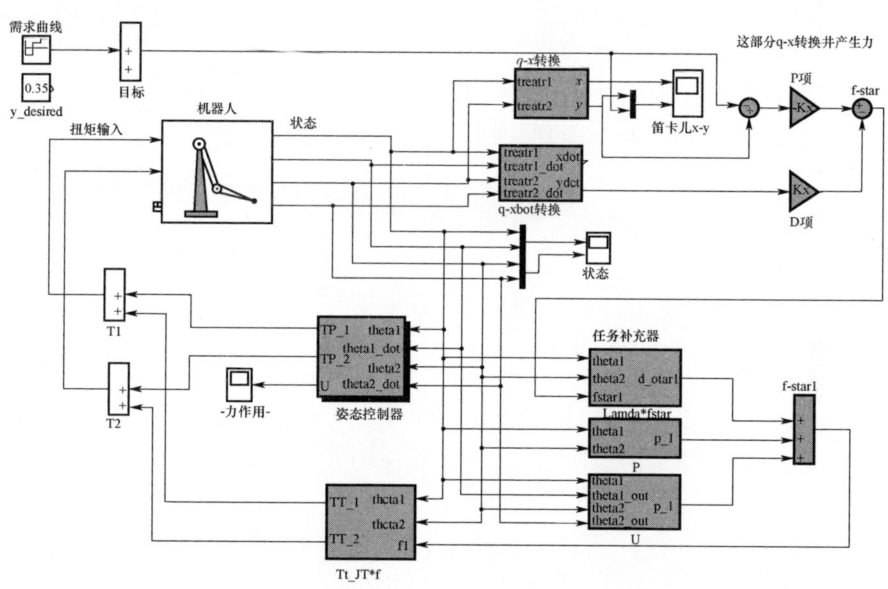

图4－7　在Simulink仿真模型中初始实现的控制器。标有“机器人”的模块包含SimMechanics仿真模型机器人

一个方程编码示例如图4－8所示，给出一个嵌入式模块，该模型实现方程$T_t = \boldsymbol{J}^{\mathrm{T}} f$。该模块位于Simulink模型的底部中心区域，如图4－7所示，它将任务空间末端执行器的力转换成关节空间执行器信号。使用基于机器人运动学的Maple仿真工具计算出模块中的雅可比矩阵元素，然后将计算结果导出到MATLAB代码。在所有的嵌入式模块中，使用MapleSim模型同样可求出所有代数元

素，尽管大多数元素也基于机器人动力学。

```
function [T1_out,T2_out] =fcn （theta1,theta2,f1）
% The function has 3 inputs （joint angles and task force）
% and two outputs,torques to each actuator of the robot

% link lengths
      a1 = 0.21;
      a2 = 0.23;

% Jacobian elements
      JT_11 = – （–cos(thetal)*sin(theta2)\\
      –sin(thetal)*cos(theta2))*a2+sin(theta1)*a1;
      JT_12 = – （–cos(thetal)*sin(theta2)\\
      –sin(thetal)*cos(theta2))*a2;

% Jacobian vector
      JT = [JT_11;JT_12];

% force to torque projection
      Torque = JT*f;

% individual elements of torque matrix （output）
      T1_out = Torque （1） ;
      T2_out = Torque （2） ;
```

图 4－8　方程 $\Gamma = \boldsymbol{J}^{\mathrm{T}} f$ 的嵌入式 MATLAB 代码实现示例

4.5.2 仿真结果

仿真结果表明：系统的反馈线性化起到了令人满意的效果，任务响应类似一个由比例微分增益确定的二阶系统，增益取值为 $K_x = 100$ 和 $K_v = 22$，即明确给出一个恰当的稳定时间以及足够的干扰抑制。增益取值是否合适由控制器的性能来确定。这些增益可定义以下传递函数，即

$$G(s) = \frac{K_x}{s^2 + K_v s + K_x} \tag{4.45}$$

图 4－9 所示为机器人的响应，图中一个末端执行器的高度被设定为 $X_{y0} = 0.35\text{m}$。需要注意，用机器人肩部处的原点来定义各个轴。任务坐标 X_y 的典型二阶响应可通过与一个等效二阶系统的阶跃响应相比较来验证，如图 4－10 所示。验证结果表明：对经过转换的操作空间动力学进行反馈线性化，成功地实现了系统线性化，从而得到了一个理想的任务响应。

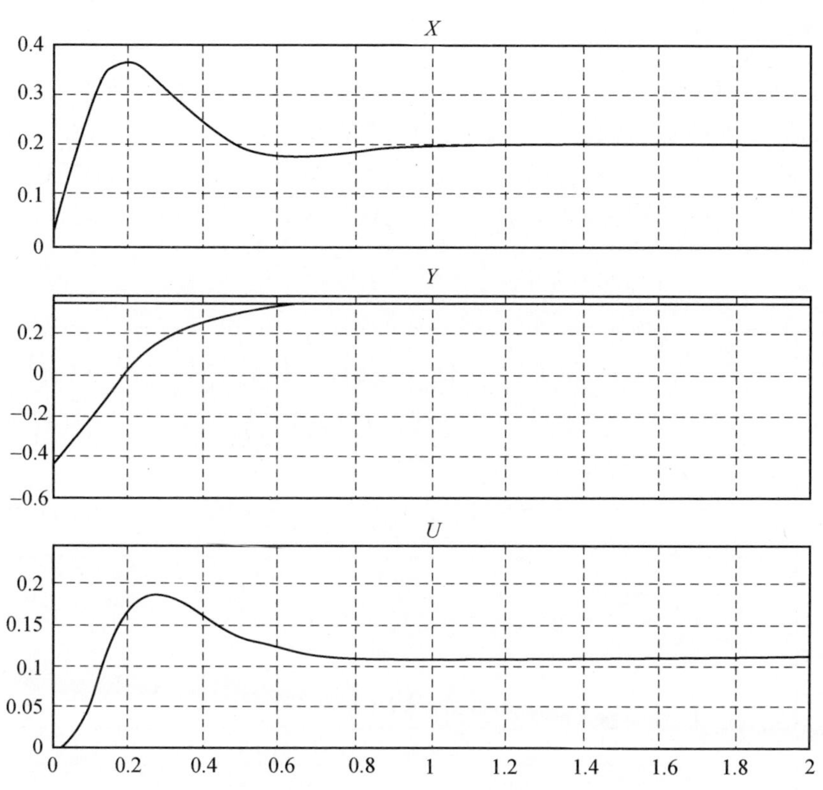

图 4 – 9　2 – 连杆系统的 X_x、X_y 和 U(力作用)响应曲线, $X_{y0}=0.35\text{m}$

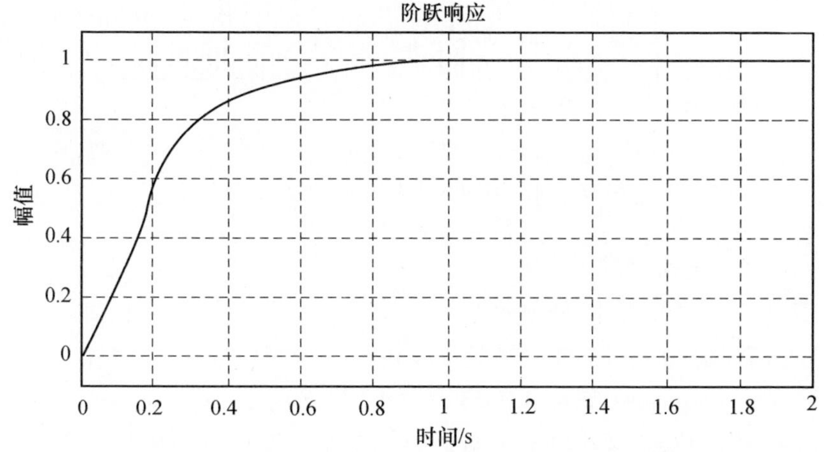

图 4 – 10　式(4.45)所描述的二阶线性系统阶跃响应。该响应与线性化任务中的响应(图 4 – 9 中的 Y)相一致

4.5.2.1 仅有任务控制

为了验证第 4.4.2 节中所描述的分层控制方案，在没有任何姿态控制条件下对机器人运动也进行了仿真。因此，只有 $\Gamma = \boldsymbol{J}^{\mathrm{T}} f$，没有 Γ_p，且由此产生的轨迹如图 4－11 所示。正如所预期的，任务坐标 X_y 轨迹仍由反馈线性控制器控制，并且实现了目标，如图 4－9 所示。然而，姿态坐标 X_x 轨迹在无控制条件下出现了振荡起伏。

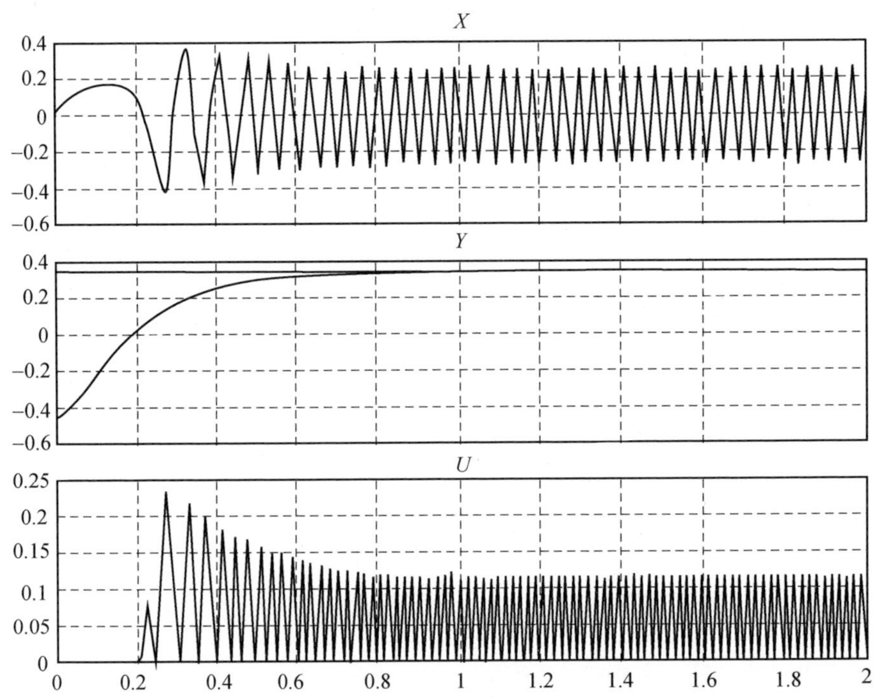

图 4－11 移除姿态控制器后，尽管冗余坐标（X）发生振荡，任务坐标（Y）仍呈现出与图 4－10 中相同的运动曲线

4.5.2.2 与姿态相关的轨迹

如第 4.5.2.1 节所述，任务控制器的反馈线性化转换效果很好。这意味着坐标 X_x 中表示冗余分量运动的轨迹完全由姿态控制器控制，即依次由最优控制器和力作用函数来控制，就像式（4.37）和式（4.38）所定义的那样。

如上所述，可对肌肉矩阵的增益进行调整来改变每只手臂对总的力作用的贡献。图 4－12 中，左边示例（目的是创建一个有力的肩膀）的增益取值为K_{a1} = 20 和 K_{a2} = 100，右边示例（目的是创建一个有力的肘部）的增益取值为 K_{a1} = 100

和 $K_{a2}=20$。这些仿真中，式(4.34)定义的任务控制器使用的增益取值为 $K_v=100$ 和 $K_x=20$，而式(4.36)定义的最优姿态控制器使用的增益取值为 $K_p=10$ 和 $K_d=0.8$。姿态控制器使用的增益取值明显小于任务控制器使用的增益取值，这是为了体现控制方案的层次。肌肉矩阵的增益决定了式(4.38)力作用代价函数 U 的幅值。这将在第 6 章中连同一种代价函数可视化方法(可被用于增益设计)进行进一步描述。

图 4－12 所示为动作轨迹(即仿真机器人每间隔 0.02 s 的位置)，图 4－12(a)为肩部完成任务的动作轨迹，而图 4－12(b)中肘部动作轨迹更为主动，即动作初期肘部弯曲，然后伸向目标(黄线)。

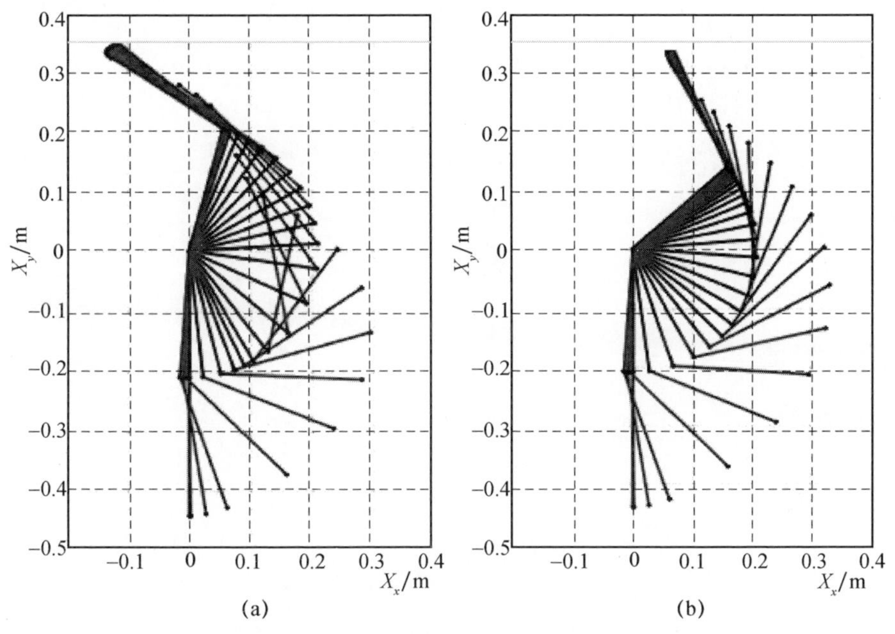

图 4－12　2 自由度冗余机器人任务仿真
(a)肩膀；(b)肘部。

图 4－13 所示为肩部和肘部动作产生的不同力作用曲线。从图中可以看出，改变肌肉矩阵会导致两种不同的优化策略。“有力肩膀的版本”($K_{a1}=20$，$K_{a2}=100$)产生了一个最大的力作用值，但同时产生了一个极低的稳态代价值。“有力肘部”调优的最大代价值较低，但能保持一个相对高稳态代价函数。需要注意，有力肩膀调优的最小稳态是通过控制器使每个连杆的质心的位置到肩膀关节(0,0)的水平距离近似相等来实现的。图 4－14 中所显示的各个质心利用了 SimMechanics 可视化法。

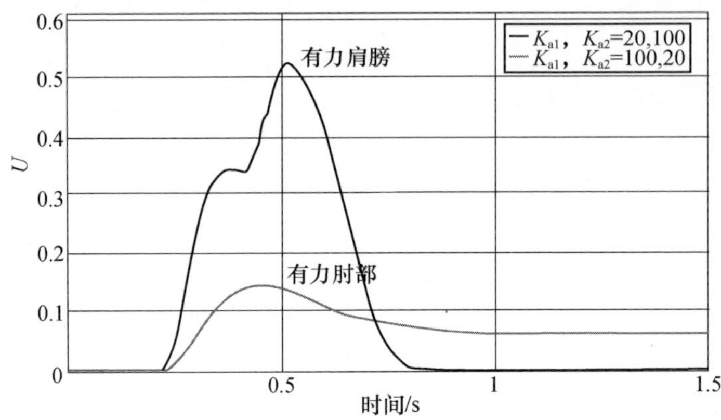

图4-13　2自由度冗余机器人任务仿真中有力肩膀($K_{a1}, K_{a2}=20,100$)和有力肘部($K_{a1}, K_{a2}=100,20$)示例(图4-12)的力作用(U)曲线图
图示纵坐标为由式(4.38)定义的力作用值,横坐标为时间,即2s

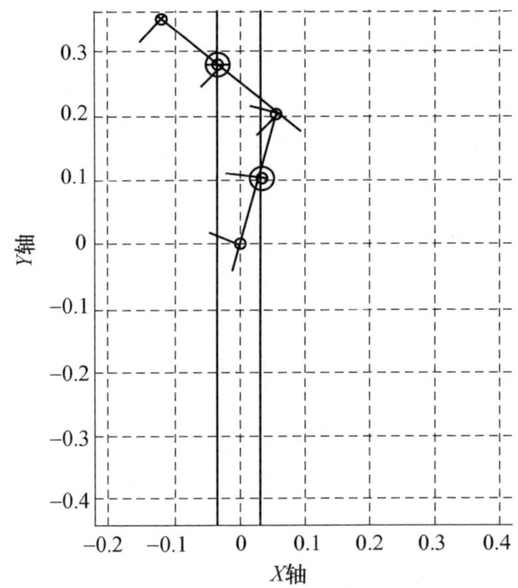

图4-14　图示呈现了后一个版本是如何实现最小力作用的,以原点上的机器人质心为中心

依据峰值力作用,有力肘部调优(见图4-13)使最大力作用减少了28%,此时肘部更倾向于弯曲,惯性减少,这有助于举臂够到 X_y。但是,该策略使得达到稳态姿态的力作用增加了30%。

由有力肩膀调优(见图4-13)创建的低稳态力作用是以一个非自然的最终

姿态来实现的,这是一种人类感到不舒服的姿态。这一力作用最小化的极端例子说明:在实现任务过程中也可以观察到其他准则,而不仅仅是力作用优化准则。尽管 De Sapio 等(2005)所述的肌肉骨骼模型或许已经融入了该力作用优化准则,但是我们的目标并未达到,即只需简单建模(无须如此复杂)就能实现逼真的仿人动作。

这两种模式中都具有显著的特征,即在动作即将结束时以及在手接近目标时速度降低(这可通过接近目标时所抓取的一帧帧的画面观察到,画面抓取是以一个恒定的速率进行的),这是一种典型的线性控制方法。这一特征与第 3.2 节中对接近和调整/分动作进行观察的结果一致。

图 4－12(b)中的动作可被视为一种非单调动作,因为肘部改变了方向,正如人类动作观察中所提到的那样(Cruse,1986)。有一点还可以注意到:图 4－12(b)中的工作空间比图 4－12(a)中的工作空间小。在动作的第一部分中向后移动肩部时,两个动作版本都明显使用了非运动学方式。

图 4－15 对任务仿真动作(有力肘部)与真人相同任务动作(见图 4－1)进行了直接的比较。在动作的不同阶段所呈现出的诸多相似之处似乎表明,简单的力作用最小化逼真地模拟了人的动作。某种程度上,力作用最小化为合成任务动作提供了一个良好基础。

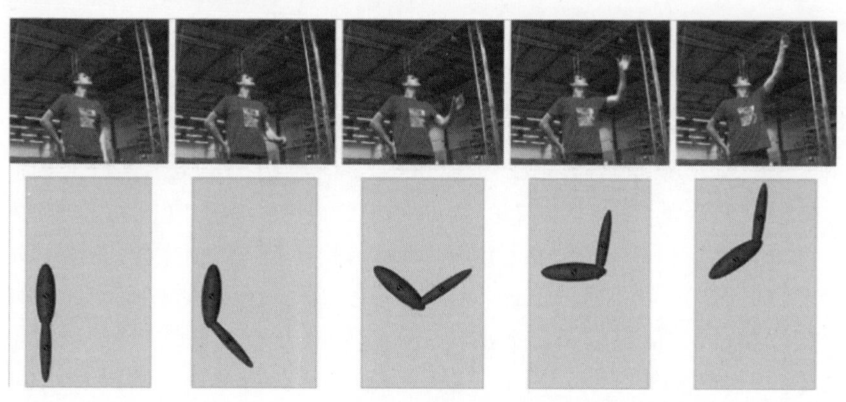

图 4－15　任务仿真动作与图 4－1 中参试志愿者的动作比较。为了有助于更好地进行比较,参试志愿者的图像经过水平翻转(图示印制经志愿者允许,2013 年 5 月 26 日)(见彩插)

4.5.3　机器人实现

在 BERUL 和 BERT 机器人上都实现了控制器(对于 BERUL 机器人,使用肘部和腕部弯曲来替代肩部和肘部弯曲)。在这两个实例中,控制器在产生类人的任务动作方面表现良好,成功地模拟了"真实的"任务动作,如图4-16所示。

图4-16 BERT机器人中的控制器实现。再次产生了图4-15中所示的与人类似的动作模式(图片经志愿者允许使用,2013年5月26日)(见彩插)

如图4-15所示,动作的许多阶段都呈现出:机械臂的位形与参试志愿者的位形非常相似。在这一冗余任务中,如果只要求所够目标的高度,那么机器人或许会很容易偏离这些类人的姿势,但仍然会完成同样的任务(如手臂完全伸展)。因此,可以说机械臂的冗余位形(完成任务所采用的位形)使得机器人系统呈现出的姿态具有人类美感。由于任务控制器的响应固定不变且呈线性,因此姿态控制器使机器人实现了类人的动作。

4.5.3.1 增大增益

物理执行器是靠控制器输出来驱动的,为此,利用扭矩常数来放大控制器扭矩输出是很有必要的。这些增益考虑了执行器的传动比和电机动力学(由制造商提供)。BERUL和BERT这两个机器人的初始执行扭矩常数值至少两倍于理想扭矩常数值,这是为了克服未建模的系统动力学。对于那些使用谐波传动变速箱的执行器,常数值也较高。谐波传动变速箱还具有黏滞性,这可通过额外的增益值进行部分克服(即使利用了"强力"算法)。对于BERT机器人,因其执行器倾向于增加黏性和锁定(为满足更高的控制品质要求),所以扭矩常数值必须更高。在本书的后面部分,这些过高的扭矩常数值由电机扭矩常数值和经过识别的摩擦力模型所替代(见第7.3节)。

为了克服物理系统额外的且未建模的动力学,增大任务控制器的比例微分增益也是很有必要的。对于BERT机器人,K_x 项增大倍数为6;对于BERUL机器人(现已很少使用),增益增大倍数则要保守得多。控制器动力学明显受到这一高比例微分增益的影响,从而会导致机器人以非常高的速度到达目标。从安全性和做动作角度来看,这些额外的速度特性是难以接受的。

尽管机器人的普通移动类似仿真控制器,但其性能明显不如在仿真系统中所呈现出的性能,表现出任务响应迟钝并出现明显的稳态误差(当机器人向上移动时,误差更大)。可以认为,性能不佳是系统识别不完全的结果,这或许归因于:

(1)由质量估值和圆柱近似值导致组件惯量不准确;

(2)未建模的执行器非线性动力学(摩擦和黏滞特性)。

为了测试一个难以识别的系统所造成的影响,使用一个更重的机器人(每个连杆质量增加1kg)再做一次任务仿真,但使用第4.5.2节中的控制器增益和参数。结果(图4-17)与物理机器人实验中所观察到的结果非常相似,这意味着系统参数辨识不准确是性能降低的原因。在随后的章节中,在面对这种不确定情况时,将应用各种鲁棒方法以提高控制器的物理性能。

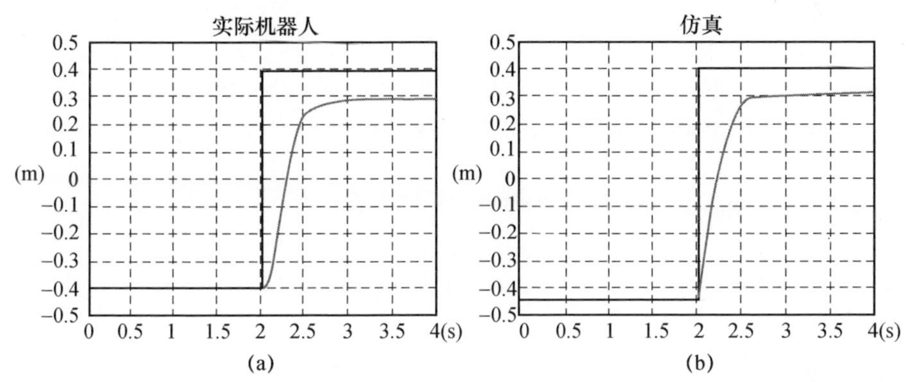

图4-17 任务仿真响应曲线

(a)BERUL机器人对阶跃输入的实际响应曲线;(b)对参数辨识不准确系统(加上连杆)的仿真响应,每个连杆质量增加1kg,连杆质量分别为$M_1=2.8$kg和$M_2=2$kg。

4.6 小结

本章中,一个简单的实现案例验证了根据合成的动作轨迹,得出了令人满意的结果,即仿真机器人系统和实际机器人系统在做任务动作过程中所产生的机械臂的位形类似于参试志愿者完成任务中所观察到的手臂位形。如果考虑任务控制器的固有性质,那么姿态控制器通过一个合适的优化使力作用最小化来获得类人动作的轨迹是可以实现的。另外,一个不适当的优化会导致各种极低的稳态姿态力作用值,从而付出的代价是产生各种不自然的最终姿态。

物理机器人系统还远未达到预期的效果,即仅获得普通目标实现所要求的大增益。各种性能误差的出现似乎表明:未建模动力学是主要原因。在随后的章节中将对任务控制器的鲁棒性以及姿态控制器的其他要素进行探讨。

参考文献

Adams B(2001)Learning humanoid arm gestures. In:Working notes – AAAI spring symposium series:learning grounded representations,Stanford,California,USA

Craig J(2005)Introduction to robotics:mechanics and control,3rd edn. Pearson Prentice Hall,Upper Saddle River

Cruse H(1986)Constraints for joint angle control of the human arm. Biol Cybern 54(2):125 – 132

Delp S,Loan J(2000)A computational framework for simulating and analyzing human and animal movement. Comput Sci Eng 2(5):46 – 55. doi:10. 1109/5992. 877394

De Sapio V,Warren J,Khatib O,Delp S(2005)Simulating the task – level control of human motion:a methodology and framework for implementation. Vis Comput 21(5):289 – 302

Hollars M,Rosenthal D,Sherman M(1994)SD/fast user's manual. Symbolic Dynamics Inc,St. Mountain View

Khatib O(1987)A unified approach for motion and force control of robot manipulators:the operational space formulation. IEEE J Robot Autom 3(1):45 – 53

Khatib O(1995)Inertial properties in robotic manipulation:an object – level framework. Int J Robot Res 14(1):19

Khatib O,Warren J,De Sapio V,Sentis L(2004)Human – like motion from physiologically – based potential energies. In:Lenarĉiĉ J,Galletti C(eds)On advances in robot kinematics. Kluwer Academic,Dordrecht/Boston,pp 149 – 163

Nakanishi J,Cory R,Mistry M,Peters J,Schaal S(2008)Operational space control:a theoretical and empirical comparison. Int J Robot Res 27(6):737 – 757

Oxford Dictionary(1989)Oxford University Press,London,p 26

Slotine J,Li W(1991)Applied nonlinear control. Prentice Hall,Englewood Cliffs

Spiers A,Herrmann G,Melhuish C(2016)Initial controller implementation[online video]. https://youtu. be/VzY7iGGc9KA

第 5 章 滑模控制器的改进

在第 4 章中，研究表明，操作空间控制器可以完成规定的任务动作，即做出逼真的伸臂取物动作，但在各种物理机器人系统中实现时却表现出很差的性能。这被认为是不完整（过于简化）的机器人模型与模型参数不准确（在建模和物理系统之间）所导致的结果。改进的方法是建立一个更完整的机器人模型。然而，扩展模型不仅会增加复杂性和计算需求，而且无法确保能获取到正确的参数。

本章对操作任务空间控制器进行了鲁棒修正，即引入一个滑模单元来克服物理机器人系统的未知动力学问题。在讨论了问题的本质和控制方法之后给出了实现方法，随后给出了在仿真机器人和物理机器人上的实验结果，最后还对控制方案进行了李雅普诺夫稳定性分析。

5.1 简 介

在第 4 章的基本控制器实现过程中，可以看到任务性能很差，特别是要求做一些小的变化时。这在很大程度上是因为执行器动力学在机器人的动力学模型中并没有得到体现。特别是大多数 Elumotion 半身仿真机器人使用的谐波传动变速箱，具有很大的摩擦和黏滞/静摩擦系数。由于 PD 驱动控制信号无法克服关节中的黏滞力，因此当需要做小的动作时，这些部件无疑会表现出可观察到的较差性能。

由于操作空间控制器的反馈线性化性质（De Sapio 等，2005；Khatib，1987），任何模型误差都会导致非线性动力学的不完全补偿。这将产生不正确的电机扭矩，导致不能实现期望的目标。虽然通过实验可以确定机器人的一些动态特性，比如惯性（Swevers 等，1997 和 2000），但是这增加了模型的复杂性。另一种方法是修正控制方案以处理未知动力学的问题。本章在不需要对机器人模型进行改进的情况下,提出了一种利用滑模控制来提高任务控制器性能的方法。

5.2 滑模控制综述

滑模控制是一种在建模不确定的情况下保持性能稳定和一致的方法(Slotin 和 Li,1991)。对于刚性系统,特别是刚体机器人,这种鲁棒控制技术的作用是将非线性系统简化为一个定义清晰、更易于控制的降阶系统。在这种情况下,这些降阶动力学用解耦的一阶动力学来表示。例如,第 4 章描述的 2 自由度机器人系统在特定任务的滑模控制器中包含一个单一的一阶系统。

滑模控制能解决控制信号范围所固有的参数或者结构不确定性。在 Elumotion 机器人的例子中,在直流电机驱动系统内同时存在这两个不确定性。这些(摩擦、静摩擦和参数)不确定性是可观察到的性能下降的主要原因。

滑模控制使用高增益控制来加强其控制机制,力求使变换后的一阶系统保持在固定相位轨迹上,称为滑模面。这种滑模面可以这样选择,强迫一组特定的动态变量趋向并保持在特定的量附近。最常见的实现方法是令误差及其导数为零。如图 5-1 所示,控制面上的轨迹在与滑模面相交 $s(e,\dot{e})=0$ 之后,令轨迹误差为零($e=0$ 和 $\dot{e}=0$)。轨迹从相平面的其他部分接近,说明滑模面的确存在“吸引力”。因此,实际的控制器力求达到和保持 $s(e,\dot{e})=0$。在滑模面上稳定之前的过程称为接近或到达阶段,而在滑模面上的过程定义为滑动阶段。滑模面通常是线性的,如 $s(e,\dot{e})=\dot{e}+ke, k>0$,见图 5-1。

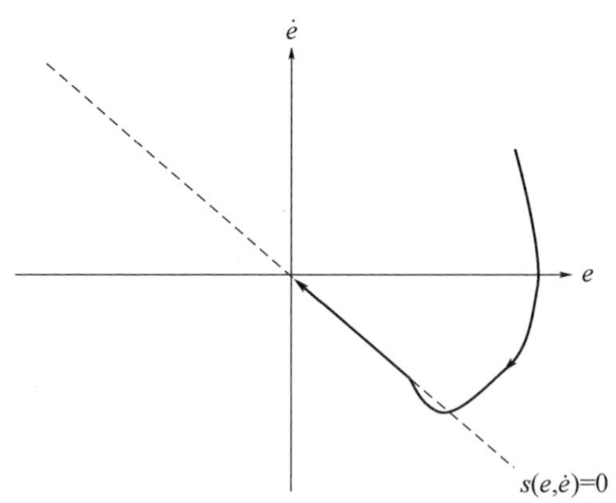

图 5-1 滑模控制器通过将控制轨迹约束在一个滑模面 k 上,将其强制控制到一个特定的点,即 k

5.3 控制器设计

对任务控制器进行滑模修正的目的是将任务误差(末端执行器位置与目标之间的差值)变为零。这与 PD 控制器的目的是一样的,如第 4.3.4 节所述。对此控制器设计阶段中使用的误差项进行修正,必须考虑目标速度$\dot{X}_{y0}$。这种修正是为了适应跟踪控制器,这将在第 5.5.5 节中介绍,即

$$X_e = X_{y0} - X_y, \dot{X}_e = \dot{X}_{y0} - \dot{X}_y \tag{5.1}$$

现在将采用状态空间法进行滑模面设计,然后综合控制律,将系统轨迹引导到滑模面。注意,式(5.1)中,X_e 是基于单个任务位置变量 X_y 的误差。但这种控制方法对于任何任务变量和多个任务变量的向量也同样是合理的。实际上,将在第 8 章和第 10 章中示范将控制器应用于三维任务,其中 X_y 被替换为 $X = [X_x \quad Y_y \quad Z_z]^{\mathrm{T}}$。

5.3.1 切换函数

滑模控制器的切换函数定义了在相空间中发生滑动动作的点。假设存在切换函数,任务位置和速度误差将逐渐趋为零,即

$$s = \dot{X}_e + K_s X_e \tag{5.2}$$

用矩阵形式表示为

$$[\boldsymbol{K}_s \quad \boldsymbol{I}]\begin{bmatrix}\boldsymbol{X}_e \\ \dot{\boldsymbol{X}}_e\end{bmatrix} = \dot{\boldsymbol{X}}_e + \boldsymbol{K}_s \boldsymbol{X}_e \tag{5.3}$$

得到矩阵 $\boldsymbol{T}$,即

$$\begin{bmatrix}\boldsymbol{X}_e \\ \boldsymbol{s}\end{bmatrix} = \underbrace{\begin{bmatrix}\boldsymbol{I} & 0 \\ \boldsymbol{K}_s & \boldsymbol{I}\end{bmatrix}}_{T}\begin{bmatrix}\boldsymbol{X}_e \\ \dot{\boldsymbol{X}}_e\end{bmatrix} \tag{5.4}$$

可得

$$\boldsymbol{T}^{-1} = \begin{bmatrix}\boldsymbol{I} & 0 \\ -\boldsymbol{K}_s & \boldsymbol{I}\end{bmatrix} \tag{5.5}$$

反馈线性化后的操作空间 PD 控制器(Slotin 和 Li,1991)具有以下关系,即

$$\ddot{X}_y = f^* \tag{5.6}$$

式中,f^* 类似于式(4.34),但是加上了速度误差和所要求的加速度$\ddot{X}_{y0}$。这使得

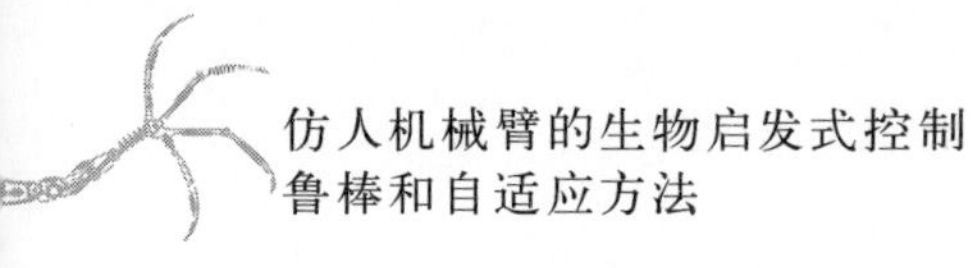

该系统能够处理非阶跃的需求,这将在第 5.5.5 节中进行介绍,即

$$f^{*} = -K_x(X_y - X_{y0}) - K_0(\dot{X}_y - \dot{X}_{y0}) + \ddot{X}_{y0} \tag{5.7}$$

f^{*} 现在由变结构控制律 u_{sl} 增广为

$$\ddot{X}_e = -K_x X_e - K_v \dot{X}_e + u_{sl}$$

$$f^{*} + u_{sl} = -K_x X_e - K_v \dot{X}_e + u_{sl} \tag{5.8}$$

该控制方案现在可以集成到操作空间控制器中。由于控制器仅作用于控制器的任务要素式(4.34),所以滑模部分可以使用与 f^{*} 中包含的控制器类似的方式来处理任务误差 X_e,即

$$f = \hat{\Lambda}(f^{*} + u_{sl}) + \hat{\mu} + \hat{p} \tag{5.9}$$

$$f = \hat{\Lambda} f^{*} + \hat{\mu} + \hat{p} + \hat{\Lambda} u_{sl} \tag{5.10}$$

考虑整个控制器和系统,闭环状态空间表示为

$$\begin{bmatrix} \dot{X}_e \\ \ddot{X}_e \end{bmatrix} = \underbrace{\begin{bmatrix} 0 & 1 \\ -K_x & -K_v \end{bmatrix}}_{H} \begin{bmatrix} X_e \\ \dot{X}_e \end{bmatrix} + \begin{bmatrix} 0 \\ \boldsymbol{I} \end{bmatrix} u_{sl} + \begin{bmatrix} 0 \\ \boldsymbol{I} \end{bmatrix} \xi \tag{5.11}$$

由式(5.11)可以看出,不确定性 ξ(未知但有界)在输入通道中。第 5.4 节将对 ξ 所造成的各种影响进行详细分析。可以使用等效变换矩阵来实现切换函数式(5.4)和受控对象式(5.11)之间的投影,即

$$\widetilde{\boldsymbol{H}} = \boldsymbol{THT}^{-1} \tag{5.12}$$

由此可得

$$\begin{bmatrix} \dot{X}_e \\ \dot{s} \end{bmatrix} = \underbrace{\begin{bmatrix} -K_s & I \\ -K_x - (K_s - K) & K_s - K_v \end{bmatrix}}_{\widetilde{H}} \begin{bmatrix} e \\ s \end{bmatrix} + \begin{bmatrix} 0 \\ \boldsymbol{I} \end{bmatrix} u_{sl} + \begin{bmatrix} 0 \\ \boldsymbol{I} \end{bmatrix} \xi \tag{5.13}$$

滑模控制器的目的是通过滑模动力学稳定作用实现 $s=0$,有

$$\dot{s} = (K_s - K_v)s + u_{sl} + \xi$$

因此,隐含以下控制器增益设计规则,即

$$K_x - (K_s - K_v)K_s = 0, \mathrm{Re}(\lambda(K_s - K_v)) < 0 \tag{5.14}$$

这意味着当$(K_s - K_v)$的特征值(·)的实部 Re(·)小于零时,就会形成稳定性。因此,令式(5.2)中 $s=0$,滑模动力学用稳定的线性动力学可表示为

$$\dot{X}_e = -K_s X_e$$

滑模项 u_{sl} 在执行器通道中增强了对不确定性的鲁棒性。

5.3.2 变结构控制律

滑模控制是一种变结构控制方法。这意味着可以通过某种决策规则运用多

种控制律(Edwards 和 Spurgin,1998)。对于单个输入系统,决策规则可以看作是在固定的正负值之间切换控制力以使系统轨迹保持在滑模函数上的一种方法。实现这一目标的一种粗略方法是通过一个符号函数,该函数规定一个正控制力和一个负控制力(±1 的控制力),即 $s<0$ 或 $s>0$,即

$$u_{sl} = -K_{sl}\operatorname{sgn}(s) = -K_{sl}\frac{s}{\|s\|} \tag{5.15}$$

式中:标量 $K_{sl}>0$; $\|s\|$ 为 s 的欧几里得范数(一个标量的绝对值)。这种"bang - bang"开关控制方法虽然有效,但却对电机等机电系统造成了潜在的破坏。事实上,控制信号的切换会产生一种通常称为"抖振"的效应。为了减少这种效应,可以采用以下控制律来产生一个平滑的控制信号,即

$$u_{sl} = -K_{sl}\frac{s}{\|s\|+\delta} \tag{5.16}$$

式中:引入的 δ 项产生了一个类似于 S - 形函数的控制律,即 $\delta\to 0$。图 5 - 12 为 $K_{sl}=1$ 时的函数曲线。δ 项的引入是一种在理想的滑模性能和平滑的控制作用之间的折中方案。K_{sl}是一个简单的增益,可以增加滑模控制输出 u_{sl}的幅值(见图 5 - 2)。

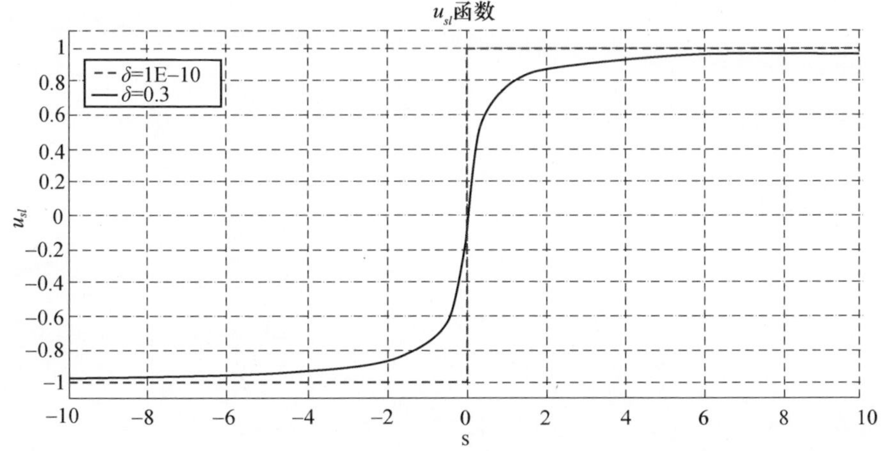

图 5 - 2　由式(5.16)得出的 u_{sl}函数曲线,条件:$K_{sl}=1$;δ 有两个值,δ 值较小时近似于一个符号函数曲线,δ 值较大时形成一个 S - 形函数曲线

滑动控制器的有效性取决于 u_{sl}能够到达滑模面的速度,由 K_s 定义。在当前的场景下(控制 X_y 的任务),$-K_s<0$ 是一个标量,尽管这种方法也适用于多变量结构框架,$-K_s$ 可能是一个具有负特征值的稳定的系统矩阵。稳定矩阵(K_s-K_v)对线性滑模到达控制学、动力学产生了影响,但如果 $K_{sl}>0$ 的取值足

够大,就能确保鲁棒性(Edwards 和 Spurgin,1998)。

5.4 李雅普诺夫稳定性分析

为了证明滑模任务控制器的稳定性,对其进行李雅普诺夫稳定性分析。

式(5.2)中的 s 的李雅普诺夫候选函数为

$$V=\frac{1}{2}s^{\mathrm{T}}s,\dot{V}=s^{\mathrm{T}}\dot{s} \tag{5.17}$$

式中

$$\dot{s}=(\ddot{X}_y-\ddot{X}_{y0})+K_s(\dot{X}_y-\dot{X}_{y0})$$
$$\ddot{X}_y=\Lambda^{-1}\bar{\boldsymbol{J}}^{\mathrm{T}}\boldsymbol{\Gamma}-\mu-p$$

令经过投影的系统动力学式(4.31)等于任务和姿态控制器扭矩 $\boldsymbol{\Gamma}=\boldsymbol{J}^{\mathrm{T}}f+\hat{\boldsymbol{N}}^{\mathrm{T}}\boldsymbol{\Gamma}_p$,并等于式(5.15)中的滑模项 u_{sl},利用系统和模型估值,得到 X_y 的表达式,即

$$\begin{aligned}\ddot{X}_y&=\breve{\Lambda}\left(-K_x(X_y-X_{y0})-K_v(\dot{X}_y-\dot{X}_{y0})+\ddot{X}_{y0}-\frac{K_{sl}s}{\|s\|}\right)\\&+\Lambda^{-1}((\hat{\mu}-\mu)+(\hat{p}-p))\\&+\breve{\boldsymbol{\Lambda}}\boldsymbol{J}\hat{\boldsymbol{A}}^{-1}(K_p\nabla U^{\mathrm{T}}+K_d\dot{q})-\boldsymbol{J}\boldsymbol{A}^{-1}(K_p\nabla U^{\mathrm{T}}+K_d\dot{q})\end{aligned} \tag{5.18}$$

式中,“$\hat{\cdot}$”为该项为估计项。

$$\breve{\Lambda}=\Lambda^{-1}\hat{\Lambda}$$

进而可得

$$(\ddot{X}_y-\ddot{X}_{y0})=-K_x(X_y-X_{y0})-K_v(\dot{X}_y-\dot{X}_{y0})-\frac{\breve{\Lambda}K_{sl}s}{\|s\|}+\xi \tag{5.19}$$

式中:ξ 为不确定项,见式(5.13)。当估计项正确时,即$\breve{\Lambda}=I$ 时,ξ 可消去,即

$$\begin{aligned}\xi&=-\Lambda^{-1}((\hat{\mu}-\mu)+(\hat{p}-p))+(\breve{\Lambda}-\boldsymbol{I})(-Kx(X_y-X_{y0})-K_v(\dot{X}_y-\dot{X}_{y0})+\ddot{X}_{y0})\\&-\breve{\boldsymbol{\Lambda}}\boldsymbol{J}\hat{\boldsymbol{A}}^{-1}(K_p\nabla U^{\mathrm{T}}+K_d\dot{q})+(\boldsymbol{J}\boldsymbol{A}^{-1}(K_p\nabla U^{\mathrm{T}}+K_d\dot{q}))\end{aligned} \tag{5.20}$$

由此得出 $\dot{s}$,即

$$\dot{s}=(K_s-K_v)s-\frac{\breve{\Lambda}K_{sl}s}{\|s\|}+\xi$$

将其代入李雅普诺夫函数式(5.17),得

$$\dot{V}=s^{\mathrm{T}}\dot{s}=s^{\mathrm{T}}(K_s-K_v)s-\frac{s^{\mathrm{T}}\breve{\Lambda}K_{sl}s}{\|s\|}+s^{\mathrm{T}}\xi \tag{5.21}$$

这意味着通过

$$\dot{V}=s^{\mathrm{T}}\dot{s}\leqslant -s^{\mathrm{T}}(K_v-K_s)s-\frac{\lambda_{\min}(\breve{\Lambda}+\breve{\Lambda}^{\mathrm{T}})}{2}K_{sl}\frac{s^{\mathrm{T}}s}{\|s\|}-\|s\|\ \|\xi\| \tag{5.22}$$

$$\dot{V}=s^{\mathrm{T}}\dot{s}\leqslant -s^{\mathrm{T}}(K_v-K_s)s-(\lambda_{\min}(\frac{\breve{\Lambda}+\breve{\Lambda}^{\mathrm{T}}}{2})K_{sl}-\|\xi\|)\|s\| \tag{5.23}$$

可以求出矩阵$(\breve{\Lambda}+\breve{\Lambda}^{\mathrm{T}})$的最小特征值$\lambda_{\min}(\cdot)$。若式(5.23)中第二项小于或等于零,则必须满足下列稳定条件,即

$$K_{sl}\geqslant\frac{\|\xi\|2}{\lambda_{\min}(\breve{\Lambda}+\breve{\Lambda}^{\mathrm{T}})},\lambda_{\min}(\breve{\Lambda}+\breve{\Lambda}^{\mathrm{T}})>0 \tag{5.24}$$

5.5 结　果

使用第 4 章中所述的 2 自由度任务实现方式,对该控制器进行了仿真和实际任务实现测试。

5.5.1 仿真

使用第 4 章中的机器人模型对滑模控制器进行了设计和仿真测试。在没有任何刻意的建模误差的情况下,不需要将鲁棒控制器应用于仿真系统,因为在机器人仿真和控制器设计中使用了相同的理想化动态项。为了模拟动力学模型失配,引入了一个参数化建模误差,即在控制器参数不变的情况下,对机器人模型(被控对象)的每个连杆的质量增加 50%。由此,仿真机器人的惯性项也被修正成包括这个附加质量。得出的结果是,动态参数估值$\hat{\Lambda}$、$\hat{\mu}$、$\hat{p}$与实际的动态参数不一致,从而难以实现反馈线性化。

仅使用第 4 章中定义的控制器(不进行滑模修正),呈现出的任务性能较差,如图 5-3 所示,当末端执行器到达目标$X_{y0}=0.35\mathrm{m}$时,从其位置误差和速度误差曲线就可看出这一点。显然,这两条曲线的目标位置都是零。注意,第二个仿真实现了冗余自由度(姿态)的稳定。在本例中,使用以下 PD 控制增益:$K_x=100$ 和 $K_v=22$。得出的稳态误差分别为 $X_{ye}=0.1533\mathrm{m}$ 和$X_{ye}=0.0005\mathrm{ms}$。

随着滑模控制修正的加入,机器人的性能大大提高,如图 5-4 所示。在本例中,稳态误差为 $X_{ye}=0.0074\mathrm{m}$ 和 $X_{ye}=0\mathrm{ms}$。滑模控制器的增益为 $K_{sl}=50$,$K_s=7.5$ 和 $\delta=0.2$。

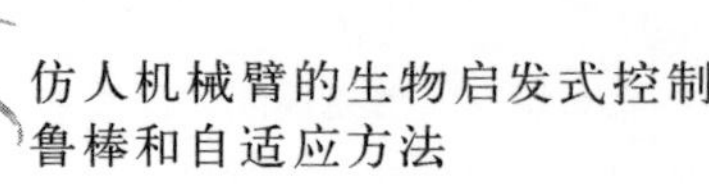

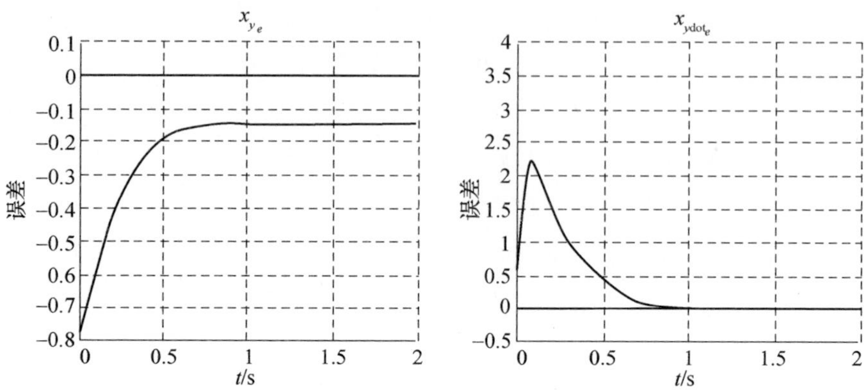

图 5-3　PD 控制参数失配后产生的位置和速度任务误差

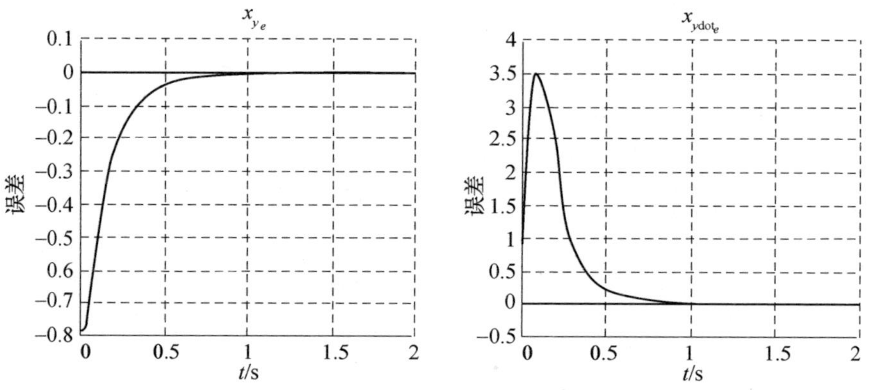

图 5-4　使用滑模任务控制器产生的位置和速度任务误差

令 $K_s=7.5$，可得出相平面中梯度为 7.5 的滑模面，如图 5-5 所示。图 5-5 还画出了图 5-3 和图 5-4 的相位轨迹。可以看出，滑模控制器形成的轨迹被吸引到滑模面，并被迫向轴的原点方向移动。从图中还可以推断出机器人末端执行器的速度高于非滑模实例的速度。

图 5-6 呈现了较高速度的伸臂取物动作，并比较了没有滑模控制器（a）和使用滑模控制器（b）的机器人的任务轨迹。机器人位形的采样间隔为 0.03s，因此可以观察到，在任务初始阶段（当 $X_y < -0.1$ 时），未经过滑模控制修正的动作速度几乎是经过滑模控制修正的动作速度的两倍。大部分高速是在滑模控制器的任务末段产生的。还应该注意的是，任务坐标 X_y 的控制速度比姿态坐标 X_x 快得多，因此动作更靠近身体。这显然对姿态动作的最优化有积极的影响，尽管这些影响是间接的，因为它们是由任务控制器（包含滑模控制器）的动作所产生的。

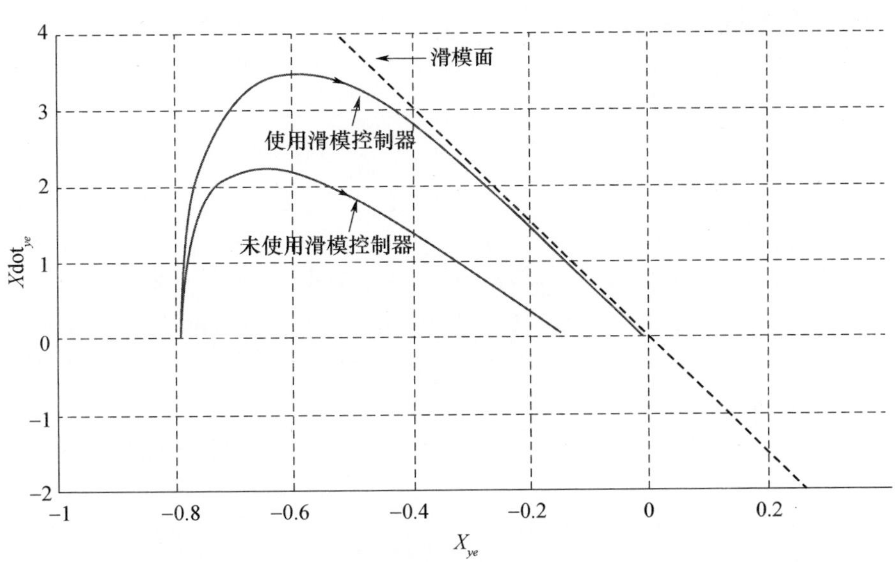

图 5－5　模型失配后产生的任务轨迹。滑模控制器将轨迹限制在滑模面上。滑模控制器的误差明显更低

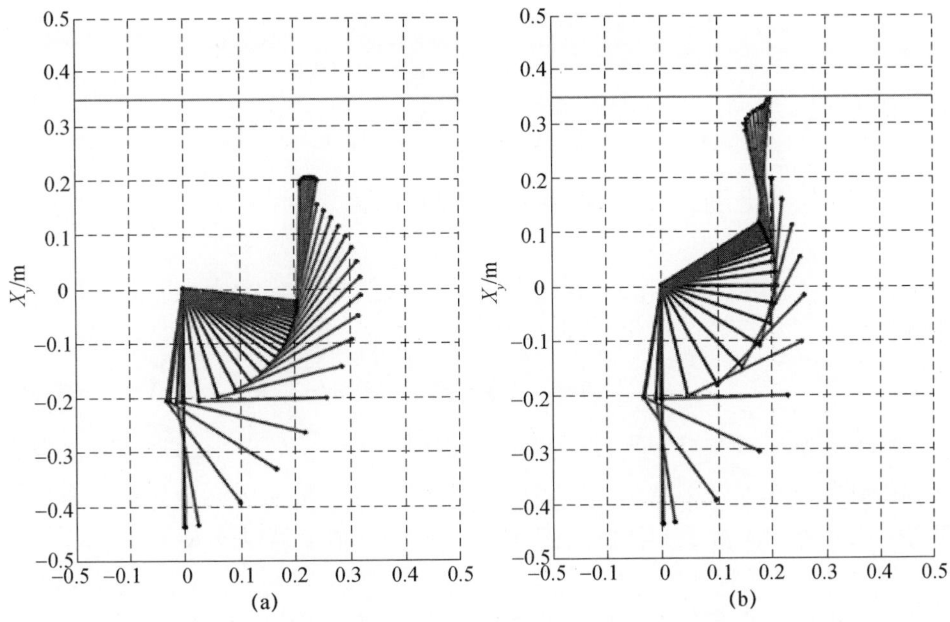

图 5－6　未经过滑模控制修正(a)和经过滑模控制修正(b)的任务轨迹的比较。目标在 $X_y = 0.35\text{m}$ 的水平线位置

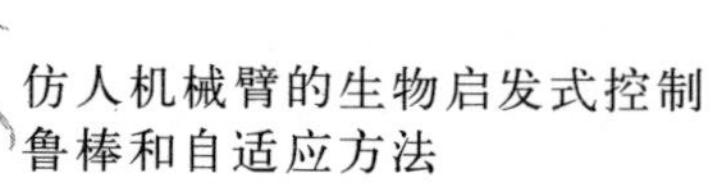

在模型参数误差较大的情况下，滑模控制修正对机械臂的任务实现具有很好的效果。然而，这导致了更快的速度和更紧凑的运动轨迹。这反映了滑模控制的激进性，所以在设计控制器时应考虑到这一因素。

5.5.2 物理机器人

对 BERUL 物理机器人再次进行了仿真试验，同样将肘部和腕部弯曲处当作肩部和肘部关节，创建一个 2 自由度平面机械臂。为了有效地比较控制器，采用重复的阶跃序列作为对系统的输入指令。这些输入指令在正或反方向上施加了 0.10m 或 0.2m 的变化。

由于每次实验中的 Elumotion 机器人使用了相对编码器，所以很难保证机器人在每次试验中从相同的初始位形开始运动，因为机器人必须在位姿朝下的状态下被激活以设置编码器位置，从而机器人能从物理上远离雅可比矩阵奇点 $[q_1, q_2]^T = [0,0]^T$（即雅可比矩阵不满秩的情况，见 Craig，2005）。考虑到这一点，在开始记录数据之前，需要执行多个指令序列。这种重复使机器人能"稳定"地进入任务模式，而无须人为设置初始条件。本书中的所有实际结果都重复了同样的使轨迹"稳定"的方法。

在随后的所有实例中，姿态增益取值为 $K_p = 0.1$ 和 $K_d = 0.5$；而激活矩阵增益取值为 $K_{a1} = 10$ 和 $K_{a2} = 5$（这得到了第 4.5.2.2 节中详述的"有力肘部"）。

5.5.3 比例 - 积分 - 微分(PID)结果

为了便于比较，对 f^* 中的一个附加积分项（没有滑模元素）也进行了测试。这就将线性、"后反馈线性化"控制器从 PD 变成了 PID，即

$$f^* = -K_x(X_y - X_{y0}) + \int_0^t K_i(X_y(\tau) - X_{y0})\mathrm{d}\tau - K_v(\dot{X}_y - \dot{X}_{y0}) \quad (5.25)$$

带积分项和不带积分项的实验结果如图 5 - 7 所示。图中，"原"PD 控制器的增益取值为 $K_x = 600$ 和 $K_v = 22$。K_x 的大增益取值是克服先前讨论的未建模动力学所必需的。对于 PID 控制器，使用相同的增益取值以及 $K_i = 49$。

相比 PD 控制器，引入积分项后，任务性能有明显提高，尽管轨迹仍然滞后，并带有一个较大的稳态误差。对于小的控制指令变化，由于系统的峰值速度/加速度低，因此摩擦力和黏滞力难以克服。众所周知，简单的积分作用是不可能补偿黏滞力/摩擦力的，因此需要非线性控制（Hermann 等，2008）。

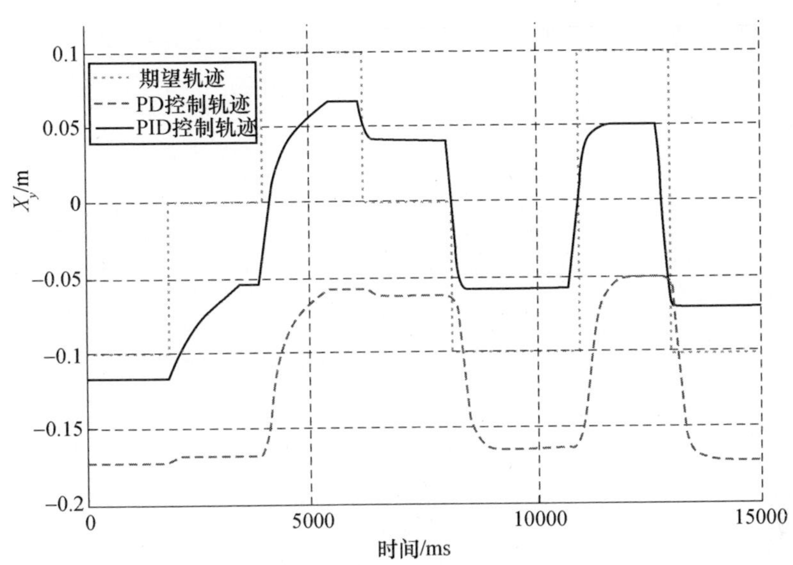

图 5 − 7 原 PD 控制与 PID 控制的任务性能比较

5.5.4 滑模结果

滑模控制器的集成明显减小了稳态误差,同时还提高了机器人系统的响应能力。然而,系统速度的增加(如图 5 − 5 所示)导致轨迹明显过度超越了所期望达到的轨迹(期望轨迹),如图 5 − 8 中的“滑模”轨迹。事实上,当误差减小时,速度导致了 X_y 方向上的抖振。正如第 3.1 节中所指出的,平顺流畅是人类动作的一个显著特征(Flash 和 Hogan,1985),这意味着这种抖振是不可接受的。

滑模控制器的加入意味着原 PD 控制器的增益值可以显著降低到 $K_x=85$,$K_v=3.83$。滑动控制增益值分别为 $K_s=7.5$,$K_{sl}=220$ 以及 $\delta=0.4$。

5.5.5 指令滤波器

滑模控制器的激进性导致了任务控制器的轨迹有过度超越所期望达到的轨迹(需求轨迹)的趋势。减小这一趋势的有效方法是提供光滑的指令信号,然后控制器可以跟踪该信号。将阶跃输入指令信号通过一个二阶滤波器,得到期望的、平顺流畅的动作,即

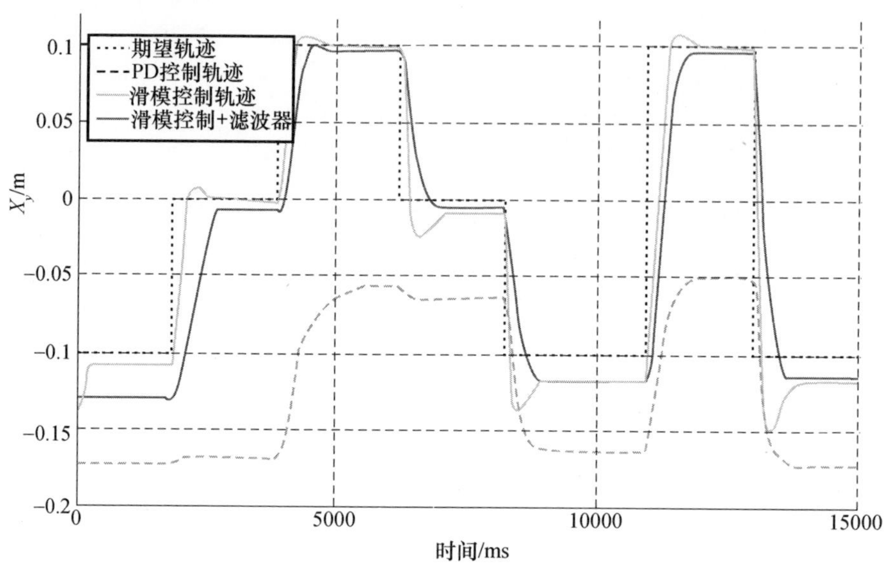

图 5-8　带和不带滤波器的滑模控制器的任务性能比较

$$X_{y0}(s)=\frac{\omega_n^2}{s^2+2\zeta\omega_n s+\omega_n^2}X_{yd} \tag{5.26}$$

式中：X_{yd}为原始的、未经过滤的指令信号。这个过滤过程引入了附加的动力学，也就是说目标$\dot{X}_{y0}$和$\ddot{X}_{y0}$不再等于零。这些附加的动力学，可通过修正任务控制器f^*计算出来，即引入任务速度误差和$\hat{\Lambda}\ddot{X}_{y0}$项（如第 5.3 节所述），创建一个跟踪控制器，即

$$f=\hat{\Lambda}f^*+\hat{\mu}+\hat{p}+\hat{\Lambda}u_{sl}=\hat{\Lambda}(f^*+u_{sl})+\hat{\mu}+\hat{p} \tag{5.27}$$

附加滤波器产生光滑的X_{y0}需求信号，这些信号可以被末端执行器有效跟踪。这显著地减少了超调，并给出了一个更柔顺的任务响应，如图 5-8 中“滑模控制 + 滤波器”所示。

本例中，系统的增益取值为$K_x=85$，$K_v=12$，$K_s=5$ 和 $K_{sl}=220$，并且滤波器有一个时间常数，即 $t_s=0.55$s。在图 5-7 和图 5-8 所描述的所有实例中，姿态增益取值为$K_p=0.1$ 和 $K_d=0.5$，而之前控制作用矩阵的增益取值为$K_{a1}=10$ 和 $K_{a2}=5$（从而得到了第 4.5.2.2 节中详述的“有力肘部”的情况）。

5.6　柔顺性

所实现的控制方案有一个有趣且实用的特点，由冗余任务和非关节控制得

到了一个柔顺系统。由于这项任务可以通过若干关节位形布局来完成，某个关节处的物理扰动将导致另一个关节的补偿动作，以保持所需的高度。这实际上是通过引入滑模控制器来实现的，即在出现小扰动的情况下，滑模控制器也能使 X_y 保持稳定。如图 5-9 所示，通过人为推动机器人的连杆 1（最靠近基底的连杆）的方式，引入一个物理扰动，形成一个新的手臂位形，借此来恢复指尖的目标高度。为了说明控制器的精度，使用一个固定的红色激光指示器对目标高度进行标记。在第 1 帧、第 3 帧和第 4 帧，中指尖（末端执行器，用白胶带突出显示）达到了这一目标高度。可以通过 Spiers 等（2016 年）中的链接观看这一演示的在线视频。

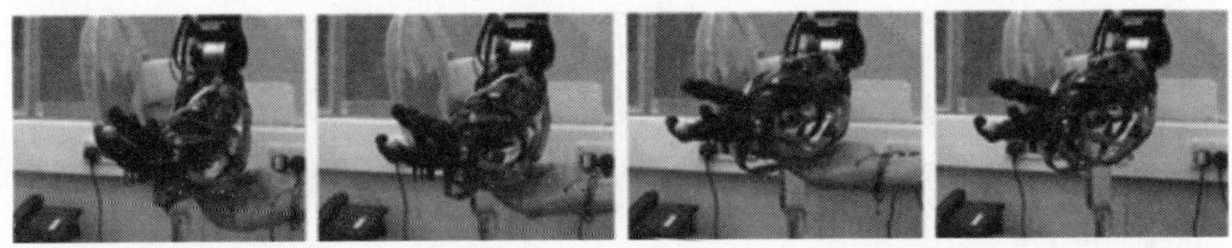

图 5-9　柔顺性验证。冗余自由度坐标是柔顺性的，并且可以手动移动，而任务坐标（用激光指示器标记）保持静止

5.7 小　结

本章描述了一种在操作空间控制器中加入滑模的方法，克服了未建模的动力学问题，从而提高了机器人系统的性能。相比将一个积分项引入“PD 控制器”的方法，这一方法显然要好得多。为了克服滑模控制带来的抖振（对于仿人动作是不可接受的），介绍了一种需求滤波器，得到了稳态误差非常低的柔顺动作。为了证明该控制方案的稳定性，进行了李雅普诺夫分析。为更好地实现姿态优化，第 6 章将着眼于那些更复杂的代价函数。

参考文献

Craig J(2005) Introduction to robotics: mechanics and control, 3rd edn. Pearson Prentice Hall, Upper Saddle River

De Sapio V, Warren J, Khatib O, Delp S(2005) Simulating the task-level control of human motion: a methodology and framework for implementation. Vis Comput 21(5): 289-302

Edwards C, Spurgeon S (1998) Sliding mode control: theory and applications. Taylor and

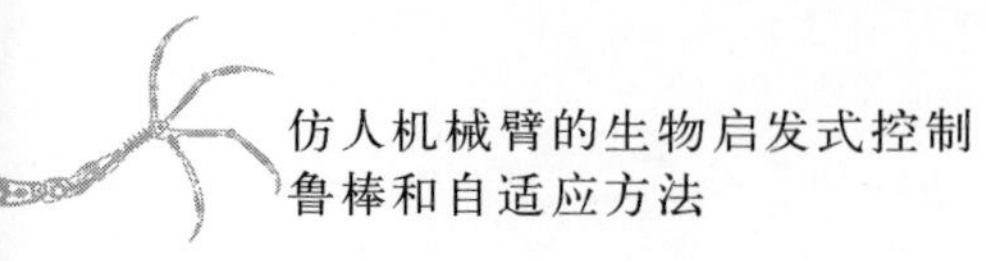

Francis, London

Flash T, Hogan N (1985) The co – ordination of arm movements: an experimentally confirmedmathematical model. J Neurosci 5(7):1688 – 1703

Hermann G, Ge S, Guo G (2008) Discrete linear control enhanced by adaptive neural networks inapplication to a hdd – servo system. Control Eng Pract 16(8):930 – 945

Khatib O (1987) A unified approach for motion and force control of robot manipulators: the operational space formulation. IEEE J Robot Autom 3(1):45 – 53

Slotine J, Li W (1991) Applied nonlinear control. Prentice Hall, Englewood Cliffs

Spiers A, Herrmann G, Melhuish C (2016) Compliance from task/posture splitting – biologically inspired control of humanoid robot arms [online video]. https://youtu.be/AHbhsZ82vp4

Swevers J, Ganseman C, Tukel D, De Schutter J, Van Brussel H (1997) Optimal robot excitation and identification. IEEE Trans Robot Autom 13(5):730 – 740

Swevers J, Ganseman C, Chenut X, Samin J (2000) Experimental identification of robot dynamics for control. In: Proceedings of the IEEE international conference on robotics and automation, 2000 (ICRA'00), San Francisco, vol 1

第 6 章 基于“不舒适”姿态的平滑关节极限

本章介绍在某些特定环境下，简单多体机器人模型和力作用最小化姿态控制器（均已在前两章中得到应用）会导致非人类的姿态出现。这些姿态不仅不自然，而且还会损伤机器人硬件。为此本章提出并实现了一种受解剖学启发的势场方法，以避免出现这些姿态。同时还提出了一种用于呈现末端执行器轨迹和相关力作用测量值的可视化技术。最后给出了仿真和试验结果以证明该方案的有效性。

6.1 简　介

本章通过对第 4 章和第 5 章中给出的机器人动作控制器的进一步测试，可以发现：2 自由度机器人偶尔会产生一些不可实现的位形轨迹，即超出关节极限或连杆彼此穿越的轨迹。如图 6－1 中的仿真所示，要求机器人首先够到一个位于头顶上方的目标（如图 4－12 和图 5－6），然后是一个低于肩部的目标。尽管初始轨迹令人满意，但是图 6－1（b）中所示的轨迹表明会出现了连杆 2 穿越了连杆 1 的情况。

虽然可以继续进行这种带有肢体交叉的仿真，但是在物理 Elumotion 机器人系统或许多其他机器人上的实现过程中，不应尝试类似的动作。这不仅会迫使执行器处于其物理极限状态，对机器人系统的机械和电气部件造成损伤，而且会破坏动作的拟人化。虽然许多机器人系统会利用限位开关以防止出现关节极限的情况，但这并不能避免错误轨迹的生成（如图 6－1 所示）。确切地说，这只能防止动作超出特定关节角度。在本章中，我们提出可以将动作限制集成到人体动作控制方案中，以避免这类情况的发生。

在本章的探讨中，还使用了一段在线视频（Spiers 等，2016）。

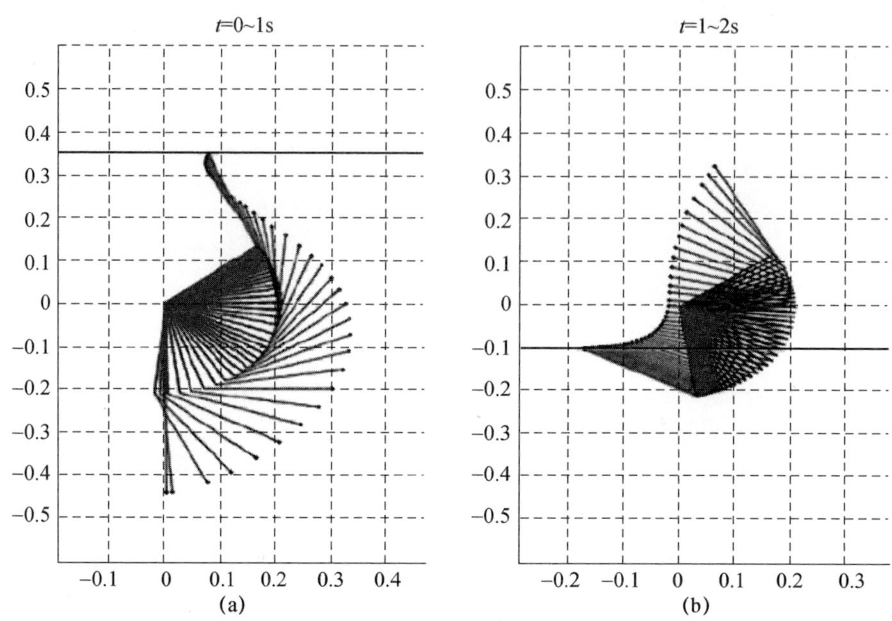

图 6-1 BERUL 仿真机器人动作的时序轨迹

(a)初始位置为 $X_{y0}=0.35\mathrm{m}$;(b)初始位置为 $X_{y0}=-0.1\mathrm{m}$。

6.1.1 动力学模型简化

如果在前面的章节中考虑将简化动力学模型应用于机器人控制,那么 SimMechanics 仿真中出现那些不可能的位形(如图 6-1(b)所示)就不足为怪了。动力学模型由两个具有同质圆柱体惯性特征的连杆组成,但除了两者间连接的距离之外没有其他实际信息。连杆与旋转轴耦合以形成一个 2 自由度的平面机械臂。该模型不包含系统极限、连杆的表面特征或者柱体间碰撞所产生的力等附加描述信息。因此,连杆的表达有点抽象,很可能会出现肢体在仿真环境中彼此穿越交叉的情况。

6.2 可视化技术

为了更好地理解图 6-1(b)中 2 自由度机械臂的运动路径,创建了一种数据可视化方法,该方法将笛卡儿末端执行器位置与力作用的测量值相结合,如式

(4.38)所定义。该方法在 2 自由度机械臂的工作空间中实现了力作用的三维表达。通过将机械臂的轨迹叠加到该三维表达上,就可评估关于代价函数和最优控制器的笛卡儿末端执行器动作。

力作用代价函数 U 是关于 q 的函数,q 由关节空间重力项 g 得到,即

$$U(q)=\boldsymbol{g}^{\mathrm{T}}\begin{bmatrix}K_{a1} & 0\\ 0 & K_{a2}\end{bmatrix}^{-1}\boldsymbol{g} \tag{6.1}$$

式中:$\boldsymbol{g}$ 为由机器人的每个连杆确定的重力矢量。因此,连杆 1(最靠近机器人基座的连杆)会受到连杆 2 的影响。对于一个双连杆机器人,有

$$\boldsymbol{g}=\begin{bmatrix}g_1\\ g_2\end{bmatrix} \tag{6.2}$$

其力作用代价函数为

$$U(q)=\frac{g_1^2}{K_{a1}}+\frac{g_2^2}{K_{a2}} \tag{6.3}$$

因此,为表达机器人在笛卡儿工作空间中由关节定义的力作用,必须在任务空间和关节空间之间进行转换。这可以通过对机器人工作空间中的一组笛卡儿 X_x 和 X_y 位置进行逆运动学求解来实现。由此可求出关节角,即把机器人末端执行器置于工作空间每个区域中的关节角度。假设"肘部向下"位形是定常的(即人类动作和机器人的一个约束是定常的),就可以不考虑任何冗余问题,也不需要逆运动学求解。

利用关节角,可以求得每个笛卡儿位置的 U 值。该值可以作为三维图的 Z 轴,其中其他两个轴表示机器人的笛卡儿工作空间 X_y 和 X_x。构建三维力作用的过程如图 6-2 所示。

通过将从仿真或实际试验记录的轨迹投影到所产生的表面上,得到了一种分析姿态控制器性能以及整体动作路径的直观方法。在图 6-3 中,力作用平面中的白线表示图 6-1 中的动作和力作用数据。本例中,图像分辨率为 $0.01\mathrm{m/m^2}$。由于机器人是一个旋转系统,因此可以确定出一个圆形工作空间。注意,机器人的肩部位于$(X_x,X_y)=(0,0)$,机器人手臂沿重力方向开始运动,即$(X_x,X_y)=(0,-l_1-l_2)=(0,-0.44)$。

从图 6-3 中可以立即观察到,机器人从力作用值非常低的区域内开始运动,这是合理的,因为当机械臂在重力方向上运动时,力作用值最小。或者说,当机械臂以垂直于重力的方向完全伸展时,力作用值最高。显然,对于人类来说也是如此。然而,由于缺少关节极限、旋转执行器较为简单以及仿真环境比较理想等原因,当机械臂以垂直于重力的方向运动时,工作空间也能得到力作用最小

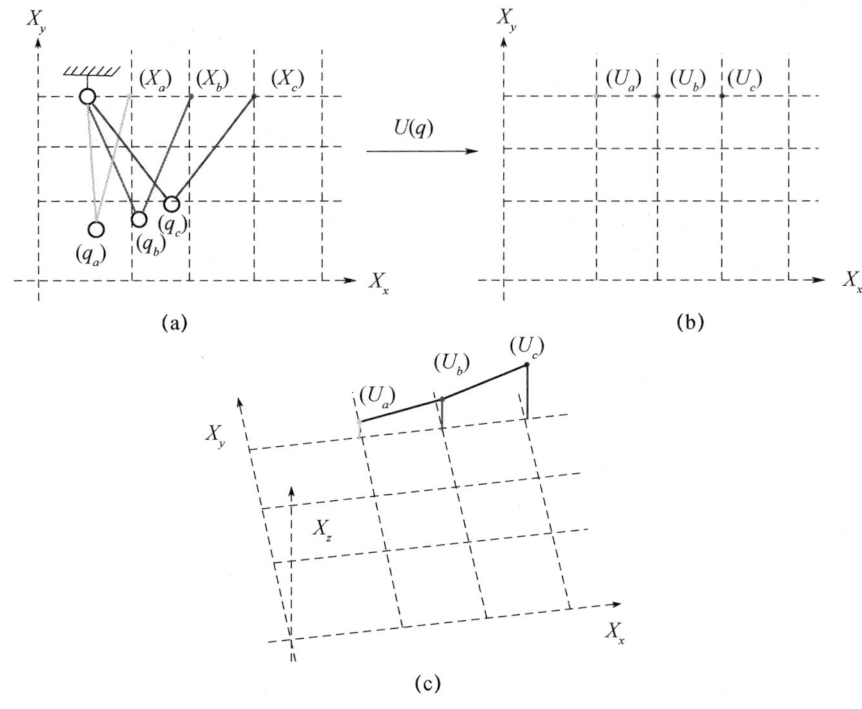

图 6－2　构建三维力作用的过程

(a)对于笛卡儿网格 X_x、X_y 上的每个点,采用逆运动学求出到达该点 q 的机器人关节角;(b)由关节角和式(6.1)计算出该点处的 $U(q)$ 值;(c)将该值绘制为三维图的 Z 轴。

值,但是这种姿态对人类来说并不是力作用最小值。

注意,原点(0,0)处的力作用值存在奇点,即无法计算出 U 值。这是因为机器人的连杆长度不相等,因此末端执行器无法到达原点,即机器人的肩部。

6.2.1　动作分析

图 6－3 所示的动作分为两类,根据阶跃指令分别对应产生向上和向下的任务动作。两类动作可以通过白色轨迹上的标记(a)(向上动作)和(b)(向下动作)来识别,其中在动作轨迹的峰值处出现停顿,此时 $X_y=0.35\text{m}$。由该图可以看出,当机器人沿 X_y 轴方向移动以完成任务(a)时,它也在 X_x 方向上朝着相关联的力作用代价值低的区域移动,这意味着最优姿态控制器确实在正常地工作。

在第二类动作中,轨迹沿着代价负梯度的路径,与姿态控制器所示一致,机械臂因此朝原点运动。可以看出,轨迹在靠近原点处离开了力作用面,这是因为

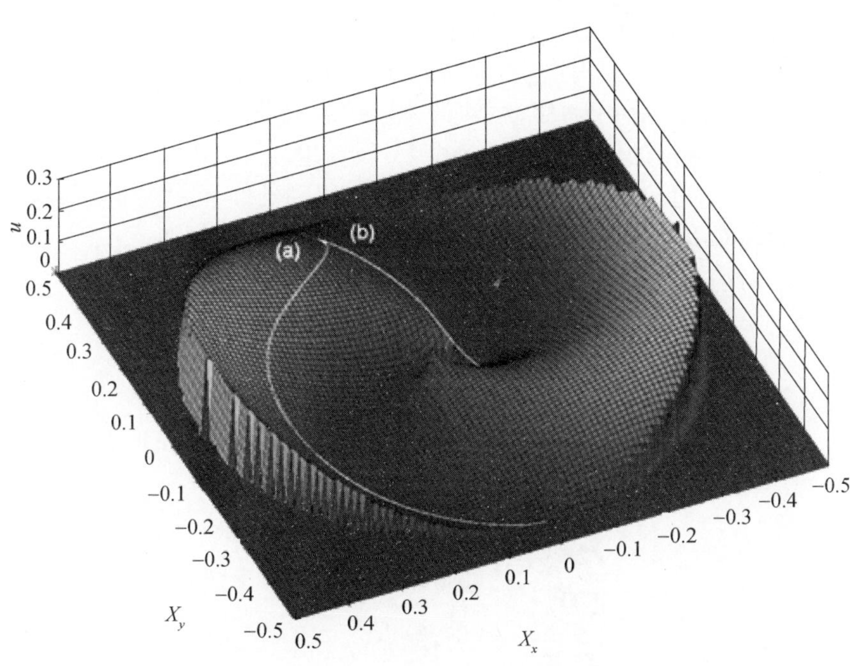

图6-3　姿态空间中力作用的可视化表达。白线表示图6-1中的动作轨迹，注意，力作用平面中原点附近的白线是分离的

当下臂穿过上臂时，机器人位形由“肘部向下”改变为“肘部向上”。如第6.2节中所述，力作用是基于肘部向下系统的逆运动学定义的。因此，实验期间记录的力作用值不再与力作用可视化过程中产生的图像相对应。

6.3　关节极限函数设计

在大多数机器人系统中，关节极限根据软件和硬件阈值设置。在实际的机器人硬件中，通常使用限位开关对接近动作极限进行定位来实现关节限位。当机器人连杆的某个部分激活限位开关时，则阻止机器人系统进一步驱动相关执行器，或完全禁止其运动。软件控制关节限位的方法通常与这种二进制法非常相似。

为了在保持仿人动作姿态的同时实现动作限制，应避免使用二进制限位法。而应使用一种源于势场法的方法。当要求使用多维代价函数时，势场法在机器人技术的许多方面非常受欢迎(Kavraki 和 LaValle，2008)。

在当前场景中,势场法与关节动作(不会导致不适的关节动作)生物模拟法相匹配。在人体的众多自由度中,通常人在关节达到其最大运动极限之前会感觉到不舒适。通过“拉伸”动作,运动员可以扩展关节的柔顺性,但在拉伸过程中经常会有不同程度的不适感(Trew 和 Everett,2001)。图 6 – 4 所示为一个典型的拉伸动作,通过拉伸,肩部动作的极限可以得到延伸。关节运动限制实际上是由不同的因素引起的,这些因素取决于所讨论的关节。例如,肱二头肌挤压前臂(软组织并置)有一个极限,从而限制了肘部的过度屈曲。

图 6 – 4　肩部拉伸动作,一旦超过特定关节位置就会引起不适

通常,对人类来说,避免触及关节极限的必要性并不是二进制法则,而是可以通过各种方式接近极限,具体取决于运动场景。此外,通常在身体健康情况下,关节极限的触及不是突然的、不期而至的运动特征,而是逐渐感觉到的,如伸展手臂时的一阵剧痛。

在本书中,关节极限被表达为渐进的、互斥的函数。通过在机器人的工作空间中建立高强度的力作用区域,则姿态控制器可以驱动机器人远离这些区域。当然,与力作用代价函数 U 一样,关节极限是关于关节变量的函数。肩关节变量 q_1 的关节极限函数可以描述为

$$U_{\lim} = K_L\left(\frac{1}{|q_1 - q_{L1}|^{K_{L1}} + \delta_{L1}}\right) \tag{6.4}$$

若当前关节角度 q_1 接近动作极限 q_{L1},将导致一个高的代价函数值。其余项 K_L、K_{L1} 和 δ_{L1} 可以用来调整函数的轮廓和幅度。由于代价函数由机器人的位

形决定，因此当 $q_1 = q_{L1}$ 时，代价函数项 $U_{\lim}$ 为最大值，这与肘关节 q_2 的取值无关。式(6.4)得到的半圆函数如图 6－5 所示。使用以下参数实现该特定函数：$q_{L1} = 160^\circ$，$K_L = 0.04$，$K_{L1} = 2$ 和 $d_{L1} = 0.1$。

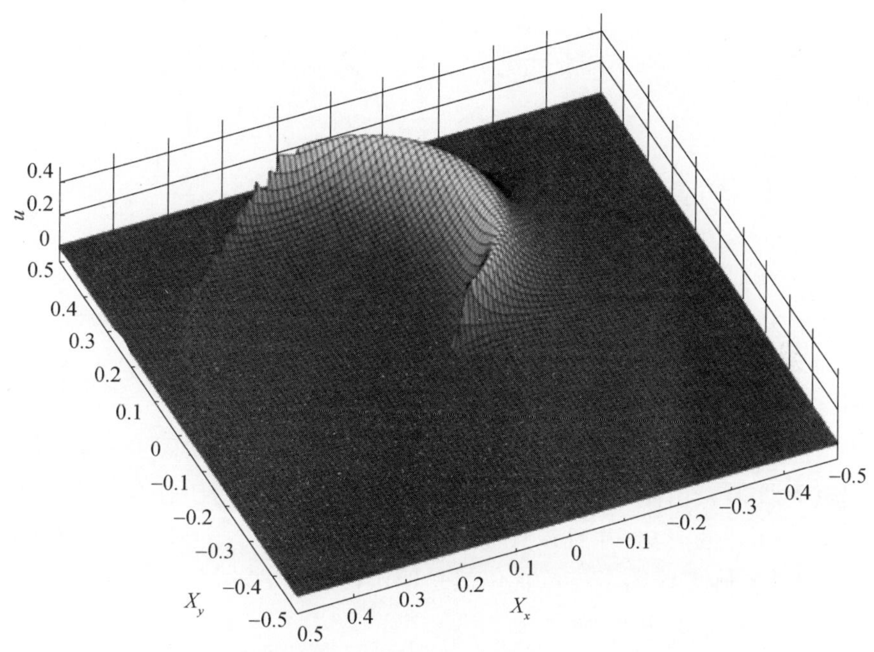

图 6－5　式(6.4)中描述的肩关节极限函数的力作用图

肩关节极限类似于人体在接近肩部屈曲运动极限时所经历的不适。这种类比可以扩展到这样一个事实，即在健康的人类动作中，不适是渐进的，而不是突然的疼痛。这里用函数的平滑性来表达这种对关节极限的渐进排斥。

6.3.1　综合力作用函数

关节极限函数可以应用于力作用空间，然后与初始力作用函数式(6.1)结合使用。由此创建一个综合力作用函数，即从重力角度最小化力作用值，同时也避免触及关节极限，有

$$U_p = \boldsymbol{g}^{\mathrm{T}} \begin{bmatrix} K_{a1} & 0 \\ 0 & K_{a2} \end{bmatrix}^{-1} \boldsymbol{g} + K_L \left(\frac{1}{|q_1 - q_{L1}|^{K_{L1}} + \delta_{L1}} + \cdots + \frac{1}{|q_n - q_{L1n}|^{K_{Ln}} + \delta_{Ln}} \right) \tag{6.5}$$

由于力作用函数中仅包含关节极限，因此任务和姿态控制器都不需要更改。

6.4 结 论

在仿真的和实际的 2 自由度机器人系统上都对关节极限力作用值进行了修改,其结果如下。

6.4.1 仿真结果

为了在仿真机器人上实现,修改力作用代价函数,引入两个关节极限以约束肩关节和肘关节的动作。基于对参试志愿者的观察,关节极限取值为 $q_{L1}=160°$ 和 $q_{L2}=150°$。关节极限的增益取值为 $K_L=0.04$,$K_{L1}=1$,$d_{L1}=0.1$,$K_{L2}=1$ 和 $d_{L2}=0.1$。肌肉矩阵的增益取值分别为 $K_{a1}=100$ 和 $K_{a2}=100$。

使用相同的控制器增益取值,但引入肩关节和肘关节极限,再次进行第 6.1 节中描述的实验。由图 6-6(a)可以看出,向上轨迹(相对于任务 X_y)基本上不受关节极限函数的影响,并且末端执行器最终停留在与图 6-2 大致相同的位置。图 6-7 实际上说明了该位置仍然是给定代价函数的局部最小值。

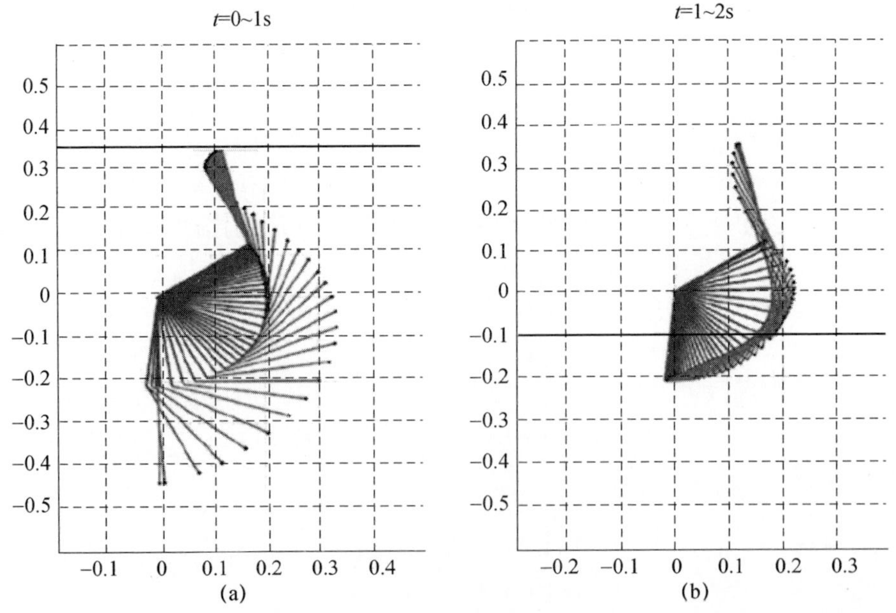

图 6-6 引入两个关节极限后的运动学轨迹

在向下动作中，图6－7中新的高强度力作用区域意味着：最优（姿态）控制器驱动末端执行器远离其先前的路径，以避免进入笛卡儿空间的负区域以及机器人连杆之间发生碰撞。因此在图6－6(b)中，向下动作更加逼真且可行，同时使向上动作中的曲线轨迹保持平滑和优美（显得“逼真”）。

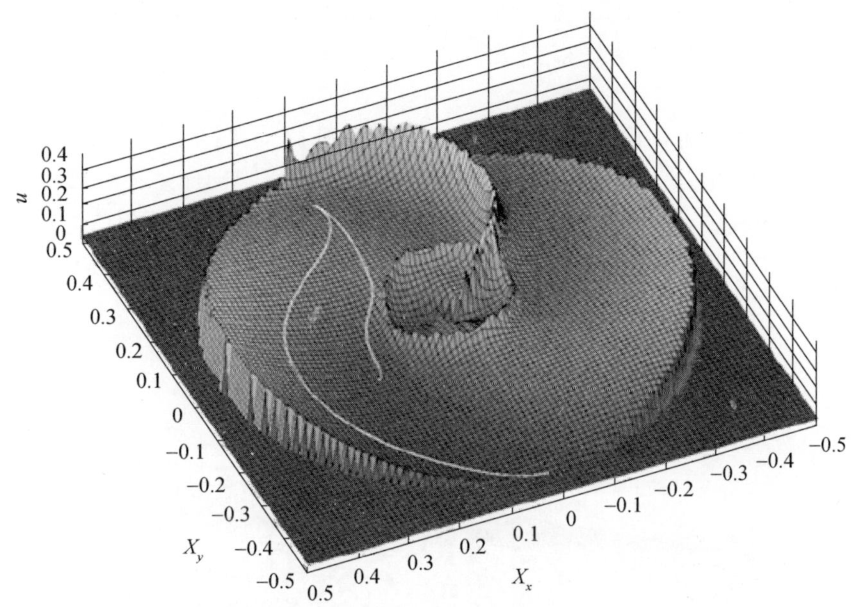

图6－7　带两个关节极限的姿态力作用的笛卡儿空间投影图。图中叠加了图6－6中的末端执行器轨迹，用以说明机器人避开了由关节极限引起的高强度力作用区域。图中表面的“粗糙度”是图像生成过程中的采样分辨率所致

6.4.2　实际结果

在BERUL和BERUL2机器人系统中，肘关节执行器在大约120°处达到其物理关节极限（硬性停止）。在此之前，限位开关位于112°处，当到达该位置时关闭执行器的电源。不幸的是，这种物理动作极限的引入使得实际机器人系统的工作空间比仿真机器人系统要小得多，从而使得对生成轨迹的评估更加困难，因为变化和误差的空间更小。

为了在实际的机器人系统上进行验证，在肘部引入了一个关节极限，即

$$U_p = \boldsymbol{g}^{\mathrm{T}} \begin{bmatrix} K_{a1} & 0 \\ 0 & K_{a2} \end{bmatrix}^{-1} \boldsymbol{g} + K_L \left(\frac{1}{|q_2 - q_{l2}|^{K_{l2}} + \delta_{l2}} \right) \tag{6.6}$$

在后续的实验中,可以根据需要将其扩展到多个关节极限。

在以下的实例中,机器人遵从一连串“单步执行”命令从 $X_y=0.4$ 处运动到 $X_y=0.2$ 处后再返回。在该任务中,肘关节极限是至关重要的,因为肘部折叠弯曲,减小了控制作用,使末端执行器更靠近身体;因此,肘关节角会经常接近 $q_2=112°$处的限位开关。为解决该问题,将关节极限强行设置为 $q_{l2}=110°$。正如将要说明的,函数的平滑性是指在关节角度达到其极限之前实际上已经受到了影响。

图 6 - 8 所示为在没有关节极限的情况下,机械臂在笛卡儿/力作用空间中完成的动作,图 6 - 9 则为存在肘关节极限时完成的相同动作。关节极限被设定为 $K_L=0.04$,$K_{\mathrm{Lim2}}=4$ 和 $\delta_2=0.02$。需要注意的是,相比图 6 - 7 中的仿真系统,实际系统的肘关节极限是一个更为平滑的函数,因为实际物理系统中执行器可实现的加速度较低。

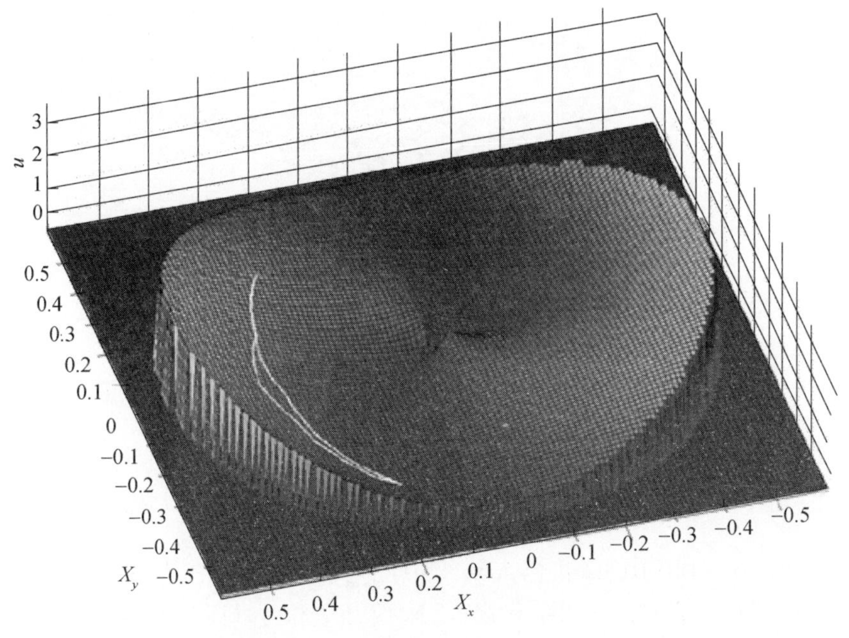

图 6 - 8 未引入关节极限条件下实际机器人系统的轨迹

通过关节极限对姿态空间进行修正,可以有效地使机器人的肘关节角度远离所设定的 110°关节极限,如图 6 - 10 所示。注意,函数的平滑性意味着关节角远离了极限位,即位于 76°。用 $K_{l2}=2$ 代替 $K_{l2}=4$ 可以减小这种影响。

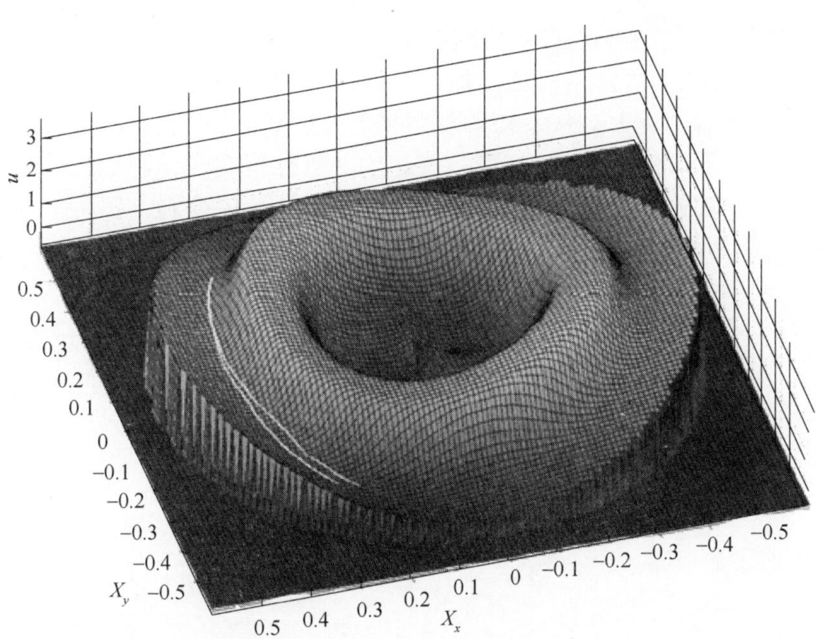

图 6－9　引入肘关节极限条件下实际机器人系统的轨迹

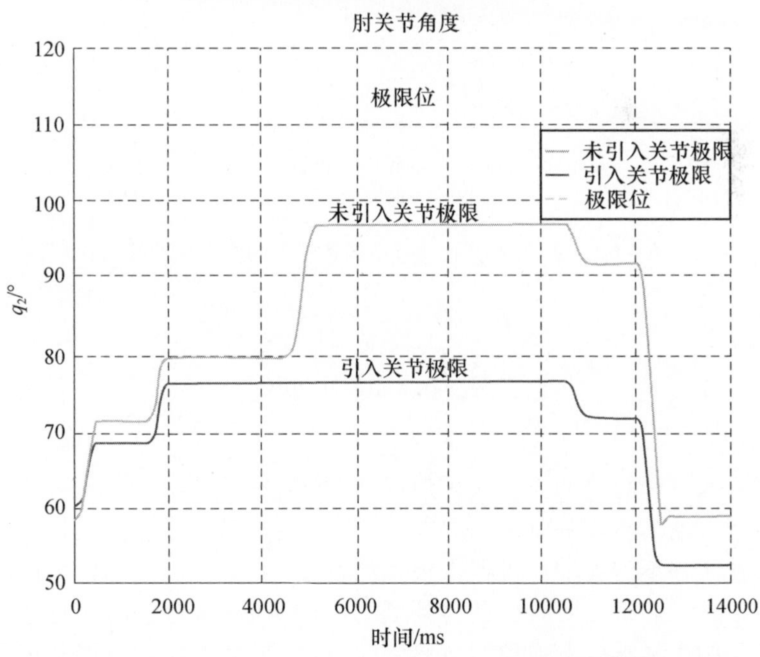

图 6－10　在 110°(由水平线表示)处引入/未引入关节极限时肘关节角度的轨迹对比

一般而言,关节极限对姿态空间有很大影响。图6-11表明,引入关节极限后,与任务相关联的力作用显著增加。最后,同预期一样,图6-12表明最终轨迹距离机器人肩部更远。从最初的观察来看,这个结果可能看起来有点违反常理,因为人类动作的一个特征好像是要让手一直保持在身体附近;然而,以肢体受损为代价实现这一点毫无意义。因此,需要通过最优控制方案将手部控制在肢体附近,但是需在适合机器人工作空间的区域内。

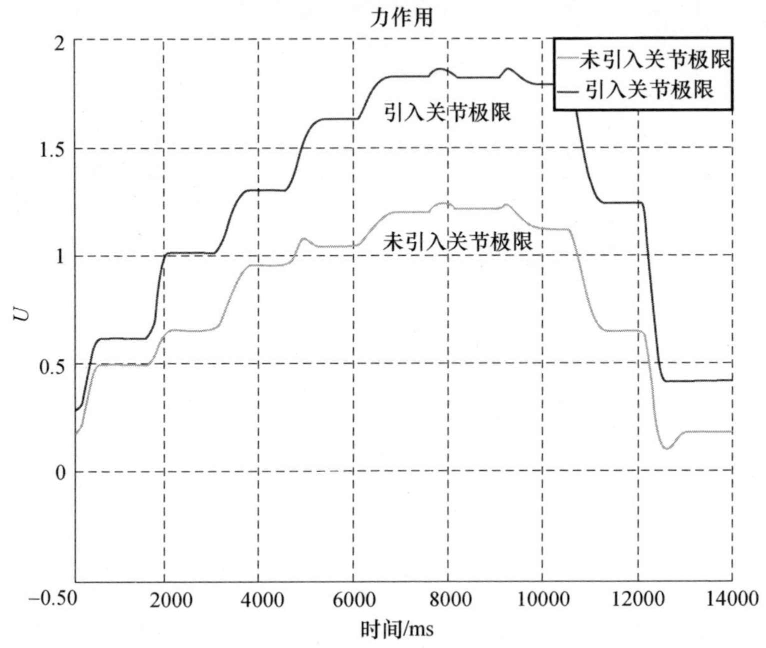

图6-11　引入/未引入关节极限条件下的力作用曲线对比

6.5 小结

本章引入一种简单的势场法对最优控制器的代价函数进行了修改,获得了一种使关节逐渐远离其关节极限的方法。这种将关节极限集成到操作空间控制方案中的方法并不需要增加机器人模型的复杂度,这对于最小化那些需要求解的代数函数来说非常必要。由此得到了平滑的仿人动作轨迹,而且非常容易实现。与简化的生物学启发式控制方案一致,这些平滑函数可以用来表示人类动作极限中的“不适”。

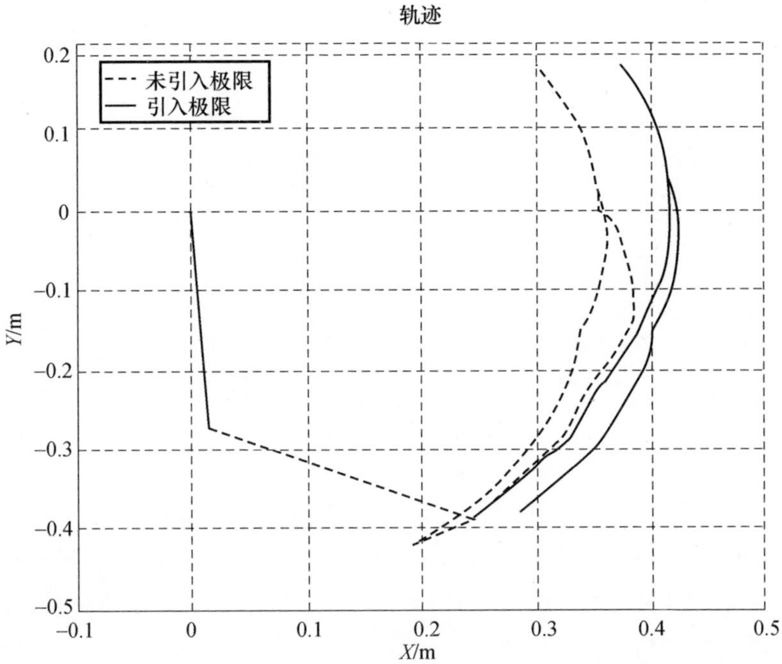

图 6－12 引入/未引入关节极限条件下机械臂在笛卡儿坐标系中的轨迹对比

本章还描述了一种可视化方法，可以作为分析控制器最优性的诊断工具。该工具在本书后面部分中将会用到。

参考文献

Kavraki L, LaValle S(2008) Motion planning. In: Siciliano B, Khatib O(eds) Springer handbook of robotics. Springer, Berlin/Heidelberg, pp 109 – 131

Spiers A, Herrmann G, Melhuish C(2016) Discomfort based joint limits[online video]. https://youtu.be/3wzK0w8kfxo

Trew M, Everett T(2001) Human movement: an introductory text. Elsevier health sciences. Churchill Livingstone, London

第 7 章　滑模最优控制器

在前几章中已经证明,通过将最优控制器应用到与机器人姿态相关的力作用函数中,可以产生类人的任务动作。此外,滑模方法克服了机器人模型中的不确定性,提高了控制性能。本章设计了一种通过滑模控制实现最优化的新型控制器,得到了滑模最优(SLOP)控制器。其新颖之处在于将一个与力作用相关的滑模变量表示为李雅普诺夫函数,该函数可能会像标准李雅普诺夫理论那样受到最小化的约束。此外,该方法本质上是解耦的,只适用于操作空间方程中的零空间,是姿态控制的理想方法。这样做的目的是创建一个鲁棒控制器,在面临各种干扰(如摩擦)时依然能实现最优化。本章给出了该控制器在实际和仿真系统上的实现结果。

7.1 简　介

为了提高操作空间控制器在实际机器人系统中的适用性,本章提出了另一种基于滑模控制技术的新型鲁棒姿态控制器,并通过李雅普诺夫稳定性启发式方法对其进行了验证。该控制器利用鲁棒最陡下降法(Kirk,2004),在姿态控制器中实现了最优准则。

对于那些与人类密切交互的安全关键机器人系统,这种附加的稳定性分析是一个重要的安全措施。安全关键系统是指一个系统的失效或误操作会导致设备毁损、人员受伤或死亡(Isaksen 等,1996)。将稳定性分析与鲁棒性结合起来,解决了一个具有潜在危险的实际系统的两个重要问题,即不确定性和扰动,它们的参数随时间的变化而变化。

滑模控制通常被认为不适用于机械臂,因为伴随的高频开关控制信号会损坏执行器。因此,在分析执行结果时,要特别注意高频控制信号。

运用标准的李雅普诺夫理论,非线性系统的稳定性可以通过分析正定函数

V 来验证。传统上,该正定函数被认为是系统的能量函数。如果该函数下降,那么系统消耗能量并最终在某个平衡点静止。因此,该系统是稳定的。这可以通过确保 $\dot{V}$(V 的导数)是负定函数(或者在某些情况下是负半定)来验证。

这里要给出的滑模最优控制器采用李雅普诺夫方法以确保代价,而不是能量函数的下降。在这种情况下,引入滑模控制的好处在于增加了鲁棒性因子,这意味着在遇到如摩擦之类的干扰时,进行最优化仍将是合理的。

7.2 控制器设计

滑模最优(SLOP)控制器的设计分为多个阶段,包括设计适当的滑模面,以确保力作用最小化。本节还介绍了一种新的任务/姿态速度解耦方法,用于确保姿态控制器仅对姿态变量起作用。

该设计的基本概念是通过李亚普诺夫方法重新定义姿态控制器,以实现姿态控制力作用(代价函数)的下降,而不是抽象的李亚普诺夫函数的下降。通过这种方法,滑模控制可以实现最陡下降控制和最小的力作用函数。

7.2.1 最优滑模面

在第 5 章中,通过在 X_e 和 $\dot{X}_e$ 的空间中设计一个滑模面来实现滑模任务修正。因此,当实现滑模任务时,令任务误差为零,从而使任务性能得到改善。在这种控制器的情况下,或许可以将滑模技术应用于力作用函数 $U(q)$ 的最小化,即采用对关节极限进行修改的方法,这在之前已经得到了定义,见式(6.5),即

$$U(q)=\boldsymbol{g}^{\mathrm{T}}\begin{bmatrix}K_{a1} & 0\\ 0 & K_{a2}\end{bmatrix}^{-1}\boldsymbol{g}+K_L\left(\frac{1}{|q_1-q_{L1}|^{K_{L1}}+\delta_{L1}}+\cdots+\frac{1}{|q_n-q_{L1n}|^{K_{Ln}}+\delta_{Ln}}\right)$$

可以通过假设 U 是一个凸函数来引入一个滑模最优控制器的方法。这种方法的局限性将在后面讨论。因此,应用典型的李雅普诺夫技术,对 $U(q)$ 求时间的导数,即

$$\dot{U}(q)=\frac{\partial U}{\partial q}\dot{q} \tag{7.1}$$

通过 $\dot{q}$ 的取值,可以实现姿态力作用的最陡下降,即

$$\dot{q}=-k\left(\frac{\partial U}{\partial q}\right)^{\mathrm{T}},k>0 \tag{7.2}$$

将式(7.2)代入式(7.1),得

$$\dot{U}(q) = -k\frac{\partial U}{\partial q}\left(\frac{\partial U}{\partial q}\right)^{\mathrm{T}} = -k\left\|\frac{\partial U}{\partial q}\right\|^2 \tag{7.3}$$

如果$\left\|\frac{\partial U}{\partial q}\right\|^2$相对于 U 的最小值是正定的,那么 $\dot{U}(q)$ 相对于最优值就是负定的。如果 U 在 q 区间内是严格凸的,并且力作用函数 $U(q)$ 中的最小值被明确定义是唯一的,那么 $\dot{U}(q)$ 就是负定的。

备注 7.1 由于多维力作用函数的复杂性,所以实际上对于 $U(q)$ 是具有明确定义的最小值的凸函数的假设并不总是成立的(见第 6 章)。但在局部意义上,BERUL 机器人通常体现出许多凸性特征。

选择式(7.2)来生成滑模面 $\tilde{s}$,即

$$\tilde{s} = \dot{q} + k\left(\frac{\partial U}{\partial q}\right)^{\mathrm{T}} \tag{7.4}$$

如果姿态控制器达到 $\tilde{s}=0$,则式(7.2)成立($\dot{U}$ 是负定的),可得到滑模面,通过最陡下降法,力作用函数下降。为了确保产生滑模面,必须设计滑模控制器,这将在第 7.2.1.1 节描述。

7.2.1.1 用于分析和控制器设计的改进模型

正如第 2.3.2.2 节所讨论的那样,实际的机器人系统不能准确地用标准机器人方程式(2.1)或式(4.16)表示,并且包含未建模的动力学 ε,见式(2.2),即

$$A(q)\ddot{q} + g(\dot{q},q) + g(q) + \varepsilon(\dot{q},q) = \Gamma$$

在本节中,将对机器人模型进行改进,引入一个新的项 $\boldsymbol{K}_{vn}\dot{q}$ 以及使用一个对角矩阵来表达机器人各个关节中的黏滞摩擦力,即

$$A(q)\ddot{q} + b(\dot{q},q) + g(q) + \boldsymbol{K}_{vn}\dot{q} = \Gamma \tag{7.5}$$

式中

$$\boldsymbol{K}_{vn} = \begin{bmatrix} K_{vn1} & 0 \\ 0 & K_{vn2} \end{bmatrix} \tag{7.6}$$

这个附加项使得黏滞摩擦力可通过控制器反馈线性化来获得补偿。关于该项的引入和参数识别的进一步讨论,见第 7.3 节。

7.2.1.2 滑模面的李雅普诺夫分析

滑模函数 $\tilde{s}$ 的李雅普诺夫候选函数为

$$V_s = \frac{1}{2}\tilde{s}^{\mathrm{T}}\tilde{s},\ \dot{V}_s = \tilde{s}^{\mathrm{T}}\dot{\tilde{s}} \tag{7.7}$$

将式(7.4)代入式(7.7),得

$$\dot{V}_s = \tilde{s}^{\mathrm{T}}\left(\ddot{q} + k\left(\frac{\partial^2 U}{\partial q^2}\right)\dot{q}\right) \tag{7.8}$$

现在可以重新整理关节空间动力学等式(7.5)，将式(7.8)中的 $\ddot{q}$ 表达为

$$\ddot{q} = -\boldsymbol{A}^{-1}b - \boldsymbol{A}^{-1}g - \boldsymbol{A}^{-1}K_{vn}\dot{q} - \boldsymbol{A}^{-1}\boldsymbol{\Gamma} \tag{7.9}$$

则有

$$\dot{V}_s = \tilde{s}^{\mathrm{T}}\left(-\boldsymbol{A}^{-1}b - \boldsymbol{A}^{-1}g - \boldsymbol{A}^{-1}K_{vn}\dot{q} - \boldsymbol{A}^{-1}\boldsymbol{\Gamma} + k\left(\frac{\partial^2 U}{\partial q^2}\right)\dot{q}\right) \tag{7.10}$$

为了使符号更加简洁，大多数基于动力学的项都可分组表示，即

$$R = -\boldsymbol{A}^{-1}b - \boldsymbol{A}^{-1}g - \boldsymbol{A}^{-1}K_{vn}\dot{q} + k\left(\frac{\partial^2 U}{\partial q^2}\right)\dot{q} \tag{7.11}$$

由此得到$\dot{V}$的表达式为

$$V_s = \tilde{s}^{\mathrm{T}}(R + \boldsymbol{A}^{-1}\boldsymbol{\Gamma}) \tag{7.12}$$

7.2.2 控制方法

利用李雅普诺夫函数的定义式(7.12)，现在可以通过执行器扭矩 Γ 来设计控制器。

7.2.2.1　控制器设计

采用下列控制器，即

$$\boldsymbol{\Gamma} = -K_{sp}\frac{\boldsymbol{A}\tilde{s}}{\|\tilde{s}\|} \tag{7.13}$$

将式(7.13)代入式(7.12)，得

$$\dot{V}_s = \tilde{s}^{\mathrm{T}}\left(R - K_{sp}\frac{\boldsymbol{A}^{-1}\boldsymbol{A}\tilde{s}}{\|\tilde{s}\|}\right) \tag{7.14}$$

$$= \tilde{s}^{\mathrm{T}}(R - K_{sp}\frac{s}{\|\tilde{s}\|}) \tag{7.15}$$

$$= \tilde{s}^{\mathrm{T}}R - K_{sp}\frac{\tilde{s}^{\mathrm{T}}\tilde{s}}{\|\tilde{s}\|} \tag{7.16}$$

考虑到存在以下关系，即

$$\tilde{s}^{\mathrm{T}}R \leqslant \|\tilde{s}^{\mathrm{T}}R\| \leqslant \|\tilde{s}\|\ \|R\| \tag{7.17}$$

可导出$\dot{V}_s$ 的上限为

$$\dot{V}_s \leqslant \|\tilde{s}\|\ \|R\| - K_{sp}\frac{\tilde{s}^{\mathrm{T}}\tilde{s}}{\|\tilde{s}\|} \tag{7.18}$$

$$\leqslant \|\tilde{s}\|\ \|R\| - K_{sp}\frac{\|\tilde{s}\|^2}{\|\tilde{s}\|} \tag{7.19}$$

$$\leqslant -\|\tilde{s}\|(K_{sp}-\|R\|) \tag{7.20}$$

因此,这种方法通过使用大增益(K_{sp})来补偿 R 中的非线性。然而,要做到这一点(取决于 R 值的大小),K_{sp} 还不足够大,所以这种方法可能只适用于 R 值比较小的情况。这种控制方法可被视为局部有效的技术,因为它将实现关于局部而非全局的最小值优化。

需要注意,这个控制器还没有区分任务和姿态。这里给出了滑模函数 $\tilde{s}$ 的激励公式,是要证明一个适用的滑模控制器理论上可将 $\tilde{s}$ 控制到零。第 7.2.3 节和第 7.2.4 节介绍了操作空间理念思想中的实际问题,即任务和姿态的分割。这是在讨论鲁棒性问题之后需要做的,即在建议的控制器中使用参数估值。

7.2.2.2 带估计的控制器设计

在一个更实际的例子中,由于模型存在不确定性,所以使用 R 和 A 的估值,即 $\hat{R}$ 和 $\hat{A}$。这与操作空间控制方案中的反馈线性化方法式(4.33)使用恰当的估值类似。因此,可以对式(7.13)进行修改以生成一个使用 R 和 A 估值的控制器,即

$$\boldsymbol{\Gamma}=\hat{\boldsymbol{A}}\left(-\hat{R}-K_{sp}\frac{\tilde{s}}{\|\tilde{s}\|}\right) \tag{7.21}$$

代入式(7.12),得

$$\dot{V}_s=\tilde{\boldsymbol{s}}^{\mathrm{T}}\left(R+\boldsymbol{A}^{-1}\left(\hat{\boldsymbol{A}}\left(-\hat{R}-K_{sp}\frac{\tilde{\boldsymbol{s}}}{\|s\|}\right)\right)\right) \tag{7.22}$$

$$=\tilde{\boldsymbol{s}}^{\mathrm{T}}R-\tilde{\boldsymbol{s}}^{\mathrm{T}}\boldsymbol{A}^{-1}\hat{\boldsymbol{A}}\hat{R}-K_{sp}\frac{\tilde{\boldsymbol{s}}^{\mathrm{T}}\boldsymbol{A}^{-1}\hat{\boldsymbol{A}}\,\tilde{\boldsymbol{s}}}{\|s\|} \tag{7.23}$$

式(7.23)的第二项包含滑模控制元素。现在将确定这一项的上限,关系式为

$$\tilde{\boldsymbol{s}}^{\mathrm{T}}\boldsymbol{A}^{-1}\hat{\boldsymbol{A}}\tilde{\boldsymbol{s}}=\tilde{\boldsymbol{s}}^{\mathrm{T}}\hat{\boldsymbol{A}}^{\mathrm{T}}\boldsymbol{A}^{-\mathrm{T}}\tilde{\boldsymbol{s}} \tag{7.24}$$

这意味着式(7.23)中的 $\tilde{\boldsymbol{s}}^{\mathrm{T}}\boldsymbol{A}^{-1}\hat{\boldsymbol{A}}\tilde{\boldsymbol{s}}$ 可以表示为

$$\tilde{\boldsymbol{s}}^{\mathrm{T}}\boldsymbol{A}^{-1}\hat{\boldsymbol{A}}\tilde{\boldsymbol{s}}=\frac{1}{2}\tilde{\boldsymbol{s}}^{\mathrm{T}}(\boldsymbol{A}^{-1}\hat{\boldsymbol{A}}+\hat{\boldsymbol{A}}^{\mathrm{T}}\boldsymbol{A}^{-\mathrm{T}})\tilde{s} \tag{7.25}$$

因此,现在可以定义一个新的项 $\tilde{A}$,即

$$\tilde{\boldsymbol{A}}=\boldsymbol{A}^{-1}\hat{\boldsymbol{A}}+\hat{\boldsymbol{A}}^{\mathrm{T}}\boldsymbol{A}^{-\mathrm{T}} \tag{7.26}$$

这意味着 $\tilde{A}$ 的最小特征值 $\lambda_{\min}(\tilde{A})$ 和最大特征值 $\lambda_{\max}(\tilde{A})$ 之间的关系为

$$\frac{1}{2}\lambda_{\min}(\tilde{\boldsymbol{A}})\|\tilde{\boldsymbol{s}}\|^2\leqslant\frac{1}{2}\tilde{\boldsymbol{s}}^{\mathrm{T}}(\boldsymbol{A}^{-1}\hat{\boldsymbol{A}}+\hat{\boldsymbol{A}}^{\mathrm{T}}\boldsymbol{A}^{-\mathrm{T}})\tilde{\boldsymbol{s}}\leqslant\frac{1}{2}\lambda_{\max}(\tilde{\boldsymbol{A}})\|\tilde{\boldsymbol{s}}\|^2 \tag{7.27}$$

式中:$\tilde{\boldsymbol{A}}$ 为系统存在不确定性。当提供精确的机器人模型时,那么就有 $\hat{\boldsymbol{A}}=\boldsymbol{A}$ 和 $\tilde{\boldsymbol{A}}=2\boldsymbol{I}$。因此,在不存在模型不确定性的情况下,有 $\lambda_{\min}(\tilde{\boldsymbol{A}})=\lambda_{\max}(\tilde{\boldsymbol{A}})=2$。

式(7.23)现在可以重写为

$$\dot{V}_s = \tilde{\boldsymbol{s}}^{\mathrm{T}}(R - \boldsymbol{A}^{-1}\hat{\boldsymbol{A}}\hat{R}) - K_{sp}\frac{1}{2}\frac{\tilde{\boldsymbol{s}}^{\mathrm{T}}\widetilde{\boldsymbol{A}}\tilde{\boldsymbol{s}}}{\|\tilde{\boldsymbol{s}}\|} \tag{7.28}$$

现在可以得出$\dot{V}_s$保持负定的一个条件。使用$\boldsymbol{A}\boldsymbol{A}^{-1}=1$,可将第一项中的估值$(\hat{\boldsymbol{A}}\hat{\boldsymbol{R}})$独立出来,即

$$\dot{V}_s = \tilde{\boldsymbol{s}}^{\mathrm{T}}(\underbrace{\boldsymbol{A}^{-1}\boldsymbol{A}}_{I}R - \boldsymbol{A}^{-1}\hat{\boldsymbol{A}}\hat{R}) - K_{sp}\frac{1}{2}\frac{\tilde{\boldsymbol{s}}^{\mathrm{T}}\widetilde{\boldsymbol{A}}\tilde{\boldsymbol{s}}}{\|\tilde{\boldsymbol{s}}\|} \tag{7.29}$$

$$= \tilde{\boldsymbol{s}}^{\mathrm{T}}(\boldsymbol{A}^{-1}(\boldsymbol{A}R - \hat{\boldsymbol{A}}\hat{R})) - K_{sp}\frac{1}{2}\frac{\|\tilde{\boldsymbol{s}}\|^2\widetilde{\boldsymbol{A}}}{\|\tilde{\boldsymbol{s}}\|} \tag{7.30}$$

由此得出

$$\dot{V}_s \leqslant \tilde{\boldsymbol{s}}^{\mathrm{T}}(\boldsymbol{A}^{-1}(\boldsymbol{A}R - \hat{\boldsymbol{A}}\hat{R})) - K_{sp}\frac{1}{2}\frac{\|\tilde{\boldsymbol{s}}\|^2}{\|\tilde{\boldsymbol{s}}\|}\lambda_{\min}(\widetilde{\boldsymbol{A}}) \tag{7.31}$$

由式(7.31),可得出导数$\dot{V}_s$的上界,即

$$\dot{V}_s \leqslant \tilde{\boldsymbol{s}}^{\mathrm{T}}(\boldsymbol{A}^{-1}(\boldsymbol{A}R - \hat{\boldsymbol{A}}\hat{R})) - K_{sp}\frac{1}{2}\|\tilde{\boldsymbol{s}}\|\lambda_{\min}(\widetilde{\boldsymbol{A}}) \tag{7.32}$$

$$\leqslant \|\tilde{\boldsymbol{s}}\| \, \|\boldsymbol{A}^{-1}(\boldsymbol{A}R - \hat{\boldsymbol{A}}\hat{R})\| - K_{sp}\lambda_{\min}(\widetilde{\boldsymbol{A}})\|\tilde{\boldsymbol{s}}\| \tag{7.33}$$

$$= \|\tilde{\boldsymbol{s}}\|(\|\boldsymbol{A}^{-1}(\boldsymbol{A}R - \hat{\boldsymbol{A}}\hat{R})\| - K_{sp}\lambda_{\min}(\widetilde{\boldsymbol{A}})) \tag{7.34}$$

因此,要使$\dot{V}$保持负定,以下条件必须成立,即

$$K_{sp}\lambda_{\min}(\widetilde{\boldsymbol{A}}) > \|\boldsymbol{A}^{-1}(\boldsymbol{A}R - \hat{\boldsymbol{A}}\hat{R})\| \tag{7.35}$$

$$K_{sp} > \frac{\|\boldsymbol{A}^{-1}(\boldsymbol{A}R - \hat{\boldsymbol{A}}\hat{R})\|}{\lambda_{\min}(\widetilde{\boldsymbol{A}})} \tag{7.36}$$

式中:假设

$$\lambda_{\min}(\widetilde{\boldsymbol{A}}) > 0 \tag{7.37}$$

注意,既然A、R、$\hat{R}$和$\hat{A}$是q和$\dot{q}$的函数,那么式(7.36)对于所有的q和$\dot{q}$并不都是全局成立的。特别是,由于离心力和科里奥利项b的存在,R和$\hat{R}$在q和$\dot{q}$中不一定有界。这意味着,由于$\dot{q}$的增长是无界的,所以b的增长也是无界的。这是机器人动力学中一个常见的问题。因此,在增益K_{sp}足够大的条件下,只能实现半全局或局部稳定。在这种情况下,必须确保$\tilde{s}$最终为零。

如果可用于机器人建模的动态信息非常有限,那么式(7.36)意味着有可能完全不用对函数R建模,即$\hat{R}=0$。然后可以实现以下控制方案,即

$$\Gamma = -K_{sp}\frac{\hat{\boldsymbol{A}}\tilde{\boldsymbol{s}}}{\|\tilde{\boldsymbol{s}}\|} \tag{7.38}$$

将式(7.38)代入式(7.12)得

$$\dot{V}_s = \tilde{\boldsymbol{s}}^{\mathrm{T}}R - K_{sp}\frac{\tilde{\boldsymbol{s}}^{\mathrm{T}}\widetilde{\boldsymbol{A}}\tilde{\boldsymbol{s}}}{\|\tilde{\boldsymbol{s}}\|} \tag{7.39}$$

同样,假设式(7.36)成立且$\hat{R}=0$,则只能确保半全局或局部稳定。需要注意,建议的控制律,即式(7.21)或式(7.38),并未考虑操作空间方法,而且现在是要控制机器人整个控制系统上的所有自由度,而不仅仅是姿态元素。

在这种机器人控制场景中,不必过于担心非全局稳定性。自然地,如机器人这样的物理系统有自身稳定运行的界限,这是执行器饱和(在模拟场景中不必出现)和与关节速度$\dot{q}$相关的无界动态项等实际限制的结果。事实上,这些限制也存在于常规控制方法中,如关节扭矩的 PD 控制。虽然可以采用这里提出的滑模最优控制方法来实现全局控制,但这将进一步增加该方案的复杂性。当然,在机器人使用中,这些操作限制是合理的,也是安全的人-机交互所必需的,而不是那些高速度的应用。

7.2.3 速度解耦

为了在操作空间中实现上述方法,有必要将这种控制作用(出现在姿态空间)从任务控制作用(出现在任务空间)中解耦出来。通过将关节空间速度$\dot{q}$分解为任务速度$\dot{q}_t$和姿态速度$\dot{q}_p$两个抽象的量来实现解耦,每个抽象量由各自的控制器的控制作用定义。这些量共同构成了系统的总关节速度,即

$$\dot{q}=\dot{q}_t+\dot{q}_p \tag{7.40}$$

使用雅可比矩阵可以从关节速度导出任务空间速度。对于单个任务坐标X_y,可以建立以下关系式,即

$$\boldsymbol{J}\dot{q}=\dot{X}_y,\boldsymbol{J}=\frac{\partial X_y}{\partial q} \tag{7.41}$$

通过将X_y替换为任意数量的任务坐标的一个向量,式(7.41)可扩展到更高维度。此外,可以应用雅可比矩阵的伪逆($\bar{\boldsymbol{J}}|_{\boldsymbol{A}=\boldsymbol{I}}=\boldsymbol{J}^{\mathrm{T}}(\boldsymbol{J}\boldsymbol{J}^{\mathrm{T}})^{-1}$)来建立以下关系式,即

$$\dot{q}=(\boldsymbol{J}^{\mathrm{T}}(\boldsymbol{J}\boldsymbol{J}^{\mathrm{T}})^{-1}\boldsymbol{J})\dot{q}+(\boldsymbol{I}-\boldsymbol{J}^{\mathrm{T}}(\boldsymbol{J}\boldsymbol{J}^{\mathrm{T}})^{-1}\boldsymbol{J})\dot{q} \tag{7.42}$$

因此,动作的任务元素$\dot{X}_y$可以表达为

$$\dot{X}_y=\underbrace{\boldsymbol{J}(\boldsymbol{J}^{\mathrm{T}}(\boldsymbol{J}\boldsymbol{J}^{\mathrm{T}})^{-1}\boldsymbol{J})\dot{q}}_{=J\dot{q}}+\underbrace{\boldsymbol{J}(\boldsymbol{I}-\boldsymbol{J}^{\mathrm{T}}(\boldsymbol{J}\boldsymbol{J}^{\mathrm{T}})^{-1}\boldsymbol{J})\dot{q}}_{=0} \tag{7.43}$$

因此,将$\dot{q}_t$看作任务控制器对速度$\dot{q}$的贡献,即

$$\dot{q}_t=\boldsymbol{J}^{\mathrm{T}}(\boldsymbol{J}\boldsymbol{J}^{\mathrm{T}})^{-1}\boldsymbol{J}\dot{q} \tag{7.44}$$

而$\dot{q}_p$为速度的姿态分量,即

$$\dot{q}_p=(\boldsymbol{I}-\boldsymbol{J}^{\mathrm{T}}(\boldsymbol{J}\boldsymbol{J}^{\mathrm{T}})^{-1}\boldsymbol{J})\dot{q} \tag{7.45}$$

这是合理的,因为任务X_y只受任务控制器控制,因此有

$$\dot{X}_y = \boldsymbol{J}\dot{q} = \underbrace{\boldsymbol{J}\dot{q}_t}_{\dot{X}} + \underbrace{\boldsymbol{J}\dot{q}_p}_{=0} \tag{7.46}$$

为了便于表示,任务和姿态解耦项可以分别表达为

$$\widetilde{\boldsymbol{B}} = (\boldsymbol{J}^{\mathrm{T}}(\boldsymbol{J}\boldsymbol{J}^{\mathrm{T}})^{-1}\boldsymbol{J}) \tag{7.47}$$

$$\boldsymbol{B} = (\boldsymbol{I} - \boldsymbol{J}^{\mathrm{T}}(\boldsymbol{J}\boldsymbol{J}^{\mathrm{T}})^{-1}\boldsymbol{J}) \tag{7.48}$$

从而有以下关系式,即

$$\dot{q}_t = \widetilde{\boldsymbol{B}}\dot{q}, \dot{q}_p = \boldsymbol{B}\dot{q} \tag{7.49}$$

式中:$\boldsymbol{B}$ 和 $\widetilde{\boldsymbol{B}}$ 为对称投影矩阵,类似于操作空间方法中通常用于将姿态控制从任务控制中解耦出来的 $\boldsymbol{N}^{\mathrm{T}}$ 矩阵,即第 4.4.2 节中的 $\bar{\boldsymbol{J}} = \boldsymbol{A}^{-1}\boldsymbol{J}^{\mathrm{T}}(\boldsymbol{J}\boldsymbol{A}^{-1}\boldsymbol{J}^{\mathrm{T}})^{-1}$,见式(4.14),以及 $\boldsymbol{N}^{\mathrm{T}} = \boldsymbol{I} - \boldsymbol{J}^{\mathrm{T}}\bar{\boldsymbol{J}}^{\mathrm{T}}$,见式(4.40)(Khatib,1987)。

投影矩阵 $\boldsymbol{B}$ 和 $\widetilde{\boldsymbol{B}}$ 可以通过多种方式组合在一起,即

$$\boldsymbol{B}\boldsymbol{B} = \boldsymbol{B}, \widetilde{\boldsymbol{B}}\widetilde{\boldsymbol{B}} = \widetilde{\boldsymbol{B}}, \boldsymbol{B}\widetilde{\boldsymbol{B}} = 0, \widetilde{\boldsymbol{B}}\boldsymbol{B} = 0, \boldsymbol{B} + \widetilde{\boldsymbol{B}} = \boldsymbol{I} \tag{7.50}$$

此外

$$\boldsymbol{J}\boldsymbol{B} = 0, \boldsymbol{N}^{\mathrm{T}}\widetilde{\boldsymbol{B}} = 0, \widetilde{\boldsymbol{B}}\boldsymbol{A}^{-1}\boldsymbol{N}^{\mathrm{T}} = 0 \tag{7.51}$$

因此,任务解耦需要用到两个新的项,一个是 $\widetilde{\boldsymbol{B}}$,另一个是 $\boldsymbol{N}^{\mathrm{T}}$,见式(4.40)。任务速度到姿态空间中的投影为零,即

$$\boldsymbol{N}^{\mathrm{T}}\dot{q}_t = 0 \tag{7.52}$$

由此,再次证明 $\dot{q}_t$ 和 $\dot{q}_p$ 的选择是合理的。

显然,姿态控制器不应该控制任务坐标速度 $\dot{q}_t$,因此,应该只对姿态速度 $\dot{q}_p$ 进行控制。为此,使用姿态投影 $\boldsymbol{B}$,式(7.4)中建议的滑模变量被修改为

$$\hat{s} = \boldsymbol{B}\tilde{s} \tag{7.53}$$

扩展可得

$$\hat{s} = \boldsymbol{B}\dot{q} + k\boldsymbol{B}\left(\frac{\partial U}{\partial q}\right)^{\mathrm{T}} \tag{7.54}$$

回顾式(7.45)得出的 $\dot{q}_p = \boldsymbol{B}\dot{q}$,令 $\hat{s} = 0$,采用滑模控制方法对式(7.54)进行修改,即

$$\dot{q}_p = -k\boldsymbol{B}\left(\frac{\partial U}{\partial q}\right)^{\mathrm{T}} \tag{7.55}$$

由式(7.40)得

$$q = q_t + q_p + c \tag{7.56}$$

式中:c 为积分常数。注意,力作用是一个关节角度的函数,因此 $U = U(q)$。特别是,这意味着

$$\frac{\partial U}{\partial q_p} = \frac{\partial U}{\partial q}\frac{\partial q}{\partial q_p} = \frac{\partial U}{\partial q} \tag{7.57}$$

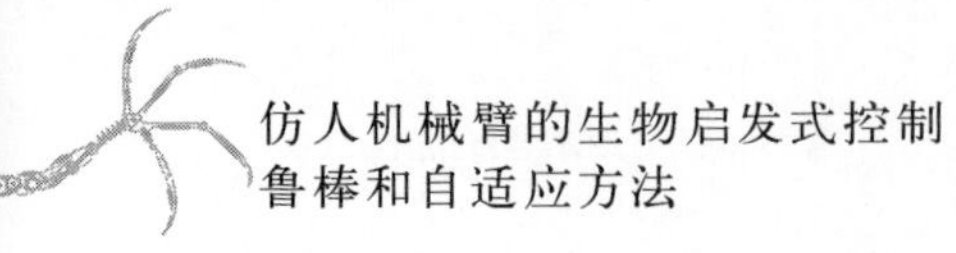

令 $\hat{s}=0$,式(7.55)被修改为

$$\dot{q}_p = -k\boldsymbol{B}\left(\frac{\partial U}{\partial q_p}\right)^{\mathrm{T}} \tag{7.58}$$

这意味着当系统滑动时 $U(q)$ 的最陡下降最小化正在得到实现。这再次为使用最陡下降法的滑模最优控制器提供了一个有力的论据。

7.2.3.1 对代价函数进行修正以实现解耦

现在,关节空间中的代价函数 $U(q)=U(q_p,q_t)$ 就可被理解为任务坐标 q_t 和姿态坐标 q_p 的函数。任务坐标 q_t 是由任务控制器预先确定的,而不是由姿态控制器控制的。因此,从姿态的角度来看,q_t 可以看作是一个时间函数,即 $q_t=q_t(t)$。这意味着

$$U(q)=U(q_p,q_t(t))=U(q_p,t) \tag{7.59}$$

式中:U 为时间 t 和姿态坐标 q_p 的函数,并且在 q_p 中被最小化。由式(7.50)和式(7.48),可得

$$\dot{U} = \frac{\partial U}{\partial q}\boldsymbol{B}\dot{q}+\frac{\partial U}{\partial q}\widetilde{\boldsymbol{B}}\dot{q} \tag{7.60}$$

$$= \frac{\partial U}{\partial q}\boldsymbol{B}\dot{q}_p+\frac{\partial U}{\partial q}\widetilde{\boldsymbol{B}}\dot{q}_t \tag{7.61}$$

像式(7.58)那样,取

$$\boldsymbol{B}\dot{q} = -k\boldsymbol{B}\left(\frac{\partial U}{\partial q}\right)^{\mathrm{T}} \tag{7.62}$$

将式(7.62)代入式(7.60)得

$$\dot{U} = \frac{\partial U}{\partial q}\left(-k\boldsymbol{B}\left(\frac{\partial \boldsymbol{U}}{\partial \boldsymbol{q}}\right)^{\mathrm{T}}\right)+\frac{\partial U}{\partial q}\widetilde{\boldsymbol{B}}\dot{q}_t \tag{7.63}$$

这就得到代价函数导数的表达式,即

$$\dot{U}(q) = -k\left\|\frac{\partial U}{\partial q}\boldsymbol{B}\right\|^2+\frac{\partial U}{\partial q}\widetilde{\boldsymbol{B}}\dot{\boldsymbol{q}}_t \tag{7.64}$$

下一节将描述对 U 最小化的观测。

7.2.3.2 代价函数动力学观测

给定一个紧凑的(有界的)集合 C,即用关节姿态坐标 q_p 表示的可实现的姿态动作。对于某个 K 值,假设下式成立,条件为 $q_p\in C$,即

$$\left\|\frac{\partial U}{\partial q}\widetilde{\boldsymbol{B}}\dot{q}_t\right\|<K, K>0 \tag{7.65}$$

如果以 q_p 表示的 $U(q_p,t)$ 是一致凸的,则局部凸区域可以用紧凑集 C_u 描述,而且在以 q_p 表示的 $U(q)$ 中,$C_u\subset C$。在这个集合中,C_u、p_u 定义了 U 的一个水平

集（振幅），其振幅大小对应 U 的最小值，即 $U(q_p,t)>p_u$，条件为 $q_p\notin C_u$，则有

$$q_p\notin C_u:\dot{U}=-k\underbrace{\left\|\frac{\partial U}{\partial q}\boldsymbol{B}\right\|^2}_{\alpha}+\underbrace{\frac{\partial U}{\partial q_t}\tilde{\boldsymbol{B}}\dot{q}_t}_{\beta}<0 \tag{7.66}$$

见图 7－1。如果式（7.66）中的 $\dot{U}<0$ 成立，则式中各项必须服从关系式 $\alpha>\beta$。因此，可以确保 $U(q_p,t)$ 的最小值达到一个精度，该精度由半径 C_u 给出。

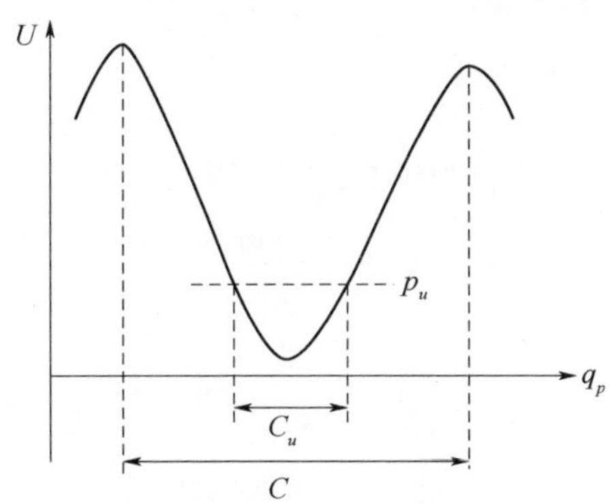

图 7－1　C_u 是 C 的一个子集（$U(q_p)$ 函数的凸区域），并且当 $\beta\neq0$ 时，到 U 的最优点的最大可达近似 p_u，见式（7.66）

备注 7.2 这是一种基于李雅普诺夫理论（应用于仿人机器人力作用最小化）理解的一般观察方法。以下各节的实际结果将阐明，使用给定的代价函数 $U(q)$，见式（6.5），可以获得令人满意的实验结果。

总之，该观察表明：假设代价函数相对于最优点充分凸，利用最陡下降滑模方法，代价函数将实现最小化。由于任务项（β）阻止姿态坐标在 C_u 所定义的半径之外接近最小值，所以不一定能达到这个最优值。因此，最小可达代价由 p_u（该代价 β 的一个函数）定义。然而，一旦任务动作完成并且 $\dot{q}_t=0$，那么动作项 $\beta=0$。在这种情况下，最优姿态动作是有可能实现的。在一个任务动作完成后，这个最优姿态动作可被实际观察到，即机器人的冗余自由度"稳定"于一个最优位置（如第 4 章所重点描述的）。本章提出的滑模最优控制器和前几章提出的基于 PD 的最优姿态控制器，即第 3 章中的式（4.36），都可以观察到这一最优姿态动作。

7.2.3.3　仅用于姿态控制的滑模分析

为了能在操作空间中进行控制，对式（7.3）中的 $\tilde{s}$ 进行了扩展，即引入解耦项 B，从而得到 $\hat{s}=\boldsymbol{B}\tilde{s}$，见式（7.54）。滑模变量 $\hat{s}$ 必须收敛到零。因此，李雅普诺夫候选函数见式（7.30），变成 $V_s=\dfrac{1}{2}\hat{s}^{\mathrm{T}}\hat{s}$，其导数为

$$\dot{V}_s = \hat{s}^{\mathrm{T}}\dot{\hat{s}} \tag{7.67}$$

对 $\hat{s}=B\tilde{s}$ 微分，得

$$\dot{\hat{s}} = \dot{\boldsymbol{B}}\left(\dot{q}+k\left(\frac{\partial U}{\partial q}\right)\right)+\boldsymbol{B}\left(\ddot{q}+k\left(\frac{\partial^2 U}{\partial q^2}\right)\dot{q}\right) \tag{7.68}$$

因此有

$$\dot{V}_s = \hat{s}^{\mathrm{T}}\boldsymbol{B}\left(\boldsymbol{B}\ddot{q}+kB\left(\frac{\partial^2 U}{\partial q^2}\right)\dot{q}+\dot{\boldsymbol{B}}\left(\dot{q}+k\left(\frac{\partial U}{\partial q}\right)^{\mathrm{T}}\right)\right) \tag{7.69}$$

回想 $BB=B$，得

$$\dot{V}_s = \hat{s}^{\mathrm{T}}\left(\boldsymbol{B}\ddot{q}+k\boldsymbol{B}\left(\frac{\partial^2 U}{\partial q^2}\right)\dot{q}+\boldsymbol{B}\dot{\boldsymbol{B}}\left(\dot{q}+k\left(\frac{\partial U}{\partial q}\right)^{\mathrm{T}}\right)\right) \tag{7.70}$$

使用式(7.9)中的 $\ddot{q}$ 并结合由任务/姿态解耦产生的附加项，现在可以定义 $\tilde{R}$（类似于式(7.11)中的 R），即

$$\tilde{R} = -\boldsymbol{A}^{-1}b-\boldsymbol{A}^{-1}\boldsymbol{g}+k\left(\frac{\partial^2 U}{\partial q^2}\right)\dot{q}+\dot{\boldsymbol{B}}\left(\dot{q}+k\left(\frac{\partial U}{\partial q}\right)^{\mathrm{T}}\right) \tag{7.71}$$

于是 $\dot{V}_s$ 成为

$$\begin{aligned}\dot{V}_s &= \hat{s}^{\mathrm{T}}(\boldsymbol{B}\boldsymbol{A}^{-1}\boldsymbol{\Gamma}+\boldsymbol{B}\tilde{R}-\boldsymbol{B}\boldsymbol{A}^{-1}K_{vn}\dot{q})\\ &= \hat{s}^{\mathrm{T}}\boldsymbol{B}(\boldsymbol{A}^{-1}\boldsymbol{\Gamma}+\tilde{R}-\boldsymbol{A}^{-1}K_{vn}\dot{q})\end{aligned} \tag{7.72}$$

现在，第7.2.2节中提出的控制方法必须被适当地应用于式(7.72)，以进行解耦的操作空间控制。

7.2.4 总控制器

姿态控制器现在将被集成到操作空间控制扭矩（见式(4.39)）中，以完成机器人控制，即

$$\boldsymbol{\Gamma} = \boldsymbol{J}^{\mathrm{T}}f+\hat{\boldsymbol{N}}^{\mathrm{T}}u_{sp}+K_{vn}\dot{q} \tag{7.73}$$

$$\hat{\boldsymbol{N}}^{\mathrm{T}} = (\boldsymbol{I}-\boldsymbol{J}^{\mathrm{T}}(\boldsymbol{J}\hat{\boldsymbol{A}}^{-1}\boldsymbol{J}^{-1})^{-1}\boldsymbol{J}\hat{\boldsymbol{A}}^{-1}) \tag{7.74}$$

式中：U_{sp} 为滑模姿态控制扭矩；$\hat{\boldsymbol{N}}^{\mathrm{T}}$ 为式(4.40)所定义的解耦项。而且，关系式 $\hat{\boldsymbol{N}}^{\mathrm{T}}\hat{\boldsymbol{A}}\boldsymbol{B}=\hat{\boldsymbol{A}}\boldsymbol{B}$ 成立。因为解耦项 $\boldsymbol{B}$ 已经将姿态与任务分离，$\hat{\boldsymbol{N}}^{\mathrm{T}}$ 实际上是多余的。

在前几章的总控制器实现中，即式(4.40)，扭矩 u_{sp} 取代了 Γ_p，可定义为

$$u_{sp} = -K_{sp}\frac{\hat{\boldsymbol{A}}\boldsymbol{B}\tilde{\boldsymbol{s}}}{\|\boldsymbol{B}\tilde{\boldsymbol{s}}\|}-\hat{\boldsymbol{A}}\hat{\tilde{R}} \tag{7.75}$$

$$= -K_{sp}\frac{\hat{\boldsymbol{A}}\tilde{\boldsymbol{s}}}{\|\hat{\boldsymbol{s}}\|}-\hat{\boldsymbol{A}}\hat{\tilde{R}} \tag{7.76}$$

式中：$\hat{\boldsymbol{A}}$ 和 $\hat{\tilde{R}}$ 为 $\boldsymbol{A}$ 和 $\tilde{R}$ 的估值。将式(7.73)的 $\boldsymbol{\Gamma}$ 代入式(7.72)，得

$$\dot{V}_s = \hat{s}^{\mathrm{T}}\boldsymbol{B}\left(\boldsymbol{A}^{-1}\left(-K_{sp}\frac{\hat{\boldsymbol{A}}\hat{\boldsymbol{s}}}{\|\hat{\boldsymbol{s}}\|}-\boldsymbol{J}^{\mathrm{T}}\boldsymbol{f}-\hat{\boldsymbol{A}}\,\hat{\hat{R}}\right)+\tilde{R}\right) \tag{7.77}$$

$$=\hat{s}^{\mathrm{T}}\boldsymbol{B}\left(\boldsymbol{A}^{-1}\left(-K_{sp}\frac{\hat{\boldsymbol{A}}\hat{\boldsymbol{s}}}{\|\hat{\boldsymbol{s}}\|}-\boldsymbol{J}^{\mathrm{T}}f-\hat{\boldsymbol{A}}\,\hat{\hat{R}}\right)+\tilde{R}\right) \tag{7.78}$$

$$=\hat{\boldsymbol{s}}^{\mathrm{T}}\boldsymbol{B}\left(-K_{sp}\frac{\boldsymbol{A}^{-1}\hat{\boldsymbol{A}}\hat{\boldsymbol{s}}}{\|\hat{\boldsymbol{s}}\|}+(\boldsymbol{A}^{-1}\hat{\boldsymbol{A}}\,\hat{\hat{R}}-\tilde{R}+\boldsymbol{J}^{\mathrm{T}}f)\right) \tag{7.79}$$

$$=-\boldsymbol{K}_{sp}\frac{\hat{\boldsymbol{s}}^{\mathrm{T}}\boldsymbol{A}^{-1}\hat{\boldsymbol{A}}\hat{\boldsymbol{s}}}{\|\hat{\boldsymbol{s}}\|}+\hat{\boldsymbol{s}}^{\mathrm{T}}(\boldsymbol{A}^{-1}\hat{A}\,\hat{\hat{R}}-\underbrace{\boldsymbol{A}^{-1}\boldsymbol{A}}_{I}\tilde{R}+\boldsymbol{J}^{\mathrm{T}}f) \tag{7.80}$$

式中，使用了 $\boldsymbol{B}\hat{s}=\hat{s}$。式(7.21)至式(7.31)的方法可再次用于求出式(7.80)中滑模控制元素的上界，则有

$$\dot{V}_s=-K_{sp}\frac{1}{2}\frac{\hat{\boldsymbol{s}}^{\mathrm{T}}\tilde{\boldsymbol{A}}\hat{\boldsymbol{s}}}{\|\hat{\boldsymbol{s}}\|}-\hat{\boldsymbol{s}}^{\mathrm{T}}\boldsymbol{A}^{-1}(\hat{\boldsymbol{A}}\hat{R}-\boldsymbol{A}\tilde{R}+\boldsymbol{A}\boldsymbol{J}^{\mathrm{T}}f) \tag{7.81}$$

从而得到 $\dot{V}_s$ 的上限，即

$$\dot{V}_s\leqslant-K_{sp}\lambda_{\min}(\tilde{\boldsymbol{A}})\frac{1}{2}\|\hat{\boldsymbol{s}}\|-\hat{\boldsymbol{s}}^{\mathrm{T}}\boldsymbol{A}^{-1}(\hat{\boldsymbol{A}}\,\hat{\hat{R}}-\boldsymbol{A}\tilde{R}+\boldsymbol{A}\boldsymbol{J}^{\mathrm{T}}f) \tag{7.82}$$

$$\leqslant\|\hat{\boldsymbol{s}}\|\left(\left(\frac{-K_{sp}\lambda_{\min}(\tilde{\boldsymbol{A}})}{2}\right)+\|\boldsymbol{A}^{-1}(\hat{\boldsymbol{A}}\,\hat{\hat{R}}-\boldsymbol{A}\tilde{R}+\boldsymbol{A}\boldsymbol{J}^{\mathrm{T}}f)\|\right) \tag{7.83}$$

如前述，当

$$\lambda_{\min}(\tilde{\boldsymbol{A}})>0 \tag{7.84}$$

为了使 $\dot{V}_s$ 保持负定，要求

$$\frac{-K_{sp}\lambda_{\min}(\tilde{\boldsymbol{A}})}{2}+\|\boldsymbol{A}^{-1}(\hat{\boldsymbol{A}}\,\hat{\hat{R}}-\boldsymbol{A}\tilde{R}+\boldsymbol{A}\boldsymbol{J}^{\mathrm{T}}f)\|\leqslant0 \tag{7.85}$$

因此，实际的稳定条件为

$$K_{sp}>\frac{2\|\boldsymbol{A}^{-1}(\hat{\boldsymbol{A}}\,\hat{\hat{R}}-\boldsymbol{A}\tilde{R}+\boldsymbol{A}\boldsymbol{J}^{\mathrm{T}}f)\|}{\lambda_{\min}(\tilde{\boldsymbol{A}})} \tag{7.86}$$

注意，$\hat{\hat{R}}$是基于机器人模型的估值，所以应该对其加以选择，以便式(7.86)的右侧为最小值。为简化实现过程，使用原始$\hat{R}$(基于式(7.11))。如果 $\hat{\boldsymbol{A}}=\boldsymbol{A}$ 和$\hat{\hat{R}}=\tilde{R}$，那么式(7.86)的右侧为 $\|\boldsymbol{A}^{-1}\boldsymbol{J}^{\mathrm{T}}f\|$。

备注 7.3 为了实际实现和避免执行器磨损，需要对滑模控制律(式(7.76))进行修改，即

$$u_{sp}=-K_{sp}\frac{\hat{\boldsymbol{A}}\boldsymbol{B}\tilde{s}}{\|\hat{\boldsymbol{s}}\|+\delta_p}-\hat{\boldsymbol{A}}\boldsymbol{B}\,\hat{R} \tag{7.87}$$

式中，$\delta_p>0$。这引入了滑模边界层的动力学，即 $\|B\tilde{s}\|$ 和 $\|\tilde{s}\|$ 将变小，但不一定为 0。最后，引入了一个影响姿态扭矩的附加动力学，即额外的有界项，该项

会对式(7.64)的右侧造成影响。Slotine 和 Li(1991)、Edwards 和 Spurgeon(1998)、Herrmann 等(2001)以及 Spurgeon 和 Davies(1993)都对这种滑模边界层进行了恰当的分析。

7.3 实现问题:黏滞摩擦力的识别和补偿

在为第 1.1 节中的 BERUL 机械臂设计滑模最优控制器时,还需要对机器人系统的动力学模型进行一定程度的改进。为了实现这一点,引入了一个附加的黏滞摩擦力补偿元素。摩擦力包括许多分量(Canudas de Wit 等,2002;Ge 等,2001),最容易被识别出的是黏滞摩擦力,它与速度呈线性关系。

为了提高控制器的性能,提出了一种简单的系统识别方案。其目的是确定机器人关节固有的黏滞摩擦系数(K_{vn})。这是一个重要的量,因为驱动肩部和肘部关节的谐波传动变速箱具有很高的传动比(100∶1 和 88∶1)。对这些项的确定有助于改进系统模型,并可被融入控制器中用于摩擦力补偿。这里所采用的识别方法最初是由 Jamsola 等(1999)提出的,作为一种更大的机器人动态识别方案的一部分。

通过锁定机器人系统中除一个以外的所有关节(即在其他关节上使用高增益位置控制),可以创建一个类似于 1 自由度系统的摆,即

$$u = A_p \ddot{q} + K_{vn} \dot{q} + g(\theta) \tag{7.88}$$

式中:A_p 为摆的惯量;u 为关节处扭矩;g 为动力学重力项;K_{vn}为作用于系统的黏滞摩擦力。重力项 g 使用估值 $\hat{g}$,系统可被置于"零重力"模式中,该模式中重力项产生的扭矩由控制扭矩 u 补偿。u 由 PD 控制器控制,即

$$u = -K_p(q - q_d) - K_d(\dot{q} - \dot{q}_d) + \hat{g}(q) \tag{7.89}$$

$$\hat{g}(q) = -\frac{1}{2}\sin(q) LMg_c \tag{7.90}$$

式中:L 为圆柱模型的长度;M 为质量;g_c 为重力加速度的标量常数。

这个简单的控制器可以用来验证连杆动力学模型分析中使用的质量和长度,确认这些量值是否适当。这是非常有用的,因为对于 Elumotion 机器人,动态数据是不可用的。通过将 q_d、$\dot{q}_d$、K_p 和 K_d 设置为零并用手移动连杆,就能确定重力补偿器是否能够正确发挥作用。如果是这样,那么连杆将保持在其被推入的位置。如果不是这样,那么应该重新估计质量和长度属性。当然,在验证那些更靠近机器人基座(最近端)的连杆的参数时,必须考虑后续连杆的质量和长度,稍后可以减去。

通过缓慢地减小 K_d 值，就能确定在初始物理推动（以克服静摩擦）之后连杆自由移动的点。在这一点处，有 $K_d = -K_{vn}$。如果 K_d 进一步减小，那么机械臂即便在受到外部干扰之后也不会停止移动。通过这种方法，可计算出执行器在 $K_{vn1} \approx 1$（肩部屈曲）和 $K_{vn1} \approx 0.5$（肘部屈曲）时的黏滞摩擦力。

通过式（7.5）中的矢量 K_{vn}，这些附加增益被引入到动力学模型中。将这一附加的黏滞摩擦力补偿项引入到任务控制器的反馈线性化项中，将对机器人系统的整体性产生明显的有益影响。

通过识别更复杂的摩擦力模型，如 Canudas de Wit 等（2002）描述的 Dahl 模型，可进一步改善性能，这是一种非常吸引人的方法。但这些非线性模型不容易被参数化，而且还会受到时间变化的影响。因此，利用滑模控制的鲁棒性，能避免这种复杂性。

7.4 仿真实现

现在，滑模控制器（以下简称为 SLOP）已在2 自由度仿真和实际机器人系统上实现。之后，该控制器还将用于4 自由度系统，将在第9 章和第10 章进行验证。本节将给出2 自由度仿真的结果。

将滑模最优姿态控制器的响应与前几章中使用的最优 PD 控制器（见式（4.36））的响应进行比较。图7－2 所示为到达 $X_{y0} = 0.3\text{m}$ 的目标时，这两个控制器的动作轨迹和力作用响应。为了帮助比较生成的动作轨迹，图中 $X_x = 0.3$ 处叠加了一条垂直线。

在本实验中，滑模姿态控制器的增益取值为 $K = 100$，$\delta_p = 0.8$ 和 $K_{sp} = 1000$。而最优 PD 控制器（见式（4.36））的增益取值为 $K_p = 20$ 和 $K_d = 8$。在这两个实例中，都使用任务控制器（见式（5.10））的增益取值为 $K_x = 5$，$K_v = 4$，$K_s = 5$，$K_{sl} = 250$ 和 $\delta_t = 0.15$。

在关节极限参数为 $K_L = 0.04$，$q_{L1} = 150°$，$K_{L1} = 4$，$q_{L1} = 0.02$ 和 $q_{L2} = 110°$，$K_{L2} = 2$，$q_{L2} = 0.02$ 的条件下，定义姿态空间（力作用函数，即式（6.5））的增益取值为 $K_{a1} = 80$ 和 $K_{a2} = 100$。图7－3 为由图7－2 中生成的末端执行器轨迹获得的力作用平面图。

这个初步的仿真实验提供了关于控制器的力作用最小化和形成的不同轨迹的有趣的比较结果。在图7－2 中，通过观察比较两种控制器在接近目标位置时各个时间段产生的肘部弯曲动作，显然，“滑模最优”控制器的轨迹更紧凑。这在

图 7－2(c)中体现在动作的第一部分的较低位置的力作用轨迹中。有趣的是,两种控制器最终都停在一种类似稳态臂的位形,并且测得的力作用 U 值也相同。

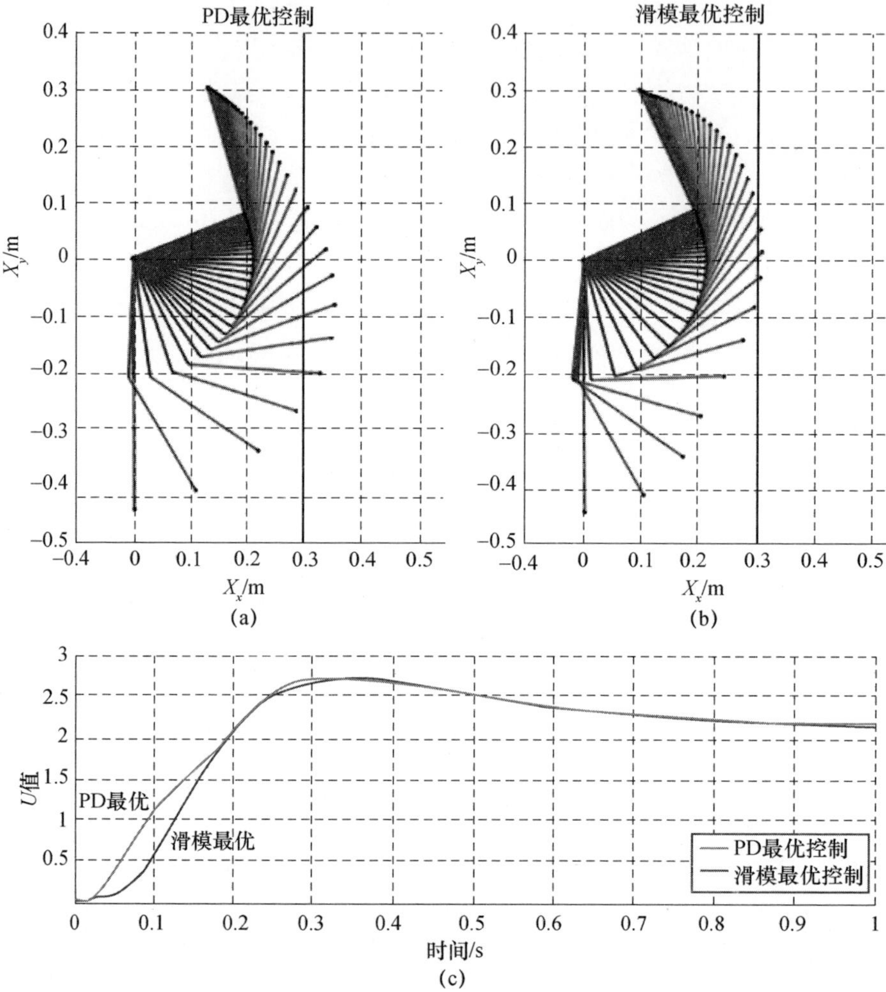

图 7－2 任务仿真轨迹

(a)PD 最优控制器;(b)滑模最优控制器;(c)力作用时间曲线比较。

经过初步研究后发现:两种控制器的增益取值好像有些随意。如果两种控制器的参数之间没有直接映射,那就很难确定是一个控制器的性能更好还是因为另一个控制器的性不佳而突显出来的。

考虑到这一点之后,确实注意到:通过逐渐调整参数,尽管仍不断生成不同的任务轨迹,但两种控制器力作用输出之间的变化越来越小。这种与姿态力作

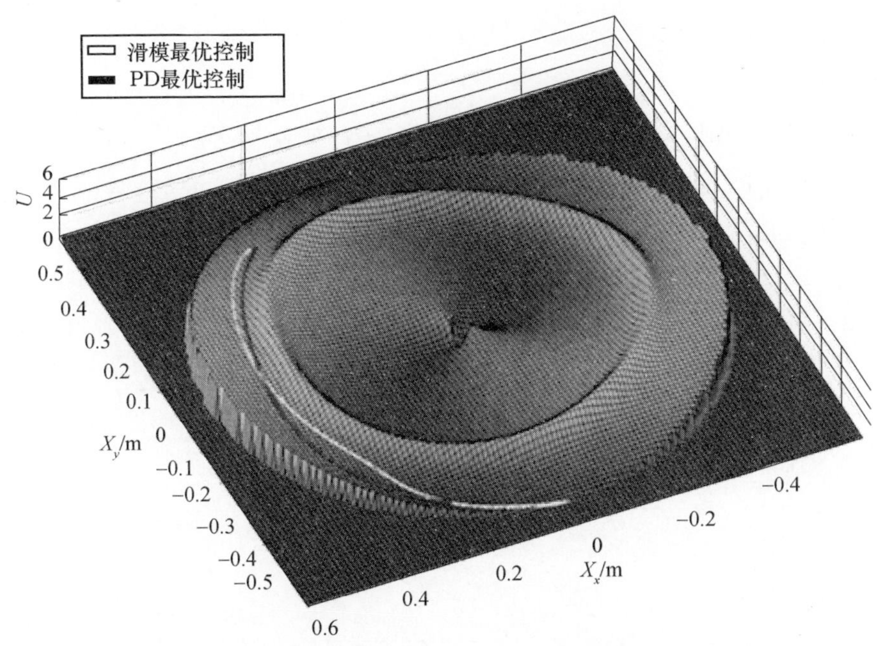

图7-3　图7-2中的任务仿真轨迹在笛卡儿力作用空间上的投影。力作用空间包括一个肘关节屈曲极限，即90°（见彩插）

用的关系难以直观地对两种姿态控制器的性能进行比较。本质上，需要另一种评估这两种控制器的替代方法。

7.4.1　控制器力作用

为了采用另一种方式对滑模最优控制器与PD最优控制器进行比较，可以使用两种控制器的高频控制力作用作为比较的对象。这是出于这样一个事实：滑模控制器经常会产生高频控制力作用，也被称为抖振（Edwards 和 Spurgeon，1998）。这往往被认为是在实际系统中执行的一个不利因素。通过对两种控制器调优以匹配姿态力作用，就可以在类似的情况下观察力作用。使用以下的度量标准，可测量出控制器的力作用值，即

$$\Gamma_m = \int \| \Gamma - \Gamma_0 \|^2 \mathrm{d}t \tag{7.91}$$

$$\Gamma_0(s) = \frac{\frac{1}{T}}{s + \frac{1}{T}} \Gamma \tag{7.92}$$

式中：Γ_0 为任务和姿态组合扭矩 $\Gamma = \Gamma_t + \Gamma_p$ 中的低频组合分量，可通过低通滤波器求得。

在仿真试验中，使用$\frac{1}{T}=5$，这使得带宽频率为 0.796Hz。$\Gamma - \Gamma_0$ 这个过程去除了力作用中的低频分量，如图 7－4 所示。被去除的分量可以被视为做基本任务动作所必需的“基本”量，例如克服重力。将这些量去除，便于对控制信号的高频分量进行比较，这也是补偿不确定性和干扰必须要做的。控制技术的变化会导致这些分量也发生变化。

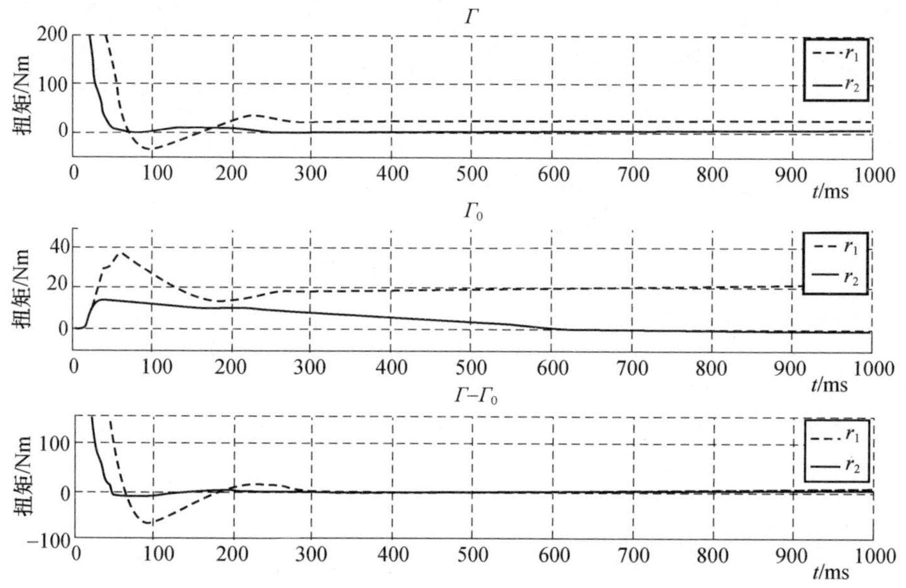

图 7.4　自上而下分别为原始扭矩信号 Γ，经过过滤的扭矩信号 Γ_0 及产生的高频扭矩信号 $\Gamma - \Gamma_0$

为了更真实地测试滑模最优控制器，在控制方案中引入了两个模型失配元素。在仿真中，每个机器人连杆的质量增加 1kg（正常情况下，连杆质量分别为 $M_1 = 6\text{kg}$，$M_2 = 2.1\text{kg}$），而控制器模型保持原来的值。除此之外，在每个执行器上都引入一个黏滞摩擦力项，这将在第 7.4.2 节中描述。

7.4.2　摩擦力模型

为了在干扰条件下测试系统，在 4 自由度机器人仿真实验中，每个关节都引

入一个摩擦力模型，即

$$f_m = K_{vn}\dot{q} + c\text{sat}(c_1\dot{q}) \tag{7.93}$$

式中：K_{vn} 为黏滞摩擦力；c 为库仑摩擦力。饱和函数 $\text{sat}(c_1\dot{q})$ 近似于具有较大 c_1 值的符号函数，并且在仿真中避免了与 $\text{sign}(\dot{q})$ 的突然的、切换不连续性相关的数值问题。这里的饱和函数表示模型中的非线性，因此随着 $\dot{q}$ 的增大，库仑摩擦力的大小是有极限的。较大的 c_1 值确保了低速时出现饱和。

在 Simulink 中建模并仿真（见图 7-5），选择不同的系数来表示肩部和肘部执行器之间的差异。根据第 7.3 节中所确定的值，表 7-1 给出了这些系数。然后，从施加到每个执行器的控制器扭矩中减去摩擦力 f_m，由此得到摩擦力矢量（即与动作方向相反的力），再将其施加到整个控制信号，即

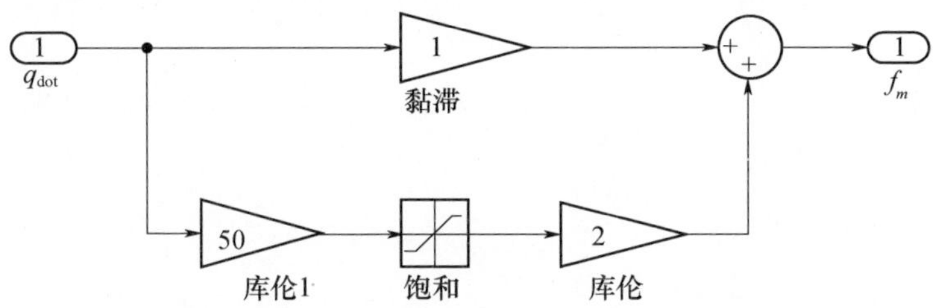

图 7-5　SimMechanics 机器人模型各个关节的摩擦力模型

$$\Gamma_f = \Gamma - f_m(\dot{q}) \tag{7.94}$$

表 7-1　BURUL2（2 自由度）机器人的摩擦系数

关节 q	黏滞摩擦力 K_{vn}	库伦摩擦力 c	库伦饱和 c_1
1	1	2	50
2	0.5	1.2	30

7.4.3　仿真结果

以下给出了 PD 和 SLOP 控制器的仿真实现结果。如前所述，引入了两方面的模型失配，即连杆质量的参数不确定性和摩擦力项导致的结构不确定性（可视为一个非线性、未建模的干扰）。理论上，姿态和任务的滑模控制器都完成了目标，并且实现了鲁棒任务动作和基于最优梯度下降的姿态控制。然而，这种近似于“实际版本”的滑模任务控制器（见式（7.87））得到的是任务和姿态的次最优而不是最优动作（由于与 δ_p 相关的边界层的存在和任务动作的影响）。这种次最优性也体现在最优 PD 控制器，即任务动作也会影响姿态动作。尽管如此，

任务控制器的滑模元素,见式(5.16)和式(5.10),表明模型失配得到了很好的补偿,因此两种控制器都获得了同样的任务响应,如图7-6所示,图中目标位于$X_{y0}=0.4\text{m}$。

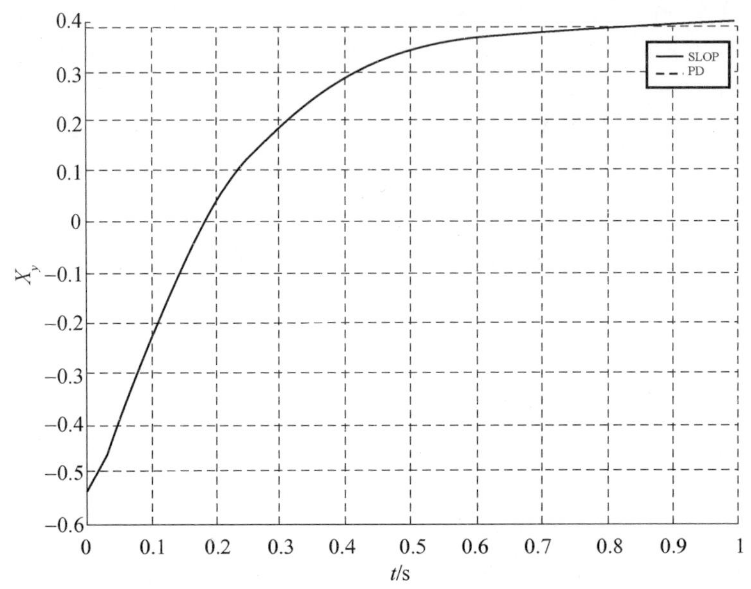

图7-6　一个仿真实例的任务响应

为了进行客观、合理的分析,对这两种控制器都进行了调优,以尽可能地使它们的姿态力作用U响应相等。目的是提供一个有限的调优目标,从而为评估控制器性能的其他方面提供相同的条件。

利用两个关节的极限来设定姿态力作用值以防止任务(目标位于$X_{y0}=0.4\text{m}$)过程中肩部和肘部过度弯曲,如图7-7所示。可以观察到,$t>0.4\text{s}$和$t\approx0.2\text{s}$时,两种控制器的大部分姿态力作用轨迹都是匹配的。对于其余部分的动作,采用滑模最优控制器的任务轨迹相对较低,这说明力作用消耗也较低。有趣的是,为获得相同的姿态响应而对这两种控制器的调优获得了与图7-2类似的一组轨迹,尽管本例中引入摩擦力模型后得到的图形稍有差异,而且控制器之间的相似度也较小。

如图7-8所示,滑模最优控制器产生的机器人动作轨迹比最优PD控制器更紧凑,就像之前图7-2中所示的那样。将当前场景中的力作用和末端执行器的轨迹合成到三维力作用图上,如图7-9所示。

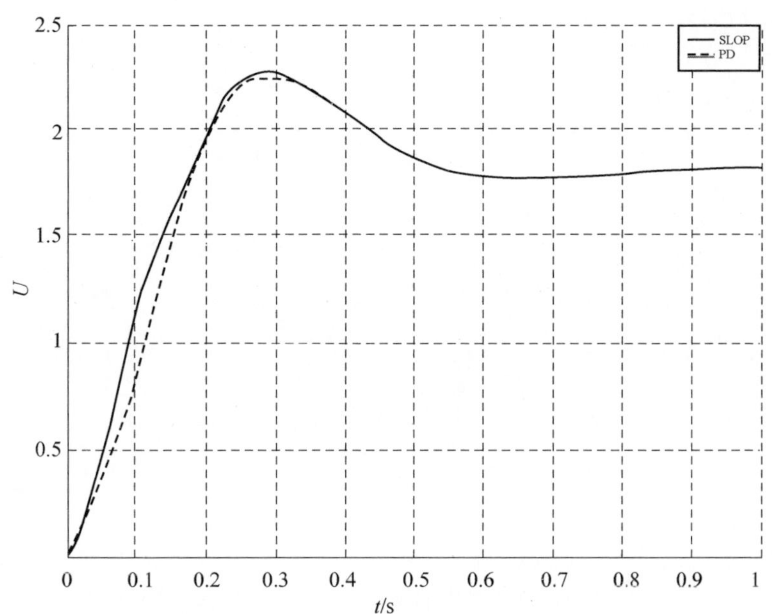

图 7－7　两种控制器姿态力作用比较

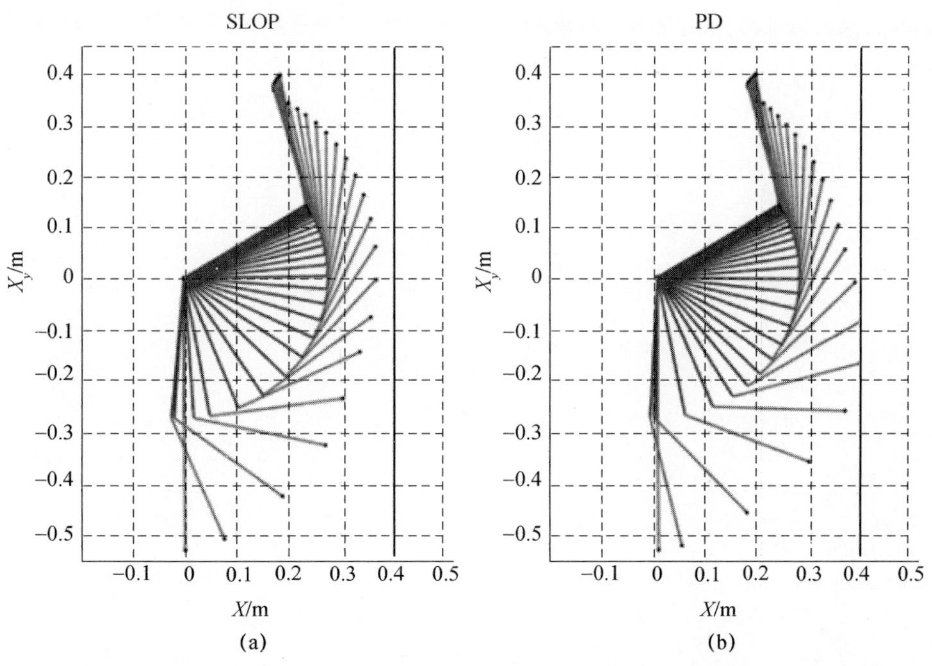

图 7－8　SLOP 和 PD 控制器的任务轨迹，在 $X_x = 0.4\mathrm{m}$ 处增加一根垂直线以帮助比较

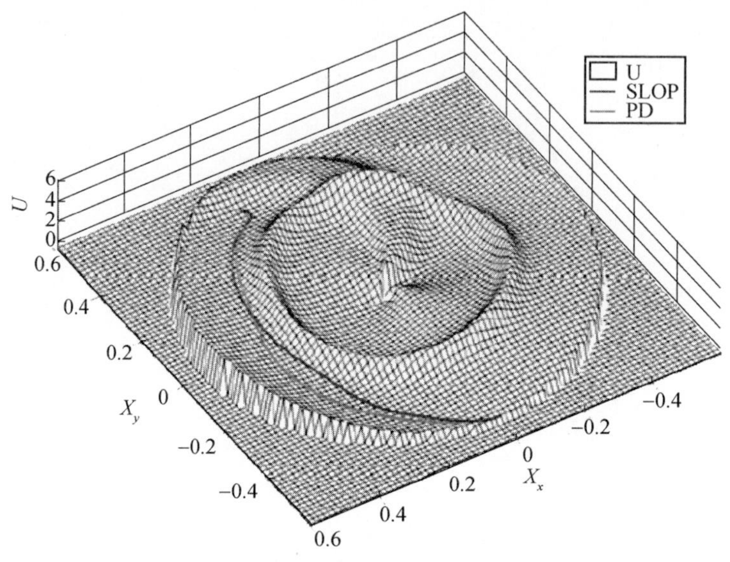

图 7－9　2 自由度仿真中轨迹和三维力作用合成图(见彩插)

图 7－10 所示为两种控制器扭矩度量值(见式(7.91))的比较。这里,可以明显看到滑模最优控制器获得的度量值较低,这意味着相比最优 PD 控制器,来自滑模最优控制器的高频分量较小。

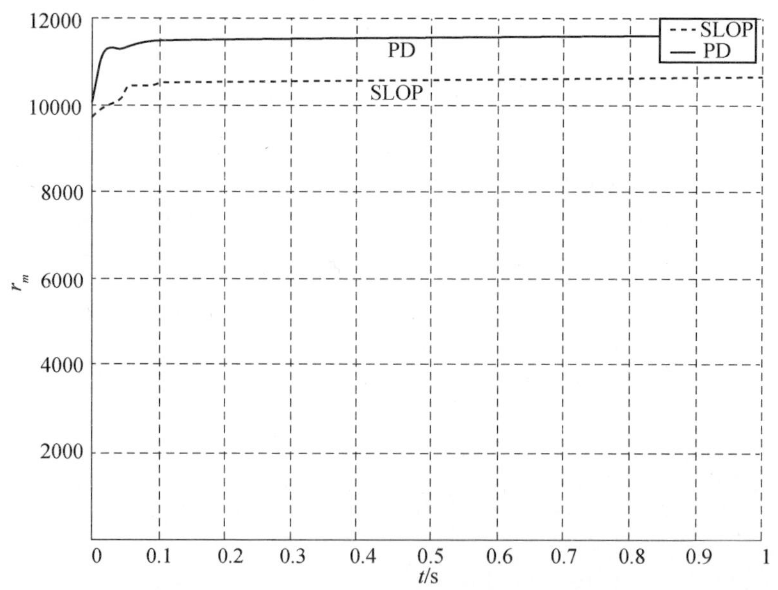

图 7－10　2 自由度仿真中扭矩度量值(见彩插)

比较姿态控制器的直接扭矩输出，如图 7－11 所示。y 轴表示两个控制器的姿态任务的矢量范数 $\|\Gamma_p\|$，图示表明：滑动最优控制器的峰值力作用贡献较小，尽管 PD 控制器的信号剖面通常看起来更平滑。

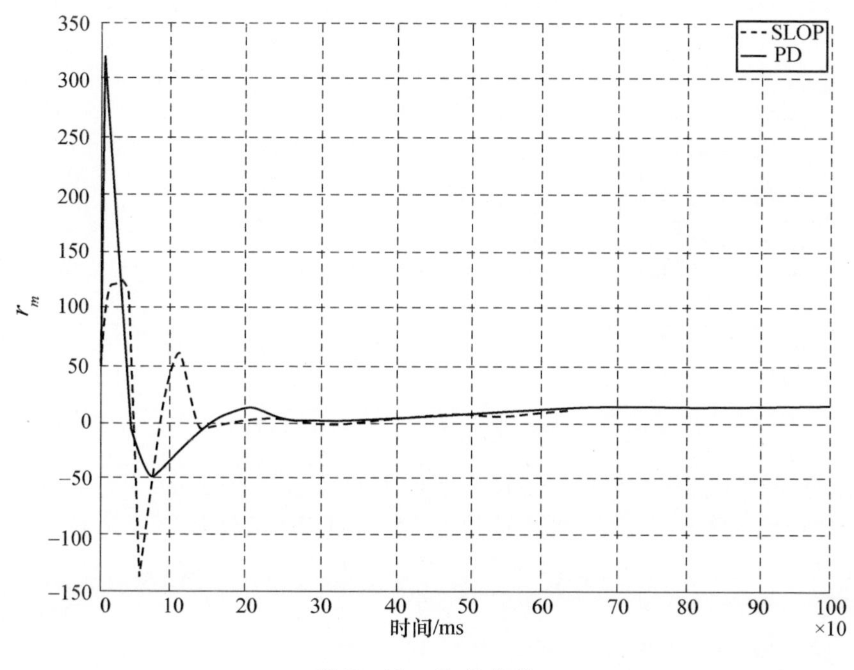

图 7－11　Γ_p 的比较

7.5　实际实现

本书第一部分第 2.5 节介绍了 2 自由度 BERUL 机器人系统上滑模最优控制器的实现。这里的任务由向上任务动作和向下任务动作组成。向上任务动作由 6 个 0.1m 增量组成，即从 $X_y = -0.4$ 到 $X_y = 0.2$，然后是 3 个 －0.2m 增量的向下任务动作，所有的动作时间间隔为 1.5s，如图 7－12 所示。

就像在仿真试验中的那样，扭矩再次用式(7.91)和式(7.92)中描述的度量标准进行处理。由于物理系统中复杂的非线性，可观察到两种姿态控制器的动作都大于仿真。因此，滤波器常数增加到 $\frac{1}{T}=20$（带宽为 3 Hz）。

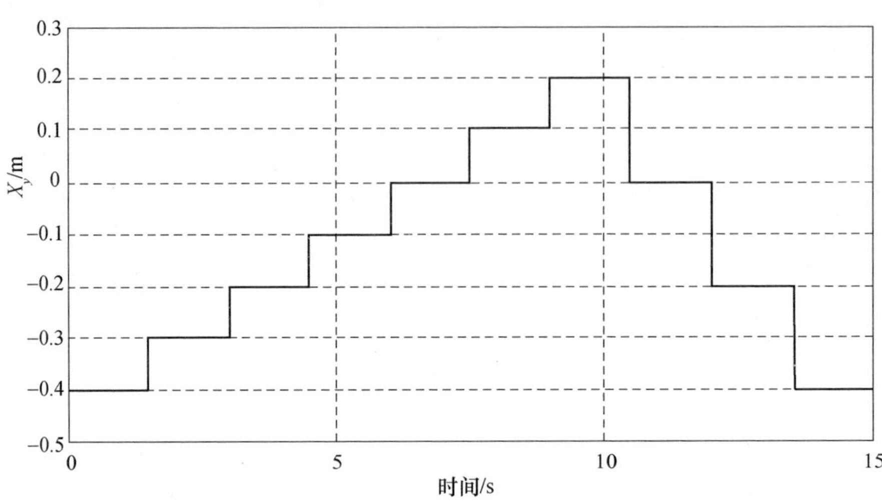

图 7－12　过滤前垂直增量为 0.1m 的任务需求曲线

下面给出了三组比较结果以便与实例中的姿态力作用相匹配。在所有实例中，使用相同的滑模最优控制器试验数据，而对 PD 最优控制器进行不同的调优，提供了与姿态力作用相匹配的不同场景。这些场景考虑到了姿态力作用响应（每个图的右上部分）。实例 A（见图 7－13）中，在大部分轨迹上，SLOP 控制器的力作用 U 测量值看上去要比 PD 控制器的低。实例 B（见图 7－14）中，两条 U 值曲线近似相等。实例 C（见图 7－15）中，PD 控制器在大部分轨迹上产生的 U 值较低。

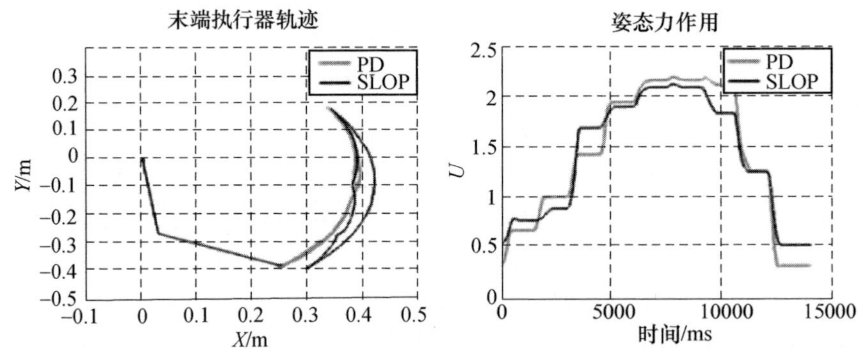

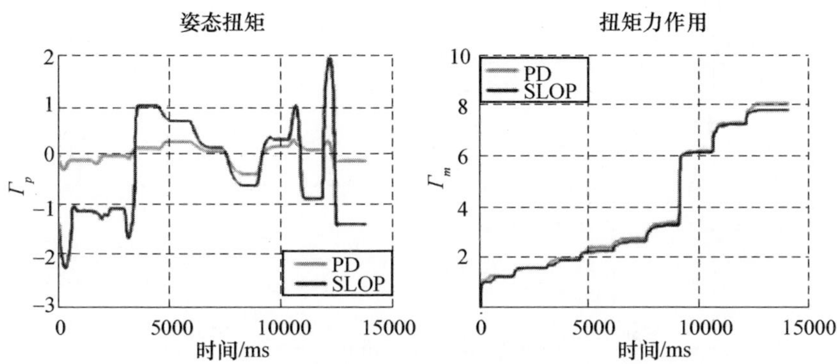

图 7－13　实例 A 实际数据比较，其中 SLOP 控制器的力作用 U 值要比 PD 控制器的低（见彩插）

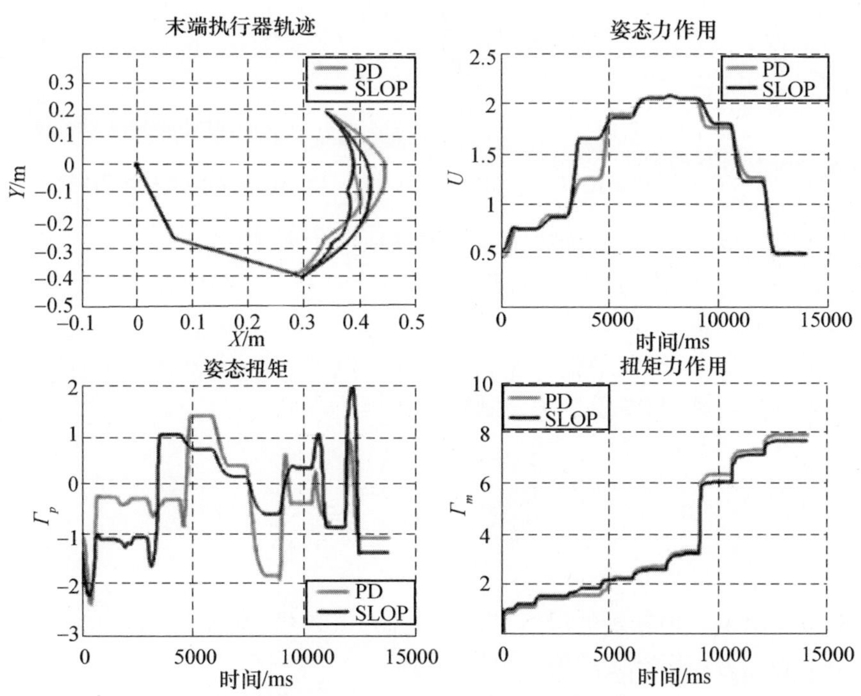

图 7－14　实例 B 实际数据比较，其中 SLOP 控制器产生的力作用最小值与 PD 控制器的大致相等

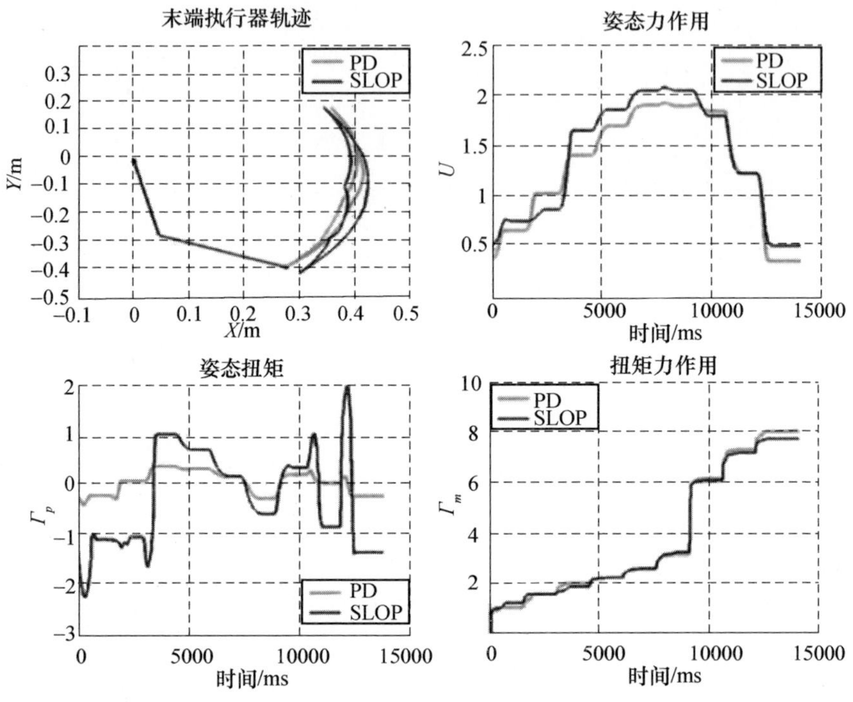

图 7－15　实例 C 实际数据比较，其中 PD 控制器的 U 值要比 SLOP 控制器的低（见彩插）

在所有实例中，滑模最优控制器的增益取值为 $K=0.5$，$\delta_2=0.4$ 和 $K_{slp}=18$。PD 控制器的增益取值为：实例 A，$K_p=0.1$，$K_d=0.1$；实例 B，$K_p=0.6$，$K_d=0.6$；实例 C，$K_p=0.2$，$K_d=0.1$。

在所有实例中，滑模最优控制器和 PD 控制器产生的任务轨迹有明显的不同。在大多数实例中，滑模最优控制器的扭矩值略低。

7.6 小　结

本章提出了一种新颖的滑模最优控制器，以替代 De Sapio 等（2005）和前几章中用于姿态力作用减少的典型 PD 控制器。该控制器的抗扰动鲁棒性设计使其能够在力作用小于典型 PD 控制器方法实现的力作用的条件下克服仿真中的摩擦力（机器人模型中没有引入摩擦力）。

在仿真场景中滑模最优控制的优点得到了成功验证。然而，在更多的实例中，在两种控制方案之间只建立边际变化的条件下，对扭矩值和姿态力作用进行比较，使得确定 SLOP 控制器和最优 PD 控制器之间的差异变得更加困难。这意味着：虽然 SLOP 控制器未必会比原来的 PD 控制器“更好”，但也未必更糟。

通过李雅普诺夫方法确定了 SLOP 控制器的稳定性条件，并在仿真和实际场景中都实现了该控制器。虽然直接比较这两种控制器是困难的，但与最优 PD 控制器相比，滑模最优控制器在姿态和扭矩控制效果方面似乎更有效。

在第 8 章中将提供一个示例，其中建议的姿态控制被集成到一个更复杂的控制方案中以实现柔顺控制。这呈现了其在人 - 机交互（HRI）中的可行性。

参考文献

Canudas de Wit C, Olsson H, Astrom K, Lischinsky P(2002) A new model for control of systems with friction. IEEE Trans Autom Control 40(3):419 - 425

De Sapio V, Warren J, Khatib O, Delp S(2005) Simulating the task - level control of human motion: a methodology and framework for implementation. Vis Comput 21(5):289 - 302

Edwards C, Spurgeon S(1998) Sliding mode control: theory and applications. Taylor and Francis, London

Ge S, Lee T, Ren S(2001) Adaptive friction compensation of servo mechanisms. Int J Syst Sci 32(4):523 - 532

Herrmann G, Spurgeon S, Edwards C(2001) A robust sliding - mode output tracking control for a class of relative degree zero and non - minimum phase plants: a chemical process application. Int J Control 74(12):1194 - 1209

Isaksen U, Bowen J, Nissanke N(1996) System and software safety in critical systems. Computer Science Department Technical Report RUCS/97/TR/062/A

Jamisola R, Ang M Jr, Lim T, Khatib O, Lim S(1999) Dynamics identification and control of an industrial robot. In: The ninth international conferece on advanced robotics, Tokyo, Japan, pp 323 - 328

Khatib O(1987) A unified approach for motion and force control of robot manipulators: the operational space formulation. IEEE J Robot Autom 3(1):45 - 53

Kirk D(2004) Optimal control theory: an introduction. Dover Publications, New York

Slotine J, Li W(1991) Applied nonlinear control. Prentice Hall, Englewood Cliffs

Spurgeon S, Davies R(1993) A nonlinear control strategy for robust sliding mode performance in the presence of unmatched uncertainty. Int J Control 57(5):1107 - 1123

第8章 抗饱和补偿的自适应柔顺控制和姿态控制

在前面的章节中,基于力作用最小化,设计了一种实际可实现的姿态控制器,用于具有冗余自由度的仿人动作。在本章中,考虑到人机物理交互(HRI)的安全性,将姿态控制方案集成到无动力学模型的、自适应柔顺控制方案中以用于任务动作。本章介绍了经过姿态控制器增强的自适应控制方法和抗饱和(AW)补偿器的组合。当控制信号达到其幅值约束/限制并饱和时,AW 补偿器可以避免不稳定性问题。对任务控制器、自适应控制器和 AW 补偿器的李雅普诺夫稳定性分析证明了该方案的收敛性,这意味着可以实现安全的人机交互。根据无源性/被动控制理论对姿态控制器稳定性进行了探讨。通过一维及多维柔顺控制实例的仿真和实际的实验结果证明了该方法的有效性。

8.1 简 介

在绝大多数技术应用中,人的安全都是极为重要的考虑因素。(各种应用环境中的)人机交互没有区别。正如第 2 章中所讨论的,人们正在努力将社交机器人引入到人类环境中,以协助人类并与人类密切合作。和那些利用安全笼与人类隔离的工业机器人不同,社交机器人必须以安全的方式运行。因此需要通过在机器人系统中引入物理柔顺性来提高物理安全性,以应对人 - 机紧密接触时产生的冲击力和其他力。柔顺性可以使系统避开/化解这些力,而不是将其作为刚性障碍。

柔顺性是实现安全人机交互的最重要方面之一,可通过多种方式实现。被动柔顺性取决于机器人固有的柔顺性机械结构。而主动柔顺性可以在已有的刚性机械臂上实现柔顺控制。柔顺控制律在 BERT2 机器人中的应用就是一个例子,在几乎没有物理固有柔顺性的情况下提高系统中人机交互的安全性。

许多学者对主动柔顺性进行了研究,以处理人机交互中的安全问题。相关研究参见 Komada 和 Ohnishi (1988), Peng 和 Adachi (1993), Shetty 和 Ang (1996), Al - Jarrah 和 Zheng (1998), Albrichsfeld 和 Tolle (2002), Zollo 等(2003), Bichi 和 Tonietti (2002), Zhang 等(2005)和 Formica 等(2005 年)。通常,柔顺或阻抗控制器是基于模型的非自适应方案,相关研究参见 Albu - Schǻffer 等(2007), Bichi 和 Tonietti(2002), Komada 和 Ohnishi(1988), Shetty 和 Ang(1996), Ott 等(2003), Albrichsfeld 等(1995), Albrichsfeld 和 Tolle(2002)和 Kim 等(2000)。然而,对于大型多冗余机器人系统,精确的模型识别难以实现,部件磨损或损坏都可能使这些识别无效。前面章节中介绍的滑模控制是解决此问题的一种选择。但是,在本章中,我们将介绍(模型参考)自适应方案的应用,当系统参数变化或未知时,该方法可以保证预先设定的被动柔顺性特征。

在模型参考自适应控制(MRAC)中(图 8 - 1),通过自适应机制寻找合适的控制器参数,以使被控对象的响应与参考模型的响应相同(Slotine 和 Li,1991)。因此,在这种情况下,参考模型能实现所期望的特定柔顺动作以确保物理安全性。可将其视作一个虚拟的质量 - 弹簧阻尼系统,其中弹簧和阻尼常数可自由选择。影响该虚拟模型的力矩由扭矩传感器从外部测量。因此,在实际人机交互中,可以为该虚拟参考模型设计任意程度的柔顺性。使用 MRAC 方案的控制器能连续地、自适应地跟踪这一预先设定的明确的参考模型。自适应算法根据虚拟参考模型的输出信号相对于被控对象的误差不断进行调整、自适应。这使得 MRAC 算法的精度很高,尽管被控系统的参数可能一直在变或有一些未知的动力学。因此,模型参考方法非常适合于机器人系统,特别是人 - 机环境,因为该方法适用于虚拟的、被动的机械模型参考系统。本章中,在 BERT2 4 自由度仿人机械臂上实时实现了自适应柔顺性模型参考控制器。该控制器在笛卡儿(任务)空间中运行,并通过力作用最小化的姿态控制器得到增强,同时又保持了仿人冗余动作。机械臂的控制方法遵从参考质量 - 弹簧 - 阻尼系统模型的控制方法,能在受外部传感扭矩/力作用的条件下实现任务动作的被动柔顺控制。通过力作用最小化(一个重力的函数),冗余自由度被用于控制机器人的仿人动作。

运行过程中与自适应控制方法相关的主要问题之一是:由于控制器的高动态特性,控制信号在执行器上会达到其幅值限制,并且快速饱和。对 Colbaugh 等(1995)提出的自适应控制方案的实际测试结果表明:执行器饱和会导致其性能下降以及随后的不稳定性。实现的自适应控制器没有考虑执行器饱和,从而导致了自适应算法的饱和。为避免这种情况,采用了抗饱和(AW)补偿系统。这种 AW 方案最初用于防止神经网络控制方案中出现饱和(Herrmann 等,2007),其中类似的自适应算法在这种情况下也有饱和的倾向。

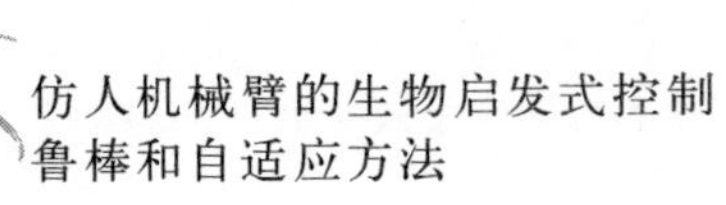

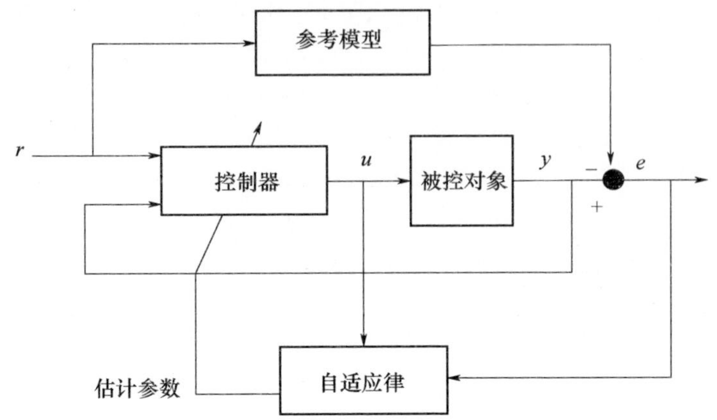

图 8 - 1　模型参考自适应控制器(MRAC)(Slotine 和 Li,1991)
(Slotine,Jean - Jacques;Li,Weiping,Applied Nonlinear Control,1st,© 1991.
图示经 Pearson Education,Inc. ,New York 许可印制和电子转载)

可通过 Khan 和 Herrmann(2014)观看本章援引的在线视频。

8.2　任务动作的自适应柔顺控制

无模型自适应控制器易于实现,并且可以使计算量减到最少。实现此类控制器几乎不需要机器人的参数信息。仅需考虑模型的一般动力学结构(包括惯性矩阵、科里奥利/向心力矢量和重力矢量)。无模型自适应控制器的一个例子是由 Colbaugh 等(1995)开发的功能强大的柔顺控制器,本章中应用了该控制器并对其进行了扩展。使用该方法的主要原因是它易于在更多自由度的系统上实现,以及它可以直接在任务空间中应用。

4 自由度关节空间机器人动力学的一般结构由式(2.1)或式(4.16)给出,以替代式(4.31),即

$$\Lambda(q)\ddot{X} + \mu(q,\dot{q}) + p(q) = f \tag{8.1}$$

上式为笛卡儿空间中末端执行器动力学表达式,式中 X 为机器人末端执行器在笛卡儿空间的位置,即 $\boldsymbol{X} = [X_x, X_y, X_z]^{\mathrm{T}}$ 和 $f = \bar{\boldsymbol{J}}^{\mathrm{T}}\boldsymbol{\Gamma}$。因此,末端执行器任务动作首先设计控制器。

式(4.14)中矩阵 $\bar{\boldsymbol{J}}$ 是惯性加权雅可比矩阵伪逆,参见 Khatib(1987)以及 Nemec 和 Zlajpah(2000),即

$$\bar{\boldsymbol{J}} = \boldsymbol{A}^{-1}\boldsymbol{J}^{\mathrm{T}}\left(\boldsymbol{J}\boldsymbol{A}^{-1}\boldsymbol{J}^{\mathrm{T}}\right)^{-1}, \boldsymbol{J} = \frac{\partial X}{\partial q} \tag{8.2}$$

如前几章所述，由于系统有冗余自由度（使用的 BERT2 机械臂有 4 个自由度，而只有 3 个笛卡儿坐标 x、y 和 z 被控制），因此采用雅可比矩阵伪逆，而不能采用常规的雅可比矩阵逆。这种特殊的惯性加权雅可比矩阵伪逆可用于姿态动力学的控制，稍后将作介绍。

在自适应笛卡儿控制器中，任务控制律为

$$f = \hat{\Lambda}\ddot{X}_d^* + \hat{\boldsymbol{B}}\dot{X}_d^* + \hat{p} + F_{\text{ext}} + [2k + \hat{K}]r \tag{8.3}$$

式中：$\hat{\Lambda}(q)$、$\hat{B}$、$\hat{p}(q)$ 和 $\hat{K}$ 为自适应增益，将在后面给出；k 为由设计者选择的正标量常数。根据控制系统稳定性的理论证明，可以很好地解释这些项。注意，由于不需要持续激励，因此无法得到 $\hat{\Lambda}(q)$、$\hat{B}$、$\hat{p}(q)$ 和 $\hat{K}$ 的真值。此外，修正后的需求速度和加速度分别为

$$\dot{X}_d^* = \dot{X}_d + \boldsymbol{K}_s X_e \tag{8.4}$$

$$\ddot{X}_d^* = \ddot{X}_d + \boldsymbol{K}_s\dot{X}_e \tag{8.5}$$

笛卡儿位置误差由 $X_e = X_d - X$ 给出，式中 X_d（设定的笛卡儿位置）可由稍后讨论的参考模型推导得到，向量 $\boldsymbol{s}$ 是滤波后的跟踪误差（类似于第 5.3 节中式(5.2)中的定义）。它通常用于自适应控制，定义为

$$\boldsymbol{s} = \dot{X}_e + \boldsymbol{K}_s X_e \tag{8.6}$$

式中：$\boldsymbol{K}_s$ 为正定对角矩阵。根据期望的笛卡儿任务控制动力学可以调整对角线上的元素。

$$\boldsymbol{K}_s = \begin{pmatrix} K_{sx} & 0 & 0 \\ 0 & K_{sy} & 0 \\ 0 & 0 & K_{sz} \end{pmatrix} \tag{8.7}$$

估算重力矢量的自适应律可表示为

$$\dot{\hat{p}} = -\alpha_1\hat{p} + \beta_1\boldsymbol{s} \tag{8.8}$$

笛卡儿坐标系中的惯性矩阵估算为

$$\dot{\hat{\Lambda}} = -\alpha_2\hat{\Lambda} + \beta_2\boldsymbol{s}\left(\ddot{X}_d^*\right)^{\mathrm{T}} \tag{8.9}$$

通过如下矩阵可以间接估算出科里奥利/向心力，即

$$\dot{\hat{\boldsymbol{B}}} = -\alpha_3\hat{\boldsymbol{B}} + \beta_3\left(\dot{X}_d^*\right)^{\mathrm{T}} \tag{8.10}$$

$$\dot{\hat{\boldsymbol{K}}} = -\alpha_4\hat{\boldsymbol{K}} + \beta_4\boldsymbol{s}\boldsymbol{s}^{\mathrm{T}} \tag{8.11}$$

并用以下的动态变化遗忘因子，即

$$\alpha_i = \alpha_{i0} + \alpha_{i1}\|\dot{X}\| \tag{8.12}$$

假设β_i、α_{i0}和α_{i1}是正标量常数。遗忘因子α_i(其中,$i=1,2,3,4$)可以提高鲁棒性和稳定性。从稳定性证明中可以明显看出,遗忘因子保证了最终的有界稳定性。自适应控制的外加扭矩为

$$\boldsymbol{\Gamma}=\boldsymbol{J}^{\mathrm{T}}f \tag{8.13}$$

这足以用于控制笛卡儿/任务动力学(见式(8.1))。然而,式(8.1)的动力学仅表达3个自由度,因此必须增加其他控制项以保持其余$n-3$个自由度的稳定性,以及表达与任务动力学相关的姿态或零空间动力学。

8.2.1 阻抗参考模型

参考阻抗模型特性由质量矩阵$\boldsymbol{M}_{\mathrm{ref}}$、阻尼系数矩阵$\boldsymbol{C}_{\mathrm{ref}}$和刚度系数矩阵$\boldsymbol{K}_{\mathrm{ref}}$定义。这些值确定了参考模型的特性,即

$$\boldsymbol{M}_{\mathrm{ref}}\ddot{X}_d+\boldsymbol{C}_{\mathrm{ref}}\dot{X}_d+\boldsymbol{K}_{\mathrm{ref}}X_d=-\boldsymbol{F}_{\mathrm{ext}}+\boldsymbol{M}_{\mathrm{ref}}\ddot{X}_r+\boldsymbol{C}_{\mathrm{ref}}\dot{X}_r+\boldsymbol{K}_{\mathrm{ref}}X_r \tag{8.14}$$

式中:$\boldsymbol{F}_{\mathrm{ext}}$为外部感应力;$X_r$为参考轨迹;$X_d$为补偿外力的新的需求轨迹。因此,$3\times3$矩阵$\boldsymbol{M}_{\mathrm{ref}}$、$\boldsymbol{C}_{\mathrm{ref}}$和$\boldsymbol{K}_{\mathrm{ref}}$可用于调整柔顺性的程度,它们均为正定矩阵。为了更实用以及实现任务控制器中笛卡儿坐标的解耦,它们还应是对角矩阵。例如,若$\boldsymbol{K}_{\mathrm{ref}}$减小,则机器人变得更具柔顺性。这种柔顺性直接关系到处于机械臂附近的人的安全。应该注意的是,参考模型是被动的,因此为实现更多自由度的柔顺性(与设计安全性相关),$\boldsymbol{C}_{\mathrm{ref}}$和$\boldsymbol{K}_{\mathrm{ref}}$可以取任意值(见图8-2)。

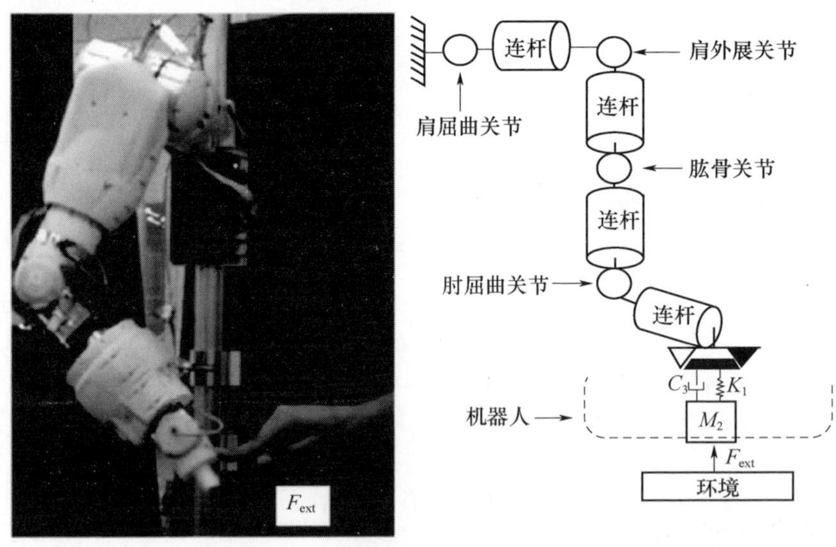

图8-2　类似一个弹簧质量阻尼系统的机器人与环境的交互

8.2.2 模型参考方案的原理

式(8.1)中任务动作的自适应控制器的工作原理如下:根据式(8.9)～式(8.10)自适应律估算出式(8.3)自适应控制律的$\hat{\Lambda}$、$\hat{p}$、$\hat{B}$和$\hat{K}$的值,以计算出式(8.3),即驱动末端执行器到预定位置X_d所需的力f。式(8.9)～式(8.10)自适应律由式(8.6)广义滤波误差s、取值合适的回归量(如式(8.9)中的$\ddot{X}_d^*$和式(8.10)中的$\dot{X}_d^*$)确定,只要$s \neq 0$,就能确保正确的自适应。目标轨迹X_d是式(8.14)参考模型的输出结果。由末端执行力f,利用雅可比矩阵转置计算出所需的关节扭矩,如式(8.13)所示。

注意,式(8.3)～式(8.11)所示自适应控制器较为简单,它们不需要惯性矩阵、科里奥利力或重力矢量的结构知识,自适应律的结构相当简单,因此在机器人系统中,无需考虑其几何非线性。该控制器(几乎)是不依赖于模型的。控制算法不仅能估算出笛卡儿惯性矩阵和科里奥利/向心力,而且还能确定重力。

8.3 力作用最小化的姿态扭矩控制器

由于主控制方法应用于冗余系统(BERT2 机械臂),其动作是欠约束的。因此,引入姿态扭矩控制器(已在 4.4 节中介绍)来处理冗余动作,以产生仿人动作。“姿态”控制器$\boldsymbol{\Gamma}_p$位于自适应笛卡儿控制器的零空间中(如第 4 章中所述),即

$$\boldsymbol{\Gamma} = \boldsymbol{J}^{\mathrm{T}} f + \boldsymbol{N}^{\mathrm{T}} \boldsymbol{\Gamma}_p , \boldsymbol{N}^{\mathrm{T}} = (\boldsymbol{I} - \boldsymbol{J}^{\mathrm{T}} \hat{\bar{\boldsymbol{J}}}^{\mathrm{T}}) \tag{8.15}$$

该控制器用于驱动关节动力学(见式(2.1)或式(4.16))的机器人执行器。惯性加权雅可比矩阵伪逆的初步估计为

$$\hat{\bar{\boldsymbol{J}}} = \hat{\boldsymbol{A}}^{-1} \boldsymbol{J}^{\mathrm{T}} (\boldsymbol{J} \hat{\boldsymbol{A}}^{-1} \boldsymbol{J}^{\mathrm{T}})^{-1} \tag{8.16}$$

式中:$\hat{\boldsymbol{A}}$为式(2.1)或式(4.16)中惯性矩阵$\boldsymbol{A}$的估计值。姿态扭矩$\boldsymbol{\Gamma}_p$定义为

$$\boldsymbol{\Gamma}_p = -K_p \left(\frac{\partial U}{\partial q}\right)^{\mathrm{T}} - K_d \dot{q} \tag{8.17}$$

式中:K_p和K_d分别为比例和微分增益。U是“肌肉”力作用函数,其定义为

$$U = \boldsymbol{g}^{\mathrm{T}} (K_a)^{-1} \boldsymbol{g} \tag{8.18}$$

式中:$\boldsymbol{g}$为由式(2.1)定义的重力矢量;$\boldsymbol{K}_a$为对角线元素均为正数的执行器激活矩阵。K_{ai}定义了每个执行器的相对优先权重,即

$$\boldsymbol{K}_a = \begin{pmatrix} K_{a1} & 0 & 0 & 0 \\ 0 & K_{a2} & 0 & 0 \\ 0 & 0 & K_{a3} & 0 \\ 0 & 0 & 0 & K_{a4} \end{pmatrix} \tag{8.19}$$

该矩阵为 4×4 维，它考虑了整个 4 自由度问题的重力作用，并且只有零空间矩阵 $\boldsymbol{N}$（见式(8.15)）将这些作用投射到控制方案的零空间，即姿态空间。注意，式(8.16)采用了惯性矩阵的估计值 $\hat{\boldsymbol{A}}$。由于这样做的目的是实现姿态扭矩控制器，因此式(8.2)中对 $\hat{\boldsymbol{A}}$ 的准确估计足以获得鲁棒的、可接受的姿态控制性能。在笛卡儿空间中，为了获得更好的跟踪精度，式(8.3)自适应律是必需的。

备注 8.1 注意，De Sapio 等(2005)并没有给出稳定性证明，特别是对式(8.17)中姿态控制的证明。然而，开环机器人系统相对于输出 $\dot{q}$ 来说是被动的。此外，对于特定类别的代价函数 $U(p)$，若将力/扭矩信号作为输入，还可以证明 $K_p\left(\frac{\partial U_p}{\partial q}\right)^{\mathrm{T}}+K_d\dot{q}$ 是被控对象动力学的被动输出（如，Arimoto(1996)中第 3 章）。因此，为了后续考虑，这里必须作出此假设。

8.4 抗饱和补偿器

由于自适应控制方案的高度动态特性，执行器可能会饱和，这表明式(8.8)~式(8.11)自适应算法的饱和会导致机器人控制器不稳定。显然这对于人类而言是极不安全的环境。因此，适当避免自适应算法的饱和，可确保执行器饱和情况下控制器的性能。一旦克服了执行器饱和的问题，控制器还可以恢复标称自适应控制性能。我们采用 Herrmann 等(2007)中的抗饱和补偿器，该方法最初是为神经网络控制方案开发出来的。这种抗饱和补偿器引入了两个函数，即 $DZ_{K_f}(\|f\|)$ 和 $c(DZ_{K_f}(\|\bar{f}\|))$，即

$$DZ_{K_f}(\|f\|) = \begin{cases} \|f\| - K_f, & 若\ \|f\| > K_f \\ 0, & 若\ \|f\| \leqslant K_f \end{cases} \tag{8.20}$$

$$c(DZ_{K_f}) = \frac{K_f^2\delta}{(K_f + DZ_{K_f})(K_f\delta + DZ_{K_f})} \tag{8.21}$$

式中：K_f 为强加于控制信号的限幅；函数 $c(\cdot)$，$0 \leqslant c \leqslant 1$ 为平滑元素；δ 为正定设计常数。若执行器饱和是由于 f 幅值过大引起的，那么使用元素 c 的目的是

要激活滑模元素。若 $c=1$ 时,只有自适应控制器被激活;若 $c=0$,则只有滑模控制被激活;若 $0<c<1$,则自适应和滑动模式控制器均被激活,但只是在一个较低的水平上被激活。

使用 $c(DZ_{K_f}(\|f\|))$ 和 $DZ_{K_f}(\|f\|)$,对 $\hat{\Lambda}$、$\hat{p}$、$\hat{B}$ 和 $\hat{K}$ 的自适应律进行在线修正。估算重力的自适应律为

$$\dot{\hat{p}} = -\alpha_1\hat{p} + \beta_1 cs \tag{8.22}$$

同理,估算惯性矩阵的自适应律修改为

$$\dot{\hat{\Lambda}} = -\alpha_2\hat{\Lambda} + \beta_2 cs\,(\ddot{X}_d^*)^{\mathrm{T}} \tag{8.23}$$

$$\dot{\hat{\boldsymbol{B}}} = -\alpha_3\hat{\boldsymbol{B}} + \beta_3 cs\,(\dot{X}_d^*)^{\mathrm{T}} \tag{8.24}$$

$$\dot{\hat{\boldsymbol{K}}} = -\alpha_4\hat{\boldsymbol{K}} + \beta_4 c\boldsymbol{s}\boldsymbol{s}^{\mathrm{T}} \tag{8.25}$$

式(8.24)和式(8.25)是自适应律的修改形式,可间接估算出科里奥利/向心力,而遗忘因子修正为

$$\alpha_i = \alpha_{i0} + \alpha_{i1}\|\dot{X}\| + \alpha_{i2}DZ_{K_f} \tag{8.26}$$

式中:α_{i2} 为正定设计标量。注意,与式(8.8)~式(8.11)相比,式(8.22)~式(8.25)自适应律现在也包含 c。当 $c\to+0$ 时,可将式(8.22)~式(8.25)自适应律修改为自治渐近稳定系统,以便引入饱和预防,通过引入式(8.26)的遗忘因子,自适应律得到了增强。

使用修改后的自适应律,控制律变化为

$$\hat{f} = cf + (1-c)K_f\frac{s}{\|s\|} \tag{8.27}$$

此时外加扭矩为

$$\boldsymbol{\tau} = \mathrm{Sat}(\boldsymbol{J}^{\mathrm{T}}\hat{f} + (\boldsymbol{I} - \boldsymbol{J}^{\mathrm{T}}\hat{\boldsymbol{J}}^{\mathrm{T}})\boldsymbol{\tau}_p) \tag{8.28}$$

式中的 $\hat{\boldsymbol{J}}$,见式(8.16),用以说明不确定项 $\hat{\boldsymbol{A}}$。Sat(·)是由执行器的幅值限制定义的饱和函数,即

$$\mathrm{Sat}(u) = [\min(|u_i|, \ell_i)\,\mathrm{sign}(u_i)] \tag{8.29}$$

式中:u 为控制输入;ℓ 为执行器的幅度限制;$i=1,2,3,4$。在以上等式中,函数 $c(DZ_{K_f}(\|f\|))$ 的变量被省略了,仅用 c 表示。注意,若以 $\boldsymbol{J}^{\mathrm{T}}\hat{f}$ 为变量,那么必须选择合适的 K_f 值,以使 $\boldsymbol{J}^{\mathrm{T}}\hat{f}$ 严格保持在 Sat(·)的线性区域内。整体控制方案的框图如图 8-3 所示。

使用 Colbaugh 等(1995)和 Herrmann 等(2007)的论据以及无源性/被动控制理论,可以证明闭环系统的稳定性,特别是对于任务控制器而言。如 Herrmann 等(2007)所述,当 f 达到饱和极限,即 $c(\cdot)=0$ 时,式(8.27)中具有鲁棒

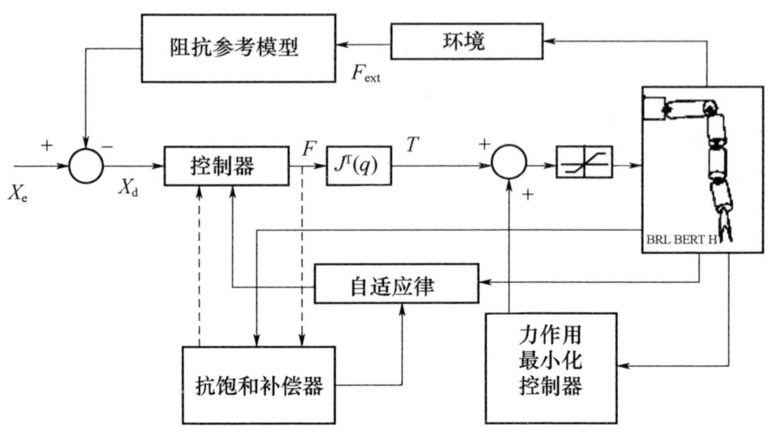

图 8 - 3　带有 AW 补偿器和力作用最小化控制器的模型参考自适应柔顺控制器

性和幅值限制的滑模控制分量将取代自适应分量 f。在这种情况下,式(8.8)~式(8.11)所示自适应律被禁用,从而避免了饱和。式(8.26)遗忘因子的引入,保证了自适应控制律的幅值下降,从而使得自适应控制律能够恢复正常运行。姿态扭矩控制器属于静态控制方案。基于这一点以及在无源/被动控制的假设下,姿态控制本质上是鲁棒的,不会出现由于饱和导致的稳定性损失。与 Herrmann 等(2007)的方法类似,在滑模控制器和动态自适应控制方法之间,任务控制器的稳定性和稳定调度得以保证。

备注 8.2 由式(8.22)~式(8.28)给出的带抗饱和补偿的自适应柔顺控制器是局部稳定的,并且获得了一个最终有界的跟踪误差。式(8.17)所示姿态扭矩控制器,是一个固有的无源/被动控制器,保持了最终有界稳定性。这种稳定性分析是与人类直接相关的控制系统最重要的先决条件和安全工具之一,例如:飞机必须通过委员会制定的非常严格的测试。在这种情况下,通常会在实际测试之前对所有可能的条件进行详细的数值稳定性分析。

备注 8.3 相较于没有抗饱和的自适应控制方案(一旦自适应控制方案导致控制信号饱和,就会失去稳定性),抗饱和补偿器显著地扩大了控制系统的吸引域。在 $\hat{p}$、$\hat{A}$ 和 $\hat{K}$ 的幅值恢复到较小的值之后,通过引入限幅滑模元素来代替自适应控制方案,可以避免失去稳定性情况的发生。

本节前几段以及备注 8.2 和备注 8.3 中提到的实例可以用一条技术定理进行很好地总结,见附录 C 中的定理 1。

8.5 实　现

在本章的其余部分中，将讨论带抗饱和与姿态控制的自适应柔顺控制器的实现，包括仿真中实现和实际的实验中实现。首先对控制器进行仿真，然后在 BERT2 机械臂上进行测试。首先，通过 4 自由度（即肩部屈曲、肩部外展，肱骨旋转和肘关节屈曲）笛卡儿（X_x，X_y 和 X_z）跟踪方案来测试使用腕部关节扭矩传感器的一维柔顺控制。对于机械臂的多维柔顺控制，需要将机器人主体的扭矩与外部扭矩分开。因此，在最初的几分钟内，采用递归最小二乘算法来学习机器人主体的重力扭矩。将所学习的主体扭矩参数估值保留，然后开始常规控制操作。利用这些扭矩估值可获得外部扭矩值，即从传感器测量的扭矩中减去机器人主体的扭矩。

8.6 机械臂一维自适应柔顺控制

BERT2 机械臂（见第 1.1 章）有 7 个自由度；然而，如图 8－4 所示，本章中仅使用其中的 4 个自由度，即肩部屈曲、肩部外展、肱骨旋转和肘关节屈曲。基坐标系固定在肩部。末端执行器的位置在基坐标系中确定。

如上所述，根据图 8－4 的配置，在 BERT2 机械臂上测试控制方案。

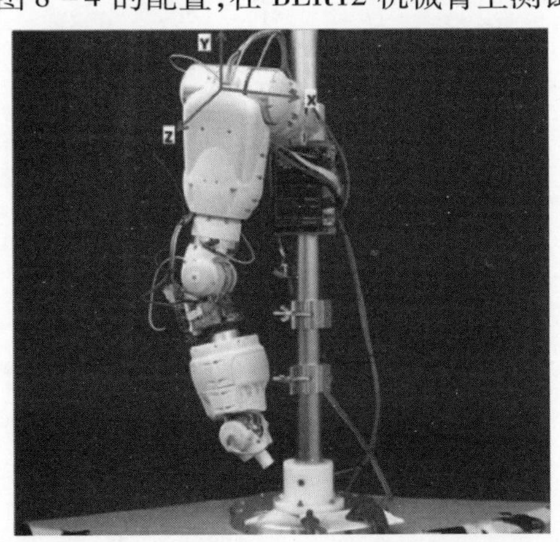

图 8－4　本章使用的 BERT2 机械臂和坐标系

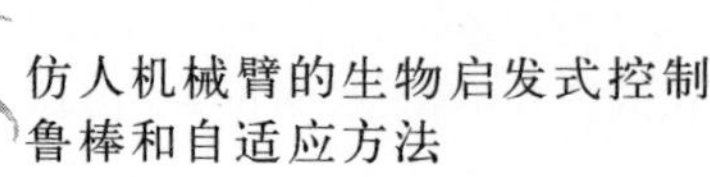

8.6.1 跟踪实验

如图 8－5 所示，在仿真和实际实验中都观察到了良好的跟踪性能。实验中，设定 X_z 方向为正弦位置轨迹，X_x 方向为余弦位置轨迹，因此末端执行器在 X_x-X_z 平面中的运动轨迹为圆。

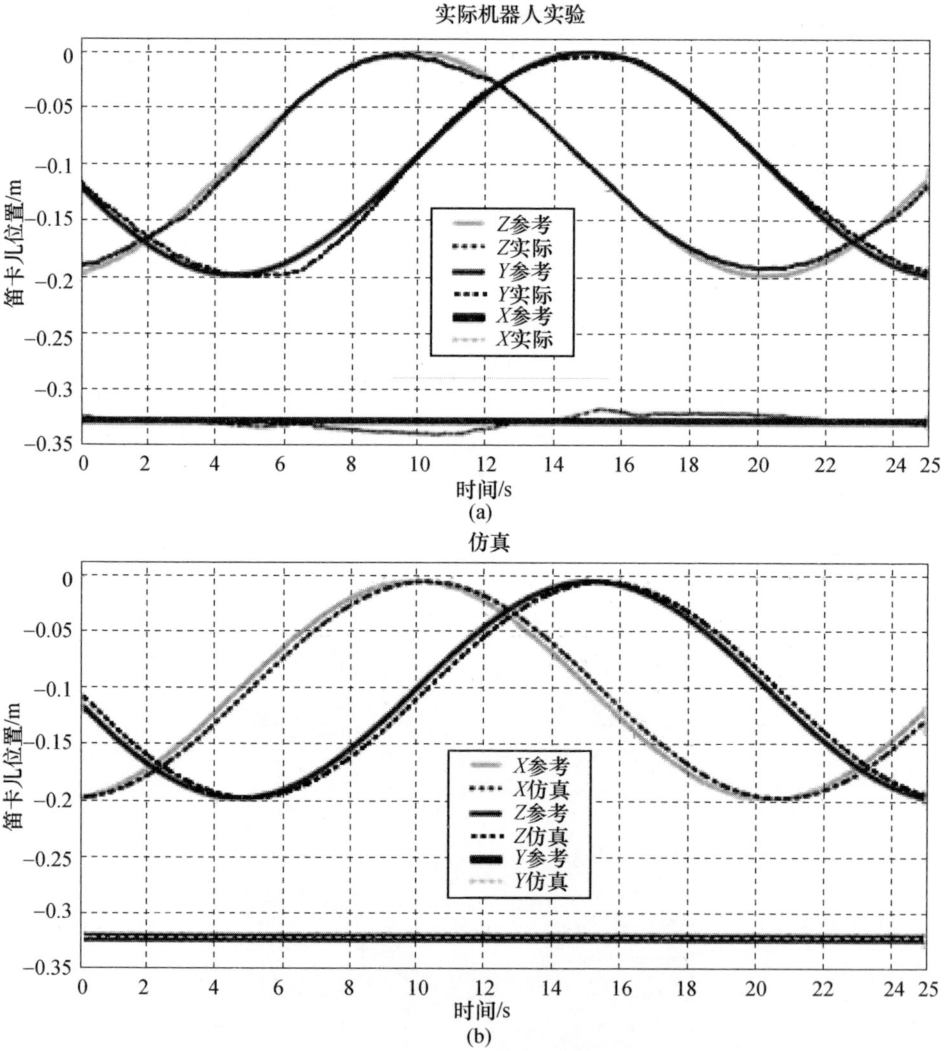

图 8－5 笛卡儿位置 X_x（余弦轨迹），X_y（常值轨迹）和 X_z（正弦轨迹）（见彩插）
（a）实际实验结果；（b）仿真结果。

图 8－6 所示为在 X_x 和 X_y 保持不变的情况下，机器人上笛卡儿 X_z 位置的多步阶梯形跟踪轨迹。在实际结果中，笛卡儿各轴之间存在一些小的相互作用。而在仿真中则没有看到这种相互作用。这可能与控制实际系统时的调优限制有关：在实践中必须对学习增益 β_i（式(8.22)～式(8.25)中）和 Λ（式(8.6)中）以及遗忘因子 α_i 作出权衡。为满足性能要求，通常期望 β_i 值和 Λ 值较大，而 α_i 值较小，但为实现鲁棒性和稳定性，在实际实验中这种期望是不可能做到的。因此，在实际实验中观察到的跟踪性能会略微降低。

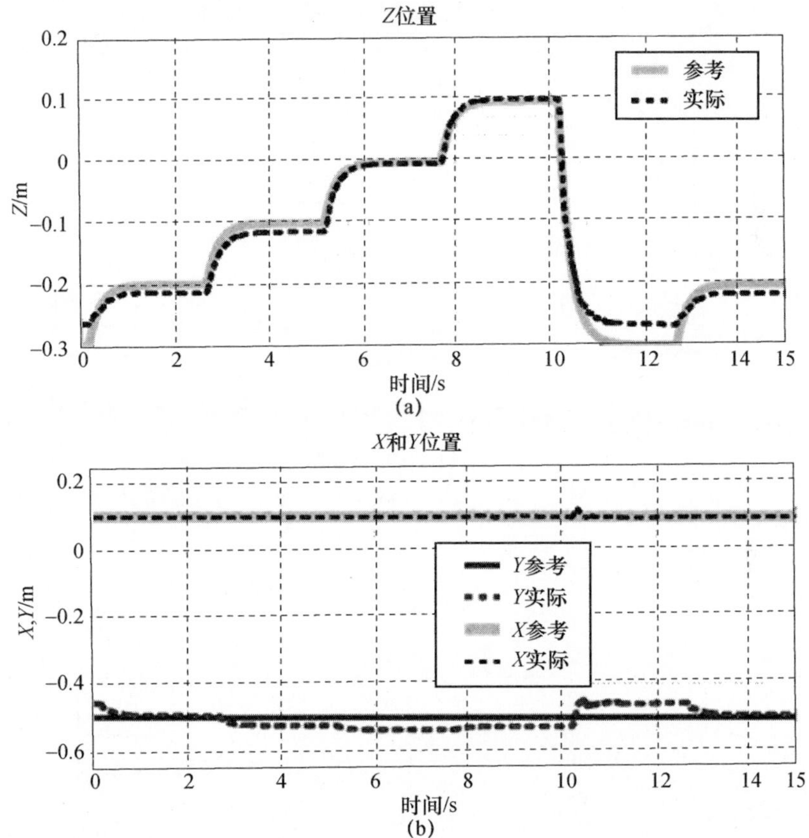

图 8－6　笛卡儿位置 X_x，X_y（常值轨迹）和 X_z（多步阶梯形轨迹）（BERT2 机械臂）（见彩插）

8.6.2　柔顺控制结果

在没有外力的情况下，机器人末端执行器应该沿着参考轨迹 X_r 运动。仅在

Z 轴方向上有外部接触力的情况下，参考轨迹被修改为 X_d，然后机器人将沿着由式(8.14)阻抗参考模型定义的新轨迹运动，以补偿外力。MRAC 方法可以通过对参数 K_{ref} 和 C_{ref} 恰当的取值来为安全的人机交互设计定义明确的柔顺性水平。因此，在有外部接触力的情况下，对式(8.14)中给出的参考模型，在不同的刚度和阻尼值下进行了测试(见表 8-1)。在第一个实验中，通过推拉动作对机器人末端执行器施加外力，取 $K_{ref}=50\text{N/m}$ 和 $C_{ref}=15\text{Ns/m}$，其结果如图 8-7 所示。

表 8-1 不同 K_{ref} 和 C_{ref} 的实验结果

实验	M_{ref}/kg	C_{ref}/(N·s/m)	K_{ref}/(N/m)
1	1	15	50
2	1	10	100
3	1	100	20

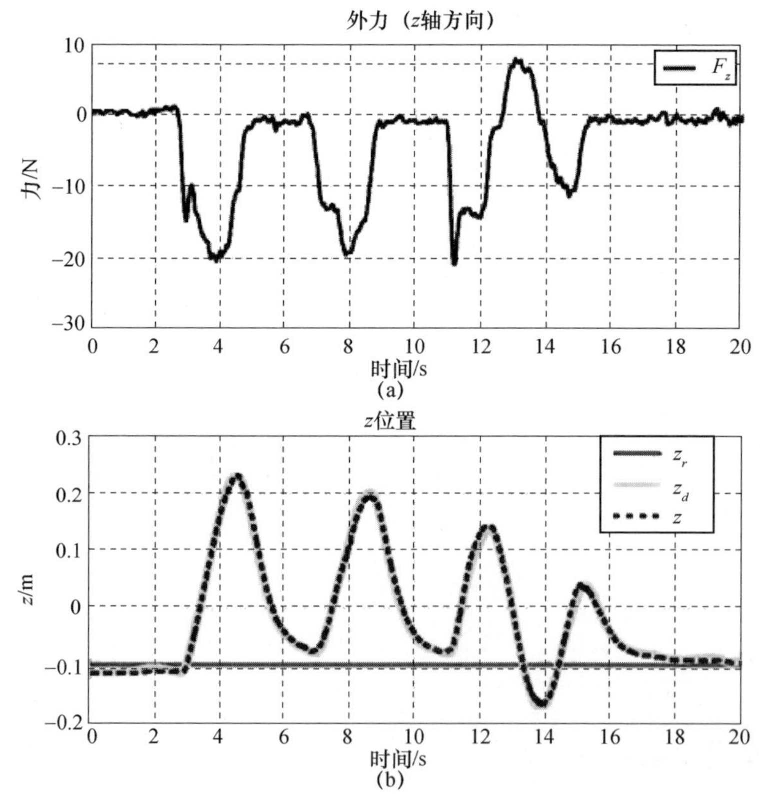

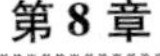

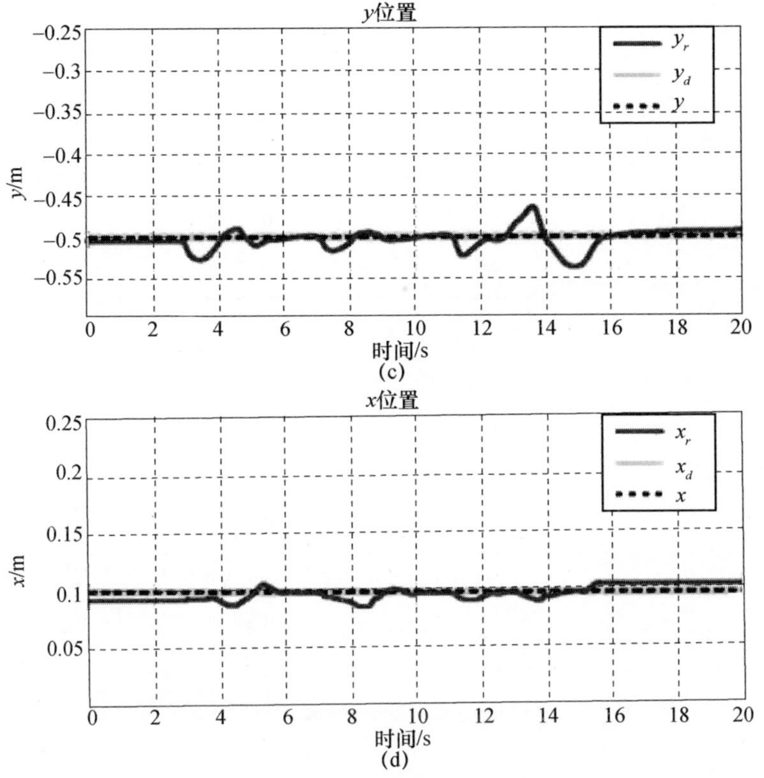

图 8－7　当 $K_{\text{ref}}=50\text{N/m}$ 和 $C_{\text{ref}}=15\text{N/m}$，产生外部接触力（$z$ 轴方向）时的笛卡儿位置 X_x，X_y 和 X_z（实际机器人实验）（见彩插）

在第二个实验中，取较大的刚度值和较小的阻尼值，即 $K_{\text{ref}}=100\text{N/m}$，$C_{\text{ref}}=10\text{Ns/m}$，并施加外力。施加的力及其结果如图 8－8 所示。

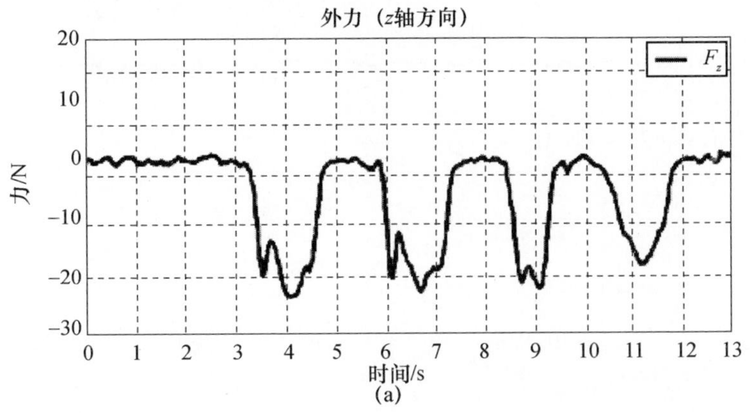

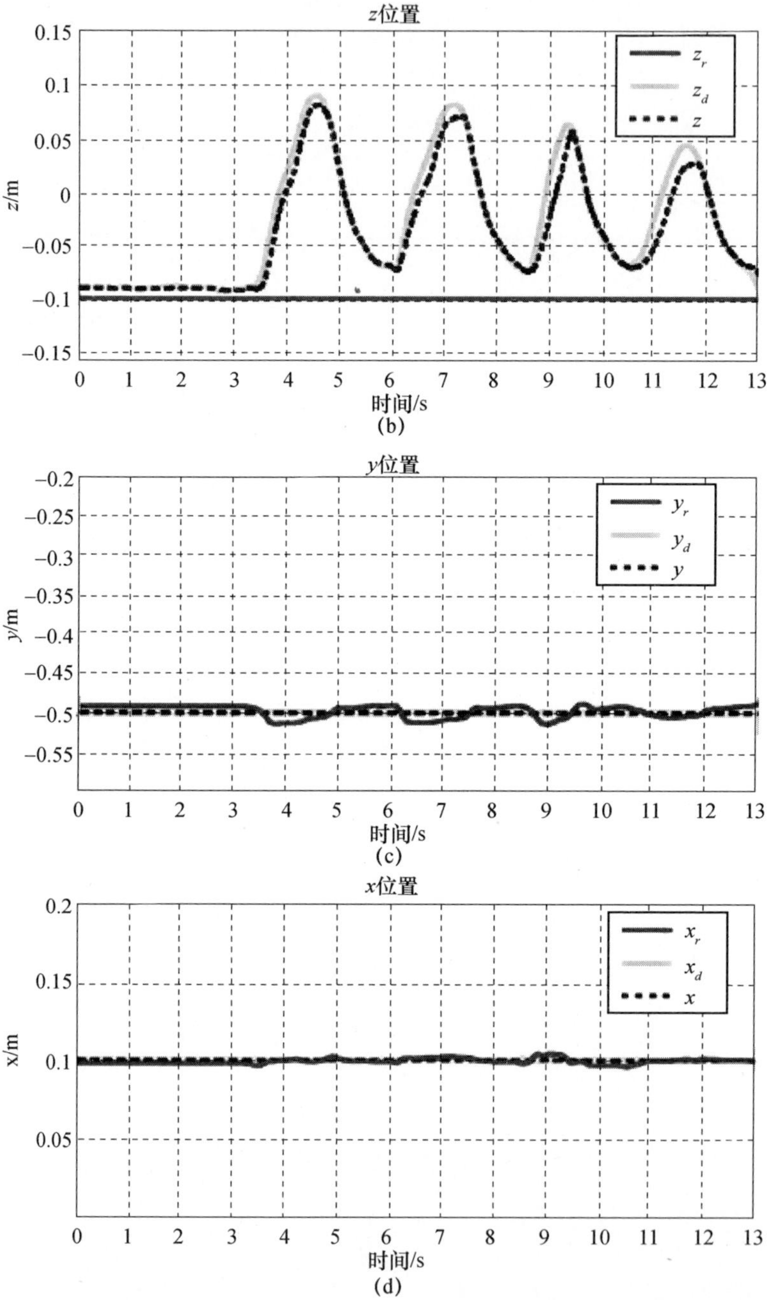
z位置
z_r
z_d
z
z/m
时间/s
(b)
y位置
y_r
y_d
y
y/m
时间/s
(c)
x位置
x_r
x_d
x
x/m
时间/s
(d)

图8-8　当 $K_{ref}=100\text{N/m}$ 和 $C_{ref}=10\text{N/m}$ 时，产生外部接触力（z 轴方向）时的笛卡儿位置 X_x，X_y 和 X_z（实际机器人实验）（见彩插）

在第三个实验中，取更小的刚度值（即 $K_{ref}=20$N/m）和更大的阻尼值（即 $C_{ref}=100$Ns/m）。施加的外部接触力和产生的结果如图 8－9 所示。注意，与跟踪实验相比，柔顺性实验中各轴之间的相互作用更小。

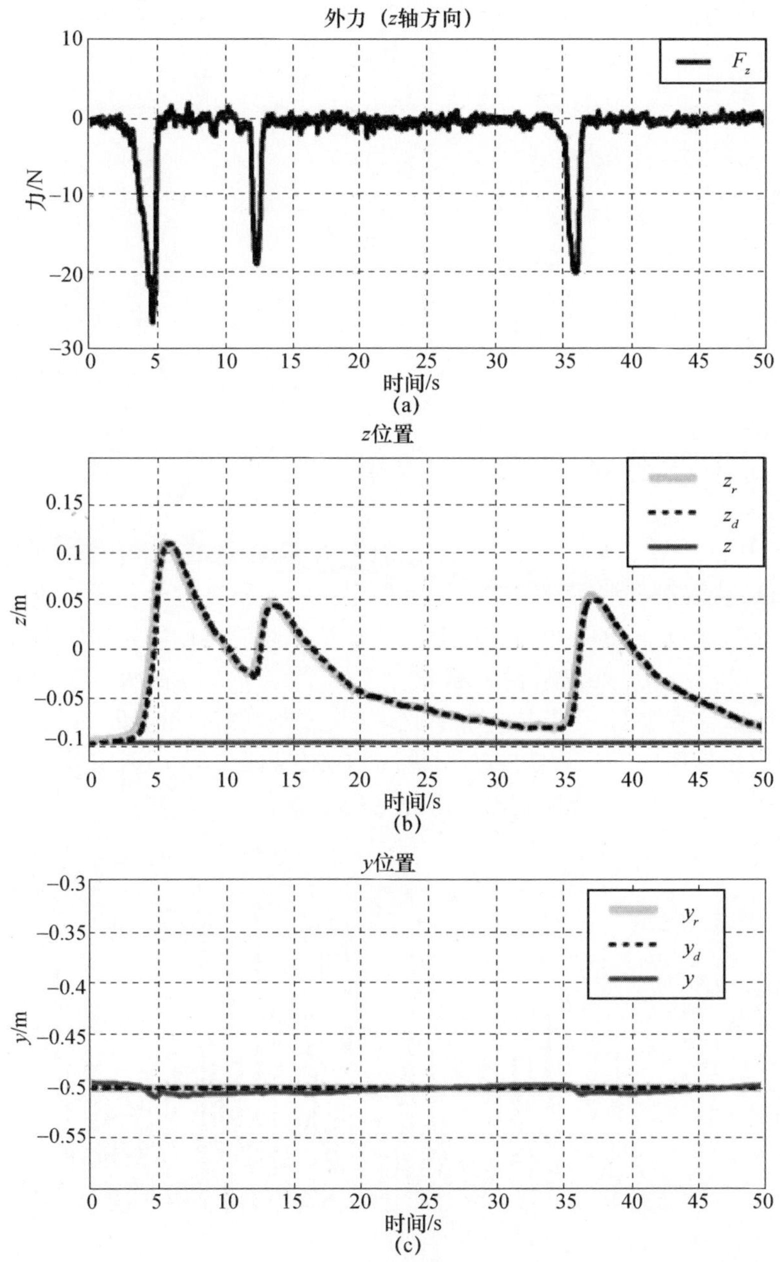

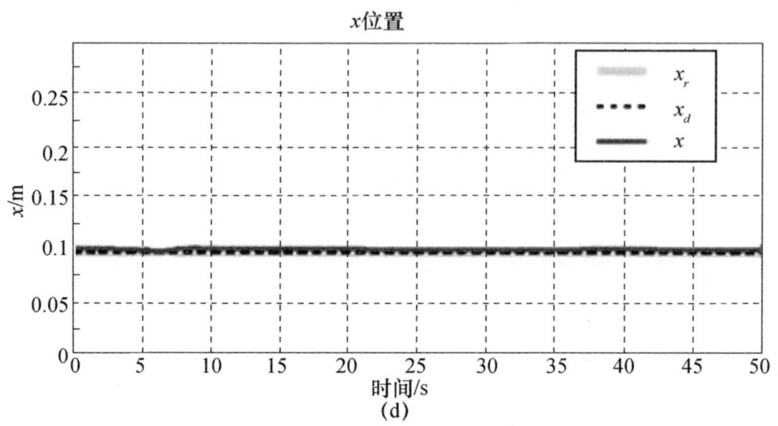

(d)

图 8-9 当 $K_{\mathrm{ref}}=20\mathrm{N/m}$ 和 $C_{\mathrm{ref}}=100\mathrm{N/m}$,在 z 轴方向上对机器人末端执行器施加外部接触力时的笛卡儿位置 X_x,X_y 和 X_z(实际机器人实验)(见彩插)

8.6.3 抗饱和补偿器实验结果

实际测试表明,执行器在没有抗饱和补偿器时会达到其幅值极限,即 ±3000mA,从而很容易造成控制系统不稳定。引入抗饱和补偿器可防止因饱和导致的不稳定性。如前所述,元素 $c=1$ 意味着仅自适应方案被激活(见式(8.27));若 $c=0$,则仅滑模元素被激活;若 $0<c<1$,则两者都被激活。在图 8-10 中,仿真表明,当有抗饱和补偿器时,控制性能良好且执行器不会饱和。但是,当完全禁用抗饱和补偿时(在 25s 时强制执行 $c=1$),所有执行器都会饱和(见图 8-11)。机械臂控制器会由此变得不稳定。

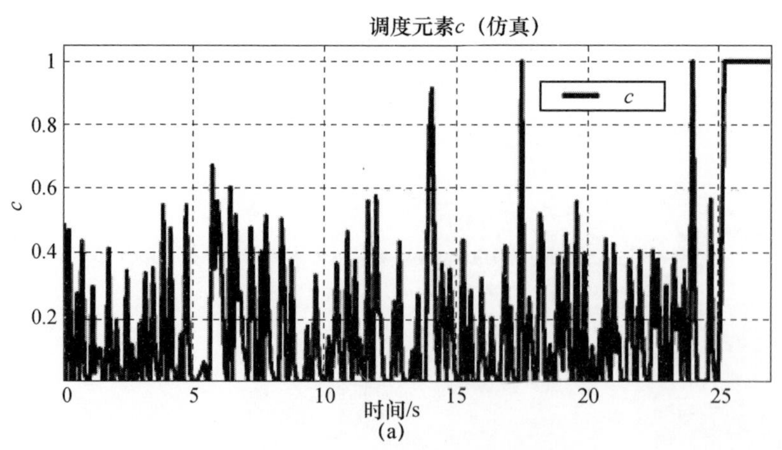

(a)

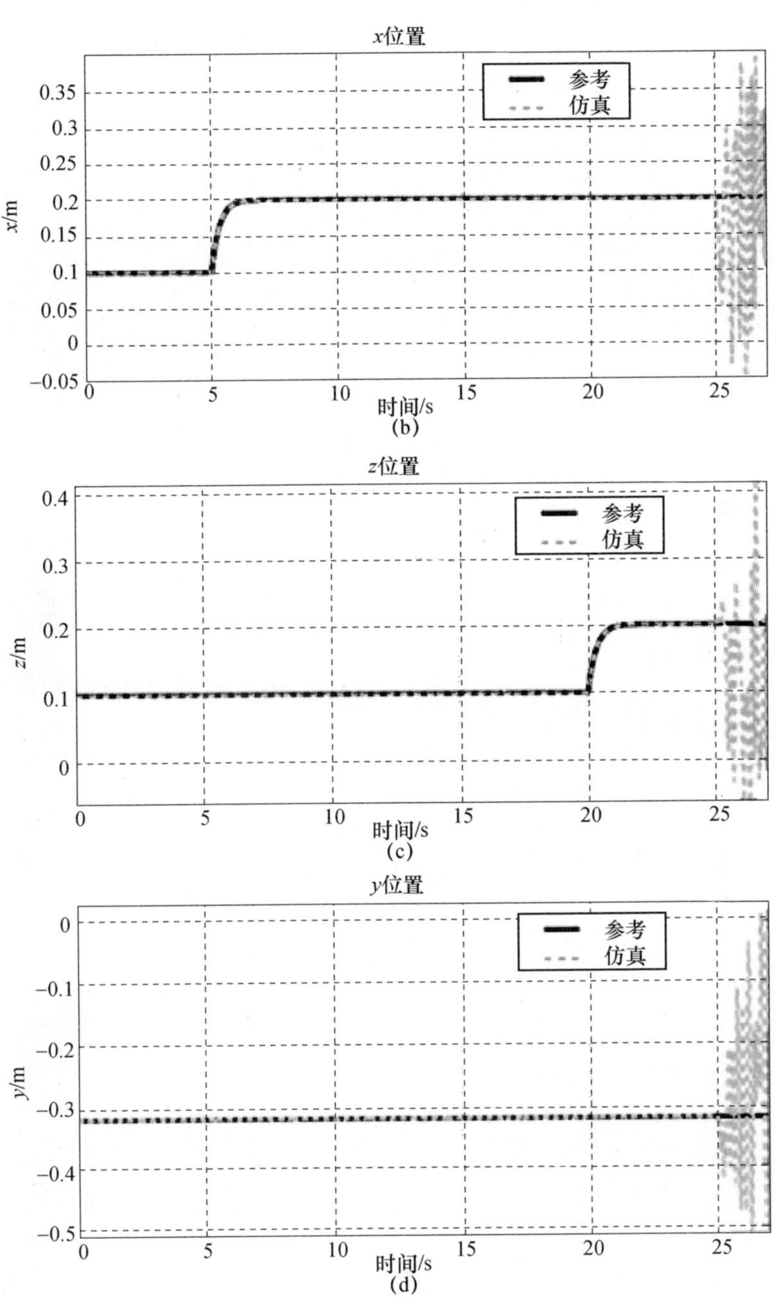

图8－10　仿真控制系统中的笛卡儿位置 X_x, X_y 和 X_z 以及调度元素 c（在25s时禁用抗饱和补偿器，即 $c=1=$ 常数）（见彩插）

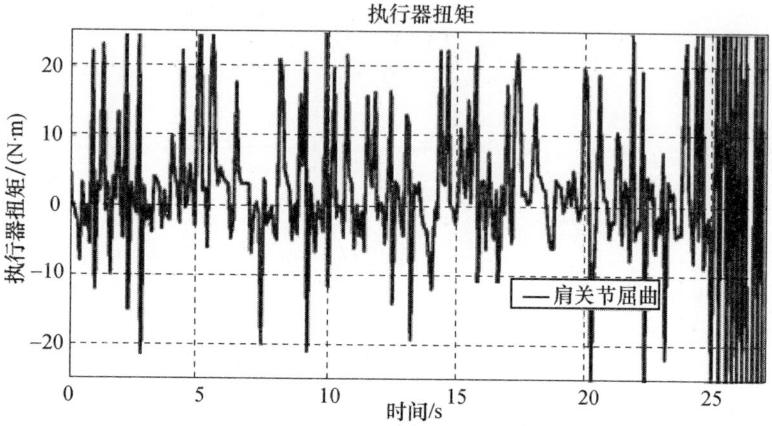

执行器扭矩

执行器扭矩/(N·m)

— 肩关节屈曲

时间/s

(a)

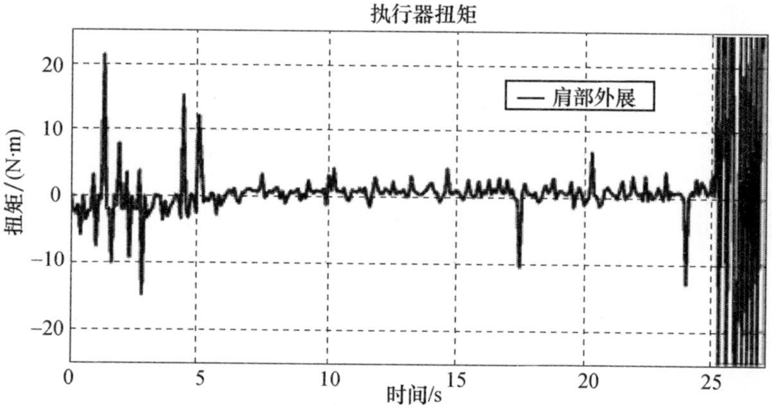

执行器扭矩

扭矩/(N·m)

— 肩部外展

时间/s

(b)

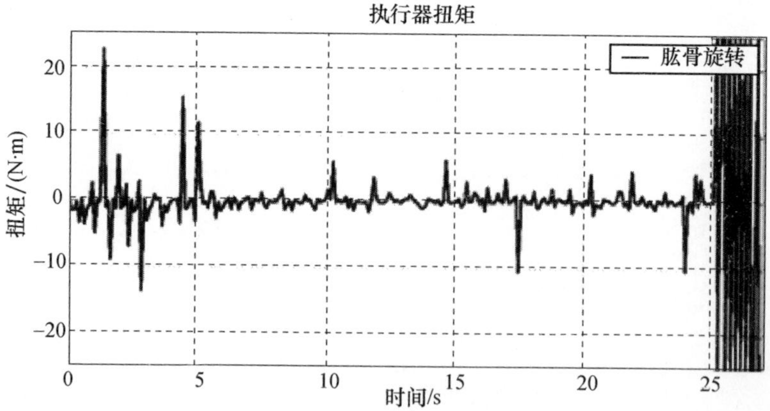

执行器扭矩

扭矩/(N·m)

— 肱骨旋转

时间/s

(c)

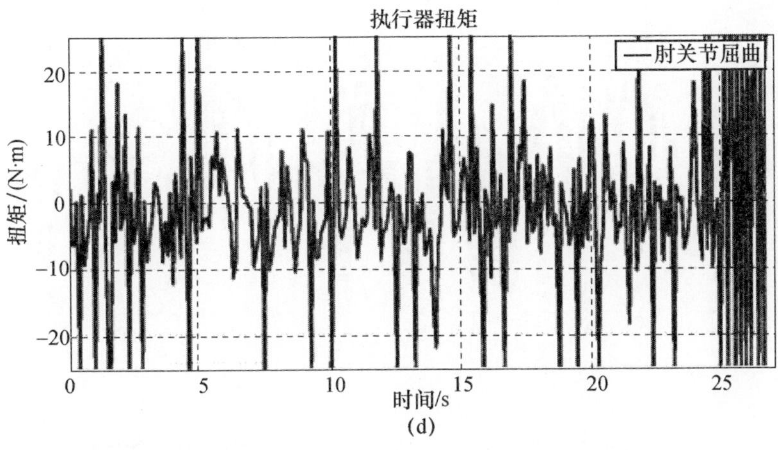

(d)

图 8－11　执行器扭矩(仿真)(在 25s 时禁用抗饱和补偿器，即 $c = 1 =$ 常数)

对于实际的机器人系统，自适应控制器在大多数时间运行，而滑模控制器仅在执行器达到其幅值限制时短时间内使用。特别是在图 8－12 中，可以观察到元素 c 在大部分时间保持在 $c = 1$。因此，抗饱和方案是有效的，不仅可以避免因执行器饱和导致的系统不稳定性，而且可以恢复标称自适应控制器性能。图 8－12 分别给出了肘关节屈曲和肩关节屈曲的电机电流输入，这些输入保持在执行器幅值极限 ±3000mA 范围内。另外两个执行器(肱骨旋转和肩部外展)在图中未呈现出来，因为它们的幅值远低于其幅值极限。

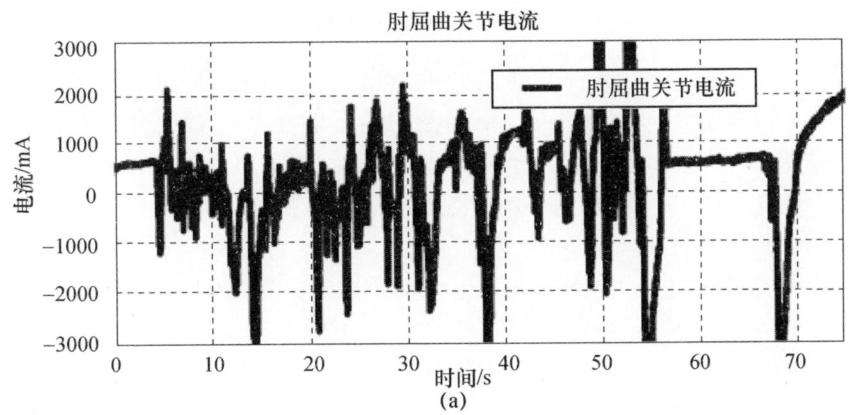

(a)

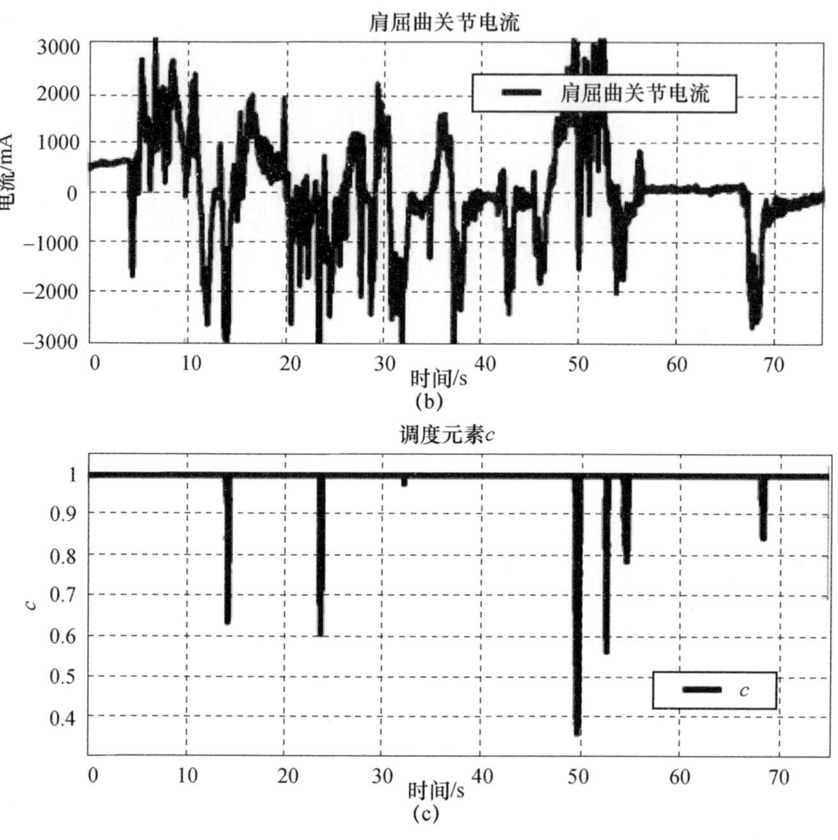

图 8－12 肩关节和肘关节电流保持在执行器的幅值极限范围内；元素 $c(\cdot)$ 也在图中给出（实际机器人实验）

需要注意的是，抗饱和补偿器仅处理由自适应控制器而非姿态控制器引起的饱和。对于特定的位置和姿态，姿态控制器可能在某一时刻会导致执行器达到其幅值极限。然而，这并不会导致自适应控制元素的饱和。因此，值得注意的是，在图 8－12 中，在 $t\approx38\mathrm{s}$ 处，由于姿态控制器的存在，执行器达到了幅值极限并且元素 c 仍保持在 1。

还有一点应该注意，抗饱和方案也增加了控制方法的安全性，因为它允许自适应方案在常规情况下运行，同时抗饱和方案可以在没有出现饱和的情况下尽可能快地返回到控制状态，从而在执行器出现饱和时避免稳定性和性能的损失。抗饱和补偿器在整体控制安全性中起着非常重要的作用，可明显提高操作区域内的可靠性和稳态跟踪性能。

8.7 机械臂的多维自适应柔顺控制

本节介绍了多维柔顺控制实例(自适应模型参考柔顺控制器)的实现。在第 8.6 节中,给出了柔顺控制方法在一维应用场景(即仅 z 轴方向)中的结果。本节中,仍采用笛卡儿(x,y 和 z 坐标)和 MRAC 方案,但对控制方案稍作修改,以提高多变量控制性能。在笛卡儿空间中,自适应多维柔顺性模型参考控制器在仿人 BERT2 机械臂的 4 个自由度上都得到了实时实现。机械臂的控制方法遵从参考质量-弹簧-阻尼系统模型的柔顺性被动控制方法,相比第 8.6 节中描述的一维方法,该模型的所有自由度都受到外部力/扭矩的影响。相关参考模型将所有测得的扭矩转换为末端执行器上的等效力,并做出相应的反应。提出的控制方案特别考虑到了测量外部扭矩时多变量和机器人主体扭矩的问题。使用与第 8.6 节中的实例相同的方法,冗余自由度通过力作用最小化被用于控制机器人的仿人动作。同样,新的抗饱和补偿器的加入解决了相关执行器的饱和问题。

修改的方法是使用动态变化的遗忘因子(第 8.6 节中的原 MRAC 方案使用式(8.12)给出的遗忘因子),即

$$\boldsymbol{K}_{\alpha_i} = \boldsymbol{K}_{\alpha_{i0}} + \boldsymbol{K}_{\alpha_{i1}} \, \| \dot{X} \| \tag{8.30}$$

式中:$\boldsymbol{K}_{\alpha i0}$ 和 $\boldsymbol{K}_{\alpha i1}$ 为正定对角矩阵,$i=1,2,3,4$。同理,式(8.8)~式(8.11)中用到的学习增益标量 $\beta_1,\beta_2,\cdots,\beta_4$ 由正定对角矩阵 $\boldsymbol{K}_{\beta 1},\boldsymbol{K}_{\beta 2},\cdots,\boldsymbol{K}_{\beta 4}$ 替代。注意,与 Colbaugh 等(1995)的方案相比,自适应律使用的对角增益有着微小但实际上很重要的区别,该方法在多变量跟踪时有更好的控制性能。

8.7.1 关节扭矩传感器和主体扭矩估计

如第 2 章所述,BERT2 机械臂在每个关节中都安装有扭矩传感器,以测量外部施加的力/扭矩。这些传感器是以惠斯通电桥排列的应变仪。实验中通过悬挂不同的重物并记录电压变化来校准扭矩传感器。当没有外力/扭矩时,4 个关节扭矩传感器测量 4 个各自关节的重力扭矩矢量 $\boldsymbol{\Gamma}_G$(如果机械臂正在移动,则还需测量科里奥利/向心力扭矩)。然而,速度较低时,与重力扭矩相比,科里奥利/向心力扭矩非常小。在测量外部扭矩/力时,必须补偿这些机械臂主体所固有的扭矩。这可以通过重力扭矩的一个线性参数化表达式来实

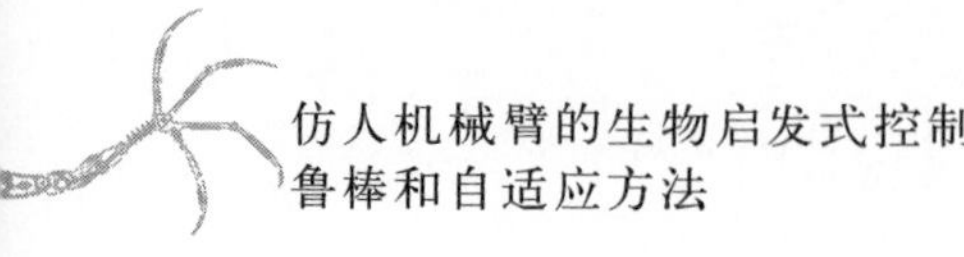

现,即

$$\boldsymbol{\Gamma}_G = \hat{\boldsymbol{\phi}}\boldsymbol{W}(q) \tag{8.31}$$

式中:$\hat{\boldsymbol{\phi}}$ 为 4×6 维矩阵,其包含的参数估计值取决于机器人和传感器的量程;$\boldsymbol{W}$ 为 6 维的回归函数向量,由机器人的几何非线性决定,是一个含有适当正余弦函数的矩阵。在初始测试期间,通过使用递归最小二乘算法求解下式的最小值,可以估算出参数矩阵 $\hat{\boldsymbol{\phi}}$,即

$$\sum_i \| \Gamma_{Gi} - \hat{\boldsymbol{\Gamma}}_{Gi} \|^2 \tag{8.32}$$

其在正常运行期间为常值。因此,实际的主体扭矩(Γ_G)及其估值($\hat{\Gamma}_G$)如图 8-13 所示。采用标准递归最小二乘算法如下:

定义传感器测量值和重力扭矩估计值之间的误差为

$$Y_n = \boldsymbol{\Gamma}_G - \hat{\boldsymbol{\phi}}_{n-1}^{\mathrm{T}} W_n \tag{8.33}$$

得到新参数估值为

$$\hat{\boldsymbol{\phi}}_n = \hat{\boldsymbol{\phi}}_{n-1} + \boldsymbol{\eta}_n Y_n^{\mathrm{T}} \tag{8.34}$$

$$\boldsymbol{\eta}_n = P_{n-1} W_n \left(\boldsymbol{\gamma} + \hat{\boldsymbol{\phi}}_n^{\mathrm{T}} P_{n-1} W_n\right)^{-1} \tag{8.35}$$

式中:$\gamma(0<\gamma<1)$为遗忘因子;$\boldsymbol{P}$ 为逆相关矩阵(初始值为一个较大的值),即

$$P_n = \boldsymbol{\gamma}^{-1} P_{n-1} - \boldsymbol{\eta}_n W_n^{\mathrm{T}} \boldsymbol{\gamma}^{-1} P_{n-1} \tag{8.36}$$

采用此参数估值,重力扭矩近似为

$$\hat{\boldsymbol{\Gamma}}_G = \hat{\boldsymbol{\phi}}_n^{\mathrm{T}} W_n \tag{8.37}$$

可根据重力扭矩的估计值从机器人主体扭矩中分离出外部扭矩 $\boldsymbol{\Gamma}_{\mathrm{ext}}$,即

$$\hat{\boldsymbol{\Gamma}}_{\mathrm{ext}} = \boldsymbol{\Gamma}_{\mathrm{measured}} - \hat{\boldsymbol{\Gamma}}_G \tag{8.38}$$

实际上,采用

$$\boldsymbol{\Gamma}_{\mathrm{ext}} = \mathrm{Dz}(\boldsymbol{\Gamma}_{\mathrm{measured}} - \hat{\boldsymbol{\Gamma}}_G) \tag{8.39}$$

式中:Dz 为死区函数,以避免 $\hat{\Gamma}_G$ 中的微小误差影响到 $\boldsymbol{\Gamma}_{\mathrm{ext}}$。外部扭矩 $\boldsymbol{\Gamma}_{\mathrm{ext}}$ 由作用于 X_x,X_y 和 X_z 坐标系中机器人末端执行器上的外力 F_{ext} 产生。因此,必须通过使用前面定义的雅可比矩阵 $\boldsymbol{J}$ 的逆,将外部扭矩 $\boldsymbol{\Gamma}_{\mathrm{ext}}$ 映射到力 F_{ext}。注意,$\boldsymbol{J}$ 是不可逆的,而且在这种情况下,伪逆会给出某些姿态的错误数值结果。这导致估值 F_{ext} 的幅值不正确且偏大。同样,在计算 F_{ext} 时,阻尼伪逆为

$$\boldsymbol{J}_{\mathrm{pseudo}}^{-1} = \boldsymbol{J}^{\mathrm{T}} \left(\boldsymbol{J}\boldsymbol{J}^{\mathrm{T}} + \rho^2 \boldsymbol{I}\right)^{-1} \tag{8.40}$$

式(8.40)有时也会产生较大的误差。在本例中,最合适的近似逆是使用奇异值分解(SVD)的逆,即

$$\boldsymbol{J} = \boldsymbol{U}\boldsymbol{S}\boldsymbol{V}^{\mathrm{T}} \tag{8.41}$$

式中:$\boldsymbol{U}$ 和 $\boldsymbol{V}$ 为酉矩阵(有可能为非方阵);$\boldsymbol{S}$ 为只有对角线值为非零值的矩阵,用来保证 $\boldsymbol{J}$ 非负定奇异值。

基于 SVD 的雅可比逆为

$$J_{\mathrm{SVD}}^{-1} = VS^{-1}U^{\mathrm{T}} \tag{8.42}$$

因此,末端执行器笛卡儿力的估值为

$$F_{\mathrm{ext}} = J_{\mathrm{SVD}}^{-\mathrm{T}}\Gamma_{\mathrm{joints}} \tag{8.43}$$

该控制器在 BERT2 机械臂的 4 自由度(肩部屈曲、肩部外展、肱骨旋转和肘部屈曲,与第 8.6 节中的一样)上都得到实现。基坐标系固定在肩部。末端执行器的位置在基坐标系中确定。

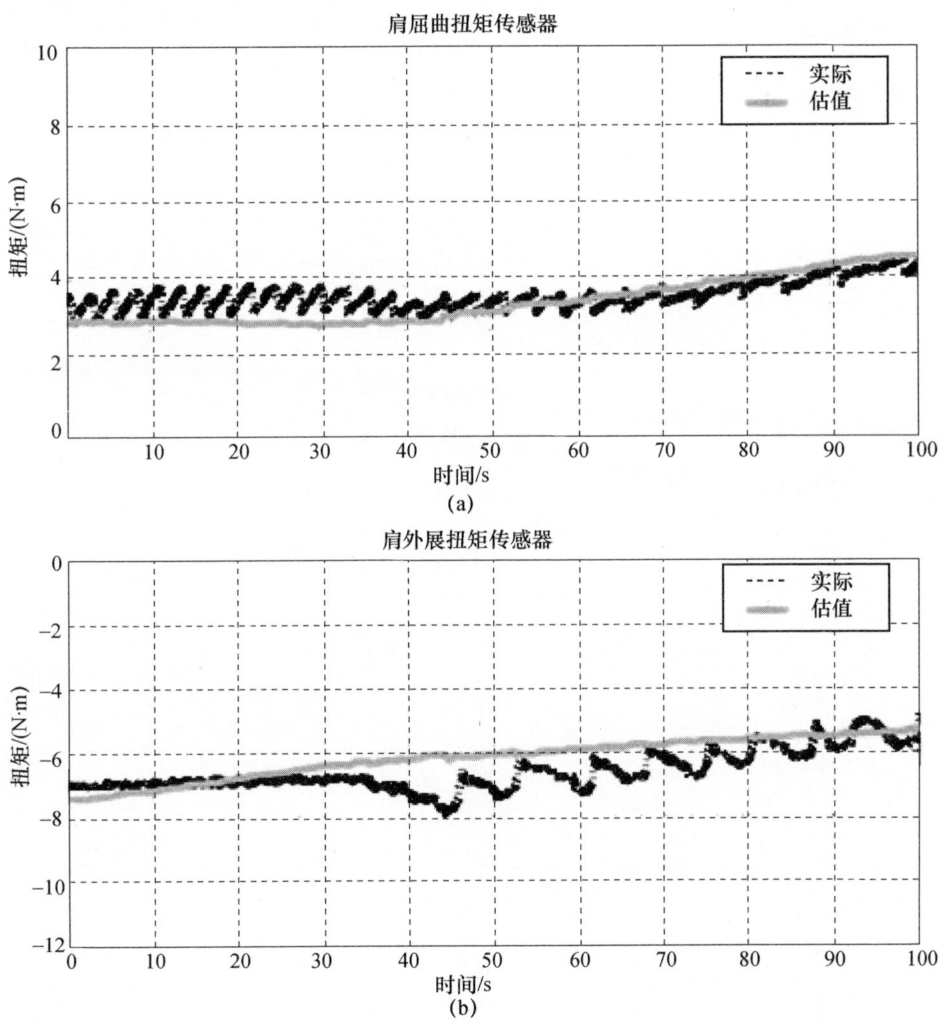

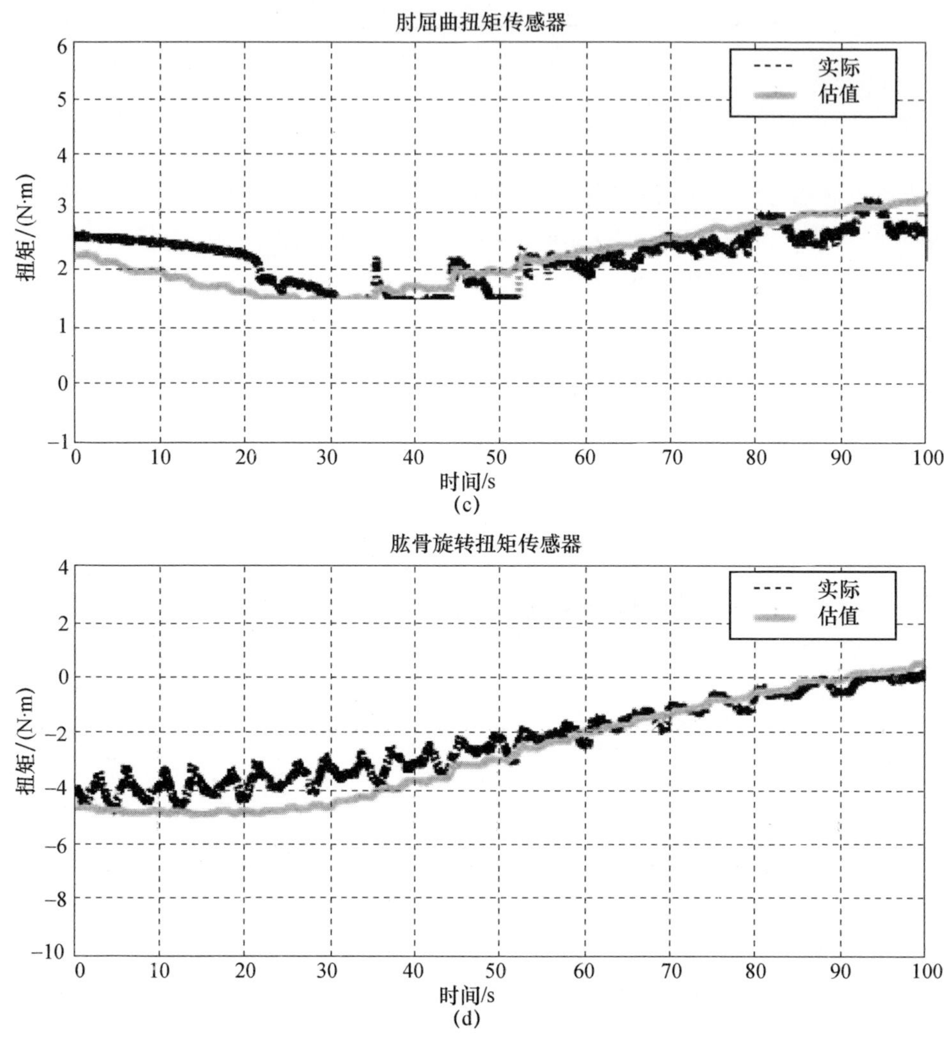

图 8.13　机械臂的主体扭矩估值,Γ_G,$\hat{\Gamma}_G$(实际机器人实验)

8.7.2 跟踪和柔顺控制结果

如图 8-14 所示,机器人实验中跟踪性能良好。在该实验中,X_z 方向为正弦位置轨迹,X_x 方向为余弦位置轨迹,因此末端执行器在 X_x-X_z 平面中的运动轨迹为圆。在没有外力的情况下,机器人末端执行器应该沿着参考轨迹 X_r 运动。在有外部接触力的情况下,参考轨迹被修改为 X_d,然后机器人将沿着由式

(8.14)阻抗参考模型定义的新轨迹运动,以补偿外力。

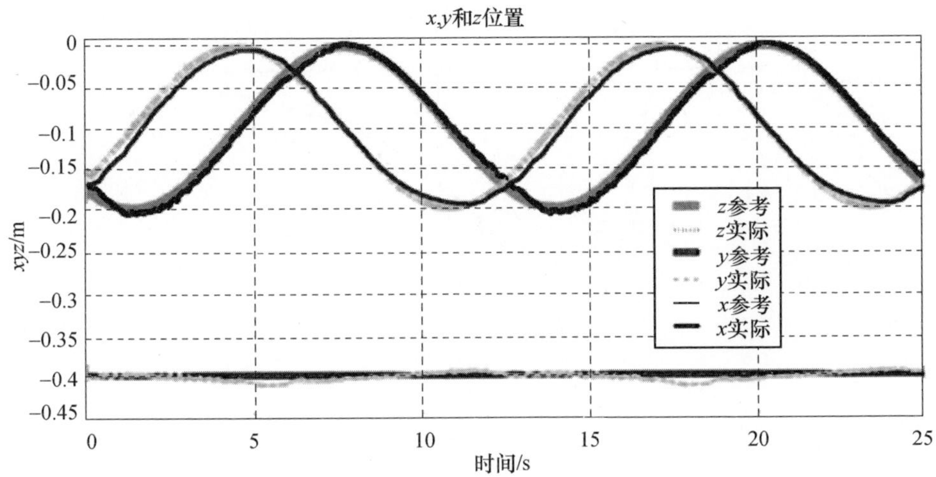

图 8-14　笛卡儿位置 X_x(余弦轨迹),X_y(常值轨迹)和 X_z(正弦轨迹)(见彩插)

为了在任务空间中实现控制,通过对参数 K_{ref} 和 C_{ref} 恰当的取值,MRAC 方法可为安全的人机交互设计定义明确的柔顺性水平。因此,在有外部接触力的情况下,对式(8.14)中给出的模型参考,在不同的刚度和阻尼值情况下进行了测试。

通过使用不同的 K_{ref} 和 C_{ref} 值,得到了柔顺控制的实验结果。在实验期间,通过推拉机器人末端执行器,在所有(X,Y 和 Z)笛卡儿方向上施加外力。三个不同的实验分别如图 8-15,图 8-16 和图 8-17 所示。末端执行器轨迹可以准确地沿着所要求的参考模型轨迹运动(参见 Khan 和 Herrmann(2014)中的视频)。

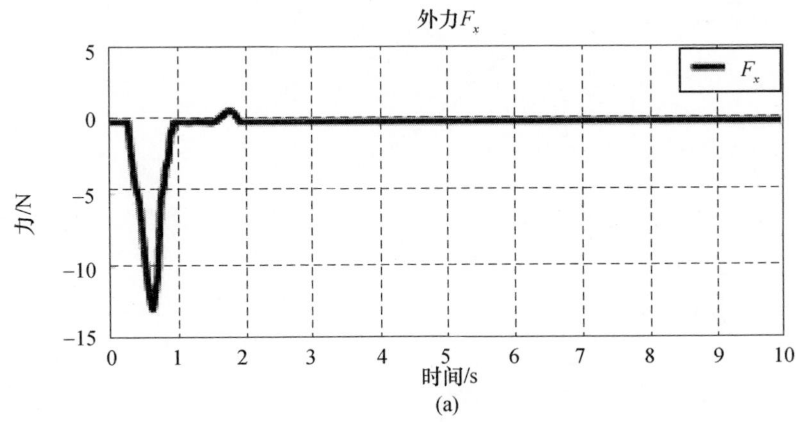

(a)

x位置
0.1
0.05
0
−0.05
x/m
x_r
x_d
x
0 1 2 3 4 5 6 7 8 9 10
时间/s

(b)

外力F_y
0
-5
-10
-15
-20
力/N
F_y
0 1 2 3 4 5 6 7 8 9 10
时间/s

(c)

y位置
−0.35
−0.4
−0.45
−0.5
−0.55
y/m
y_r
y_d
y
0 1 2 3 4 5 6 7 8 9 10
时间/s

(d)

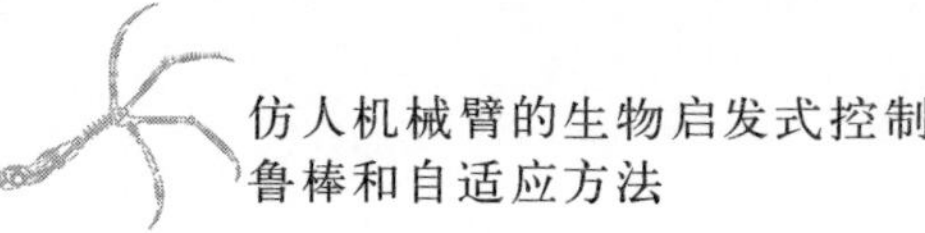

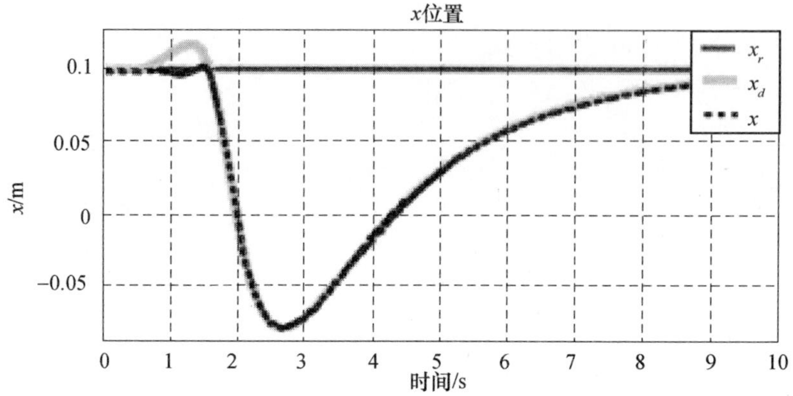

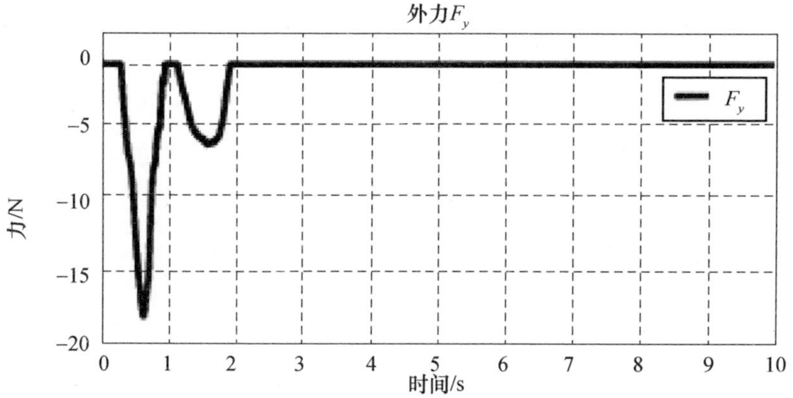

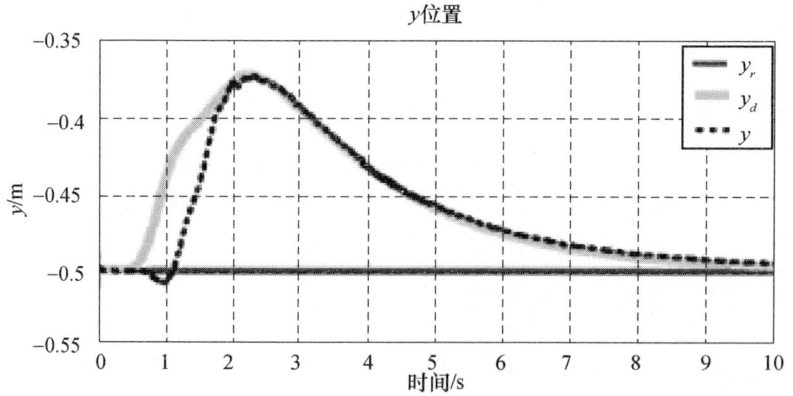

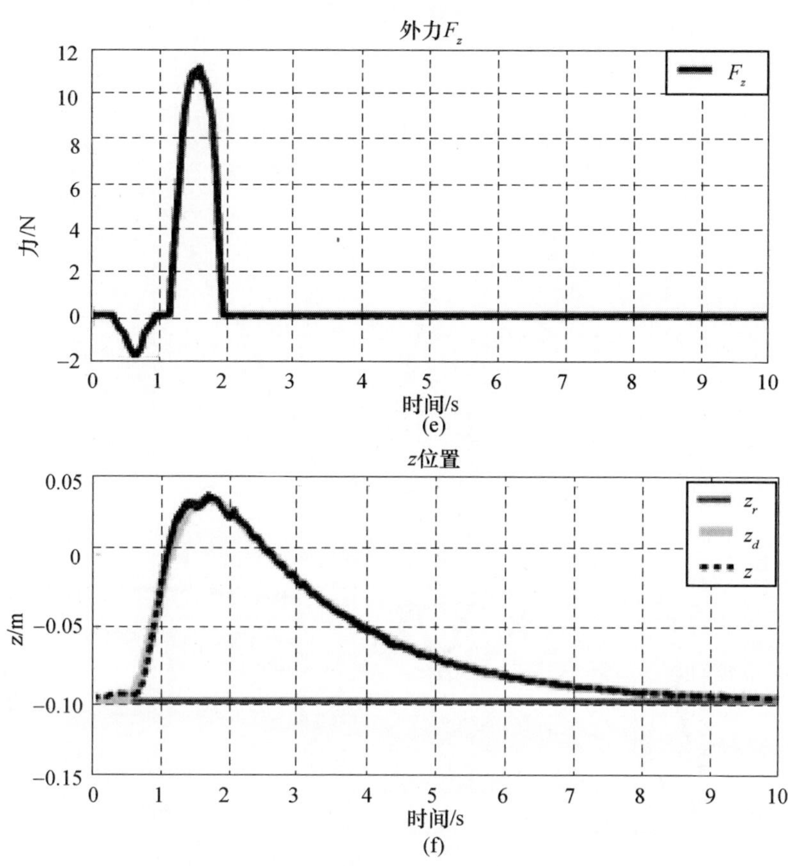

图 8-15　外部接触力作用时的笛卡儿位置 X_x, X_y 和 X_z, $K_{ref-xz}=10\text{N/m}$, $C_{ref-xz}=20\text{Ns/m}$, $K_{ref-y}=20\text{N/m}$, $C_{ref-y}=40\text{Ns/m}$, $M_{ref-xyz}=2\text{kg}$(实际机器人实验)(见彩插)

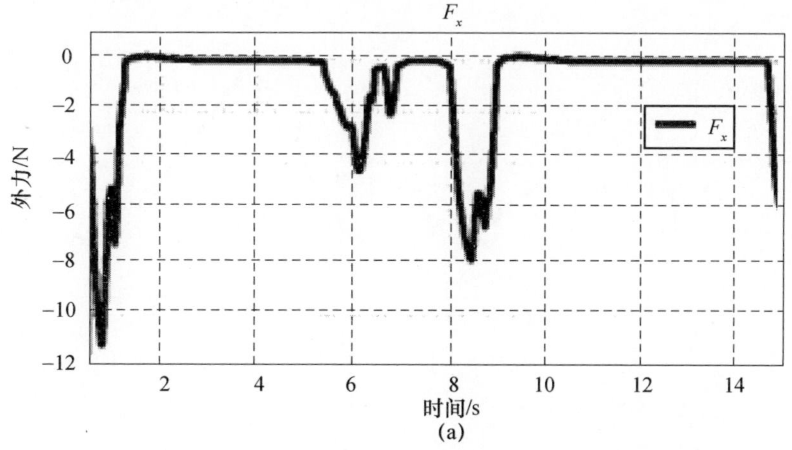

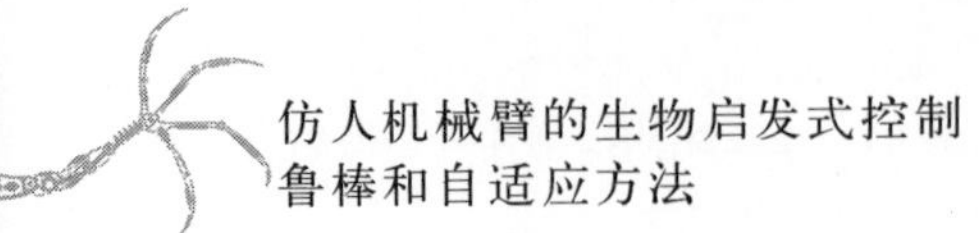

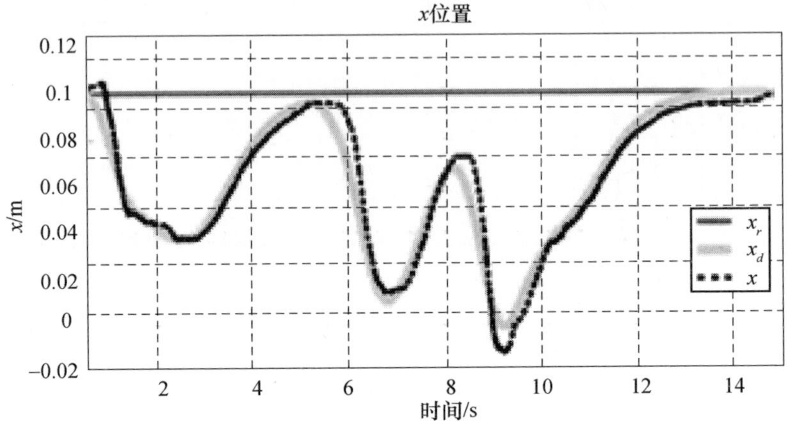

x位置

x/m

时间/s

(b)

外力F_y

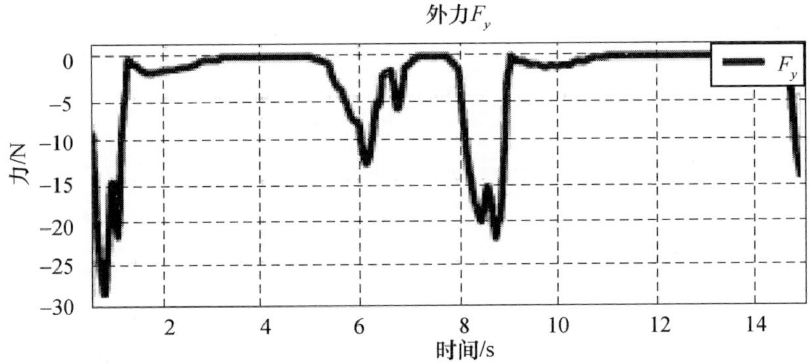

力/N

时间/s

(c)

y位置

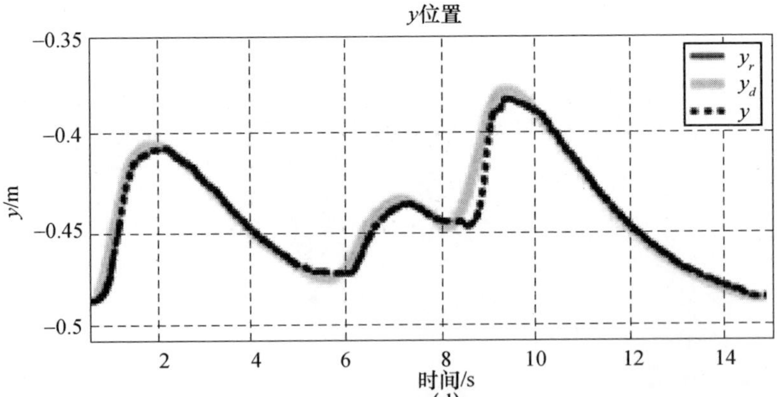

y/m

时间/s

(d)

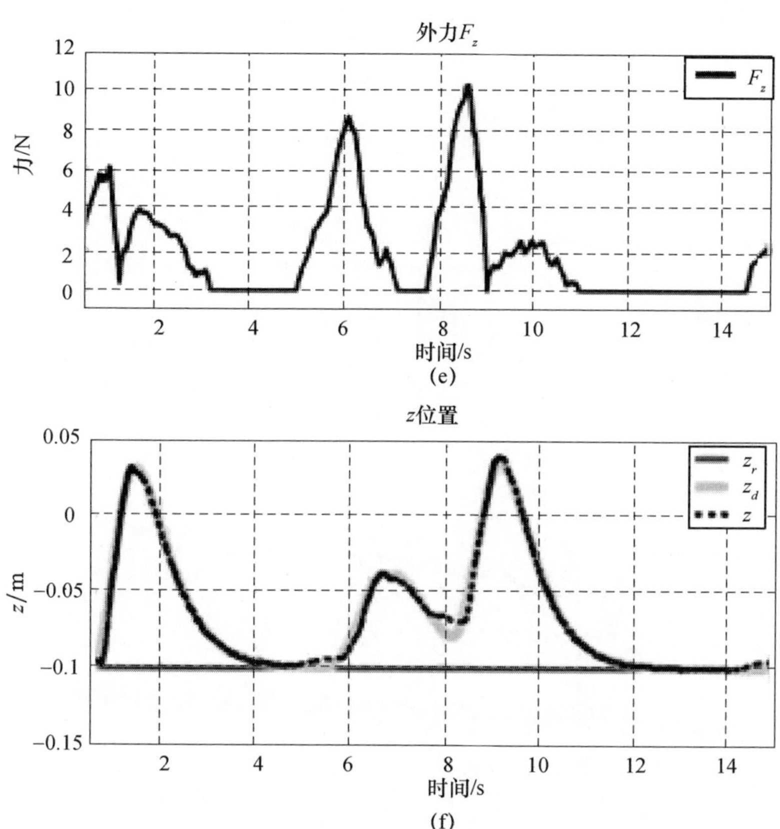

图 8-16　外部接触力作用时的笛卡儿位置 X_x,X_y 和 X_z,$K_{ref-xz}=50\mathrm{N/m}$,$C_{ref-xz}=30\mathrm{Ns/m}$,$K_{ref-y}=30\mathrm{N/m}$,$C_{ref-y}=100\mathrm{Ns/m}$,$M_{ref-xyz}=2\mathrm{kg}$(实际机器人实验)(见彩插)

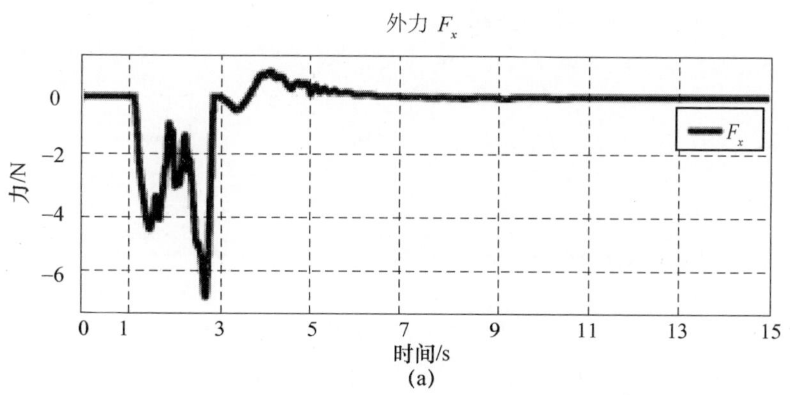

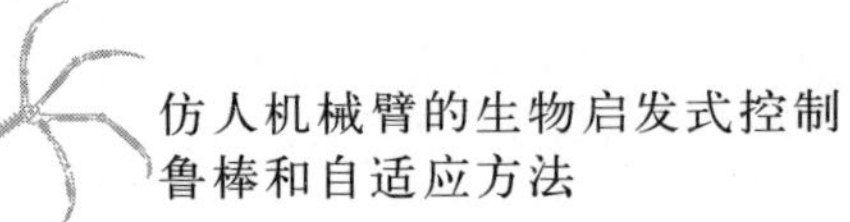

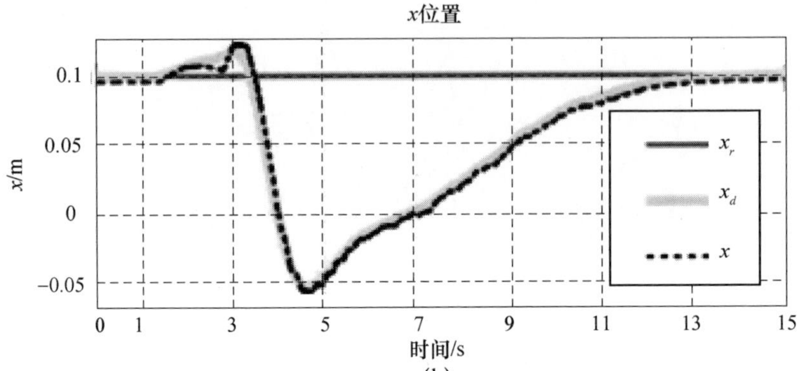

*x*位置

x/m

时间/s

(b)

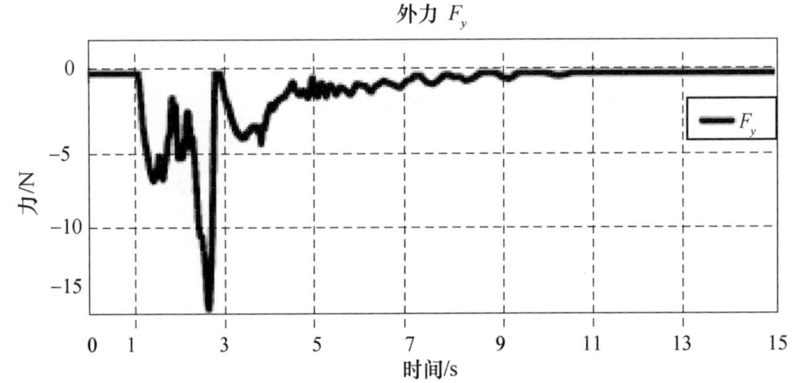

外力 F_y

力/N

时间/s

(c)

*y*位置

y/m

时间/s

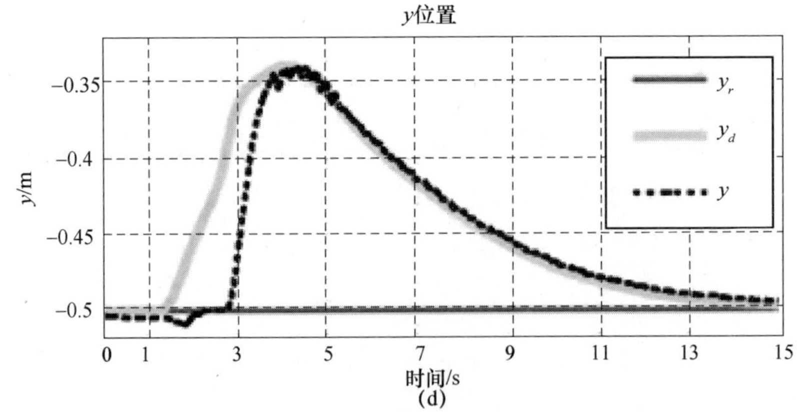

(d)

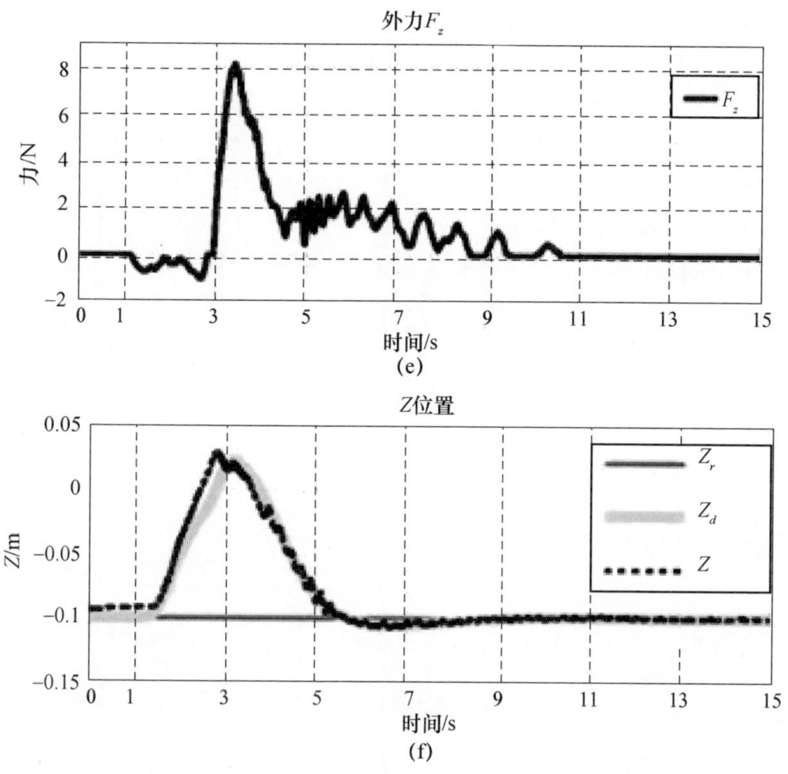

图 8-17　外部接触力作用时的笛卡儿位置 X_x,X_y 和 X_z(K_{ref-xz}=20N/m,C_{ref-xz}=20Ns/m)和(K_{ref-y}=20N/m,C_{ref-y}=40Ns/m)(实际机器人实验)(见彩插)

8.7.3 抗饱和补偿器结果

同前面的实验一样,将 AW 补偿器应用于柔顺控制器。实际测试表明,执行器在没有 AW 补偿器时会达到其幅值极限,即 ±3000mA,从而很容易造成控制系统不稳定。引入 AW 补偿器可防止因饱和导致的不稳定性。如前所述,元素 $c=1$ 意味着仅自适应方案被激活(见式(8.27))。若 $c=0$,则仅滑模元素被激活。对于实际的机器人系统,再次验证:带 AW 补偿器的自适应控制器在大多数时间运行,而滑模控制器仅在执行器达到其幅值限制时短时间内使用。特别地,在图 8-18 中,可以观察到元素 c 在大部分时间保持在 $c=1$。因此,AW 方案是有效的,不仅可以避免因执行器饱和导致的系统不稳定性,而且可以恢复标称自适应控制器性能。图 8-18 还分别给出了肱骨旋转关节和肩关节的电机电流输

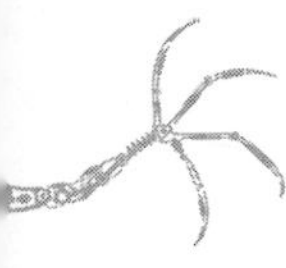

入,这些输入保持在执行器幅值极限 ±3000mA 范围内。另外两个执行器在图中未呈现出来,因为它们的幅值远低于其幅值极限。

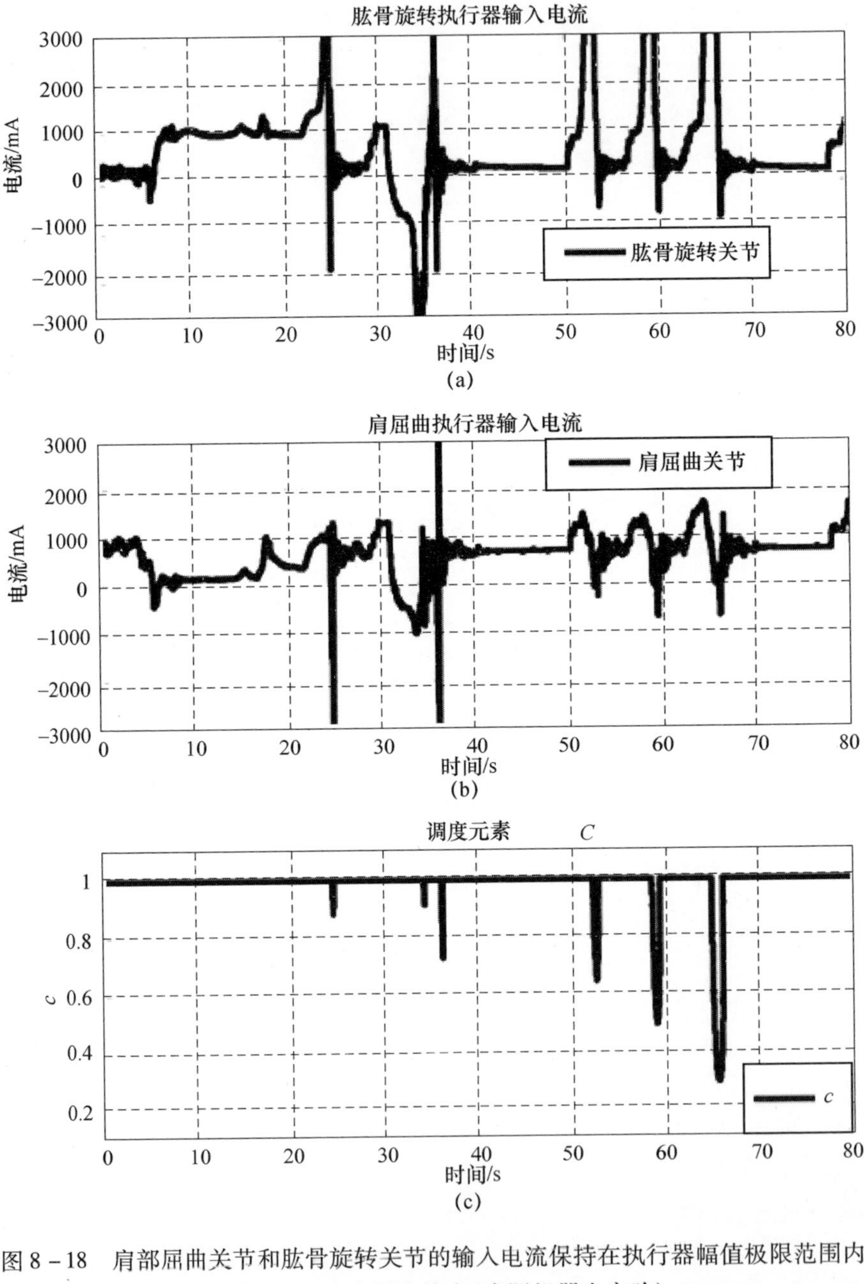

肱骨旋转执行器输入电流

(a)

肩屈曲执行器输入电流

(b)

调度元素 C

(c)

图 8-18 肩部屈曲关节和肱骨旋转关节的输入电流保持在执行器幅值极限范围内;元素 $c(\cdot)$ 也在图中给出(实际机器人实验)

8.8 小　结

对于与人类紧密合作的机器人而言，安全性至关重要。在本章中，我们主要研究了一种实用的主动柔顺控制技术，以确保人机交互的安全性。证明了如果在精确性上作出一些可接受的妥协，多维柔顺性和灵活性是可以实现的。自适应柔顺控制策略成功地应用于 BERT2 仿人机械臂。实际结果表明，在控制器（笛卡儿操作空间中）不同自由度之间交互时跟踪性能良好。特别是，我们可以设计不同的柔顺性水平，这对于现实世界中人机交互时出现的各种情况来说非常重要。自适应控制算法的一个缺点是它会使执行器快速饱和从而导致系统不稳定。通过引入新颖的抗饱和方案，解决了该问题，证明了该抗饱和方案对于相关自适应控制器保持稳定性和性能方面特别有效。不仅如此，在实际实验中，它还能恢复标称自适应控制。这也可以使抗饱和补偿器中滑模控制方案的高强度的力作用最小化，并在总体上提高安全性。本章介绍的整个方案是安全的人机交互最重要的先决条件之一。这正在逐渐成为以安全性为核心的协作人机交互的重要组成部分。

通过在人机交互的柔顺控制器中引入姿态优化特征，可以增加人类用户的信心和安全性。在本书的第三部分，将重点分析任务动作，从而创建出更为逼真的仿人机械臂动作。

参考文献

Al – Jarrah M, Zheng Y (1998) Intelligent compliant motion control. IEEE Trans Syst Man Cybern Part B Cybern 28:116 – 122

Albrichsfeld C, Tolle H (2002) A self – adjusting active compliance controller for multiple robots handling an object. Control Eng Pract 10:165 – 173

Albrichsfeld C, Svinin M, Tolle H (1995) Learning approach to the active compliance control of multi – arm robots coupled through a flexible object. In: Proceedings of 3rd European control conference, Rome, Italy

Albu – Schäffer. A, Haddadin, Ott C, Stemmer T, Wimböck G, Hirzinger (2007) The DLR lightweight robot: design and control concepts for robots in human environments. Control Eng Pract 34:376 – 385

Arimoto S (1996) Control theory of non – linear mechanical systems. Oxford University Press, Oxford

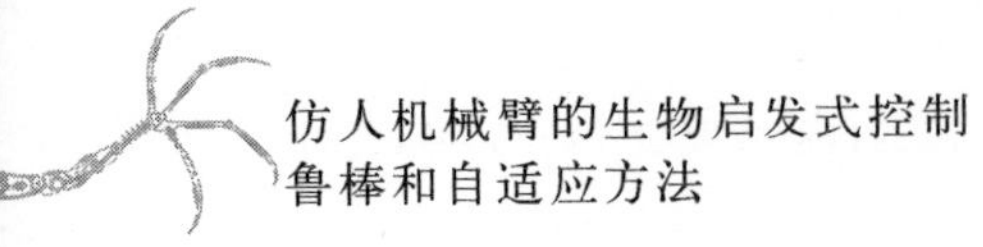

Bichi A, Tonietti G(2002) Design, realization and control of soft robot arms for intrinsically safe interaction with humans. In: Proceedings of the IARP/RAS workshop on technical challenges for dependable robots in human environments, Toulouse, France, pp 79 – 87

Colbaugh R, Seraji H, Glass K (1995) Adaptive compliant motion control for dextrous manipulators. Int J Robot Res 14(3): 270 – 280

De Sapio V, Khatib O, Delp S(2005) Simulating the task level control of human motion: a methodology and framework for implementation. Vis Comput 21(5): 289 – 302

Formica D, Zollo L, Gulielmelli E(2005) Torque – dependent compliance control in the joint space of an operational robotic machine for motor therapy. In: Proceedings of the 2005 IEEE 9th international conference on rehabilitation robotics, Chicago, pp 341 – 344

Herrmann G, Turner M, Postlethwaite I(2007) Performance – oriented antwindup for a class of linear control systems with augmented neural network controller. IEEE Trans Neural Netw 18(2): 449 – 465

Khan S, Herrmann G(2014) NRCG HRI compliance control. https://youtu.be/IKE8Rrtr – Ow

Khatib O(1987) A unified approach for motion and force control of robot manipulators: the operational space formulation. IEEE J Robot Autom RA3(1): 43 – 53

Kim B, Oh S, Suh H, Yi B(2000) A compliance control strategy for robot manipulators under unknown environment. KSME Int J 14: 1081 – 1088

Komada S, Ohnishi K(1988) Robust force and compliance control of robotics manipulators. In: Proceedings of the international conference on industrial electronics, Hyatt Regency, Singapore

Nemec B, Zlajpah L(2000) Null space velocity control with dynamically consistent pseudo – inverse. Robotica 18(1): 513 – 518

Ott C, Albu – Schäffer A, Kugi A, Hirzinger G(2003) Decoupling based cartesian impedance control of flexible joint robots. In: Proceedings of the IEEE international conference on robotics and automation, Taipei

Peng Z, Adachi N(1993) Compliant motion control of kinematically redundant manipulators. IEEE Trans Robot Autom 9: 831 – 837

Shetty B, Ang M(1996) Active compliance control of a puma 560 robot. In: Proceedings of the IEEE international conference on of robotics and automation, Minneapolis

Slotine J, Li W(1991) Applied nonlinear control. Pearson Prentice Hall, Upper Saddle River

Zhang W, Huang Q, Du P, Li J, Li K(2005) Compliance control of a humanoid arm based on forced feedback. In: Proceedings of the 2005 IEEE international conference on information acquisition, Hong Kong/Macau

Zollo L, B S, Laschi C, Teti G, Dario P(2003) An experimental study on compliance control for a redundant personal robot arm. Robot Auton Syst 44: 101 – 129

第三部分

用于任务运动建模和机械臂控制的人体动作记录

第 9 章 人的动作记录和分析

前面几个章节探讨的大多数控制器都聚焦于研究类人的姿态动作，很少关注任务动作，即仅仅通过线性参考动力学进行简单建模。而且，许多姿态动力学都基于特殊比较方法。本章提出了一种基于手臂轨迹的动作捕捉研究方法，使用了一套 Vicon 公司生产的动作捕捉光学系统，目的是更好地理解和评估自然动作，并对动作观察和动作合成研究形成的各种概念进行评估。

为了使人的动作模式能扩展到且适用于 BERUL2 机器人本体（具有一个不同于人类的运动学结构）以及相关工作空间，本章开发了一种动作捕捉数据处理技术。这意味着记录的参试人员的动作数据可直接用于机器人控制器，或用于模仿学习，这将在第 10 章中进行探讨。

为了对所建议的方法提供实践依据，本章中的最终测试综合了所记录的两种姿态控制器的任务轨迹。

9.1 初步的动作捕捉目标

在之前的章节中，所实现的控制方案是利用反馈线性化和滑模控制器来驱动机械臂的任务动作。这些控制方案将滑模任务控制器的系统动力学（见第 5 章）简化为一个一阶线性系统。（如果是第 4 章中的线性任务控制器，就可获得线性二阶动力学）。在 2 自由度机器人实例中（第 4、5、6 和 7 章中），任务被定义为对末端执行器垂直分量的控制（够到一个特定的高度），而姿态控制器则定义了冗余（水平）自由度。这导致了肩部和肘部不同的动作模式。因此，本质上，2 自由度机器人实例的末端执行器的特点是通过与力作用相关联的一个线性任务分量和一个最优姿态动作分量来体现的。

对于那些更为实用的机器人系统而言，必须确保给定完整的末端执行器的动作（与环境交互的主要工具），以便能控制所有的位置和方向轴（见图 9－1）。

这有助于完成各种有用的任务，如物体操纵。在操作空间框架中，末端控制器的控制应由任务控制器执行。

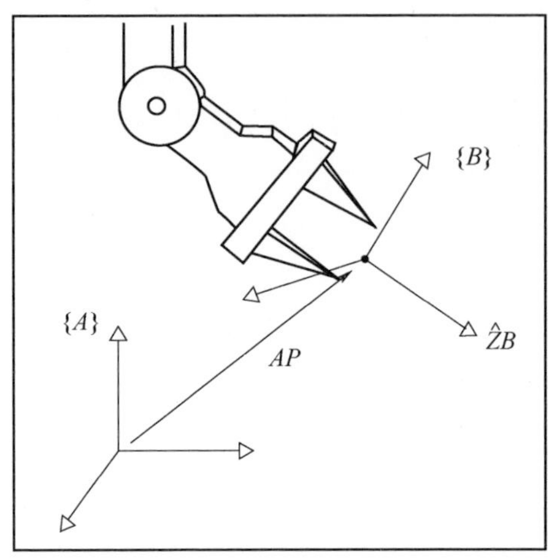

图 9-1　由三个平移分量和三个旋转分量定义的一个实用机器人末端执行器，且在任务定义里得到完全定义(Craig, John J., Introduction to Robotics: Mechanics and Control, 3rd, © 2005。图示印制和电子复制经纽约 Pearson Education 公司许可)

在这种情况下，末端执行器的位置完全由任务控制器给定，即 $\boldsymbol{X}=[X_x, X_y, X_z]^{\mathrm{T}}$，如果当前的带滑模控制项的线性反馈任务控制器得到实现，见式(5.10)和式(4.32)，那么三个平移坐标即可绘出一条相同的一阶线性响应曲线。不管有没有对滑模控制项进行修正，都会得到上述的结果，这仅有助于线性反馈控制器处理未建模的系统动力学。

直观上，这样一种以坐标来呈现的任务行为会导致末端执行器的直线运动。为了说明这一点，使用一个没有关节限制的操作空间控制方案来创建和控制一个 3 自由度平面机器人的仿真模型。

本例中，对任务控制器进行了规定，见式(5.10)，即

$$f=\hat{\Lambda}(f^{*}+u_{sl})+\hat{\mu}+\hat{p}$$

$$f^{*}=-K_{x}\begin{bmatrix}X_{xe}\\X_{ye}\end{bmatrix}-K_{v}\begin{bmatrix}\dot{X}_{xe}\\\dot{X}_{ye}\end{bmatrix}+\ddot{X}_{y0} \tag{9.1}$$

由此得到任务位置变量 X_x 和 X_y 的相应响应曲线，如图 9-2 所示。即使初始位置在每个平面中均有误差，但都会得到上述的结果，即机器人末端执行器的运动轨迹呈直线。通过第 4.1.1 节中的初始动作分析实验获得的观察结果表明：沿垂直方向够取目标物的任务过程中，参试者的动作轨迹并不呈直线。这与 Flash

和 Hogan(1985)、Uno 等(1989)以及 Morasso(1981)的表述相反,他们声称人类动作轨迹是近似直线的。

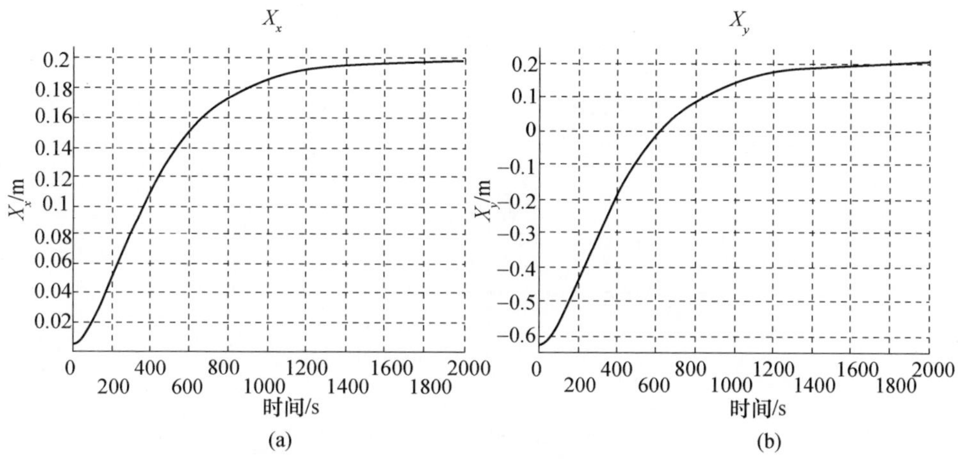

图9-2 X_x 和 X_y 控制的任务响应曲线,增益取值为 $K_x=30$ 和 $K_v=10$

通过使用精确的动作捕捉技术(不是视频片段分析技术),本章将对第4章中的动作观察方法进行进一步扩展。这些实验的目的是要确定人的手部动作轨迹是呈直线还是呈曲线,以及轨迹中是否存在重力分量。如果存在重力分量,那么这会对任务控制器的设计造成影响,即不能使用现有的线性方式。

目前所获得的观察结果表明:参试人员在自由空间中完成无约束的任务动作过程中所产生的轨迹不完全呈直线,相反,这些轨迹不管是在任务动作还是姿态动作中都有一个动力学分量,该分量与力作用最优化相关。这个最优化力作用值看起来在很大程度上(尽管不仅限于)取决于一个动作中作用于手臂的重力变化。

Desmueget 等(1997)认为:Flash 和 Hogean(1985)、Uno 等(1989)以及 Morasso(1981)中,参试者操作测量设备时的动作轨迹呈直线(如图9-3所示)。这里对这一观点进行了补充,即这些实例中对水平运动起到约束作用的平衡装置(通常是机械上的)和对冗余自由度起到支撑作用的装置(如图9-4所示),有效地使运动所受到的重力作用降到最低和/或消除。这样,人的点对点动作的直线度可能在很大程度上取决于做动作时手臂所受到的因重力作用所导致的各种力的变化。在动作行为方面,这种因重力作用所导致的力的变化对完成一个动作所造成的影响是次要的。所以,受到支撑的手臂在完成水平动作时(如图9-3和图9.4所示)的轨迹将会呈直线,因为重力作用所导致的力的变化可以忽略,在要求伸展手臂时。然而,如果任务中包含垂直方向上(重力方向)的一个大的动作分量,那么虽然仍能完成任务动作,但所产生的动作轨迹则是非线性的,因为可以通过弯曲手臂动作自由的降低重力作用的影响。

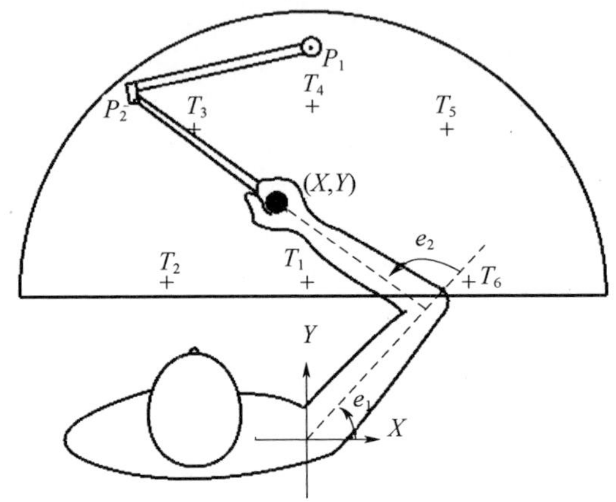

图 9-3　Flash 和 Hogan(1985)以及 Morasso(1981)使用的动作捕捉实验,动作约束条件为重力作用下的施力几乎不变(© 1981,图示经 Springer 许可转载,引自 Morasso(1981))

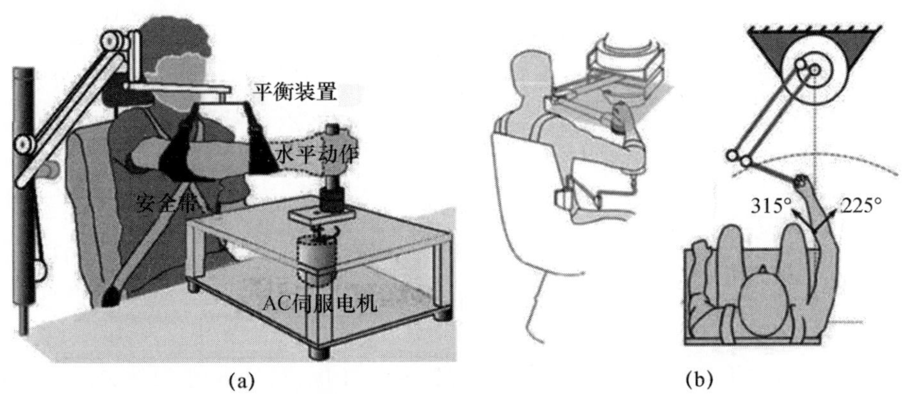

图 9-4　(a) Luo 等(2005)中的一个实验,(b) Patton 等(2006)中的一个中风康复系统。两位参试者都佩戴胸式安全带以约束肩部和背部的移动。额外的支撑装置以防止冗余自由度垂直移动(© 2005,图示经 IEEE 许可转载,引自"Luo Z, Svinin M, Ohta K, Odashima T, Hosoe S(2005) On optimality of human arm movements. In: IEEE International Conference on Robotics and Biomimetics, pp 256-261")(见彩插)

这可能暗示:根据末端执行器的位置,人类动作的原始意图是直线轨迹。在物理移动实现之前,或正当实现时,经过了某种形式的"生理过滤器",即对事先设计的动作进行修正以提高效率。

当然,重力不可能是使一条直线路径变成一条曲线路径的唯一因素(如 Cruse 和 Brüwer(1987)也强调过),这一点在本书之前的部分表述过了,即用一个增益矩阵将重力作用与手臂肌肉的相对力量结合起来。如果是真人,肌肉特性的影响、骨骼位置、手臂的惯性等都有助于“生理过滤器”发挥作用。然而,通过对人的动作的初步观察以及对基于重力的姿态控制器(基于重力的)的结果进行分析,重力的影响十分显著。对于仅使用最简模型来驱动动作完成这一目标而言,重力或许也是最“易达”的因素。

Cruse 和 Brüwer(1987)、Atkeson 和 Hollerbach(1985)、Hollerbach 等(1987)、Charles 和 Hogan(2010)以及 Wolpert 等(1994)也都对所观察到的非水平任务动作过程中非直线轨迹进行了评述。Cruse 和 Brüwer(1987)提出:工作空间中两点间的方向角和距离决定了末端执行器路径的形状,尽管方向角和距离是与初始关节角耦合在一起的。本章中使用了一套 Vicon 公司的光学动作捕捉系统来进行实验,目的是从空间角度研究这一概念。

9.1.1 Vicon 系统

这里我们使用一套 Vicon MX 动作捕捉系统来进行研究,该系统由 8 台 MX3 + 相机组成(见图 9 - 5)。在 Bristol 机器人实验室(BRL)的 Vicon 套件中,相机在一个 $6 \times 6m^2$ 的房间上方排成一个近似圆形。系统用于精确定位球形光电反射标记的三维空间位置,即人或物的三维空间位置(详见第 3.5 节中光学动作捕捉系统)。

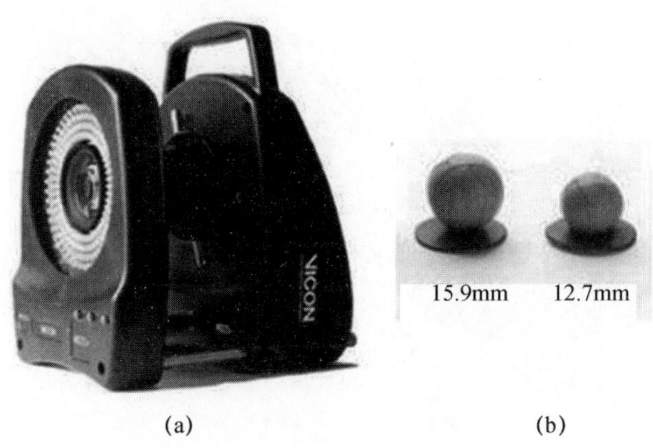

图 9 - 5　Vicon MX 动作捕捉系统

(a)一台 Vicon MX3 + 相机;(b)光电反射标记。

Vicon 套件中的每台相机上都安装有一圈红外发光二极管,用来照亮光电反射标记。Vicon 软硬件中的滤光器可使进入每台相机视野中的标记位置得到精确定位。结合每台相机输出的二维标记位置与环境中通过各相机位置定位出的一个运动学模型(通过初始校准程序获得的),使用三角测量法来精确定位标记在三维空间中的每个位置是有可能的。实验使用的 Vicon 动作捕捉系统所生成的数据的有效分辨率为 1 mm。实验过程中,系统的数据采集速率为 50fps。

9.1.2 实验设置

初始动作捕捉实验的目的是要确定人在伸臂取物任务中形成的动作轨迹是呈直线、曲线还是在某种程度上取决于一个重力分量。为了达到这一目的,只需测量出参试者手部动作在笛卡儿空间坐标系中的位置(与手臂或身体的其他部分方向相反)即可。球形标记固定于手套背面一个刚性片上,用于手部动作捕捉(见图 9 - 6)。为了建立身体其他部分的参考点并同时获得参试者的身高信息,参试者还被要求戴上一顶特制的棒球帽,帽子上粘贴了 Vicon 标记。帽子反戴以防止帽檐遮挡住位于视水平线上方的目标物。虽然头部隔开手臂有几个自由度,但头部也是身体上固定标记最方便的部位,因为无需更换外套,也无需将标记粘贴在皮肤上。而且,戴帽子并没有影响做动作,也并没有让参试者感到任何不适,而那些不寻常的穿戴会引起参试者的不适,如方便精确动作捕捉的那种典型的紧身衣或小尺码运动服装。

图 9 - 6　动作捕捉实验中使用的带标记手套。刚性黑片上最多可固定 6 个标记。手指上安装点用于固定抓取实验中的标记(本实验不使用)

实验所使用的 Vicon IQ 软件以最基本的水平运行,即把各标记的空间模式当成一个个独立的三维物体。这些物体由实验设计人员指定。如果实验过程中两两标记之间的相对位置发生变化,或有些标记被遮挡住了,那么 IQ 软件就会基于其余的标记来估计出物体的位置。一般而言,最少需要三个 Vicon 标记来匹配一个物体的原始设置以供识别。做动作时,随着皮肤的拉伸,粘贴在皮肤上的标记会引起两两之间相对位置的重新定位,从而导致跟踪不佳。为此,“动作捕捉手套”使用刚性聚丙烯酸酯胶片(亚克力片)来固定,上面最多可固定 6 个标记。这就为跟踪手部动作提供了一个鲁棒平台,从而减少了标记被遮挡或相关错位的情况出现。通常把这种将标记固定在刚性或半刚性架构上的布置称为“标记簇”。刚性片被涂成亚光黑色,以防止因标记反射导致的误差。剩下的标记也被粘贴在棒球帽上,以减少遮挡问题的出现。

分别在大重力分量和小重力分量的条件下进行了两组实验,对参试者在自由空间中的任务动作进行了评估,并将评估结果与任务要求进行了比较。在第一组实验中,参试者被要求以一个放松的姿势站立(同时,手臂舒适地悬在身体两侧),然后伸臂够到一根 1m 长的杆子的一端,杆子另一端由实验人员握着。参试者被要求在回到一个放松的姿势之前以 0.5s 左右的时间用指尖触到杆子的一端。然后实验人员将杆子的一端移到一个新的位置,重复实验过程。在所有的实验中,参试者都使用右手来完成任务动作。分别在参试者的腹部、腕部、胸部、头部高度以及高于头部的四个差不多处于同一水平线的位置,即参试者右肩正前方(纵断平面中)、胸骨正中位置(前胸中心)、左臂正前方或右臂的右侧(参试者的视角),任意选择一点作为杆子的位置,每个参试者做 20 ~ 30 次任务动作并记录下来。

起初,将目标物悬于参试者前方进行实验。然而,不久就意识到:参试者体型的差异导致很难对所记录的动作进行直接比较,即同一个目标的高度对某个参试者而言位于头部,而对另一个参试者而言则位于肩部。随后,实验人员根据每个参试者的体型选择目标位置,才得到了一组与参试者体型相对应的比较可靠的数据。悬空放置目标的另一个缺陷是时间都消耗在了交换目标位置上,因为担心多余的目标会成为其他任务动作的一个障碍物。实验过程中,让实验人员握着并操控杆子/目标,就能克服这些问题。

第二组实验要求参试者坐着进行。在这一场景中,一个正方形木制框架放置在参试者前的一个桌子上。该框架四边上用等分红点标记,如图 9 - 7 所示。参试者被要求用戴着手套的手触碰红点,顺序随机,由参试者自定,在选择下一个点并做出动作之前短暂停顿一下。每触碰一个点,要求参试者计数一次,当数到 30 次时停止。

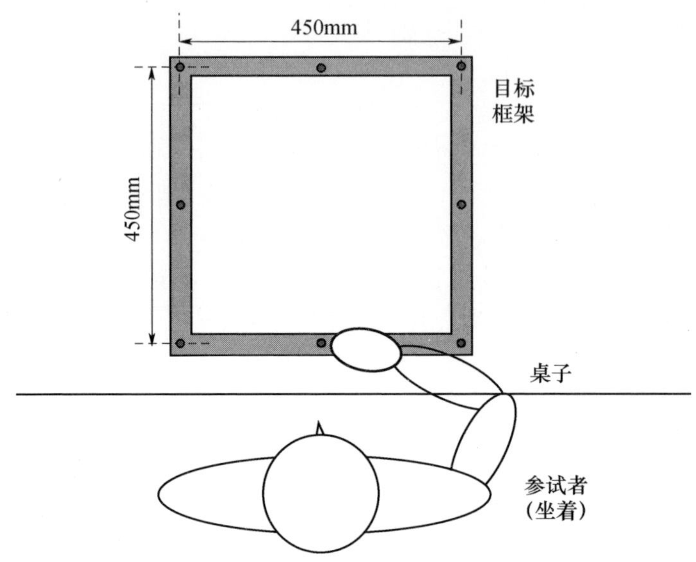

图 9-7　水平动作任务的实验设置(参试者未按比例绘制)

两组实验中,参试者都完全不受约束,因为没有任何物理操控来测量动作。此外,任务的执行过程看上去相当随意,即由实验设计人员用一个非正规的杆状装置来选择目标,或目标选择顺序随机且由参试者自定。Vicon 标记的使用弥补了这种非正规性。

9.1.3　结果

共有四位参试者参与了实验,三男一女(按照英文大写字母顺序排列,如女参试者为参试者 D),年龄都在 25 岁左右,而且并不知晓实验的目的。参试者 B 为左撇子,但实验中被要求使用右手。

图 9-8 给出了所有四位志愿者的参试结果。头顶位置也包括在内,当作一个参考基准点。结果一目了然,即在所有实验中,通过观察志愿者的动作发现,轨迹并不呈直线而是呈曲线。许多情况下,轨迹更像一条“S-形”函数曲线。在参试者 A、B 和 C 进行的实验中,位置比较低的目标(即这些目标的 Z 值较小)产生了较直的动作轨迹。对位置较低目标的动作也似乎减少了迟滞现象。

图 9-9 所示为参试者坐在桌前进行实验的结果。其中,轴视图(俯视图)所示为主要的水平动作分量。所有参试者动作的垂直 Z 分量,即从正方形框架上的点移向另一个点时参试者抬起手指的动作轨迹曲线都呈现出相当标准的抛物线形态(如图 9-10 所示)。

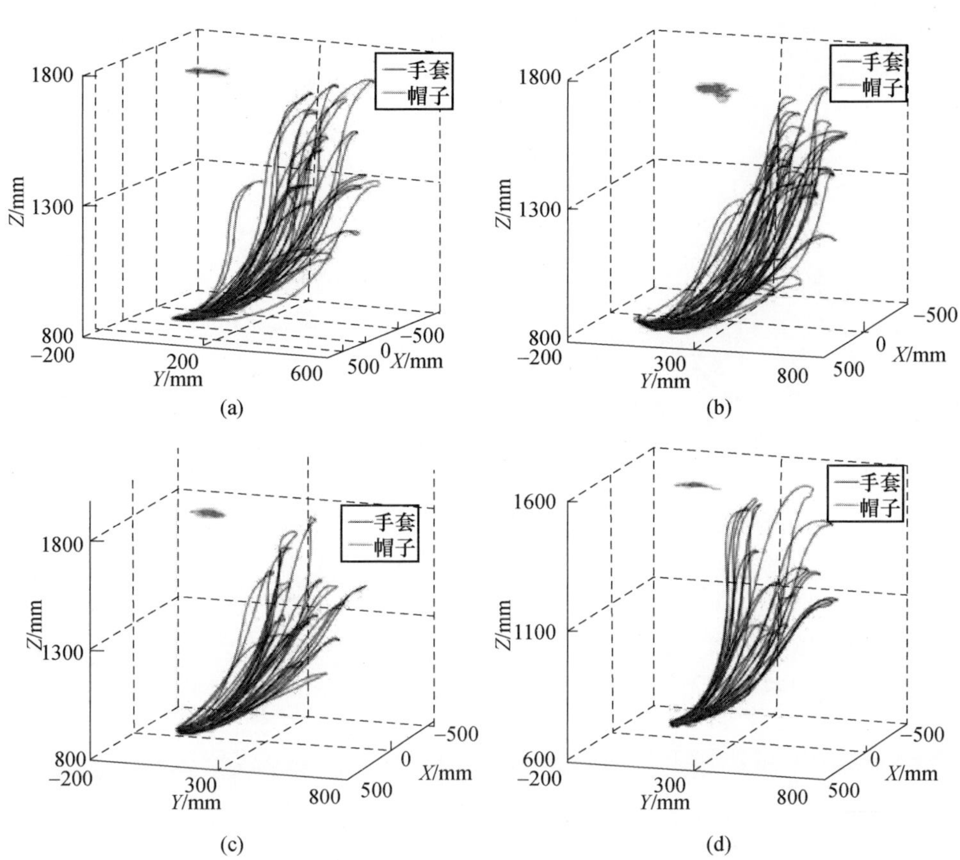

(a)　(b)

(c)　(d)

图 9－8　参试者从一个静止(放松)位置(手臂悬于身体两侧)伸臂够不同的点所产生的手的三维空间轨迹(见彩插)

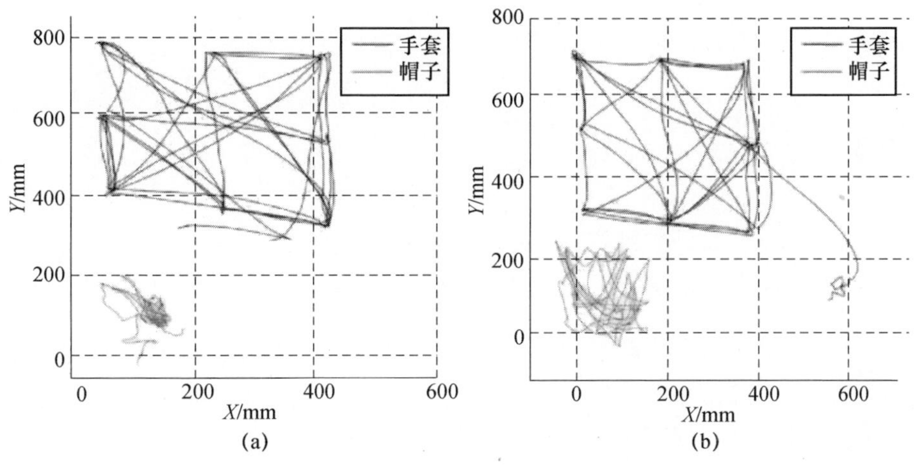

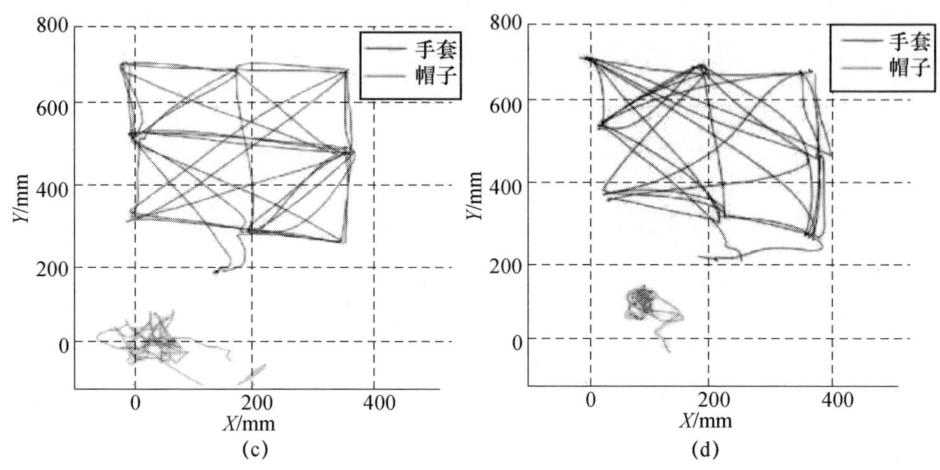

图 9－9　参试者坐着够到水平放置的实验框架上不同的点的平面图（如图 9－7 所示）（见彩插）

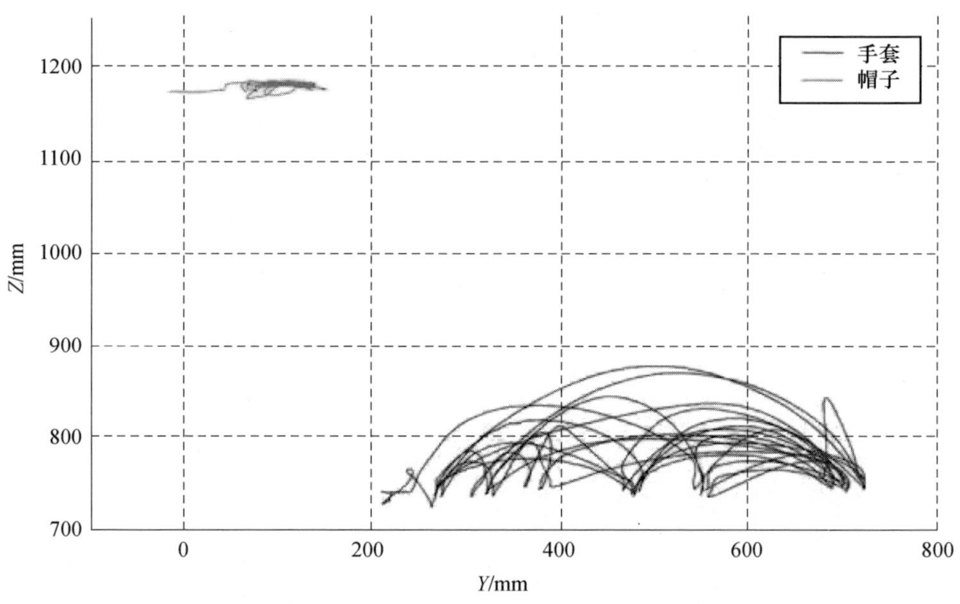

图 9－10　典型的桌上任务动作侧视图，所有参试者从实验框架上的一点移向另一点时手指的动作轨迹，即在垂直方向上呈现出抛物线形态（见彩插）

回忆一下，手套上的标记对应的是手背不是手指尖。因此，记录的轨迹并未呈现出实验所期望的完美正方形。这是因为任务过程中手的轨迹在纵轴方向上发生了改变。还有一点需要注意，参试者 B 过大的头部动作表明：他们或许坐的位置离桌子有点远,因此他们不得不侧身去够更远的点。

大多数情况中,水平分量的轨迹近似直线,特别是那些幅度小的动作。然而,有些动作的轨迹肯定不是直线,而是曲线或 S 形函数曲线。这些曲线轨迹主要出现在:参试者的动作不是顺着正方形框架的四边做出时,如对角动作,或穿过框架中间的空档做动作时。可能会出现这样一种情况,参试者下意识地顺着框架的四边做动作,从而导致一个非物理运动约束。还有一种情况也有可能会出现,当允许参试者随机选择目标时,他们在做一个动作过程中会时不时改变主意而另选一个目标,从而导致轨迹呈曲线。

9.1.4 初始动作捕捉实验总结

这些动作捕捉实验表明:垂直方向任务动作所产生的轨迹不完全是直线,不像线性反馈任务控制器产生的那样全是直线。相反,垂直方向任务场景中所产生的动作轨迹更接近一条 S 形函数曲线,即由两个半圆和一个较直的中间部分组成。某些情况中,相比对位置较高目标的任务动作轨迹,对位置较低目标的任务动作轨迹比较直。在许多情况中,记录的轨迹还出现了迟滞现象。

这些结果支持一个观点,即最初形成的动作轨迹呈现直线,但这些直线轨迹是受重力分量影响而产生的折中结果,以便将能量消耗降到最低。这也解释了轨迹中出现迟滞现象的原因,即手臂向下做动作所需的能量比向上做动作所需的能量低。因此,相比向上做动作,向下做动作的能量消耗对直线轨迹的影响较小。这种 S 形轨迹已在之前的章节中进行了总结(如图 7-8 中的示例),即在末端执行器的控制中将力作用最小化方案融入其中。

这些概念通过无约束水平方向任务实验进行了加强。尽管过去曾做过许多类似的实验,但常常会出现一定程度的物理约束和重力影响失效(通过一些支撑装置)。这里所做的实验是要避免那些人工约束以使参试者自然地做出不受约束的动作。结果表明,水平方向任务实验中手的动作轨迹要比垂直方向任务实验中手的动作轨迹直,尽管稍有一点弯曲,特别是做对角动作时。相信较直的动作轨迹是因为作用于手臂上的重力变化不大所导致的,也是以完成指定任务为目标做必要动作的结果。

通过实验,一些问题可能会浮现出来,如参试者可能会下意识地顺着实验框架的四边做动作,从而产生直线轨迹,或在做一个动作过程中会时不时改变主意而另选一个目标,这可能会导致轨迹呈曲线。在未来的实验中,在一个大而无特色的面板上标记目标,如一个桌面,或许能改善这一问题。如果将 LED 灯或照明按钮作为目标物,那么参试者会按照顺序亮起的目标物做出相应的任务动作。

然后每个参试者在相同的条件下重复这个实验。在垂直方向任务实验中,让参试者毫无障碍地定位一个三维空间中的目标是非常有利的,因为这些目标位置可以扩展应用到参试者的身体和工作空间。然而,当目标位置直接由实验设计人员控制时,那么目标位置就有些随意。如果想要对各任务实验(目标位置不同)进行精确比较,那么使用一个自动的机器人系统并根据每个参试者的身高来放置目标就能做到。然而,使用一个非人形机器人(如3自由度桥式吊架结构)或许是必要的,因其不会影响参试者做动作。但是有一点需要注意,对于达成实验研究的目的而言,这些条件不是必要的,这只不过是为了与线性任务控制器所产生的动作进行比较。

总之,实验结果支持了这个观点,即任务过程中人手的动作轨迹并不总是呈直线,而且曲率在某种程度上取决于重力影响(两组实验中都考虑的主要变量)。特别的是,当末端执行器的轨迹不仅由任务控制器而且由力作用最小化姿态控制器决定时(通常具有代表性的是仅由任务控制器来决定轨迹),图9-8中观察到的S形轨迹与之前章节中经过合成的轨迹相匹配。

尽管重力在任务轨迹的形成中起到了很大的作用,但是也必须承认:其他生理因素也对人类动作造成影响。

9.2 机器人任务实现中的动作捕捉

第一组动作捕捉实验的目的是对任务过程中人类手的动作进行分析,这等同于机器人系统中的任务动作。产生的轨迹似乎有一个明显且变化不定的非线性分量,从而得出以下与任务控制器和姿态控制器的进一步开发相关的表述:

(1)相比线性控制器所生成的线性轨迹,任务控制器生成的非线性轨迹更具现实意义,因此对其进行设计改型是必要的。

(2)利用现有的线性控制器和任务控制器来测试更多自由度系统(需要进行三维的任务控制)上的姿态控制器是不可能的。因为任务引导姿态,一个不正确的任务会导致姿态控制器出现偏差,从而会使动作朝着不自然的方向发展。

为解决上述问题,决定将动作捕捉数据集成到控制框架之中,从而确保:

(1)为姿态控制器提供一个测试环境;

(2)为任务控制器设计改型提供实例数据。

为实现这种数据集成,有必要进一步开发出动作捕捉技术,以用于捕捉人类手臂动作的完整数据,并将这些数据应用于 Elumotion BERUL2 机器人。显然,这一应用需要对所记录的动作进行缩放和拟合，这是因为人 - 机在外形尺寸和身体结构上存在差异（第 3 章中已讨论过）。本节现在要描述的是用于实现这种数据集成的技术。需要注意，设计的这些实验是用来研究腕部以上的手臂动作，这些动作近似于一个 4 自由度机器人的动作。

9.2.1 人 - 机运动学不匹配

参试者的动作从本质上源于人类身体的解剖布局，因此让机器人系统直接模仿人类动作从本质上会导致不同的动作产生，这是由于人 - 机无法避免的运动学差异。这些差异表现为不同的身体尺寸（连杆长度），但更为根本的是，仿人机器人是一种简化的人类形态，因此必然会表现出差异。这种运动学简化形式之前在第 2.5.2 节中已讨论过。以一个替代的运动学参数来复现末端执行器的轨迹，将呈现出不同于原系统的冗余连杆构形，而复制的关节运动数据则一定会导致不同于原系统的末端执行器的运动。在上述两种情况中，机器人有可能会因关节限制的冲突或身体自身的碰撞而损坏（Nakaoka 等，2007；Pollard 等，2002）。当这些不匹配应用到基于各种动力学模型和控制的系统时所带来的后果更为严重。相比机器人系统的机械结构，人类的生理结构会导致各种非常不同的动力学模型，这些模型具有不同的质量分布和惯性。因此，对人类做动作的各种要求可能不适用于一个仿人机器人系统。对动作捕捉数据中有关运动学和动力学的不匹配的更深的探讨，请参见第 3.5 节。

人机之间运动学简化的一个最好的例子是大多数机器人系统所采用的肩部构造。人类肩胛带（也称为肩带或肩关节）由三块骨头（肩胛骨、锁骨和肱骨）组成，这三块骨头通过肌腱、韧带和肌肉相连（见图 9 - 11）。这样的布局使得关节具有高度灵活性，允许上臂做出弯曲、伸展、外展、内收和旋转动作，同时还允许肱骨头（肩部）做相对于脊椎和胸骨的动作，表现形式为回缩、前伸、抬起和下转动作（如图 9 - 12 所示）。在生物力学和机器人的研究中关于关节系统的正确建模已经开展了大量工作（Holzbaur 等，2005；Okada 和 Nakamura，2005；Tondu，2006；De Sapio 等，2006）。Okada 和 Nakamura（2005）将人类肩部视作一个 5 - 关节系统，而 Tondu（2006）提出了一个串联链式肩部模型，该模型由三个球窝关节（3 自由度）组成。在 Elumotion BERUL2 机器人中，如同许多其他机械臂一样，肩关节被精简为 3 自由度模型（肱骨弯曲、伸展和旋转），这些自由度布置在几个连杆周围（如图 2 - 12 或图 9 - 13 所示），而不像图 2 - 11 所示的人类肩关节那样复杂。与人类手臂相比，自由度的精简明显限制了机器人肩部的动作。因此，BERUL2 机器人不可能做出图 9 - 12 中所示的姿势。这种运动学上的简化并非特例,许多其他的复杂机器人系统都使用了一个类似的 3 自由度肩部结构,如 Asimo 机器人(Sakagami 等,2002)、HRP-2 机器人(Kaneko 等,2008)以及 iCub 机器人(Sandini 等,2007)。

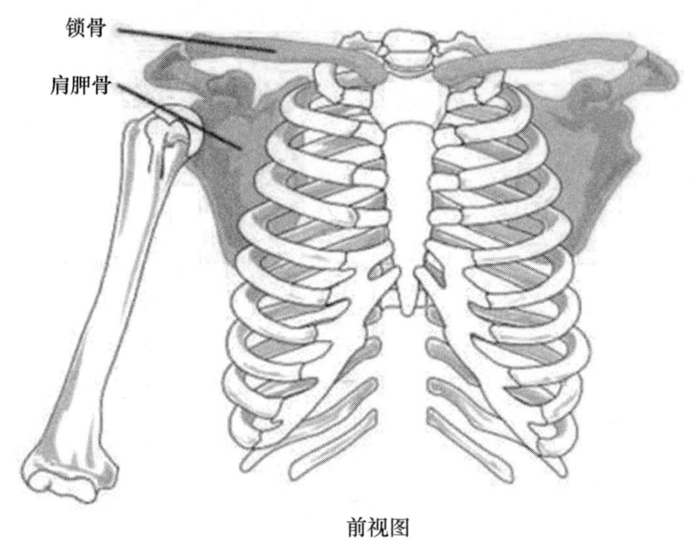

图 9-11 胸腔前视图,图中标示为肩胛带(维基百科,2010)

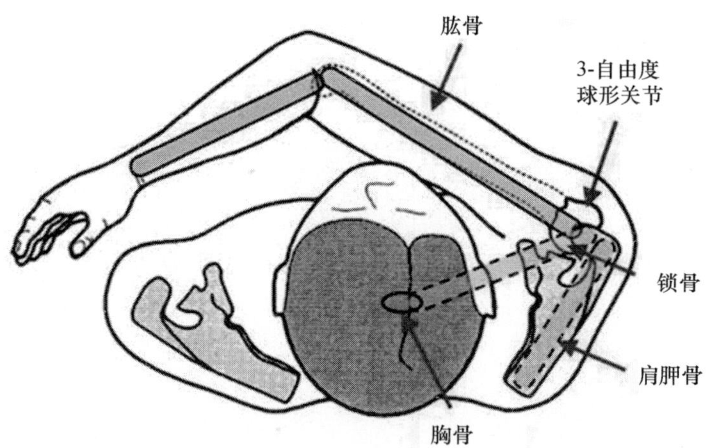

图 9-12 用刚性连杆来表示人的肩部和肘部自由度的近似图。锁骨和肩胛骨组成肩胛带,允许肱骨头(肩部)做相对于脊椎和胸骨的动作(图示经华盛顿大学修改,2013)(图示印制经绘制者 S. Lippitt 允许,2015 年 9 月 8 日)

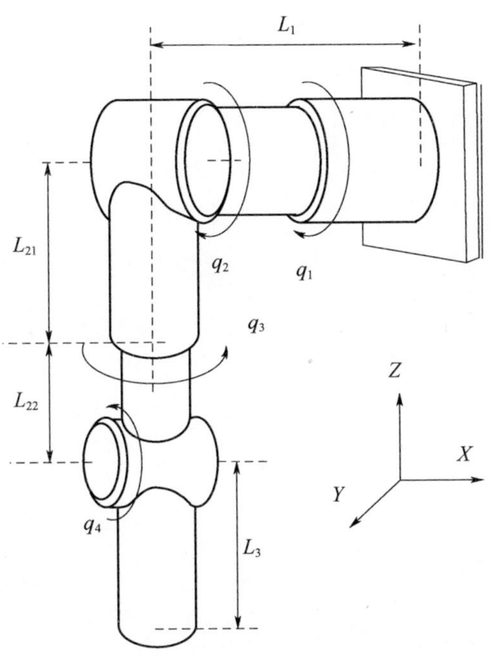

图 9 - 13　4 自由度 BERUL2 机器人模型,图示标出了长度和关节角

此外,BERUL2 机器人由托架固定于一个适当位置,托架与桌子连接,而参试者则能在动作捕捉环境中全局移动。尽管实验中参试者被要求将他们的脚保持在一个相同的位置,但是在各种动作任务过程中腿和脊椎的运动导致平衡发生转移,这表明实验中肩部的“基础”确实移动了。必须处理这一现象以使动作适用于 BERUL2 机器人。

9.2.2　不一致运动学模型的动作捕捉过程

为了确保所记录的参试者数据适用于 BERUL2 机器人,开发了一种方法以使 Vicon 数据适用于机器人主体,即“除去”那些不可能使用到的自由度,同时又不会丢失大量末端执行器或冗余自由度结构信息。

图 9 - 14 所示为流程详图。过程如下:

(1)参试人员动作捕捉:使用一个详细的 Vicon 骨骼模型(见第 9.2.4 节)。导出肩部、肘部和腕部的位置信息。

(2)除去那些机器人不会用到的自由度,包括肩部自由度和全局动作自由度。

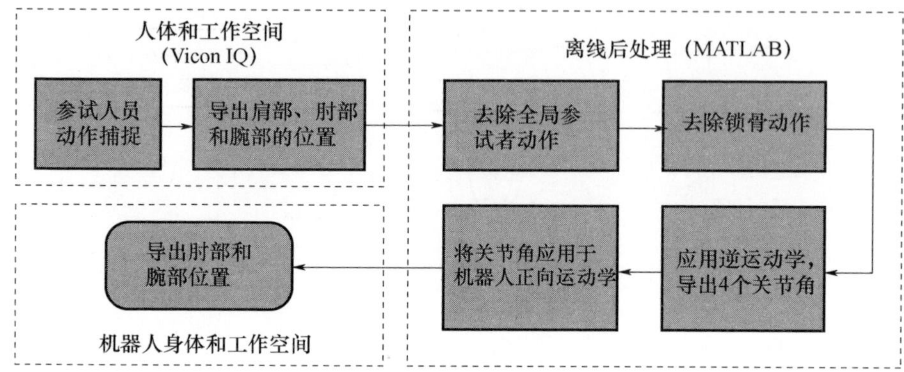

图 9-14 将 Vicon 数据按比例换算和拟合到机器人运动学的过程

(3)运用 BERUL2 机械臂(根据参试人员的尺寸进行调整)的逆运动学,求出与人的肘部和腕部位置相匹配的等效机器人关节角(见附录 B)。

(4)这些关节角应用于 BERUL2 机器人正向运动学模型,以肩部为轴的原点,求出最终的肘部和腕部动作。

上述这一过程将在以下的章节中详述。

9.2.3 扩展的动作捕捉方法

第 9.1.2 节中实现的最小程度的动作数据采集还远未满足自由空间中人的手臂动作要求。为了捕捉完整的手臂动作,从而能扩展应用到机械臂,具备侦测人的手臂各段连接(假定小臂的桡骨和尺骨由一段连接来代表)位置和方向的能力是必要的。将坐标系设置在各段连接之间的关节上就可以实现这一目标,如图 9-15 所示。这种方法和设置机械臂坐标系用于运动学建模的方法(Craig,2005;Siciliano 和 Khatib,2008)是一样的。这些坐标系都是基于这样一个简化假设,即人的手臂动作由 3 自由度球窝关节构成(以便肘部做出旋后动作)以及桡骨和尺骨由一段连接来代表。

为了能有效确定这些坐标系,创建三个额外的标记簇以用于第二阶段的动作捕捉实验,如图 9-16 所示。标记簇的设计准则与图 9-6 中手套的设计准则相同,即用刚性片和冗余标记,以便妥善地处理皮肤的拉伸运动和遮挡问题。标记簇包含:①两组安装在臂带(由原为慢跑者设计的 mp3 或智能手机播放器臂带改装而来)上的标记;②一组排列成弧形的肩部标记。肩部标记用作一个基础参考坐标,置于锁骨上方。肩部标记簇安装在一副可调节的松紧背带上,背带紧紧扣在穿着者的裤腰上。这就可以使标记在实验过程中能够保持在大体相同

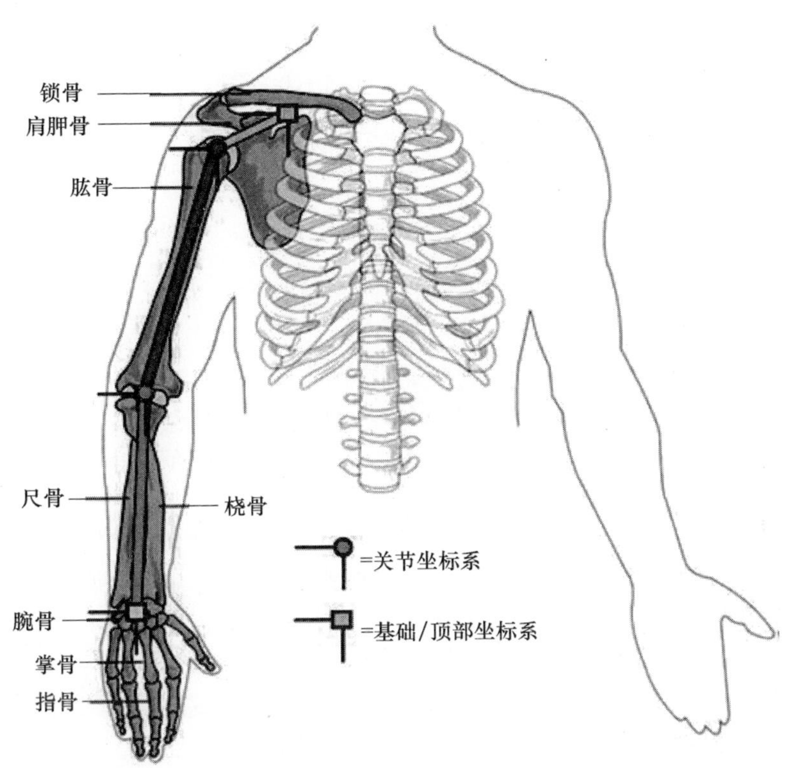

图9-15　通过Vicon骨骼文件建立的位置和方向坐标系
（图示引自维基百科2010，经过修改）

的位置。标记簇下方的海绵护垫避免了参试者的不适感。为了防止标记反射误差的产生（这会导致跟踪不精确或抖动），所有标记簇的表面都被涂成亚黑色。

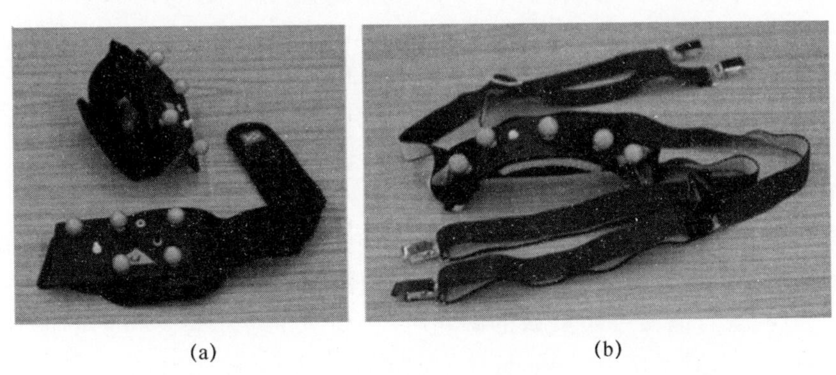

(a)　　(b)

图9-16　额外的Vicon装备
(a)上臂标记带和下臂标记带，(b)肩部标记（基础坐标）和背带。

除了标记簇以外,参试者手腕上(尺骨头上)、手肘上(肱骨外侧上髁上)以及肩上(肱骨大结节附近)等解剖学标志部位还放置有独立的标记。这些标记在创建 Vicon 骨骼文件时有助于定义每个骨连接的长度,它们的作用将在第 9.2.4 节中描述。在骨骼文件创建之后,就可移去这些标记,因为 Vicon 系统主要是对标记簇进行分析。

9.2.4 Vicon 骨骼模型

最初,利用新的标记设置来进行的动作捕捉实验中,每个标记组都被视作一个独立的物体(类似第 9.1.2 节中的手套),其方位通过一组欧拉角或旋转矩阵代表。每个标记各角度之间的转换表示那个关节在相应坐标系下所发生的旋转(Waldron 和 Schmiedeler,2008)。这就是要在锁骨下方设置一个基础坐标系的原因之一(见图 9-11 和第 9.2.1 节),这样就可对肩部坐标系的旋转进行推演。采用这一动作提取方法的好处是通过臂带能快速地将标记连接在参试者身上,而且无需借助骨骼模型就有可能计算出关节方位。遗憾的是,用该方法得出的角度值通常是不精确的,而且受到运动学奇异点的各种影响,如 Craig(2005)中的万向节锁。由于存在以上这些问题,我们最终放弃了这一方法,并需要开发一种更具鲁棒性的技术。

另一种方法是使用 Vicon IQ 软件创建一个多关节型对象模板。这些模板称为 Vicon 骨骼文件或骨骼模型。为创建一个骨骼文件,需要对带有标记的参试者拍摄一张单帧“快照”。然后,对这些按照要求放置的标记(构成手臂形态的那些标记)进行分组并分配到一个基础坐标系。这里使用的人类手臂模型中,基础坐标为肩部标记组下方的坐标(锁骨和肩胛骨之间),即图 9-17a 和图 9-15 中的黄色立方体。随即就可记录手臂相对于该基础坐标的动作。随后通过各个标记粗略估计出每个主体部分或骨骼的中心,手臂各个连接依次从这一基础坐标延伸出去并实现在 3D 环境中的定位。此外,放置在各个身体结构上的独立标记有助于各个连接起点和终点的正确放置。最后,标记簇对应各个关节和连接,从而确保关节的方向与对应的标记组相匹配。

图 9-17 中可以看到最终的 Vicon 骨骼文件中各个标记的分配。注意,骨骼各个连接的配色方案与图 9-15 中以坐标模式呈现的各个连接的配色方案相同。还需注意,骨骼文件中默认的静止/放松位置为一个自然弯曲的肘部的位置。这就要求参试者在拍摄 Vicon 快照时处于一个“放松”的位置。

图 9-17(b)所示为与参试者在执行伸臂取物任务中手臂动作相匹配的 Vicon 骨骼模型。绿色连接末端的标记被置于参试者的腕部,而图示上部的一组

不关联标记呈现的是附有标记的帽子的运动记录,这部分不属于骨骼模型。

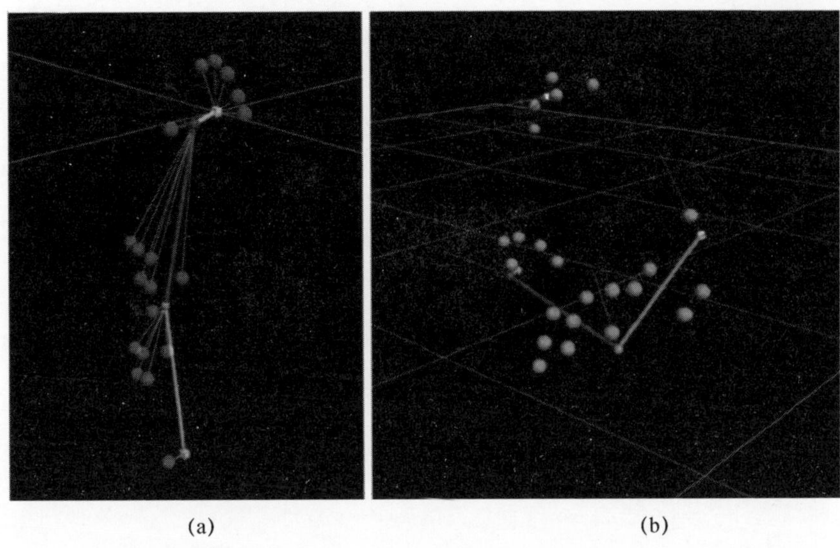

(a)　　　　　　　　　　(b)

图 9 - 17　Vicon 骨骼模型(图像由 Vicon 工具包创建,印制经 VICON 公司许可,2015 年 9 月)
(a)默认状态下的姿势;(b)对某个参试人员动作的路径记录
参试者还戴着附有标记的帽子,这部分不属于骨骼模型。

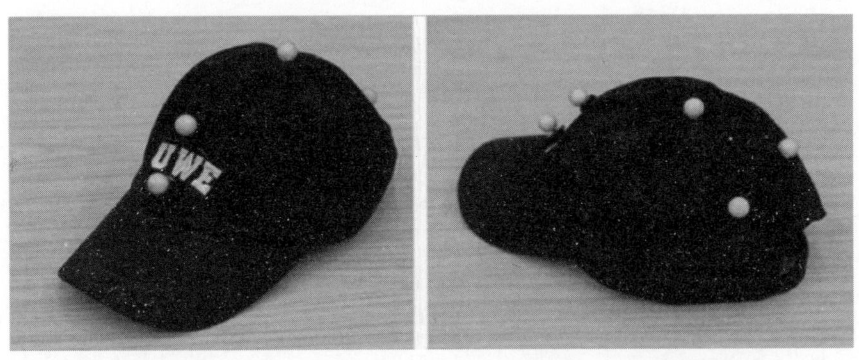

图 9 - 18　最初的 Vicon 实验中参试者戴的经过修改的棒球帽

随后进行动作捕捉实验,骨骼模型每一帧位置和方向都由 Vicon 系统输出,即输出一个逗点分隔值(. csv)文件,但要求在与其他软件平台(如 MATLAB)兼容之前作一些布局修改。图 9 - 19 为 MATLAB 仿真软件平台上显示的可视化原始 Vicon 数据。

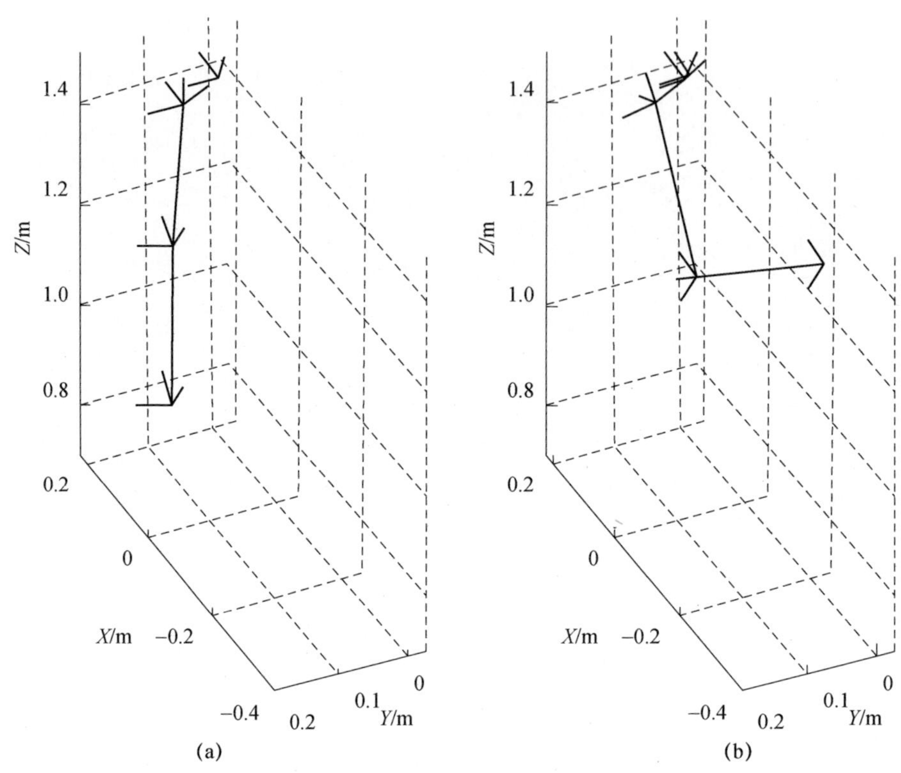

图 9 - 19 Vicon 系统捕捉的并导入到 MATLAB 中的原始数据
(a)参试者处于一个初始静止/放松姿势,即手臂自然悬于身体两侧;(b)手肘弯曲动作,即由初始基础/锁骨坐标系呈现的全局动作,图顶部位置附近的深色坐标系。

9.2.5 移除不相容的运动学

在 Vicon 模型中,每个关节被定义为一个 3 自由度球窝关节。这就简化了人类身体的解剖学模型,并得到对应骨骼各个连接的较好的关节影像,从图 9 - 17(b)和图 9 - 19 可观察到。运用更为传统的方法来定义关节(如利用一个 1 自由度铰接装置来代表肘部关节的弯曲动作)会导致腕部在做前翻/后翻动作时不佳的运动学匹配以及最终数据中明显的跟踪误差。

图 9 - 17 和图 9 - 19(a)中各个连接的位置坐标很好地匹配了人类骨骼各个连接的端点。然而,相比所对应的关节,这些坐标精确性不高,这可以从图 9 - 17(b) 和图 9 - 20(b)中对应肘部的坐标方向角就可看出来。坐标方向角的不可靠性导致在动作转换和分析过程中只能利用位置坐标而不能利用方向角

坐标，这将在第 9.2.6 节中详述。在将所记录的动作应用于机器人之前，有必要去除所有全局动作以及因肩胛带活动造成的动作（见第 9.2.1 节），通过记录肱骨头（图 9－15 中红心坐标系）的初始位置就可以做到。接着，在其他的坐标系中，通过这个初始位置确定肩部的三维平移偏差。然后，从当前的肩部、肘部和腕部坐标系中（数据解析过程不涉及基础坐标系）去除所计算出的偏差。这样就在 Vicon 数据中成功地去除了参试者所有的全局偏差。其作用相当于将手臂固定于一个支架上，这和固定 BERUL2 机械臂装置的作用是一样的。

9.2.6 逆运动学

4 自由度 Elumotion 机器人模型中，求出全代数逆运动学并用于模型分析。逆运动学方法的详细描述，请参见附录 B，本节仅做一个概述。

尽管 Vicon 系统的数据精度可达 0.001 mm，但是任务中标记抖动以及皮肤运动确实会导致骨骼模型各坐标之间距离的连续变化，从而使有效分辨率降到 1 mm 左右。这种抖动对逆运动学算法有十分明显的影响，即模型中连杆长度的变化会导致算法中产生误差，也就是不能求出解。出于这个原因，构建了一种 Vicon 解析算法可在系统运行中求出上连杆和下连杆的长度，作为逆运动学算法的变量参数。

图 9－20 展现了将“Vicon 数据”转换成“机器人”关节角的过程。在去除基础坐标系和全局偏差之后，应用算法来求出肘部相对于肩部的坐标位置。这样就将连杆 1 的方向角分离成两个角，即角 q_1 和角 q_2，求出它们的值，从而求出方向角的值。然后，通过这两个角度值求出腕部（和连杆 2）相对于肘部位置的方向角，即求出角 q_3 和角 q_4。如附录 B 所示，肘部方向角的分量 q_4 有两个可能的解，即

$$q_4 = \arccos\left(-\frac{(b-f)}{2(c+g)} \pm \sqrt{\frac{(b-f)^2}{4\,(c+g)^2} + \frac{H}{(c+g)}} \right) \tag{9.2}$$

为了确定哪一个解是正确的，先把两个解都求出，然后利用正向运动学将它们与其他已求出的关节角结合起来（使用动态的连杆长度值），这就得到了两个可能的末端执行器的位置，即图 9－20 中标示绿圈和红圈的地方。通过欧几里得距离计算法确定哪个解最接近 Vicon 所记录的腕部坐标。这一过程在数据转换中持续进行，因为每个解距离末端执行器的接近程度会随着其他关节角的变化而变化。

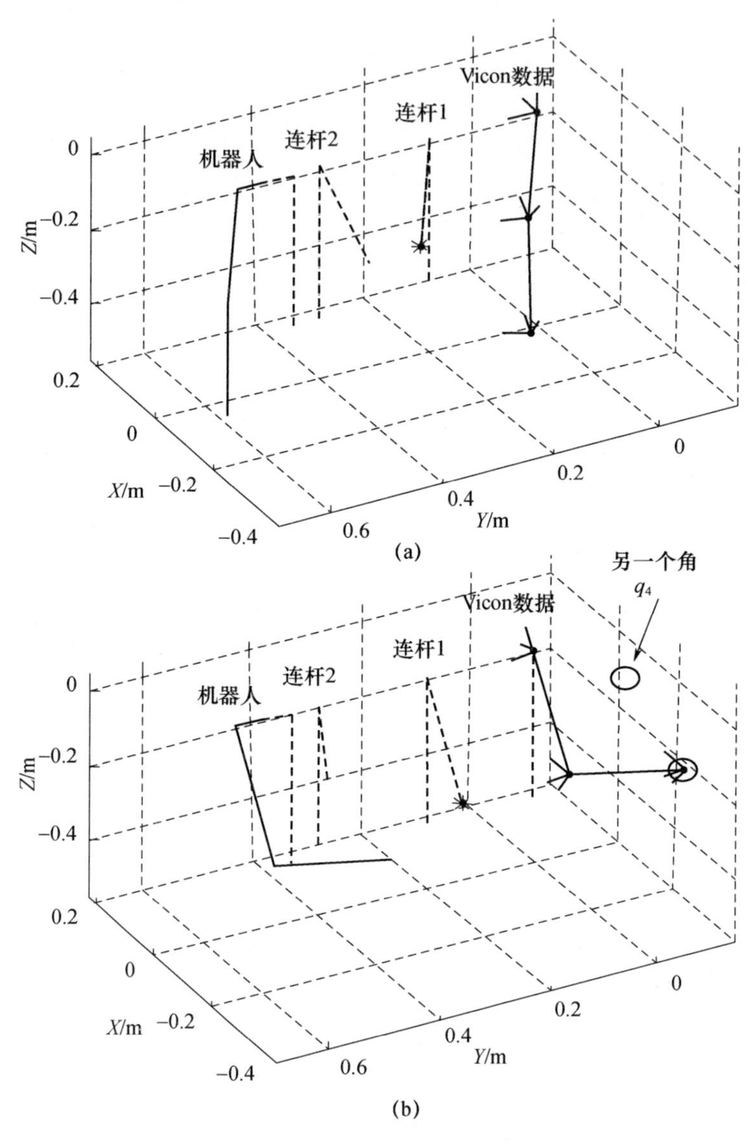

图 9-20 Vicon 动作捕捉数据转换为机器人关节角

确定了 q_4 的正确解就可得出肘部连杆相对于腕部连杆的方向角，即图 9-20 中所示的“连杆 2”。注意，显示的连杆 2 的方向角与前一个连杆的方向角无关。因此，这一独立的连杆 2 似乎与“Vicon 数据”手臂中连杆 2 的方向角不相匹配。

图 9-21 为算法求出的肘部弯曲的关节角轨迹。从图中可以看出，肘部弯

曲角 q_4 经历了一次明确且刻意的动作,尽管在其他关节中出现了某种程度的连带动作。

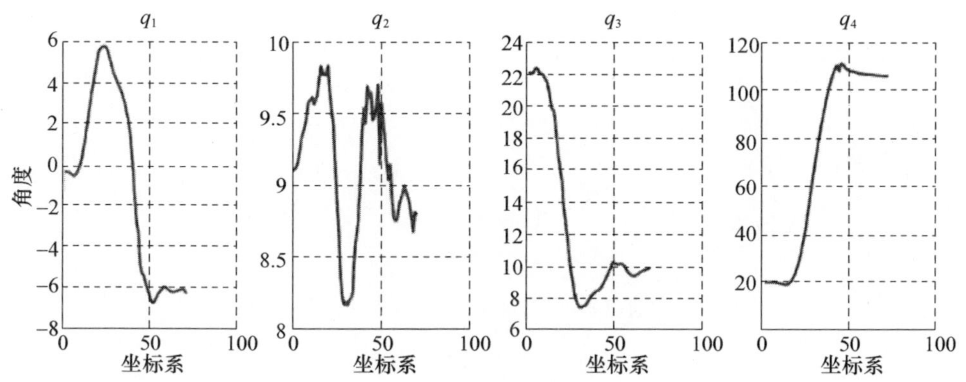

图 9－21　用 BERUL2 机器人关节角呈现出的图 9－20 中的肘部弯曲动作轨迹。（q_4 表示实际的肘部弯曲动作）

9.2.7　轨迹差异

对人类动作的简化以适用于结构不那么复杂的机器人势必会对动作轨迹造成某种影响。某种程度上说,这是无法避免的,因为一个 3 自由度系统（BERUL2 机器肩）不可能模拟出一个 5 自由度系统（Okada 和 Nakamura(2005) 描述的人的肩部）的全部动作。

到现在为止,本书中最令人感兴趣的是冗余自由度的动作（为此发展出各种姿态控制器）。出于这个原因,需要利用到各种经过数据比例换算的冗余动作模式,以及任务驱动的末端执行器的各种轨迹。对人的末端执行器动作的简单复制必然会导致其它多余的动作,达不到实验的目的。

图 9－22 提供了一个肘部弯曲动作的例子,以说明参试者和 BERUL2 机器人在肩部、肘部和腕部轨迹上的差异,并对上述数据的解析过程进行了描述。图中,参试者的动作显示为深蓝色,BERUL2 机器人动作显示为淡绿色。首先要注意的是:机器人肩部没有动作,因为机器人无法像人那样平移肩部。尽管在机器人实例中对肘部轨迹进行了一点拉伸以补偿肩部平移的不足,但与人的肘部轨迹相比,机器人肘部轨迹仍有一点小位移。同样,与人的末端执行器轨迹相比,机器人末端执行器轨迹也有类似的轻微变形,这是因补偿上一个自由度的缺失所导致的结果。可以看到,图 9－22 中参试者的动作轨迹覆盖的垂直距离更长。

还可以看到，肘部和肩部轨迹更高，这意味着肘部弯曲动作可能伴随了一个轻微的“耸肩”动作。很明显，这个肘部弯曲动作是经转换处理过的。

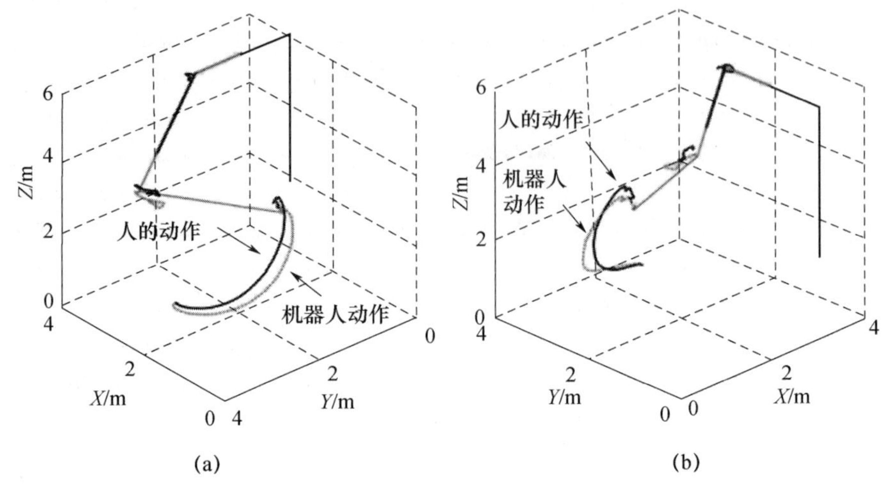

图 9－22　通过本章所描述的方法对动作捕捉数据处理之前和之后的对比。
(a)和(b)为同一动作轨迹和机械臂的不同视图。图中参试者的动作轨迹显示为深蓝色，
在机器人实例中不可能出现的肩部平移轨迹也显示为深蓝色(见彩插)

尽管人的动作和机器人动作不可避免地会存在差异，但是整体的动作模式似乎保留了下来。注意，机器人的末端执行器最终位置是不同的。这一点不重要，因为保持动作模式是本方法的目的，而不是末端执行器的精度。

9.3　4自由度对比实验

在 BERUL2 机器人仿真模型实现 4 自由度为测试目前开发出来的控制方案提供了一个更为实际的场景。在之前的章节中，未得到完全指定的任务控制器会产生冗余，这对创建一个简单的任务和姿态解耦是有必要的。在 4 自由度系统中，对末端执行器的平移任务控制进行完全指定是有可能的，这样，利用一个额外的自由度作为冗余自由度，就能对机器人工作空间中的末端执行器进行有效定位(尽管不包括方向角)。在任务动作过程中，对肘部的定位也要利用到冗余自由度。因此，现在就需要对所记录的任务动作进行两种姿态控制方法的比较分析，即基于梯度下降法的滑模控制方法和比例微分(PD)控制方法(见第 3 章和第 6 章)。为此，通过动作捕捉系统所观察到的参试者执行伸臂取物任务时

的腕部动作,4 自由度 BERUL2 机器人仿真模型对这一任务动作进行了模拟。实验中我们使用第 5 章中设计的任务控制器来跟踪参试者的动作,同时使用第 7.4.2 节中引入的一个补偿项来克服各种摩擦系数。参试者完成任务动作时间约为 1.75s,机器人复制这一任务动作的完成时间也应保持在这个时间左右。仿真运行时间被设定为 3s,以便有时间处理机器人姿态和所观察到的滑动参数。

实验过程中,利用第 6 章中式(6.6)所述的方法设定一个关节运动极限,即 $q_{L2}=0$。这就确保了机械臂能与人的手臂一样始终以外展姿态做动作(肩部离开躯干做动作)。人的手臂动作受到躯干的约束,而 BERUL2 机械臂则不存在这样的约束。因此,这一关节运动极限有效地模拟了人的躯干。该极限关联参数为 $K_L=0.02$,$K_{L2}=6$ 以及 $\delta_{L2}=0.01$。肌肉矩阵由下式定义,设定的肩部增益较大,因为不管是人类还是机器人,手臂这一区域的肌肉/执行器力量较大,即

$$\boldsymbol{K}_a=\begin{bmatrix}10 & 0 & 0 & 0\\ 0 & 10 & 0 & 0\\ 0 & 0 & 1 & 0\\ 0 & 0 & 0 & 1\end{bmatrix} \tag{9.3}$$

9.3.1 结论

为了评估控制器的有效性,再次采用对姿态控制器进行调优的方法以匹配姿态力作用函数 $U(q)$ 并对所得到的扭矩值进行比较。对 PD 控制器进行调优,增益取值为 $K_p=10$ 和 $K_d=9$;对滑模姿态控制器进行调优,增益取值为 $K=1$,$K_{slp}=70$,$K_{sd}=0.7$ 和 $\delta_2=0.1$,就可以得到姿态力作用的最接近匹配值。这就得到了来自两个控制器的姿态力作用响应,如图 9-23 所示,以及式(7.91)所述的组合扭矩输出值,如图 9-24 所示。

比较这两组结果,姿态力作用值所呈现的两条曲线十分相似,在任务动作过程中以及两个控制器都处于稳态条件下(末端执行器已到达目标),最优滑模控制器的组合扭矩输出曲线低于传统的 PD 控制器的组合扭矩输出曲线。这表明最优滑模控制器更有效,而且经受的高频控制动作更少。

通过图 9-25 可以观察到机器人两个控制器的轨迹曲线。图中,捕捉到的参试者动作轨迹用点线(肘部轨迹)和虚线(腕部轨迹)表示。人和机器人任务动作的差异是由未建模的仿真动力学(与跟踪目标密切相关)造成的。尽管滑模任务控制器一直试图克服参数误差,但是所跟踪的目标也在持续发生变化,最终导致滞后响应。这可通过对任务控制器更为积极地调优得到修正。

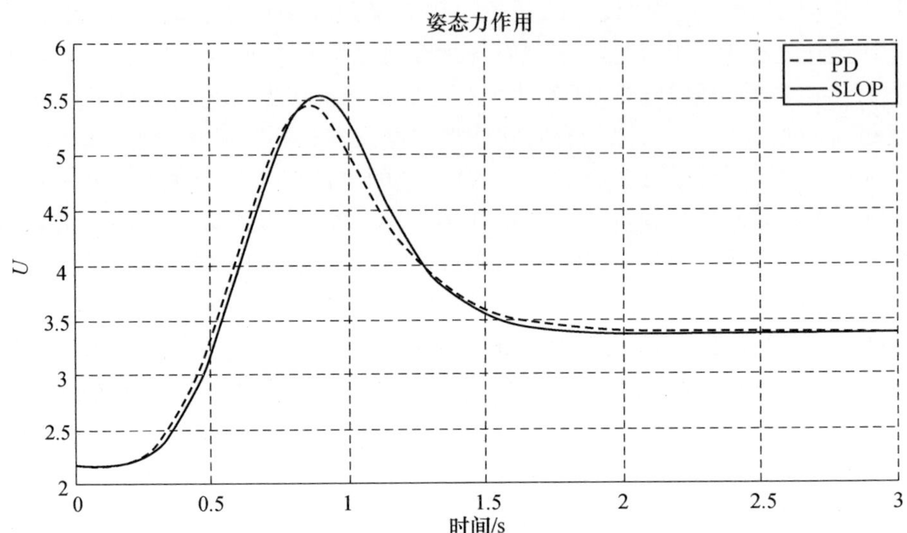

图 9-23　由式(6.5)定义的姿态力作用 U 曲线

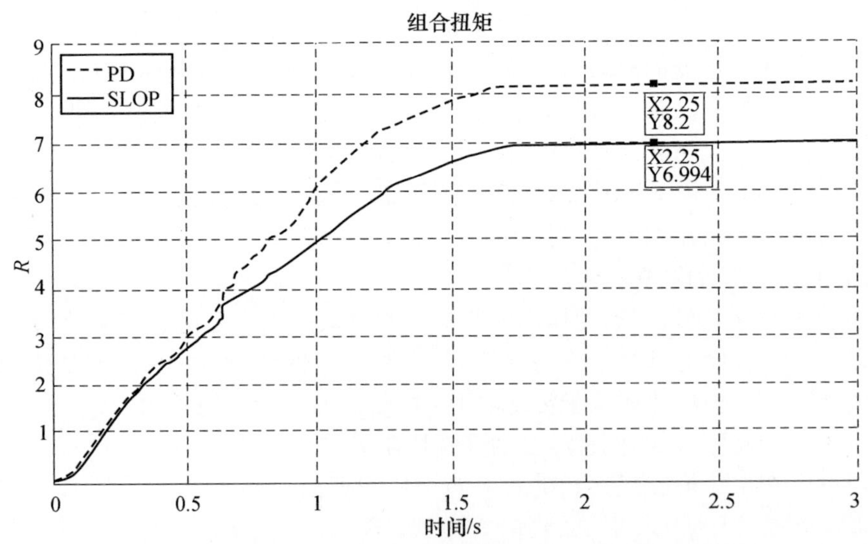

图 9-24　组合扭矩对比图,使用式(7.91)中所述的度量标准

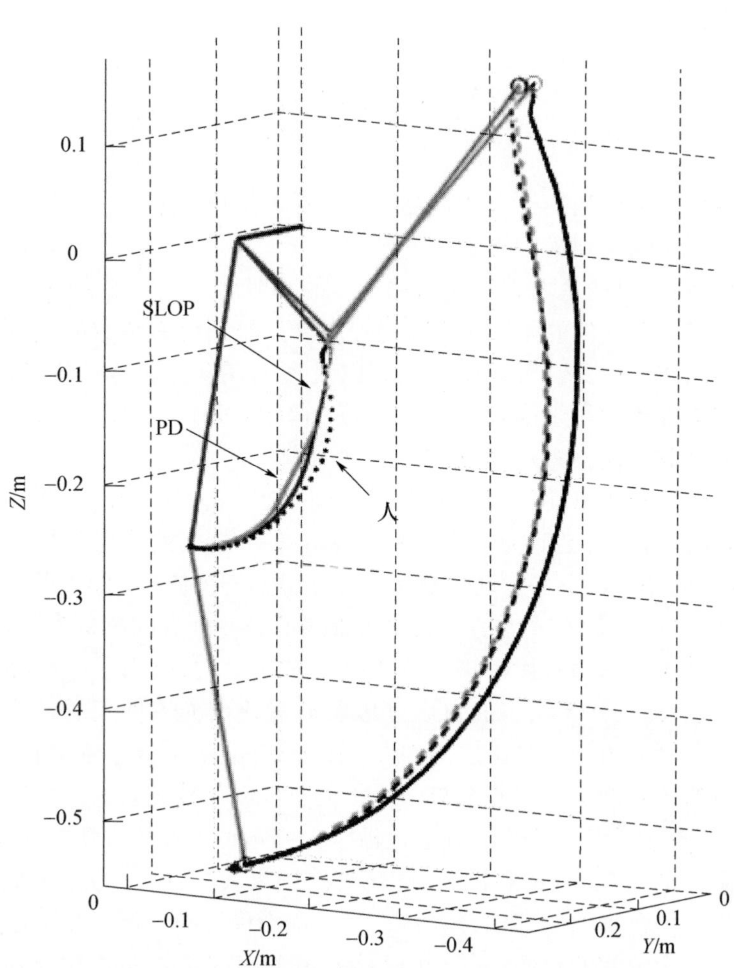

图 9 - 25　BRRUL2 机器人仿真模型对参试人员末端执行器任务动作的跟踪轨迹曲线。肘部轨迹的变化导致姿态控制器性能的差异(见彩插)

如第 7 章所述,两个控制器在冗余空间中产生了不同的轨迹。但是,通过观察可以看到,在伸臂取物任务的最初几个阶段中最优滑模控制器的肘部轨迹与参试者所产生的动作轨迹之间的匹配度极佳,尽管 PD 控制器产生的轨迹对于大多数实验观察者而言毫无疑问是可接受的,这主要是由于多次反复实验中人的姿态动作都会发生变化(Todorov 和 Jordan 等,2002)。然而,最优滑模控制器在动作开始阶段对人的动作的拟合度更好,并且组合扭矩输出曲线也良好地拟合了图 9 - 24 中所示的曲线,即较低的那根曲线,这就表明该控制方法或许更为适合。

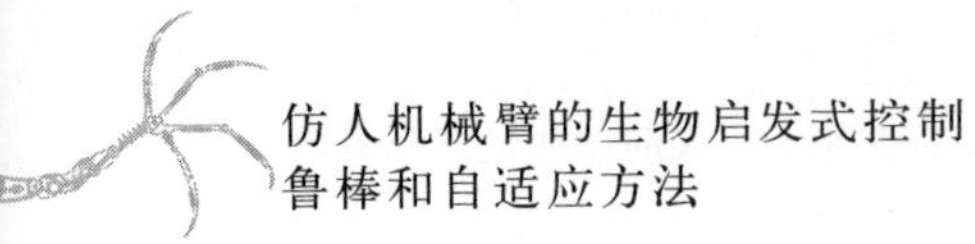

9.4 小 结

本章探讨了动作捕捉技术的用途,即对参试者的动作进行分析以及将所记录的参试者动作应用到机器人系统。使用一套 Vicon 光学动作捕捉系统来进行最初的几个实验,目的是要识别出人的动作的一般模式。实验表明:导致末端执行器轨迹呈现出非线性的部分原因是重力作用,即是重力函数的一部分。这可以通过对最初实验中参试者动作的观察以及利用现有控制器被推断出来,即水平方向动作取决于力作用函数,见式(6.5),也就是重力函数。通过垂直方向和水平方向伸臂取物任务实验,验证了这一观点。

实验结果显示了将动作捕捉数据综合到控制方案中的好处,既提高了任务控制器的现实可行性,又能为姿态控制器提供一个真实的实验环境。为了实现这一综合,人的动作数据必须转换成另一个形式,以适用于机器人系统。正如已经详述过的,机器人系统因运动学简化所带来的一些固有问题显现了出来,这阻碍了对真人动作数据的直接模拟。为了解决这个问题,提出了一种动作捕捉数据后处理方法,即去除不相容的自由度以及通过比例换算使人的动作数据适用于机器人。尽管使用一个自由度减少的系统来模拟动作会导致某种动作差异,但是这一方法还是能保持住冗余自由度中的整体动作模式。

此外,第 8 章开发出的控制方法也被融入到 4 自由度仿真系统中,而且利用到了第 8 章中的一条经过测量的任务轨迹。结果表明:两个力作用最小化姿态控制器都生成了逼真的肘部轨迹。特别是最优滑模姿态控制器生成了与真人姿态响应几乎完全一致的轨迹,同时在机器人模型存在参数误差和结构误差的条件下还能使力作用保持在一个较低的水平。

参考文献

Atkeson C, Hollerbach J (1985) Kinematic features of unrestrained vertical arm movements. J Neurosci 5(9):2318

Charles S, Hogan N(2010) The curvature and variability of wrist and arm movements. Exp Brain Res 203(1):63 – 73

Craig J(2005) Introduction to robotics: mechanics and control, 3rd edn. Pearson Prentice Hall, Upper Saddle River

Cruse H, Brüwer M(1987) The human arm as a redundant manipulator: the control of path and joint angles. Biol Cybern 57(1):137 – 144

De Sapio V, Warren J, Khatib O(2006) Predicting reaching postures using a kinematically constrained shoulder model. Adv Robot Kinemat 3:209 – 218

Desmurget M, Jordan M, Prablanc C, Jeannerod M(1997) Constrained and unconstrained movements involve different control strategies. J Neurophysiol 77(3):1644

Flash T, Hogan N(1985) The co – ordination of arm movements: an experimentally confirmed mathematical model. J Neurosci 5(7):1688 – 1703

Hollerbach J, Moore S, Atkeson C(1987) Workspace effect in arm movement kinematics derived by joint interpolation. In: Gantchev GN, Dimitrov B, Gatev P(eds) Motor control. Plenum Press, New York, pp 197 – 208

Holzbaur K, Murray W, Delp S(2005) A model of the upper extremity for simulating musculoskeletal surgery and analyzing neuromuscular control. Ann Biomed Eng 33(6):829 – 840

Kaneko K, Harada K, Kanehiro F, Miyamori G, Akachi K(2008) Humanoid robot HRP – 3. In: IEEE/RSJ international conference on intelligent robots and systems (IROS 2008). IEEE, pp 2471 – 2478

Luo Z, Svinin M, Ohta K, Odashima T, Hosoe S(2005) On optimality of human arm movements. In: IEEE international conference on robotics and biomimetics (ROBIO 2004), Shenyang. IEEE, pp 256 – 261

Morasso P(1981) Spatial control of arm movements. Exp Brain Res 42(2):223 – 227

Nakaoka S, Nakazawa A, Kanehiro F, Kaneko K, Morisawa M, Hirukawa H, Ikeuchi K(2007) Learning from observation paradigm: leg task models for enabling a biped humanoid robot to imitate human dances. Int J Robot Res 26(8):829

Okada M, Nakamura Y(2005) Development of a cybernetic shoulder – a 3 – DOF mechanism that imitates biological shoulder motion. IEEE Trans Robot 21(3):438 – 444. doi: 10.1109/TRO.2004.838006

Patton J, Kovic M, Mussa – Ivaldi F(2006) Custom – designed haptic training for restoring reaching ability to individuals with poststroke hemiparesis. J Rehabil Res Dev 43(5):643

Pollard N, Hodgins J, Riley M, Atkeson C(2002) Adapting human motion for the control of a humanoid robot. In: Proceedings of the 2002 IEEE international conference on robotics and automation, Washington, DC

Sakagami Y, Watanabe R, Aoyama C, Matsunaga S, Higaki N, Fujimura K(2002) The intelligent ASIMO: system overview and integration. In: IEEE/RSJ international conference on intelligent robots and systems, 2002, EPFL Lausanne, vol 3. IEEE, pp 2478 – 2483

Sandini G, Metta G, Vernon D(2007) The iCub cognitive humanoid robot: an open – system research platform for enactive cognition. In: Lungarella M, Iida F, Bongard J, Pfeifer R(eds) 50 years of artificial intelligence. Lecture notes in artificial intelligence, vol 4850. Springer, Berlin/Heidelberg, pp 358 – 369

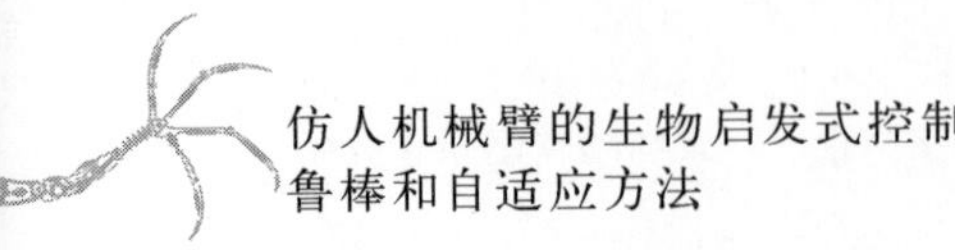

Siciliano B, Khatib O(eds)(2008) Springer handbook of robotics. Springer, Berlin

Todorov E, Jordan M(2002) Optimal feedback control as a theory of motor coordination. Nat Neurosci 5(11):1226 – 1235

Tondu B(2006) Modelling of the shoulder complex and application the design of upper extremities for humanoid robots. In: 2005 5th IEEE – RAS international conference on humanoid robots, Tsukuba. IEEE, pp 313 – 320

Uno Y, Kwato M, Suzuki R(1989) Formation and control of optimal trajectory in human multijoint arm movement. Biol Cybern 26:109 – 124

Vicon(2011) Vicon MX system reference. http://www.udel.edu/PT/Research/MAL/MXhardware_Reference.pdf. Accessed 26 Sept 2011

Waldron K, Schmiedeler J(2008) Kinematics. In: Siciliano B, Khatib O(eds) Springer handbook of robotics. Springer, Berlin, pp 9 – 33

University of Washington(2013) Evaluation of a stiff shoulder[online]. http://www.orthop.washington.edu/? q = patient – care/articles/shoulder/evaluation – of – the – stiff – shoulder.html. Accessed 26 Sept 2015

Wikimedia Commons(2010) Pectoral girdle front diagram[online]. http://en.wikipedia.org/wiki/File:Pectoral_girdle_front_diagram.svg. Accessed 23 Sept 2015

Wolpert D, Ghahramani Z, Jordan M(1994) Perceptual distortion contributes to the curvature of human reaching movements. Exp Brain Res 98(1):153 – 156

第10章 任务建模和控制中基于动作观察的神经网络学习方法

虽然对真人手臂动作的驱动机制有不同的解释，但在这些动作中观察到的模式都是十分普通的（如第9章所述）。影响这些模式的因素（如重力和肌肉力量）可视为动作的空间起点和终点的函数。事实上，真人手臂的任务动作是通过完成空间“A - to - B”的动作来定义的。

本章不是试图对真人任务动作的驱动机制进行建模，而是提出了一种简单的方法，即利用在之前实验者观察到的动作与动作之间进行插值的方法来生成逼真的手臂动作。这种观察学习的技术使用一个最小化的多项式来表达手的轨迹，这就为使用神经网络方法来生成这些最小化的动作轨迹创造了有利条件。本章中的4自由度仿真机械臂将这种方法与之前开发的几种控制器集成在一起。

10.1 简介

在第9章中，由动作捕捉数据得到的观察结果表明：末端执行器的轨迹取决于手臂动作相对于重力的方向。作用于上肢的重力变化越大，所产生的轨迹就越呈现出非线性。然而，也必须承认，身体的生理因素（生物力学和神经因素）也与这些动作有关。式（4.38）给出了机器人控制器中用于产生力作用标量值的增益矩阵，由此可以看出，这些因素已经被考虑在内。

Atkeson和Hollerbach（1985）在无约束垂直方向动作中观察到了曲线路径。Charles和Hogan（2010）也认识到了这一点，他们指出，形成这种曲率的原因为：

（1）扭矩变化最小化（Uno等，1989）；

（2）神经肌肉噪声（Harris，2009）；

（3）感官效应（Wolpert等，1994）；

（4）最优反馈控制（Todorov和Jordan，2002）；

(5)神经肌肉平衡控制(Flash,1987)。

这些因素大多数已在之前的第3.1节中讨论过。此外,能量效率所遵从的动量守恒也可能是一个因素,这在Verdaasdonk等(2009)所描述的高效行走机器人中已经被关注到了。显然,身体的运动学结构也是固有的因素。

要建立一个能模拟这些不同驱动机制的控制方案,需要大量的生物力学和神经学建模。最终的方案无疑会复杂到无法控制的程度,特别是当考虑对各种参数进行调优以及实时实现时。

如果忽略了与时间相关的影响效应(例如疲劳和紧急动作),那么动作模式可能与预期的手臂动作起始点和终点相关联。所有促成动作的因素就可以视为这些空间位置的函数。这些因素可能是运动学的、动力学的、生物力学的或神经的。在没有时间变化或外部扰动影响的情况下,应该可以将所有这些特征归入一个单一的动作规划函数中。

如果让机器人系统"学习"这个函数,这种动作建模的"捷径"可能会变得更短,即根据多个实例自动完成建模。在本章中,将给出一种方法,即用一个起点和终点函数来代表任务动作,这将为把任务动作集成到一个观察学习系统中做好准备。

10.1.1 观察学习

观察学习(也称为示范学习)是一种自然启发的技能获取方法,对"现场"的机器人非常有用,并对未来的人机交互具有重要意义(更多细节参见第3.5节和第3.6.2节)。Breazeal(2004)描述,"任何作为日常生活一部分与人共存的机器人都必须能够学习和适应新的环境"。这可能意味着人类将能够教会机器人如何完成新任务,或者通过物理演示而不是技术编程来修改现有任务。这种方法使机器人界面既简便又人性化,因为演示是人与人之间技能转移的一种常见方法。在学习和模仿形体动作时,如运动或灵巧的任务时,尤其如此。

为了实现这一技术的"观察"部分,再次使用第9章中描述的Vicon动作捕捉系统。在实际系统中,理想情况下,最好用一种更本地化、更便携的技术来代替,例如三维扫描仪或视觉系统,并且不需要示范者佩戴标记。目前,暂且使用Vicon系统来验证这一概念。

正如本书中已描述的,力作用最优化对真人完成动作似乎起了很大的作用。在目前提出的控制方案中,力作用最小化仅影响机械臂的冗余自由度,同时末端执行器轨迹由线性控制器(不受与力作用相关的这些因素的影响)控制。从第9章的观察结果看来,力作用(一个重力和肌肉权重的函数)对真人末端执行器轨迹的规划和执行似乎也起了很大的作用，即直线动作似乎只在重力效应变化相对较小时才出现（如伸臂够桌子远端的平面动作）。

相比在姿态控制器中使用力作用最优化方案，将力作用最优化方案融入到任务控制中要复杂得多。当姿态由任务动作主导时，任务控制器的首要目标是完成动作。如果任务控制器也仅仅实现了力作用最小化，那么机器人就根本不动了。此外，虽然在第 9.1 节中观察到的真人手部运动是非线性的，但在任务轨迹方面并不一定是最优的。

在第 10.1 节中，列出了形成轨迹曲率的原因。试图对这些因素建模会导致一个高度复杂的轨迹控制器，即一个复杂的生理模型，如 De Sapio 等（2005）所描述的，它只会提供一个基于某些标准的“身体模板”，并以此来评估这些标准。

将那些在很长时间内都出现的因素忽略不计，就可以将那些动作驱动器看作是一个有关空间起点和终点的函数。这些点不但能确定引力的贡献，而且将其他生理因素也考虑在内，这些因素内嵌到一个完整动作的运动学序列中。注意，动作的速度（和紧急性）并没有包含在这个理论中，所以这些动作与时间无关。此外，非目的性动作，如在言语或反射动作期间所做的手势，以及扔球等涉及能量储存和转移到外部物体的动作（Roach 等，2013），都不是本书所要讨论的内容。

总之，虽然可以对真人数据的显式生物控制进行建模以生成逼真的任务动作，但这可能不是令仿人机器人做出令人信服的动作的最有效的方法。

因此，通过一个观察学习系统，对观察到的轨迹进行简化表达，而不是对动作驱动器进行明确定义，为自动获得相应的真人手部动作模式提供了便利。然后将所学的映射用于生成新的、适合于新动作场景的轨迹。这种灵活性是非结构化环境下实际机器人系统必须具备的。

10.2　观察学习的方法

Charles 和 Hogan（2010）建议将生成人类任务动作轨迹的众多因素组合成一个复杂的半确定性函数（解释自然的动作变化），该函数取决于任务动作的起点和终点。

这里所提出的方法取决于一个具有学习轨迹数据能力的系统。显然，在其最基本的表达中，轨迹数据可以编码为一组笛卡儿坐标位置值的阵列，其数量取决于做动作和采样所花费的时间。这种编码技术不能直接应用于学习系统，因为参数太多了。对轨迹数据编码越少,学习系统就越简单,这是因为所检查的变量的数量减少了。

在所提出的方案中,通过拟合多项式对轨迹进行编码。这样就通过一个简单的神经网络系统创建了一个与该运动的起点和终点相关联的轨迹的最小化表达式。然后,这个神经网络系统将动作示例进行归纳以表达新的动作矢量输入,再对网络输出进行解码,生成笛卡儿轨迹。而后,为了跟踪这些轨迹,将目前开发出的操作空间方法与跟踪任务控制器一起使用,以便在机械臂的冗余空间中仍能实现最优动作。此过程如图 10-1 所示。请注意,在对人的轨迹进行编码之前,这些轨迹必须首先由人-机动作捕捉后的处理方法进行处理,见第 9 章。

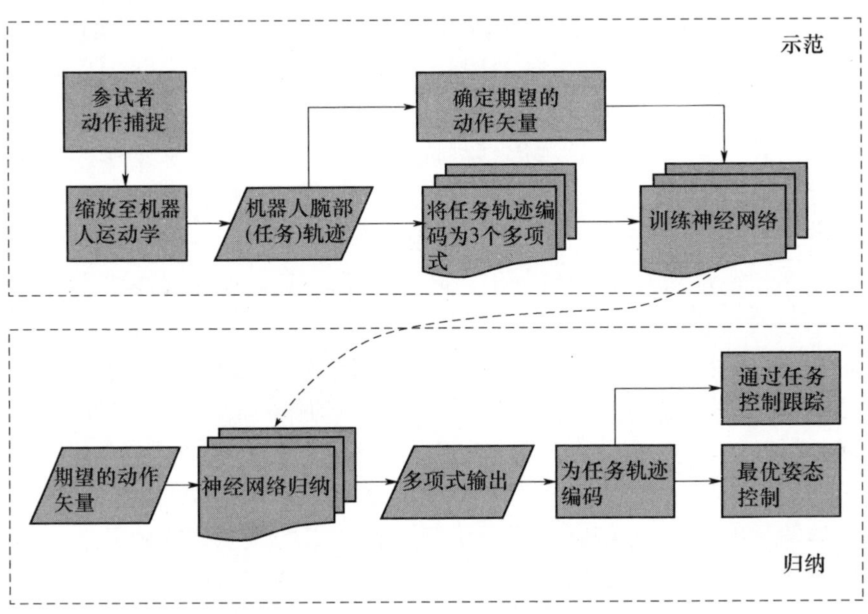

图 10-1　通过观察学习和后续生成新轨迹的方法

10.3　最小轨迹编码

本章中使用的最小轨迹编码首先将经过后处理的腕部轨迹(对于单个任务动作)分解为笛卡儿平移分量,然后使用最小二乘拟合方法将五阶多项式函数拟合到每个分量轨迹,拟合产生 6 个多项式系数(即 $c_0,\cdots,c_5$)用来表达动作的每个笛卡儿分量。多项式的阶数的选定是为了在数据拟合和系数数量之间提供良好的折中,并且这是在对其他多项式次序进行试验之后确定的。

多项式编码表达式为

$$X_t = [c_5 \quad c_4 \quad c_3 \quad c_2 \quad c_1 \quad c_0]\left[\frac{t^5 T_d^5}{T_s^5} \quad \frac{t^4 T_d^4}{T_s^4} \quad \frac{t^3 T_d^3}{T_s^3} \quad \frac{t^2 T_d^2}{T_s^2} \quad \frac{t^1 T_d^1}{T_s^1} \quad 1\right]^{\mathrm{T}} \tag{10.1}$$

式中:c_i 为待定系数;T_d 为记录的真人动作的实际持续时间;T_s 为选择的归一化时间(500ms);t 为机器人实现过程中的当前时间。注意,该表达式只对单个笛卡儿分量(例如 X_x)适用,因此实际上编码在每个分量上给出了 6 个系数,总共获得了 18 个系数。为了有助于加快学习过程,将所有动作所需的时间都统一为 500ms。图 10-2 所示为运用上述的多项式方法对动作进行解码的实例。图中,对参试者一个向上和向下的连贯动作进行了编码。图 10-3 所示为时间不归一化条件下该动作的各个分量,其中:图 10-3(a)为向上做动作,耗时 530ms;图 10-3(b)为向下做动作,耗时 690ms。图 10-4 中,时间归一化(即 500ms)后再现了轨迹的多项式。表 10-1 列出了得到的多项式系数。

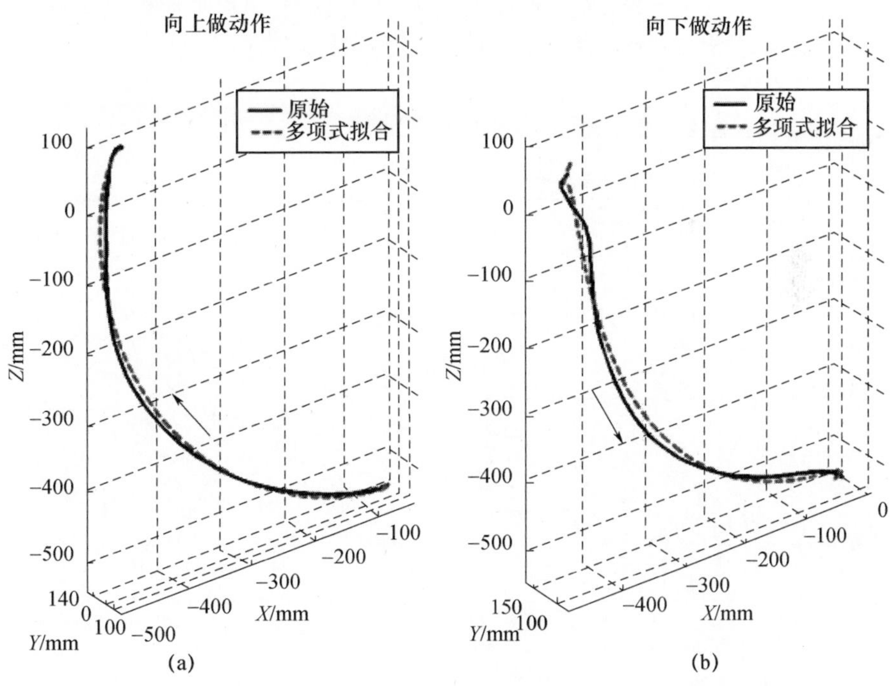

图 10-2　原始的腕部轨迹与根据拟合多项式形成的轨迹之间的比较

(a)向上做动作;(b)向下做动作。

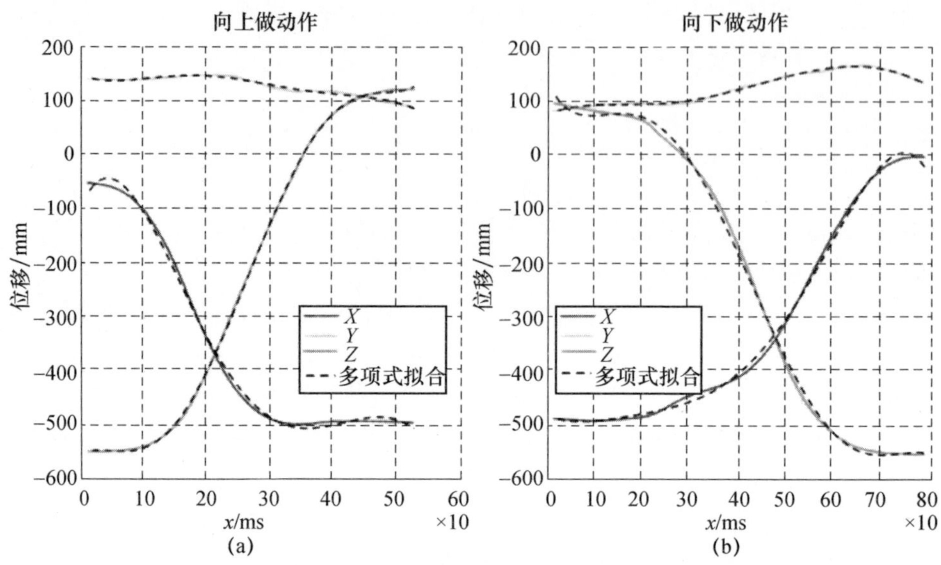

图 10－3　X、Y 和 Z 分量的动作轨迹的五阶多项式近似，例如向上和向下动作（不应用时间归一化的效果以便进行视觉比较）（见彩插）

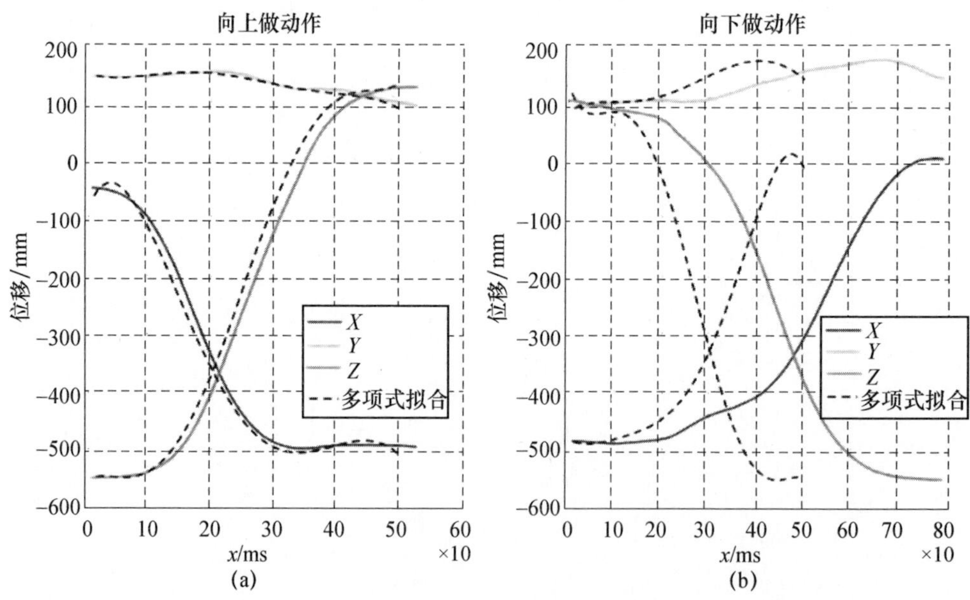

图 10－4　时间归一化条件下（耗时 500ms）X、Y 和 Z 分量的动作轨迹的五阶多项式近似

表 10－1　对图 10－2 中的向上(下标 u)和向下(下标 d)任务动作进行编码获得的多项式系数(图 10－2)以及起点和终点各自所对应的笛卡儿分量坐标

	c_5	c_4	c_3	c_2	c_1	c_0	起点	终点
X_u	6.7023e－6	－0.0017	0.1338	4.0461	28.0477	－97.1367	－49.8019	－493.6761
Y_u	－5.6045e－6	7.7673e－4	－0.0381	0.7427	－5.0354	149.2581	142.2544	90.7825
Z_u	2.4982e－5	－0.0033	0.1393	－1.5800	6.0889	－552.3907	－547.1484	123.0145
X_d	－2.4644e－6	3.8386e－4	－0.0192	0.4611	－4.0876	－478.1450	－484.8867	0.3103
Y_d	4.4107e－7	－1.1323e－4	0.0093	－0.2825	3.6791	78.7025	84.6658	138.7083
Z_d	－4.6190e－6	9.9336e－4	－0.0708	1.7858	－17.7686	136.4077	99.0409	－550.7364

10.3.1　多项式编码问题

虽然多项式编码提供了一种仅用 6 个标量值来表示轨迹的方法，但容错性并不好。在图 10－5 中，重复了图 10－3 所示的拟合过程，条件是对每条拟合轨迹的 c_4 值增加 10%，目的是模拟学习和归纳过程的结果的差异性。

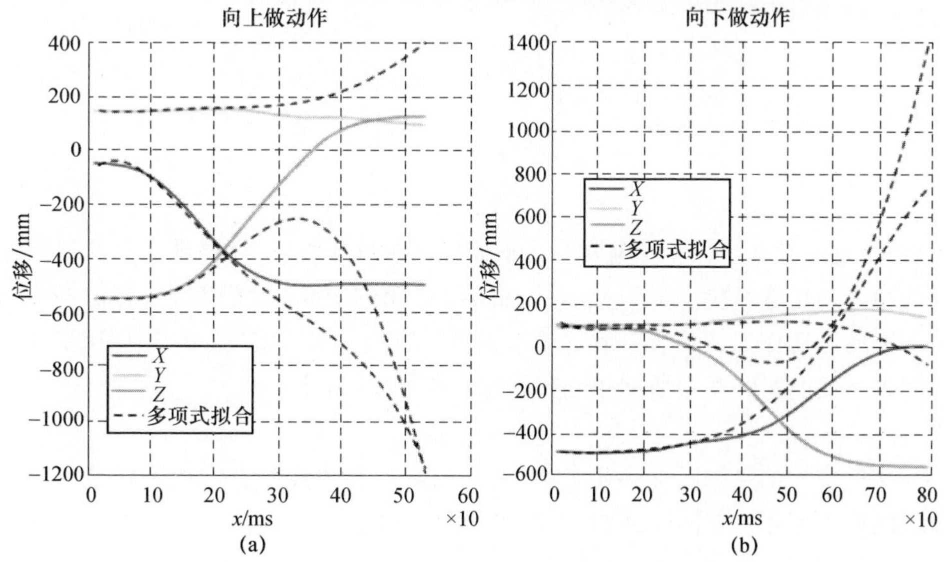

图 10－5　时间不归一化条件下原始轨迹的多项式拟合。对于每一个笛卡儿分量，c_4 增加 10%(见彩插)

显然，单个系数值的这种偏差，无论是在最终位置误差（意味着机器人将不能完成目标操纵任务）还是在自然轨迹的偏差方面，对生成的轨迹都有很大影响。

10.3.2 生成轨迹的比例换算和拟合

如前所述，多项式系数中的小误差容易导致末端执行器最终位置误差。如果误差出现在 c_0 系数中，那么这个误差也会随着末端执行器的起始位置而出现。这意味着机器人将以较大的位置误差开始做动作，这可能导致不想要的和不自然的动作出现。

为了确保机器人动作的起点和终点与所期望的动作矢量的起点和终点相匹配，通过以下的简单方法对每个笛卡儿维度进行轨迹拟合。

对于 Z 分量，所期望的动作矢量的起点 D_{Zs} 和终点 D_{Ze} 之间的距离可定义为

$$D_Z = D_{Zs} - D_{Ze} \tag{10.2}$$

而神经网络生成的多项式的起点和终点之间的距离（假定其是不正确的）可定义为

$$N_Z = N_{Zs} - N_{Ze} \tag{10.3}$$

这两个距离的比率为

$$R_Z = \frac{D_Z}{N_Z} \tag{10.4}$$

然后，将这个比率 R_Z 乘以生成的多项式 D_Z 中的每个项，以再现起点和终点之间的距离的正确变化。由于数据的时间归一化到 500ms，所以这些差值同样可使所期望的动作矢量与所生成的动作矢量相匹配。最后，常数 C_Z 用以确保所生成的多项式的第一项与所期望动作的起点相匹配，即

$$C_Z = D_{Zs} - N_{Ze} \tag{10.5}$$

该过程的结果如图 10－6 所示，使一条起点和终点带有误差的轨迹与目标矢量的起点和终点相匹配，同时保持轨迹的形状。

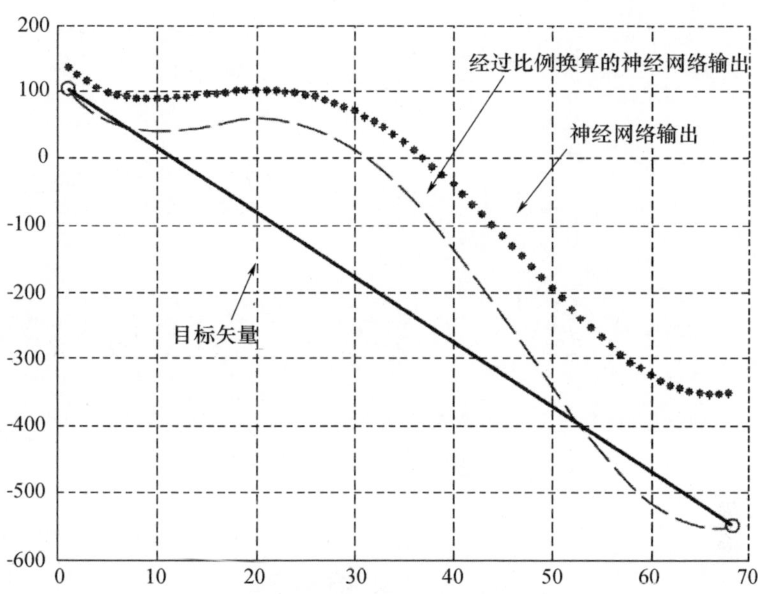

图 10－6　对一条神经网络生成的轨迹进行比例换算和拟合以匹配所期望的动作矢量

10.4　网络结构

神经网络的目标是以多项式系数的形式学习各种示范动作，然后对这些系数进行归纳，以生成与新的动作目标相匹配的动作。每个笛卡儿分量都存在一个单独的网络，以使每个网络只生成一条 X、Y 或 Z 的轨迹。然后将这三个输出组合起来，形成一条三维轨迹。由于全部轨迹与全局开始和结束动作有关，所以每个网络都使用完整的 X、Y、Z 笛卡儿起点和终点（6 自由度）训练，而不是单个笛卡儿分量（每个分量具有 2 自由度）。因此，每个网络包括 6 个输入，用来定义所期望的动作矢量的三维起点和终点，以及 6 个输出，用来定义多项式的系数。使用这种网络结构生成的轨迹，如图 10－7 所示，所期望的动作矢量的笛卡儿起点和终点通过这 3 个网络生成了 18 个系数。

每个网络都由一个多层感知器组成，并利用反向传播的 Levenberg－Marquardt 算法进行训练。在对不同结构进行实验的基础上，在每个网络中都包含了一个由 15 个神经元组成的隐层。前两层使用 tan－sigmoid 激活函数，而输出层采用一个线性传递函数以提供无界和无符号系数输出。这些网络是用 MATLAB 神经网络工具箱实现的。

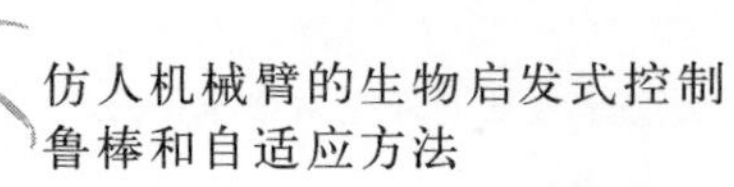

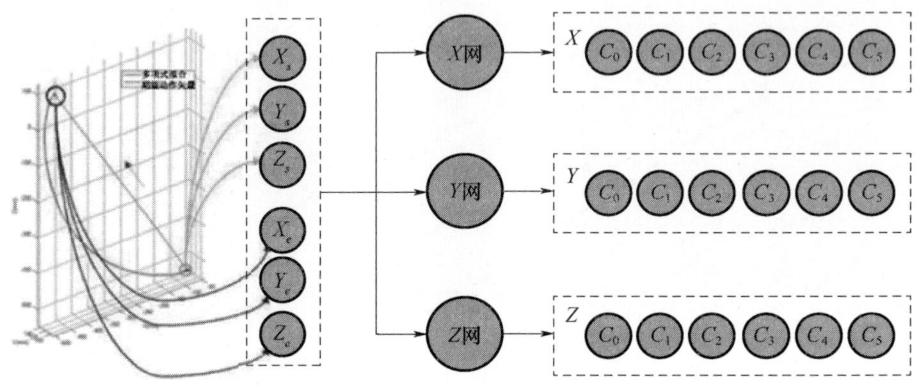

图 10－7　神经网络轨迹映射。期望的动作矢量的起点和终点为 3 个网络的输入，每个网络产生 6 个多项式系数

10.5　实验程序

神经网络的训练和测试数据由 Vicon 动作捕捉套件中所记录的一个参试者的数据组成，即第 9.2.3 节描述的参试者身上的标记组。在本实验中，只有一个参试者，即一个 20 多岁的女性参与实验过程。

用于捕捉动作数据的程序与第 9.1.2 节中用于手部初始动作分析的程序相同。但是，本实例中，实现了第 9.2.3 节中的骨架扩展方法，即这个动作可扩展应用到机器人及其工作空间。

再做一次实验，这个实验中包括完成伸臂取物动作的参试者、一个固定于一根长 2m 的杆子一端的亮黄色球（另一端由实验人员握着）。参试者以一个放松的姿势站立（手臂垂于身体两侧）开始实验。在实验过程中，目标小球置于参试者前方的一个任意位置。一旦目标位置稳定住，参试者就用右手去够并抓住目标小球（见图 10－8）。然后抓住停留一会儿，随即放下手臂，回到放松位置。而后实验人员将目标小球移动到另一位置，重复这一实验过程。通过这种方法，获得了对多个不同目标位置的完整任务动作，包括随后回到一个放松位置。

10.5.1　子动作分割

实验数据包括以小间隔时间顺序执行的许多任务动作。最初，通过观察任务轨迹速度的 Z 分量中的静止点（末端执行器处于一个放松位置），尝试将记录

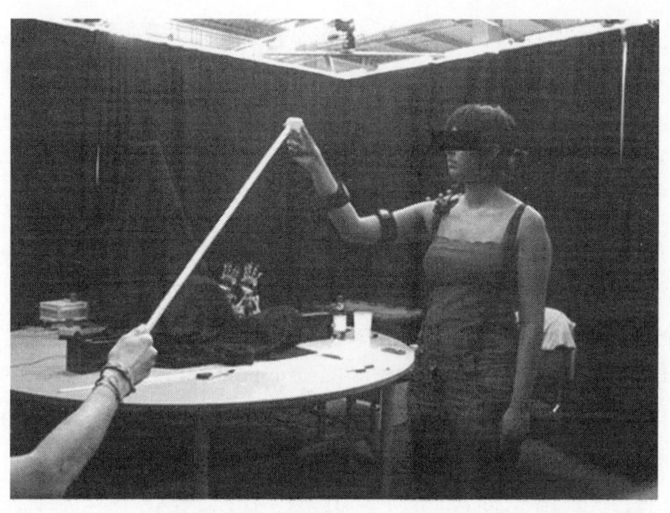

图 10-8　在 Vicon 动作捕捉工作室中，参试者正在做示范任务动作

的过程自动分割成一个个子动作。这对于重复性的动作很有效，如图 10-9 所示，目标物固定，并且每次任务动作都非常相似。另外，参试者做动作必须连贯，不能停顿，如图 10-9 所示的曲线。

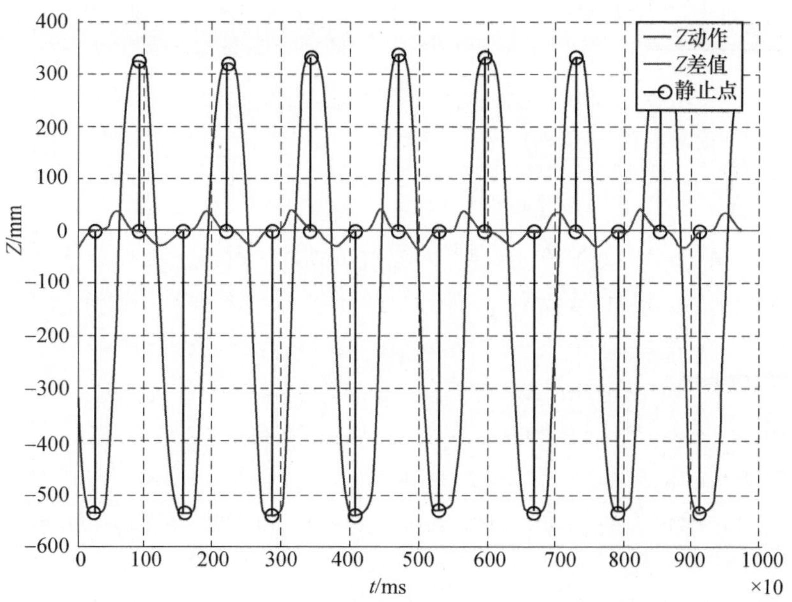

图 10-9　针对固定目标进行多次重复任务动作的 Z 分量轨迹的自动分割曲线。垂直线表示速度数据中的静止点（“Z”差值）（见彩插）

对于更复杂的动作，即目标位于不同位置，自动分割算法就不适用了，这是由于在各次任务动作之间的时间段(触碰到目标物之后的瞬间)存在多个静止点。即使将阈值引入静止点检测算法(将手的晃动或 Vicon 动作捕捉时的抖动设置为暂停来进行补偿)之后，该算法仍继续错误地识别子动作。在许多实例中，参试者在向上和向下做动作之间并没有完全停止移动，尽管其抓到了目标物，如图 10-10 所示。最后，为了给出恰当的子动作的起点和终点，手动检查由算法选出的静止点，并在某些情况下对这些点进行修改。

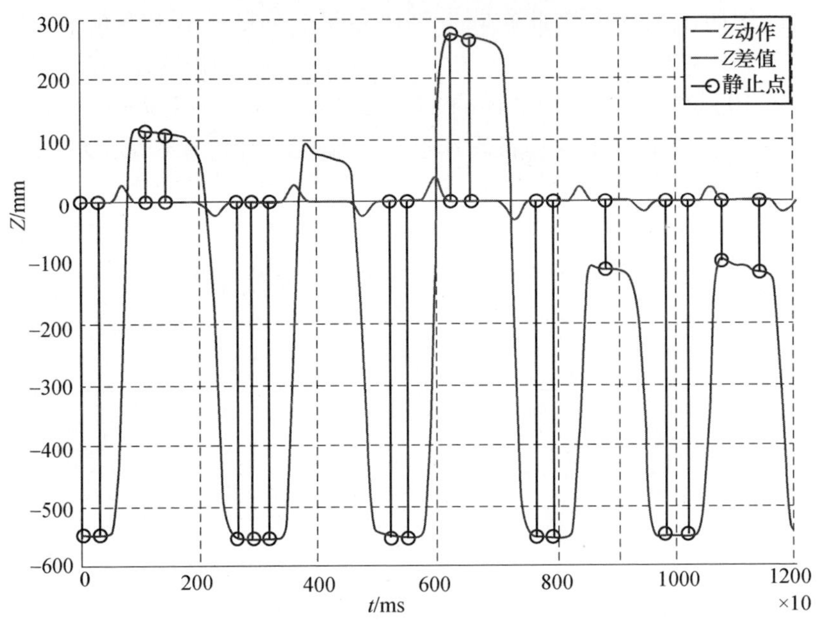

图 10-10　在目标物位置不同的条件下，对较复杂的 Z 分量的动作的自动分割效果较差。垂直线表示速度数据中的静止点(见彩插)

10.5.2　训练数据

训练的目的是要在给出一组数量不多的示范动作的条件下，使一组神经网络能学习并归纳真人的动作。最大限度地减少所要求的示范动作对于创建一个可用于实际情况的机器人界面非常有吸引力。这样就可以简单地通过多次示范所要求的动作来训练机器人。这类似于向对应的人示范特定的任务或技术。遗憾的是，教人完成简单任务时，训练集相对较少，而机器人则不一定。例如，Park 等(2008)提出的学习方法要求在仿真归纳之前进行 311 次抓球动作示范。

图 10－11 所示为以分割点（子动作）呈现的用于训练和测试网络的数据中的 Z 分量。请注意，训练集中不包括第 5 次实验，以便将其用于之后的测试。因此，训练数据包括 4 次向上的取物动作（到任意位置）和 5 次向下的动作（到参试者选择的放松位置，手臂垂在身体的一侧）。

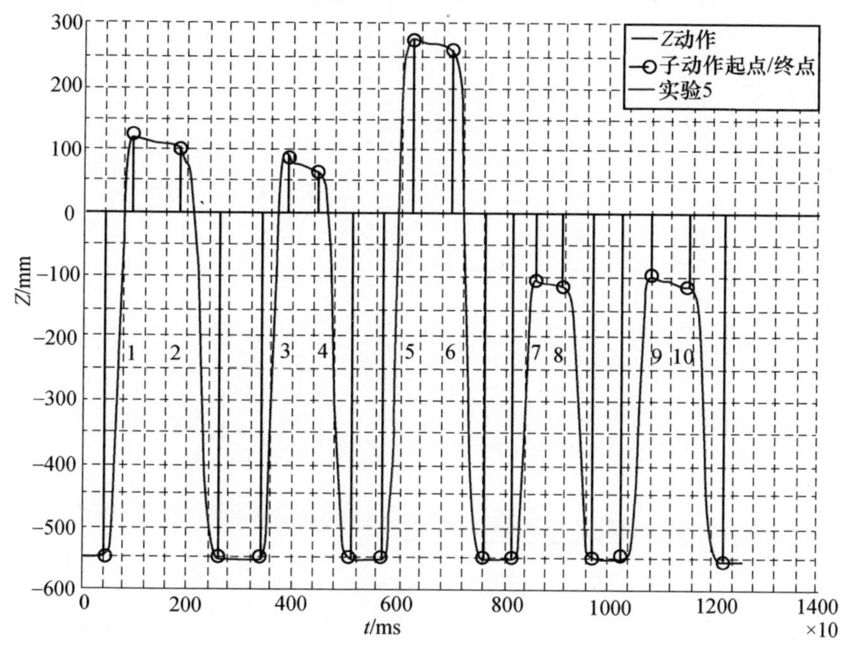

图 10－11 原始 Vicon 训练数据中的 Z 元素，垂直线表示数据的分割。训练过程不包括第五次实验，以便将其用于之后的测试（见彩插）

图 10－12 所示为所有 9 个子动作各自轨迹的多项式近似。图 10－13 所示为原始数据（分割后）与多项式近似的比较。这些网络被训练了 1500 次，拟合误差约为 1^{-10}。这个过程每个网络耗时约 10s。

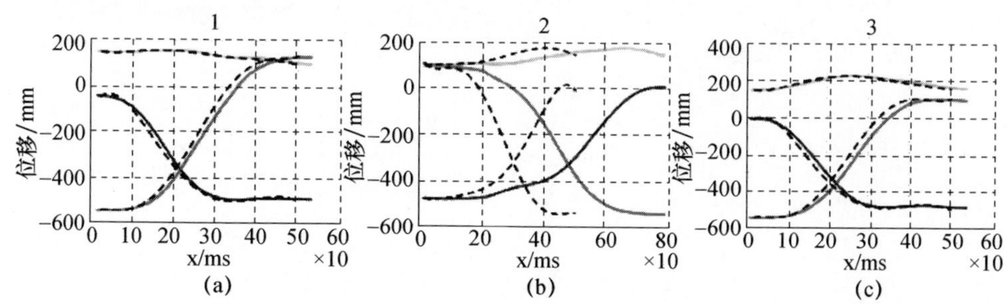

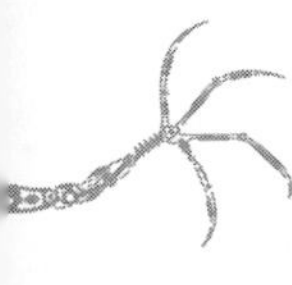

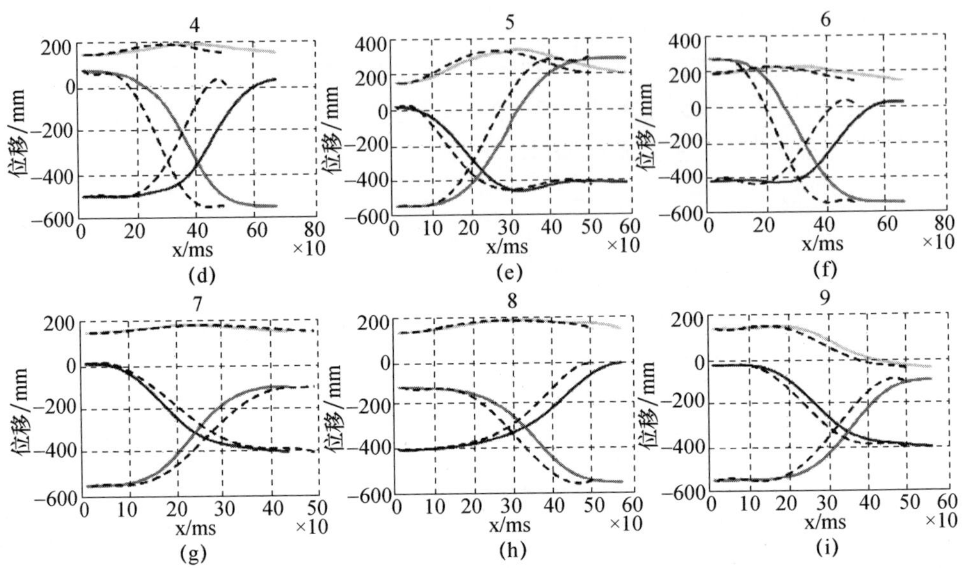

图 10-12　时间归一化条件下的训练数据(虚线)和原始 Vicon 数据(实线)(见彩插)

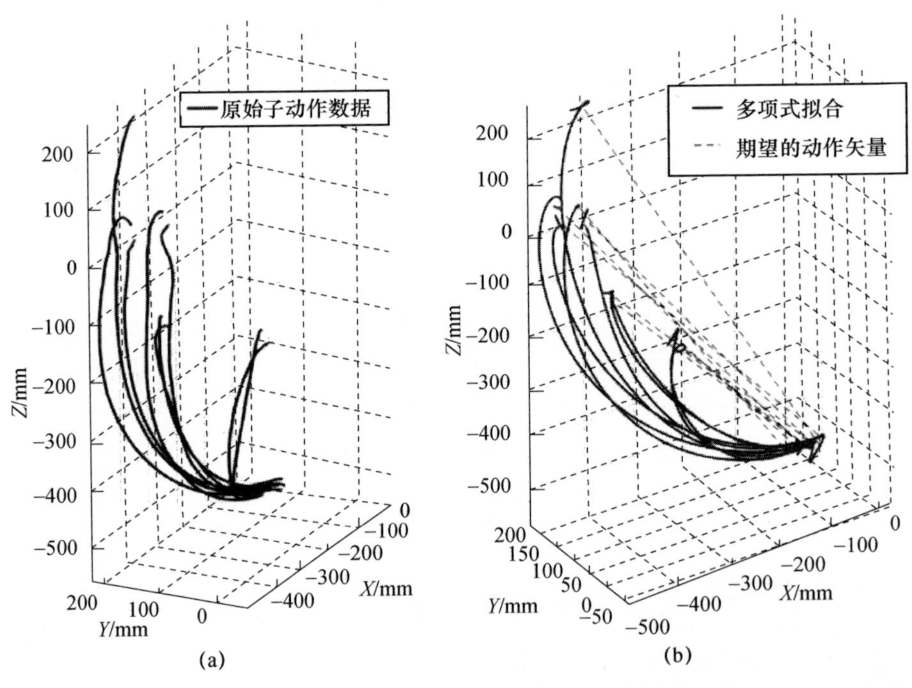

图 10-13　期望动作矢量与原始子动作数据

(a)在子动作分割之后;(b)多项式编码之后的训练数据(同时显示所期望的动作矢量)。

图 10－13 还显示了所确定的期望动作矢量（末端执行器的起点和终点）。可以观察到，在动作就要结束时，一些多项式拟合曲线似乎朝着动作终点方向又“环回”到了一起。这是将每条轨迹的三个单独的经过比例换算和拟合的多项式（第 10.3.2 节）组合起来产生的效果。此外，在准备训练数据（第 10.5.1 节）时，很难准确确定人的动作何时结束。虽然 Z 轨迹可以回到一个放松位置，但动作仍有可能出现在另两个维度中，有时这可能只是姿势晃动引起的。这种准备对轨迹拟合有后续的影响。

10.5.3　神经网络结果

训练后，首先用训练集的一部分数据对组合神经网络进行测试。图 10－14 所示为在将实验 1 中的期望动作矢量（见图 10－12）应用于组合网络之后生成的各个笛卡儿动作轨迹。本实例中，参试者做向上的任务动作。可以看出，再现的动作与时间归一化条件下 Vicon 动作数据非常相似，但不完全相同。这个误差在某种程度上是由多项式编码方法的灵敏度造成的，如第 10.3.1 节所述。

比例换算和拟合方法（在 10.3.2 节中描述过）的效果比较，见图 10－14 与图 10－15（没有使用比例换算和拟合方法）。比较表明，神经网络对每条轨迹都生成了适当的模式，但是还是有一些偏移，从而导致位置误差。

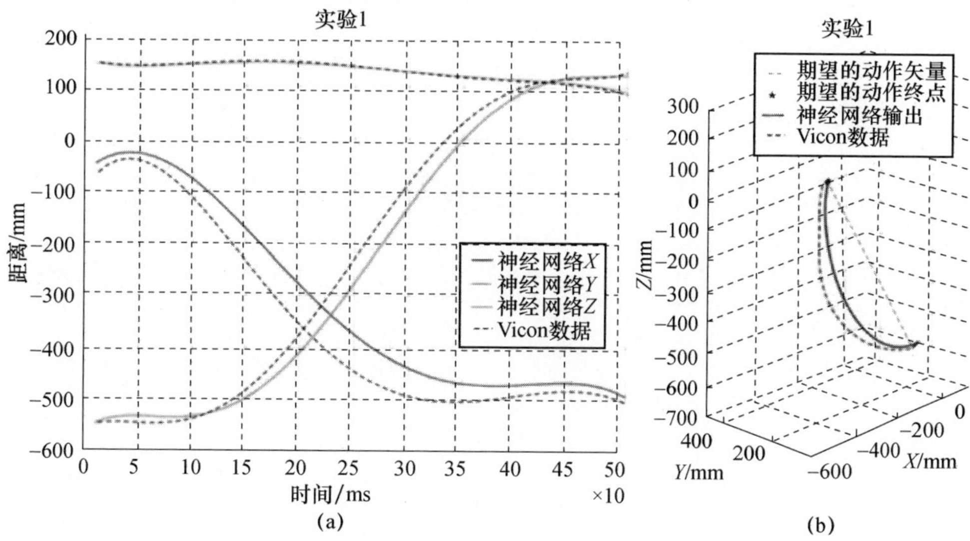

图 10－14　对已知向上动作数据（实验 1）的网络响应（见彩插）

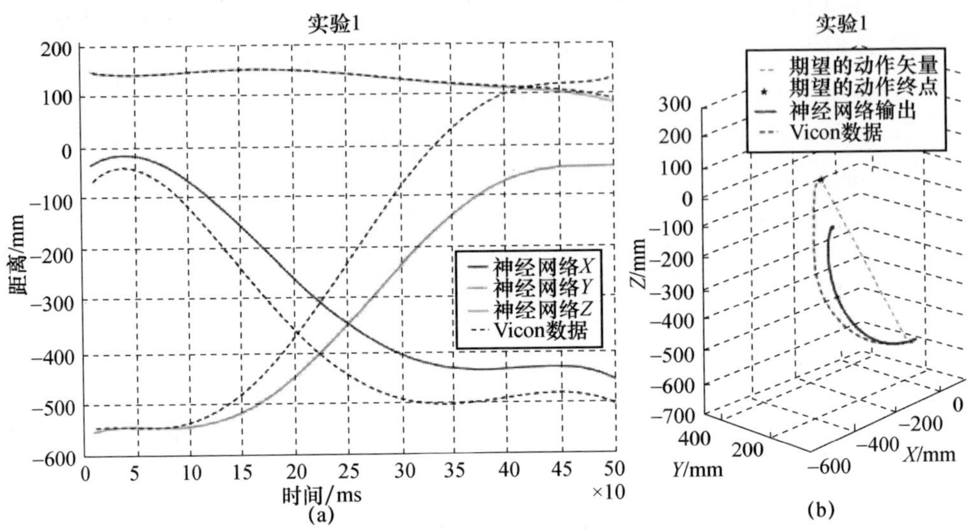

图 10－15　没有使用比例换算和拟合算法情况下，对已知向上动作数据（实验 1）的网络响应（见彩插）

图 10－16 所示为利用训练集的数据进行的另一次实验，图中系统呈现了对一个向下动作的响应，即参试者在完成实验 1 中的任务动作之后将手返回到放松位置。此时，神经网络近似系统产生了一组与原始运动数据非常相似的轨迹。

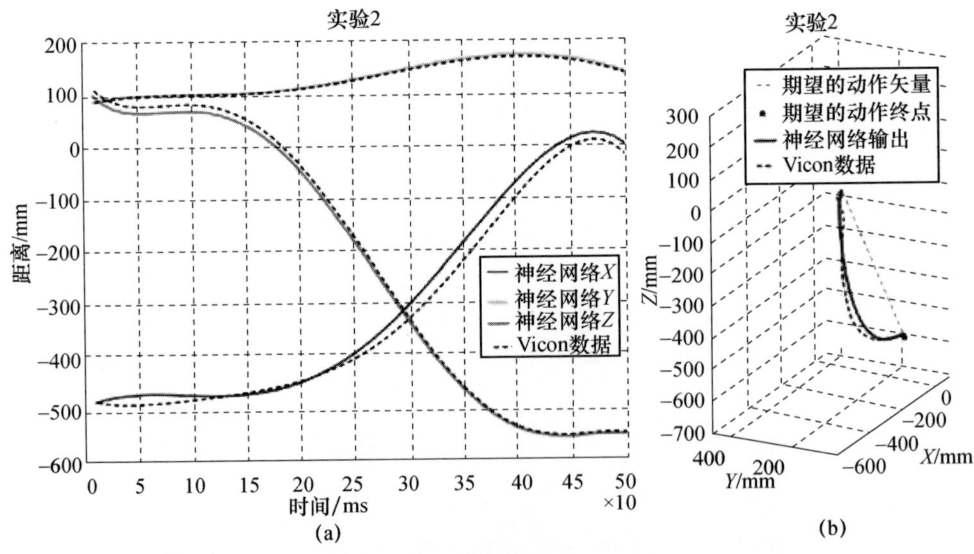

图 10－16　对已知向下动作数据的网络响应（实验 2）（见彩插）

值得注意的是，尽管实验 1 和实验 2 的期望动作矢量具有不同的垂直方向，但网络在每种情况下都给出了适当的响应和方向。通过对图 10－14(a)和图 10－16(a)的 X 和 Z 轨迹的分析，可以清楚地观察到这一点。

对这个系统的真正测试是测试其对训练集外的数据的响应。在这种场景下，神经网络系统应该能够对已经学习到的动作进行归纳，以便对新的场景产生适当的响应。

图 10－17 所示为在实验 5 的期望动作矢量条件下的网络响应，它不包括在图 10－11 的训练集中的网络响应。将记录的试验而不是任意一个所期望的动作矢量用于测试的原因是便于将所生成的轨迹与原始的、“理想的”真人数据进行比较。

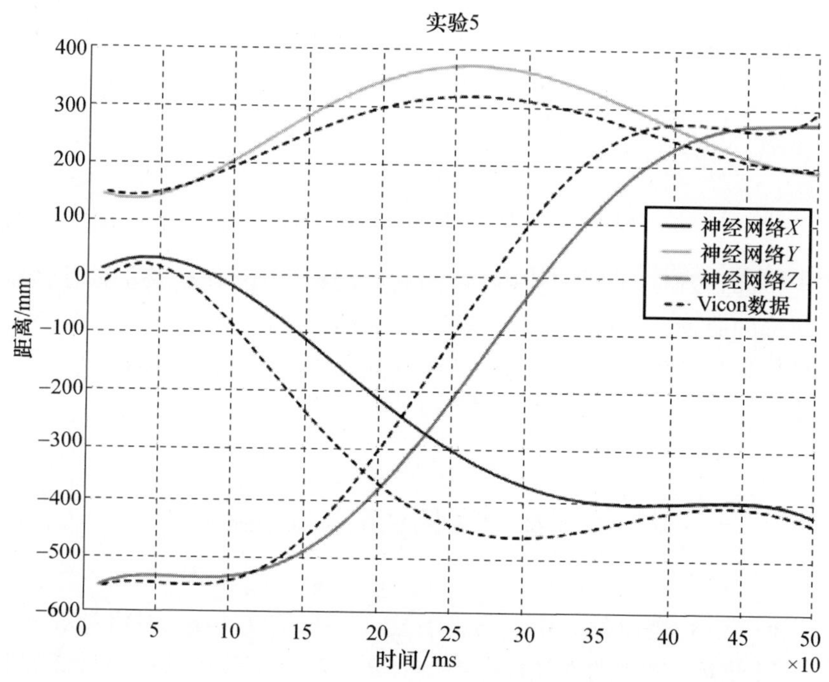

图 10－17 对不包括在训练集中数据的网络响应曲线(实验 5)(见彩插)

网络在这个测试中表现得相当好，并且生成的抛物线曲线反映了每条原始的且不包括在训练集中的 Vicon 轨迹的形状。图 10－18 所示为轨迹的两个三维视图，所显示的轨迹看上去明显偏离了期望的 Vicon 动作轨迹。分量 X 和 Z 的轨迹的最大偏差约为 0.13m，分量 Y 的轨迹的最大偏差约为 0.06m。考虑到整个动作出现在 0.85m 之外(分量 Z)，因此实际上的最大偏差为 0.176%。

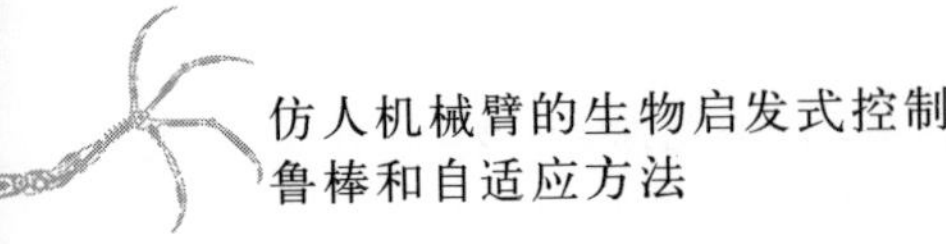

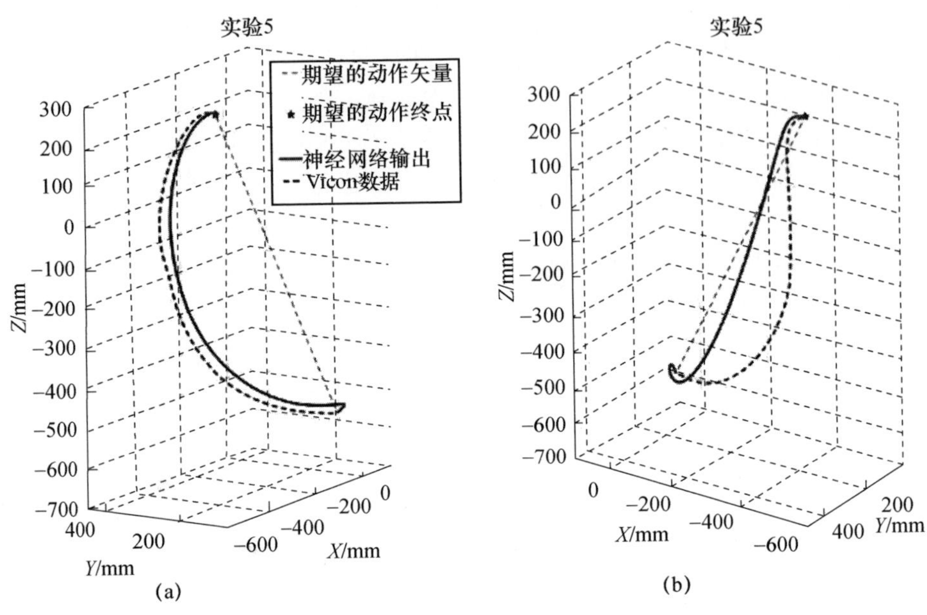

图 10-18　对不包括在训练集中数据的网络响应三维视图(实验 5)

鉴于手部点对点的动作目标已经实现,并且手臂动作轨迹的曲率类似于原始数据轨迹的曲率,可以说通过归纳综合很好地模拟了人的手部动作,同时又保持了原动作各个分量轨迹的形状。这样就实现了一个高度简单化的神经网络输入和最小训练集的 9 个示范运动。

10.6　集成到机器人控制器中

在一个 4 自由度机器人仿真实验中,通过一个跟踪控制器,将神经网络生成的轨迹应用于第 5 章中的滑模任务控制方案。将第 7 章中的滑模最优控制器应用于姿态控制。在 4 自由度 BERUL2 机器人系统中,姿态控制器对肘部位置的影响是显而易见的。

轨迹生成后,神经网络生成的系数被自动传递到 Simulink 模型。然后,经过适当的比例换算成采样时间,利用时钟函数和多项式模块,估算出这些参数,如图 10-19 所示。

图 10-20 所示为根据神经网络基于实验 1 中的期望动作矢量所生成的系数,机器人仿真系统生成的轨迹。该实验的神经网络近似如图 10-14 所示。将

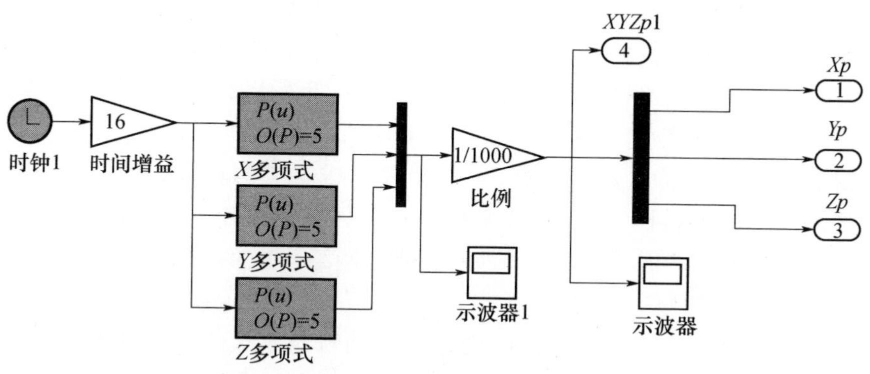

图 10－19　Simulink 中的多项式轨迹转换器。通过蓝色的多项式函数模块来访问神经网络生成的系数

实验中的 Vicon 原始数据叠加到图像上，以便将原始的参试者的动作与由神经网络方案和滑动最优控制器所生成的机器人动作进行比较。

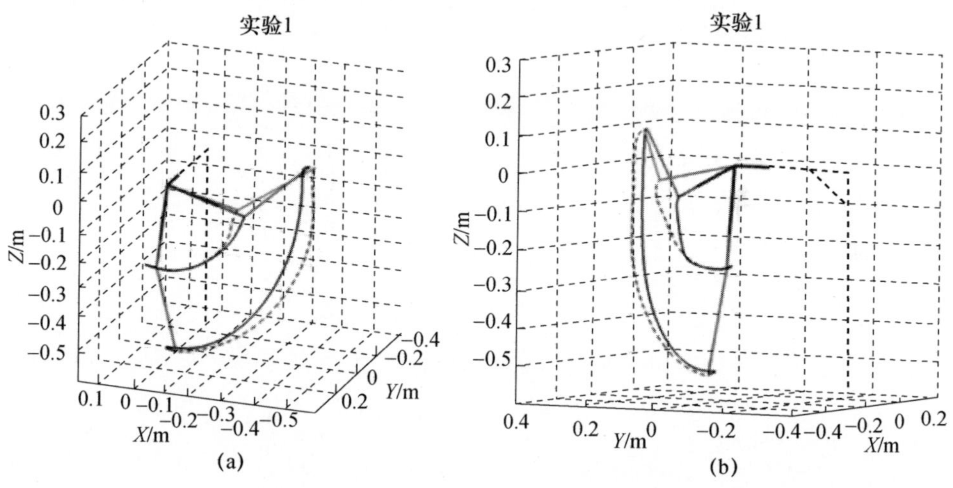

图 10－20　BERUL2 仿真机器人相对于实验 1 中的期望动作轨迹的响应动作轨迹视图，该动作包括在训练集中。虚线表示相同的期望动作条件下捕捉到的真人动作轨迹（见彩插）

从图 10－20 可以看出，尽管开始时肘部有一个向后的动作，这不是参试者做出的，但机器人还是很好地模拟了人的动作。这一点很有趣，因为之前章节中 2 自由度机器人系统生成的最优路径的初始阶段也出现了这一肘部向后动作（见图 4－12）。本实例中，肘部向后动作与腕部的初始向后动作是同时出现的。该错误轨迹有望在未来的工作中得到纠正。

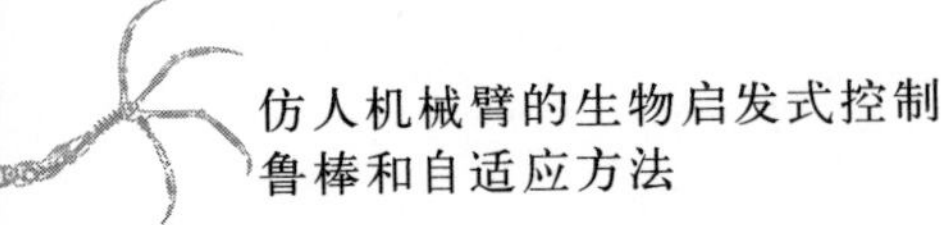

为了表达人和机器人肘部、腕部的三维动作以及最终位形，给出了两个视角的动作。虽然肘关节偏离人手臂的最终位置，但是姿态控制器仍然合理地估算出了人的轨迹。末端执行器动作非常类似于人的手腕动作，正如第 10.5 节所讨论的，误差可能是人为将动作简化表达为多项式系数的结果。

图 10－21 所示为人和神经网络/机器人生成轨迹的比较，这些轨迹是相对于实验 5 的动作矢量而产生的，并不包括在神经网络训练集中。在动作开始时再次出现了肘关节的向后动作，原因是由神经网络生成的 Z 轨迹开始上升时出现了 X 轨迹方向上的变化，这一点可以从图 10－17 中看到。这些小幅度的笛卡儿偏差以及由此产生的机器人相应动作是自动轨迹生成中难以避免的，因为这种最初的肘部位移可能是造成肘部整体轨迹有点不连贯的原因。然而，肘部最终还是能回复到与人的肘部几乎相同的静止/放松位置。有趣的是，人的腕部和肘部的动作也是不连贯的，只是位置不同。这意味着人的动作并不总是流畅的，神经网络的不连贯动作在某种程度上可能是恰当的。

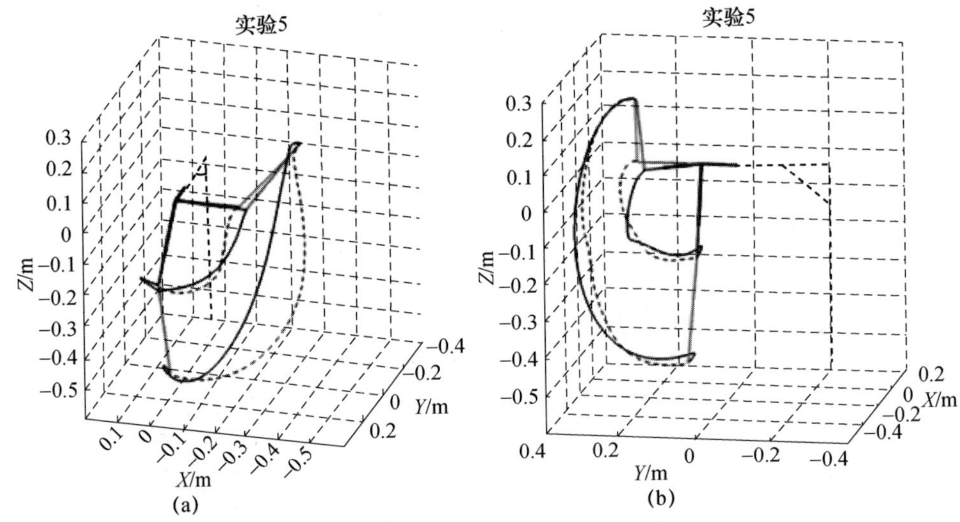

图 10－21　BERUL2 仿真机器人相对于实验 5 中的期望动作轨迹的响应动作轨迹视图，该动作不包括在训练集中。虚线表示相同的期望动作条件下捕捉到的真人动作轨迹（见彩插）

10.7　小　结

本章主要描述了一种利用人的动作数据训练得到的神经网络输出生成与人

类似的任务轨迹的方法。这些原始数据经过比例换算用于机器人系统的配置和工作空间。将每个动作的笛卡儿坐标起点和终点作为神经网络系统的输入，因为影响人的动作的大多数时间无关因素都可以看作是这个“期望的动作矢量”的函数。

为了便于使用神经网络方法，将人的动作分解为单个笛卡儿位置分量，并将其编码为五阶多项式系数。虽然这种表示法能够用 18 个标量值的紧凑表达式对轨迹进行编码，但它对参数误差（特别是高阶系数）没有鲁棒性。由于神经网络的回归性质，所以使用神经网络系统预计会产生不理想的参数值。在此应用中，这些误差导致目标起点和终点的偏差，需要通过一种简单的比例换算和拟合算法进行修正。尽管如此，网络还是能够区分出向上和向下的动作，并且能很好地模拟出类似于人的动作数据的曲线动作轨迹，同时又保持了曲线的正确方向。

将神经网络生成的多项式与第 7 章描述的控制方案集成，以便与基于力作用最优化的滑模最优控制方案一起对任务轨迹进行测试，运行时生成肘部轨迹。这些轨迹在某种程度上类似于人的肘部轨迹，尽管这些轨迹多少受到不同任务轨迹的影响，即神经网络生成的动作与真人动作没有完全匹配。这意味着可以通过力作用最小化足够近似地模拟出人的冗余动作。

本章验证了一个概念，即基于动作的起点和终点，人的动作的复杂驱动机制完全可以得到建模，其中许多影响人类动作的因素都取决于动作起点和终点。

参考文献

Atkeson C, Hollerbach J(1985) Kinematic features of unrestrained vertical arm movements. J Neurosci 5(9):2318

Breazeal C(2004) Designing sociable robots. MIT Press, Cambridge

Charles S, Hogan N(2010) The curvature and variability of wrist and arm movements. Exp Brain Res 203(1):63 – 73

De Sapio V, Warren J, Khatib O, Delp S(2005) Simulating the task – level control of human motion: a methodology and framework for implementation. Vis Comput 21(5):289 – 302

Flash T(1987) The control of hand equilibrium trajectories in multi – joint arm movements. Biol Cybern 57(4):257 – 274

Harris C(2009) Biomimetics of human movement: functional or aesthetic? Bioinspiration Biomim 4: 033001

Park G, Ra S, Kim C, Song J(2008) Imitation learning of robot movement using evolutionary algorithm. In: Proceedings of the 17th IFAC work congress, Seoul

Roach NT, Venkadesan M, Rainbow MJ, Lieberman DE(2013) Elastic energy storage in the shoulder

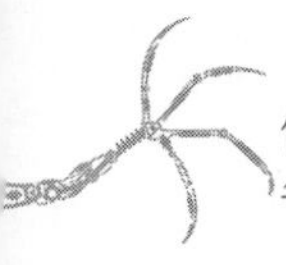

and the evolution of high - speed throwing in homo. Nature 498(7455):483 - 486

Todorov E, Jordan M(2002) Optimal feedback control as a theory of motor coordination. Nat Neurosci 5(11):1226 - 1235

Uno Y, Kwato M, Suzuki R(1989) Formation and control of optimal trajectory in human multijoint arm movement. Biol Cybern 26:109 - 124

Verdaasdonk B, Koopman H, van der Helm F(2009) Energy efficient walking with central pattern generators: from passive dynamic walking to biologically inspired control. Biol Cybern 101(1):49 - 61

Wolpert D, Ghahramani Z, Jordan M(1994) Perceptual distortion contributes to the curvature of human reaching movements. Exp Brain Res 98(1):153 - 156

附录 A 运动学简介

运动学与机器人的动作相关,而无需考虑该动作所需的力和扭矩。运动学应用于机器人控制已有很长的时间,使机器人程序设计者可以专注于机器人运动的位置和方向,而无需考虑惯性、关节扭矩等(这些都属于动力学范畴(Siciliano 和 Khatib,2008))。运动学在技术和术语方面已经非常完善,建议机械臂研究者一定要掌握其基本概念和方法。

为给出运动学在机器人技术中的应用示例,我们考虑使用具有 3 个旋转连杆的平面机械臂,该机械臂与基座连接,如图 A-1 所示。当机械臂移动时,关节角度(q_1,q_2,q_3)发生改变,引起末端执行器位置(X_X,X_Y)和方向 R 的变化。运动学可以让我们通过两种形式(正运动学向和逆运动学)理解这些参数之间的关系。正运动学可以由一组给定的关节角度求出机械臂的位置和方向。逆运动学则通过机器人的期望位置和方向求出所需的关节角度。

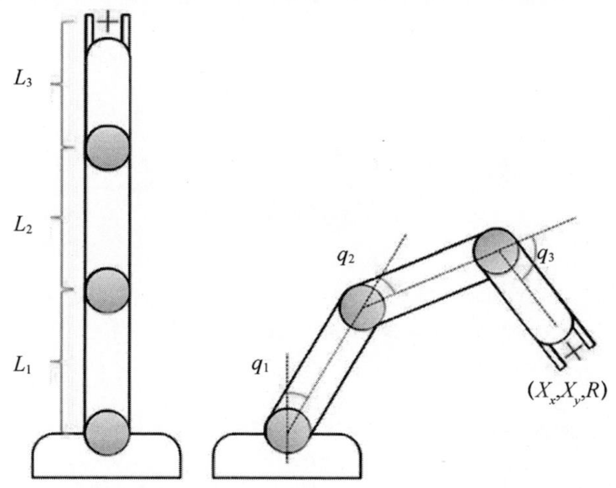

图 A-1 3 自由度机械臂。通过连杆长度(L_1,L_2,L_3)和关节角度(q_1,q_2,q_3)定义末端执行器的位置(X_X,X_Y)和方向 R

A.1 运动学表示法

运动学技术基础是对机器人系统的恰当表达。虽然使用常规的三角函数法可以解决一些简单或特定的问题,但更常见的是采用标准化符号和方法来对机械臂建模。此类机器人通常是通过关节连接在一起的串联或并联排列的刚体(连杆)。经典的运动学方法一般是通过刚体(机器人连杆)的位置和方向(统称为姿态)及其微分和积分(速度、加速度等)建立运动学模型。这种表示方法也是人体研究中动作描述的标准方法(Wu 等,2005)。欧几里得空间中姿态可以通过6个坐标来表示:3个用于描述位置,3个用于描述方向。通常,将坐标系(由正交的 X、Y 和 Z 分量组成)固连于机器人各连杆的给定位置。这就提供了一种描述环境中连杆姿态与其他坐标系之间关系的方法。这种关系可以是在前的连杆姿态(例如,给定肘关节与任一侧连杆之间的关系)或某一物体的坐标系(例如,给定机械手和被抓取物体之间的关系)到全局坐标系的转换关系。图 A-2 描述了一个独立的主体与全局坐标系之间的关系,即通过坐标系平移转换,用全局坐标系表达主体姿态坐标系的方法。

现在对坐标系中姿态用数学表达,由位置和方向(旋转)组成。

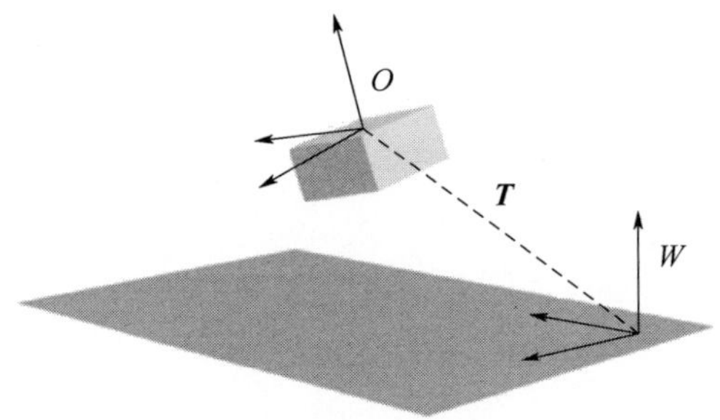

图 A-2 物体的姿态(位置和方向)可以通过坐标系平移转换 T 来定义,即固连于物体的坐标系 $\{O\}$ 相对于全局坐标系 $\{W\}$ 的转换

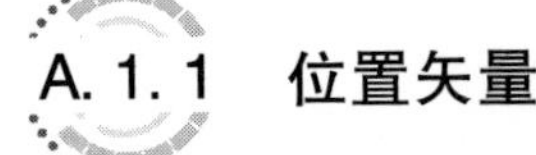

A.1.1 位置矢量

空间中的某个点或物体的位置可以由三个标量表示,分别对应 X、Y 和 Z 相对于另一坐标系的位移。通常,符号 $\boldsymbol{P}$ 或 $\boldsymbol{X}$ 用于表示位置分量的矢量。这里,$\boldsymbol{X}$

表示欧几里得空间中的位置，分量分别为 X_x, X_y, X_z。下面的矢量表示坐标系 $\{O\}$ 的原点 O 在另一坐标系 $\{W\}$ 中的位置。这可以是全局坐标系（如图 A－2 所示），也可以是其他物体或坐标系，即

$$ {}_{O}^{W}\boldsymbol{X} = \begin{bmatrix} {}_{O}^{W}X_x \\ {}_{O}^{W}X_y \\ {}_{O}^{W}X_z \end{bmatrix} \tag{A.1} $$

式中，每一项矢量表示沿坐标系 $\{W\}$ 各轴的平移量（位置的变化）。也可以使用另一种更简洁的表示形式，即

$$ {}_{O}^{W}\boldsymbol{X} = \begin{bmatrix} X_x \\ X_y \\ X_z \end{bmatrix} \tag{A.2} $$

A.1.2　旋转矩阵

有许多表达空间中物体方位的方法，可参见 Craig（2005）、Siciliano 和 Khatib（2008）。这里，我们使用 3×3 维旋转矩阵这一常规的方法来表示两个坐标系 $\{A\}$ 和 $\{B\}$ 之间的方位。单位矢量 $\hat{\boldsymbol{X}}_{xA}$、$\hat{\boldsymbol{X}}_{yA}$ 和 $\hat{\boldsymbol{X}}_{zA}$ 描述了坐标系 $\{A\}$ 的 X、Y 和 Z 轴的方向，而相应的单位矢量 $\hat{\boldsymbol{X}}_{xB}$、$\hat{\boldsymbol{X}}_{yB}$ 和 $\hat{\boldsymbol{X}}_{zB}$ 则用于表示坐标系 $\{B\}$ 中各轴的方向。与位置矢量一样，旋转矩阵也用来表示坐标系 $\{B\}$ 相对于坐标系 $\{A\}$ 中的方位。实际上，旋转矩阵可由（$\hat{\boldsymbol{X}}_{xA}, \hat{\boldsymbol{X}}_{yA}, \hat{\boldsymbol{X}}_{zA}$）和（$\hat{\boldsymbol{X}}_{xB}, \hat{\boldsymbol{X}}_{yB}, \hat{\boldsymbol{X}}_{zB}$）的点积计算得到，即

$$ {}_{B}^{A}\boldsymbol{R} = \begin{bmatrix} \hat{\boldsymbol{X}}_{xB}\cdot\hat{\boldsymbol{X}}_{xA} & \hat{\boldsymbol{X}}_{yB}\cdot\hat{\boldsymbol{X}}_{xA} & \hat{\boldsymbol{X}}_{zB}\cdot\hat{\boldsymbol{X}}_{xB} \\ \hat{\boldsymbol{X}}_{xB}\cdot\hat{\boldsymbol{X}}_{yA} & \hat{\boldsymbol{X}}_{yB}\cdot\hat{\boldsymbol{X}}_{yA} & \hat{\boldsymbol{X}}_{zB}\cdot\hat{\boldsymbol{X}}_{yB} \\ \hat{\boldsymbol{X}}_{xB}\cdot\hat{\boldsymbol{X}}_{zA} & \hat{\boldsymbol{X}}_{yB}\cdot\hat{\boldsymbol{X}}_{zA} & \hat{\boldsymbol{X}}_{zB}\cdot\hat{\boldsymbol{X}}_{zA} \end{bmatrix} \tag{A.3} $$

同式（A.2），也可以使用简洁形式的符号表示为

$$ {}_{B}^{A}\boldsymbol{R} = \begin{bmatrix} R_{XX} & R_{YX} & R_{ZX} \\ R_{XY} & R_{YY} & R_{ZY} \\ R_{XZ} & R_{YZ} & R_{ZZ} \end{bmatrix} \tag{A.4} $$

围绕某一坐标轴的旋转（例如图 A－3 中的坐标系 $\{A\}$ 绕 Z 轴的旋转 θ 角度）可以简单地用旋转矩阵表达。式（A.4）旋转矩阵中包含旋转轴（如 Z 轴）的项为 0。而旋转矩阵对角线上的元素为 1，如 R_{ZZ}。因此，图 A－3 中，绕 Z 轴的旋转矩阵为

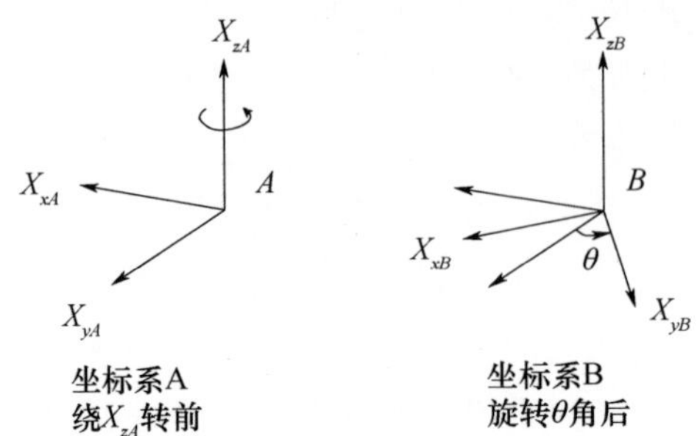

图 A-3　坐标系{A}绕 Z 轴旋转,即 X_{zA}旋转了 θ 角。这样得到了相对于坐标系{A}的新坐标系{B}

$$ {}_B^A\boldsymbol{R}_z = \begin{bmatrix} \cos\theta & -\sin\theta & 0 \\ \sin\theta & \cos\theta & 0 \\ 0 & 0 & 1 \end{bmatrix} \tag{A.5} $$

同理,X 轴和 Y 轴的旋转矩阵为

$$ {}_B^A\boldsymbol{R}_x = \begin{bmatrix} 1 & 0 & 0 \\ 0 & \cos\theta & -\sin\theta \\ 0 & \sin\theta & \cos\theta \end{bmatrix} \tag{A.6} $$

$$ {}_B^A\boldsymbol{R}_y = \begin{bmatrix} \cos\theta & 0 & \sin\theta \\ 0 & 1 & 0 \\ -\sin\theta & 0 & \cos\theta \end{bmatrix} \tag{A.7} $$

A.1.3　转换矩阵

将位置和旋转矩阵结合可以建立转换矩阵。该矩阵可同时表达从某一坐标系转换到下一坐标系的位置和方向(如图 A-2 中,由 T 表示),即

$$ {}_O^W\boldsymbol{T} = \begin{bmatrix} R_{XX} & R_{YX} & R_{ZX} & X_X \\ R_{XY} & R_{YY} & R_{ZY} & X_Y \\ R_{XZ} & R_{YZ} & R_{ZZ} & X_Z \\ 0 & 0 & 0 & 1 \end{bmatrix} \tag{A.8} $$

在图 A-2 中,应用转换矩阵 $\boldsymbol{T}$ 可以将坐标系{O}中的一点 $\boldsymbol{X}_O = [X_{X,O} \quad X_{Y,O} \quad X_{Z,O}]^{\mathrm{T}}$ 转换到全局坐标系{W}中的一点 $\boldsymbol{X}_W = [X_{X,W} \quad X_{Y,W} \quad X_{Z,W}]^{\mathrm{T}}$,有

$$\begin{bmatrix} X_W \\ 1 \end{bmatrix} = {}_O^W T \begin{bmatrix} X_O \\ 1 \end{bmatrix} \tag{A.9}$$

注意,在三维向量 X_O 和 X_W 下面增加了 1。这是为了使点 X_O 通过式(A.8)的旋转和平移转换,即由 4×4 维转换矩阵${}_O^W T$ 来求得所选的点的全局坐标系位置 X_W。这也称为齐次坐标变换,更多细节参见 Siciliano 和 Khatib(2008,第 1.2.3 节)或 Craig(2005,第 2.3 节)。

A.2 Denavit – Hartenberg表示法

Denavit – Hartenberg(以下简称 DH)表示法要求沿机器人连杆建立坐标系。除了为描述机器人动作提供一个框架之外,该表示法还可以在运动学上定义机器人的结构。

A.2.1 坐标系转换规则

如图 A – 4 所示,固连于机器人连杆的坐标系的转换由以下三个规则定义:

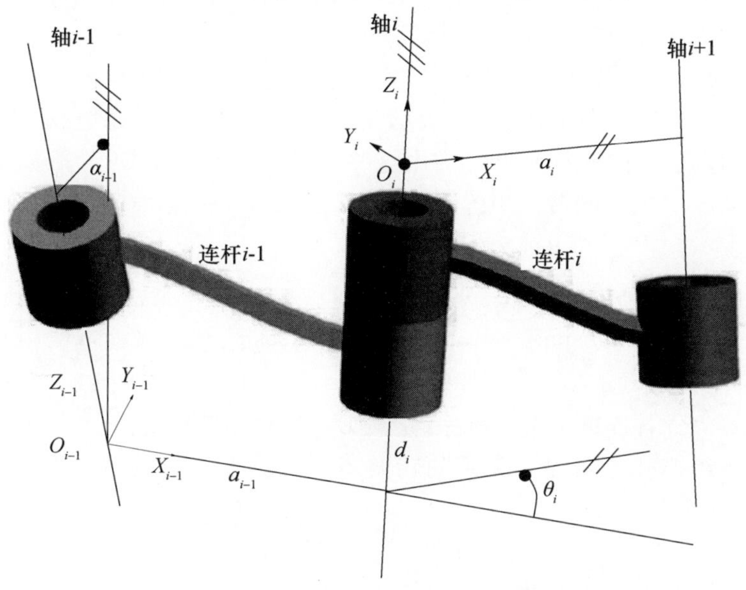

图 A – 4　对串联连杆的 DH 参数分配

(图由 Wikimedia 用户 Ollydbg 制作,并在 GNU 自由文档许可协议下共享)

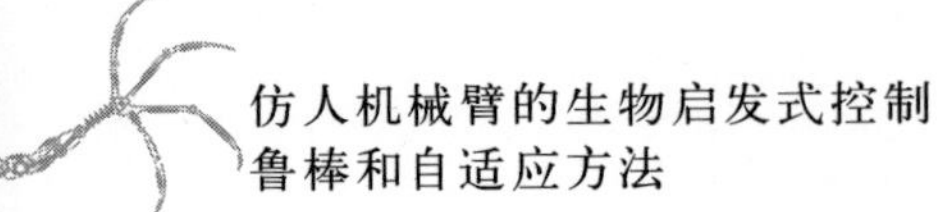

(1)坐标系{i}的 Z 轴与连杆 i 最近的关节重合；

(2)坐标系{i}的 X 轴指向连杆 i；

(3)Y 轴遵循右手转换规则分配坐标系。

串联连杆的最后一节的坐标系 Z 轴可以被设定为与前一节连杆的 Z 轴平行，因为该坐标系的作用是要定义末节连杆的长度。例如，该测量值可以表示夹爪或固定于机器人上的工具的轴的长度。基座/第 0 节连杆的坐标系（机器人连接到基座的连杆）通常与机器人处于“home”（“初始放松”）姿态时的连杆 1 的坐标系重合。

A.2.2 DH 参数

DH 表示法由四个参数组成，这四个参数描述了相邻坐标系之间的关系。下面列出了这些参数。在这种表示法中，i 是当前坐标系的编号，$i-1$ 是前一个坐标系，即更靠近基座的坐标系。注意，本附录中使用的是 Craig（2005）的转换法。

(1)d_i：沿着 Z_i 轴测得的坐标系 X_{i-1} 和 X_i 之间的平移量。

(2)θ_i：沿 Z_i 轴测得的从坐标系 X_{i-1} 到 X_i 的角度。

(3)a_i：沿 X_i 轴测得的 Z_i 和 Z_{i+1} 之间的平移量。

(4)α_i：沿 X_i 轴测得的从 Z_i 到 Z_{i+1} 的角度。

注意，对于每一节铰接式连杆，这些参数中有一个会是变量，以表示关节动作。对于具有旋转关节的连杆，Θ 表示关节角度。对于运动系统，d 可用于描述由于线性运动引起的连杆延伸。应用这些参数，可以得到式（A.8）那种类型的坐标系 i 和 $i-1$ 之间的转换矩阵，即

$$ {}_{i}^{i-1}\boldsymbol{T}=\begin{bmatrix} \cos\theta_i & -\sin\theta_i & 0 & a_{i-1} \\ \sin\theta_i\cos\alpha_{i-1} & \cos\theta_i\cos\alpha_{i-1} & -\sin\alpha_{i-1} & -d_i\sin\alpha_{i-1} \\ \sin\theta_i\sin\alpha_{i-1} & \cos\theta_i\sin\alpha_{i-1} & \cos\alpha_{i-1} & d_i\cos\alpha_{i-1} \\ 0 & 0 & 0 & 1 \end{bmatrix} \tag{A.10} $$

为机器人的各连杆分配坐标系，定义 DH 参数和转换矩阵，可以得到一系列用于描述各组连杆之间独立关系的转换矩阵。对于一个具有 6 个坐标系的系统，有以下 6 个转换，即

$$ {}_{1}^{0}\boldsymbol{T},{}_{2}^{1}\boldsymbol{T},{}_{3}^{2}\boldsymbol{T},{}_{4}^{3}\boldsymbol{T},{}_{5}^{4}\boldsymbol{T},{}_{6}^{5}\boldsymbol{T} \tag{A.11} $$

因此，可以假设{0}为全局坐标系，而{6}为末端执行器的局部坐标系。

A.3 应用运动学

A.3.1 正运动学

正运动学是基于一组给定的关节角度参数确定机器人连杆在空间中的位置和方向的过程。该过程的用途之一是在给定各种关节角度的情况下，根据全局坐标计算出机器人末端执行器的位置和方向（如图 A－1 所示）。使用之前描述的 DH 表示法，该过程非常简单，且只涉及连杆之间各个转换矩阵的乘法，见式（A.11）。

坐标系{0}（基坐标系）为全局坐标系。转换矩阵${}_1^0\boldsymbol{T}$ 为以全局坐标系表达的坐标系 1 的姿态。若用${}_2^1T$ 右乘${}_1^0T$，则得到以全局坐标系{0}表达的坐标系 2 的姿态，同时也继承了连杆 1 中对先前关节的依赖性，即

$$ {}_2^0\boldsymbol{T} = {}_1^0\boldsymbol{T}\,{}_2^1\boldsymbol{T} \tag{A.12}$$

可以沿着机器人的长度方向重复该过程，可得

$$ {}_6^0\boldsymbol{T} = {}_1^0\boldsymbol{T}\,{}_2^1\boldsymbol{T}\,{}_3^2\boldsymbol{T}\,{}_4^3\boldsymbol{T}\,{}_5^4\boldsymbol{T}\,{}_6^5\boldsymbol{T} \tag{A.13}$$

因此，最后一个转换矩阵的结构与式（A.10）类似，在某种程度上可以提取到最后一个坐标系的位置和方向。根据张量矢量乘法（如式（A.9））可以求出全局坐标系中最后一个坐标系的位置。有关正运动学的更多细节，见第 2.3.1.1 节。

A.3.2 逆运动学

与正运动学相反，逆运动学则根据给定末端执行器的位置来确定关节角度。事实证明，由于其任务驱动的特性，这种方法在机器人操控中非常流行。第 2.3.1.3 节中给出了一个对 2 自由度向上伸臂取物任务动作的求解逆运动学的示例，这是本书中的重点部分。附录 B 中给出了 BERUL2 4 自由度机械臂的逆运动学解。

由于本书的重点是模仿自然的、非运动学动作方案，因此本书对逆运动学没有进行深入讨论。有关逆运动学技术的详尽介绍，请参阅 Craig（2005）和 Siciliano 和 Khatib（2008）。

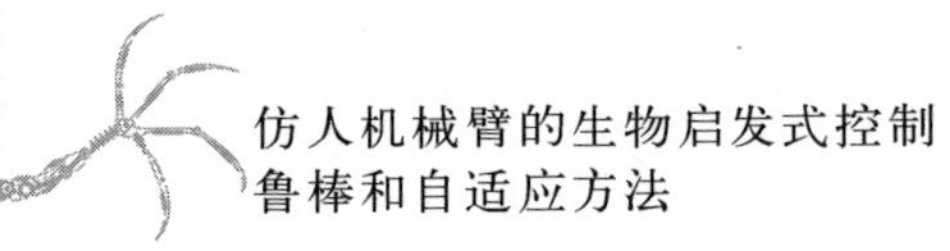

A.4 机器人雅可比矩阵

如第4.3.1节和Craig(2005)中所述,机器人雅可比矩阵将关节速度 $\dot{q}$(关节空间中的旋转/线性平移)映射到末端执行器的速度 $\dot{X}$(笛卡儿坐标系中的任务坐标)中。q 和 X 见图A-1。雅可比矩阵 $\boldsymbol{J}$ 可以通过机器人运动学方程相对于时间的微分来确定。由笛卡儿任务坐标 $\boldsymbol{X}=[X_X \quad X_Y \quad X_Z]^{\mathrm{T}}$,得到如下的 $3\times n$ 维矩阵(其中 n 为机器人自由度的维数),关系式为

$$\dot{\boldsymbol{X}}=\boldsymbol{J}\dot{q} \tag{A.14}$$

式中,$\boldsymbol{X}$ 也包含方向信息,雅可比矩阵 $\boldsymbol{J}$ 是 $6\times n$ 维矩阵,描述从关节速度到笛卡儿位置和末端执行器方向的转换。

雅可比矩阵也提供了关节扭矩 $\boldsymbol{\Gamma}$ 和末端执行器力 $\boldsymbol{f}$ 之间的转换,如式(4.32)所示,即

$$\boldsymbol{\Gamma}=\boldsymbol{J}^{\mathrm{T}}\boldsymbol{f} \tag{A.15}$$

在典型的冗余机械臂中,关节变量数多于任务变量数,因此 J 为非方阵,不能通过 $\boldsymbol{J}^{-1}$ 的典型矩阵运算求逆。在第4章中,介绍了Khatib(1987)的方法,通过该方法可以求出雅可比"伪逆",然后计算出产生给定末端执行器力所需的扭矩。该方法是操作空间控制的基础,在第4章中对此进行了详细说明。

注意,由于机器人关节奇异位置的存在,即使使用伪逆,雅可比矩阵也有可能因不满秩而导致不能求逆。这些奇点是机器人工作空间中某些特定动作不可实现或定义不唯一的区域。这通常是由于两个或多个关节轴成一直线引起的。当关节以这种方式对齐时,实际上相当于机器人失去了1个自由度。

参考文献

Craig J(2005)Introduction to robotics:mechanics and control,3rd edn. Pearson Prentice Hall,Upper Saddle River

Khatib O(1987)A unified approach for motion and force control of robot manipulators:the operational space formulation. IEEE J Robot Autom 3(1):45-53

Siciliano B,Khatib O(eds)(2008)Springer handbook of robotics. Springer,Berlin/Heidelberg Wu G,Van der Helm FC,Veeger HD,Makhsous M,Van Roy P,Anglin C,Nagels J,Karduna AR,McQuade K,Wang X,et al(2005)Isb recommendation on definitions of joint coordinate systems of various joints for the reporting of human joint motion part II:shoulder,elbow,wrist and hand. J Biomech 38(5):981-992

附录 B　BERUL2 机械臂的逆运动学

这里给出代数逆运动学解，用于将人的动作捕捉数据转换为 4 自由度机器人动作的关节角度。在第 9.2.6 节中介绍了逆运动学解在动作检测方面的应用。

B.1　DH参数

应用于 BERUL2 机械臂的 Denavit – Hartenberg（DH）运动学参数（如图 9 – 13 所示）定义如下。标准符号 i,α,a 和 θ 沿用 Craig（2005）的定义。

B.2　正运动学

机器人的正运动学可以由表 B – 1 所列的 DH 参数确定。肘部和手腕位置的关系如下。为简化表达，用缩写形式 $s(q_n)$ 和 $c(q_n)$ 表示 $\sin(q_n)$ 和 $\cos(q_n)$。

表 B – 1　BERUL2 机械臂的 DH 参数分配（4 自由度）

i	α_{i-1}	a_{i-1}	d_i	θ_i
1	$\frac{\pi}{2}$	0	L_1	$q_1-\frac{\pi}{2}$
2	$\frac{\pi}{2}$	0	0	$-q_2+\frac{\pi}{2}$
3	$\frac{\pi}{2}$	0	L_{21}	$q_3+\frac{\pi}{2}$
4	0	0	L_{22}	0
5	$\frac{\pi}{2}$	0	0	$q_4+\frac{\pi}{2}$
6	0	L_3	0	0

肘关节位置为

$$E_x = -s(q_1)c(q_2)L_2 \tag{B.1}$$

$$E_y = s(q_2)L_2 \tag{B.2}$$

$$E_z = -c(q_1)s(q_2)L_2 \tag{B.3}$$

式中：$L_2 = L_{21} + L_{22}$，为人体肱骨的长度（肩部和肘部坐标系之间的距离）。

腕关节位置为

$$W_x = ((-s(q_1)s(q_2)s(q_3) - c(q_1)c(q_3))s(q_4) - s(q_1)c(q_2)c(q_4))L_3 \tag{B.4}$$

$$W_y = (-c(q_2)s(q_3)s(q_4) + s(q_2)c(q_4))L_3 \tag{B.5}$$

$$W_z = ((-c(q_1)s(q_2)s(q_3) - s(q_1)c(q_3))s(q_4) - c(q_1)c(q_2)c(q_4))L_3 \tag{B.6}$$

上述这些等式的原点为肩关节的旋转中心（图 9－13 中 q_1 和 q_2 的轴的交点）。

B.3 代数解

在以下求解过程中，根据由腕部位置 $\boldsymbol{W} = [W_x \quad W_y \quad W_z]^{\mathrm{T}}$ 和肘部位置 $\boldsymbol{E} = [E_x \quad E_y \quad E_z]^{\mathrm{T}}$，即相对于肩部中心（位于环境中的原点）的位置，所确定的目标连杆位形，计算出机器人的 4 个关节角度 $\boldsymbol{q} = [q_1 \quad q_2 \quad q_3 \quad q_4]^{\mathrm{T}}$。

相对于肩部的肘部位置被用作完整逆运动学过程的起点。机器人肩部由一个 2 自由度系统构成，即上肢（肩部和肘部之间的部分）屈曲（q_1）和外展（q_2）。由于这种位形是非冗余的，因此可以通过重新排列式（B.2）和（B.3）简单地定义这两个关节，即

$$q_2 = \arcsin\left(\frac{E_y}{L_2}\right) \tag{B.7}$$

$$q_1 = -\arccos\left(\frac{E_z}{-\cos(q_2)L_2}\right) \tag{B.8}$$

式中，通过运用一个 3 维毕达哥拉斯方程，根据 Vicon 数据中肩部和肘部的坐标位置，L_2（和稍后将用到的 L_3）在每一个时间步长上的值都能被计算出来。这样做是为了解决由于皮肤拉伸或 Vicon 抖动引起的标记重定位问题。

得到 q_1 和 q_2 后，开始计算肱骨旋转角 q_3 和肘关节屈曲角 q_4。重新排列式(B.5)以分离出 $s(q_3)$ 和 $c(q_3)$ 项，即

$$s(q_3) = -\frac{\dfrac{W_y}{L_3} - s(q_2)c(q_4)}{c(q_2)s(q_4)} \tag{B.9}$$

$$c(q_3) = \pm\sqrt{1-\sin^2(q_3)} \tag{B.10}$$

$$= \frac{\pm\sqrt{c^2(q_2)s^2(q_4) - \left(\dfrac{W_y}{L_3} - s(q_2)c(q_4)\right)^2}}{c(q_2)s(q_4)} \tag{B.11}$$

现在将式(B.9)和式(B.11)代入式(B.4)，用 q_1，q_2 和 q_4 表示 W_x，即

$$\begin{aligned} W_x &= ((-s(q_1)s(q_2)s(q_3) - c(q_1)c(q_3)s(q_4) - s(q_1)c(q_2)c(q_4))L_3 \\ &= ((-s(q_1)s(q_2)s(q_3)s(q_4) - c(q_1)c(q_3)s(q_4) - s(q_1)c(q_2)c(q_4))L_3 \end{aligned} \tag{B.12}$$

由式(B.12)的第一项，可得

$$-s(q_1)s(q_2)s(q_3)s(q_4) = -s(q_1)s(q_2)\left(-\frac{\dfrac{W_y}{L_3} - s(q_2)c(q_4)}{c(q_2)}\right) \tag{B.13}$$

由第二项可得

$$c(q_1)c(q_3)s(q_4) = \pm c(q_1)\frac{\sqrt{c^2(q_2)s^2(q_4) - \left(\dfrac{W_y}{L_3} - s(q_2)c(q_4)\right)^2}}{c(q_2)} \tag{B.14}$$

合并式(B.13)和式(B.14)，可以在没有 q_3 的情况下重新定义式(B.4)，即

$$W_x = \left(\left(\frac{s(q_1)s(q_2)\left(\dfrac{W_y}{L_3} - s(q_2)c(q_4)\right)}{c(q_2)} \mp \frac{c(q_1)\sqrt{c^2(q_2)s^2(q_4) - \left(\dfrac{W_y}{L_3} - s(q_2)c(q_4)\right)^2}}{c(q_2)}\right) - s(q_1)c(q_2)c(q_4)\right)L_3 \tag{B.15}$$

式(B.6)类似于式(B.4)，因此有类似的结果，即

$$W_z = \left(\left(\frac{c(q_1)s(q_2)\left(\frac{W_y}{L_3} - s(q_2)c(q_4)\right)}{c(q_2)} \mp \frac{s(q_1)\sqrt{c^2(q_2)s^2(q_4) - \left(\frac{W_y}{L_3} - s(q_2)c(q_4)\right)^2}}{c(q_2)}\right) - c(q_1)c(q_2)c(q_4)\right)L_3 \tag{B.16}$$

式(B. 16)的两边同时乘以公分母 $c(q_2)$ 有

$$W_z c(q_2) = \left(\left(c(q_1)s(q_2)\left(\frac{W_y}{L_3} - s(q_2)c(q_4)\right) \mp s(q_1)\sqrt{c^2(q_2)s^2(q_4) - \left(\frac{W_y}{L_3} - s(q_2)c(q_4)\right)^2}\right) - c(q_1)c^2(q_2)c(q_4)\right)L_3 \tag{B.17}$$

将式(B. 17)的第一项展开可得

$$W_z c(q_2) = \left(\left(c(q_1)s(q_2)\frac{W_y}{L_3} - c(q_1)s^2(q_2)c(q_4) \mp s(q_1)\sqrt{c^2(q_2)s^2(q_4) - \left(\frac{W_y}{L_3} - s(q_2)c(q_4)\right)^2}\right) - c(q_1)c^2(q_2)c(q_4)\right)L_3 \tag{B.18}$$

应用三角恒等式 $-1 = -c^2(q) - s^2(q)$，合并式(B. 18)中的第二项和第三项，然后两边同时除以 L_3 有

$$\frac{W_z c(q_2)}{L_3} = c(q_1)s(q_2)\frac{W_y}{L_3} + c(q_1)c(q_4) \mp s(q_1)\sqrt{c^2(q_2)s^2(q_4) - \left(\frac{W_y}{L_3} - s(q_2)c(q_4)\right)^2} \tag{B.19}$$

交换等式两边以改变符号，得到新的左手(LH)和右手(RH)分量，即

$$\underbrace{\mp s(q_1)\sqrt{c^2(q_2)s^2(q_4) - \left(\frac{W_y}{L_3} - s(q_2)c(q_4)\right)^2}}_{\text{LH}} = \underbrace{-\frac{W_z c(q_2)}{L_3} + c(q_1)s(q_2)\frac{W_y}{L_3} + c(q_1)c(q_4)}_{\text{RH}} \tag{B.20}$$

对 LH 求平方，并再次应用三角恒等式 $-1 = -c^2(q) - s^2(q)$，得到 $s^2(q) = 1 - c^2(q)$，即

$$\mathrm{LH}^2=s^2(q_1)\left(c^2(q_2)(1-c^2(q_4))-\left(\frac{W_y}{L_3}-s(q_2)c(q_4)\right)^2\right) \tag{B.21}$$

将式(B.21)的第一项展开可得

$$\begin{aligned}&=s^2(q_1)(c^2(q_2)(1-c^2(q_4)))\\&=s^2(q_1)c^2(q_2)-s^2(q_1)c^2(q_2)c^2(q_4)\end{aligned} \tag{B.22}$$

由式(B.21)的第二项可得

$$=s^2(q_1)\left(\frac{W_y}{L_3}-s(q_2)c(q_4)\right)^2 \tag{B.23}$$

$$=s^2(q_1)\frac{W_y^2}{L_3^2}-2\left(s^2(q_1)\frac{W_y}{L_3}s(q_2)c(q_4)\right)+s^2(q_1)s^2(q_2)c^2(q_4) \tag{B.24}$$

合并式(B.22)和式(B.24)可得

$$=s^2(q_1)c^2(q_2)-s^2(q_1)c^2(q_2)c^2(q_4)-s^2(q_1)\frac{W_y^2}{L_3^2}+$$

$$2\left(s^2(q_1)\frac{W_y}{L_3}s(q_2)c(q_4)\right)-s^2(q_1)s^2(q_2)c^2(q_4)$$

再次使用 $s^2(q)=1-c^2(q)$，式中项可以简化为

$$\begin{aligned}&-s^2(q_1)c^2(q_2)c^2(q_4)-s^2(q_1)s^2(q_2)c^2(q_4)=-s^2(q_1)c^2(q_2)c^2(q_4)+\\&s^2(q_1)(1-c^2(q_2))c^2(q_4)=-s^2(q_1)c^2(q_2)c^2(q_4)-s^2(q_1)c^2(q_4)+\\&s^2(q_1)c^2(q_2)c^2(q_4)=-s^2(q_1)c^2(q_4)\end{aligned}$$

由此得到紧凑的左手分量的平方，即

$$\mathrm{LH}^2=s^2(q_1)c^2(q_2)-s^2(q_1)c^2(q_4)-\frac{W_y^2}{L_3^2}s^2(q_1)+2s^2(q_1)\frac{W_y}{L_3}s(q_2)c(q_4) \tag{B.25}$$

现必须将式(B.20)的右手分量也进行平方。可以分离出包含 q_4 的项，以得到 A 和 B 的二次方程，即

$$\mathrm{RH}^2=\Bigg(\underbrace{-\frac{W_z c(q_2)}{L_3}+c(q_1)s(q_2)\frac{W_y}{L_3}}_{A}\underbrace{-c(q_1)c(q_4)}_{B}\Bigg)^2$$

$$(A+B)^2=A^2+2AB+B^2$$

由于此时除 q_3 和 q_4 之外的所有项都是已知的，因此有常数项 a,b,c，即

$$\mathrm{RH}^2 = \underbrace{\left(-\frac{W_z c(q_2)}{L_3} + c(q_1)s(q_2)\frac{W_y}{L_3}\right)^2}_{a} - \underbrace{2\left(-\frac{W_z c(q_2)}{L_3} + c(q_1)s(q_2)\frac{W_y}{L_3}\right)c(q_1)}_{b} c(q_4) + \underbrace{c^2(q_1)}_{c} c(q_4) \tag{B.26}$$

通过常数项 a,b 和 c,RH^2 现可以用二次形式表达为

$$\mathrm{RH}^2 = a - b\ c(q_4) + c\ c^2(q_4) = 0 \tag{B.27}$$

令式(B.27)等于式(B.21),进一步可得

$$\underbrace{s^2(q_1)c^2(q_2)}_{d} - s^2(q_1)c^2(q_4) - \underbrace{\frac{W_y^2}{L_3^2}s^2(q_1)}_{e_x} + \underbrace{2s^2(q_1)\frac{W_y}{L_3}s(q_2)}_{f}c(q_4) =$$

$$a + b\ c(q_4) + c\ c^2(q_4)$$

$$a + b\ c(q_4) + c\ c^2(q_4) + \underbrace{s^2(q_1)}_{g}c^2(q_4) = d - e_x + f\ c(q_4)$$

$$\underbrace{a - d +}_{-H} e + c(q_4)(b - f) + c^2(q_4)(c + g) = 0 \tag{B.28}$$

重新排列式(B.28),得到二次方程,即

$$c^2(q_4)(c+g) + c(q_4)(b-f) - H = 0 \tag{B.29}$$

$$c^2(q_4) + \frac{c(q_4)(b-f)}{(c+g)} - \frac{H}{(c+g)} = 0 \tag{B.30}$$

其解为

$$q_4 = \arccos\left(-\frac{(b-f)}{2(c+g)} \pm \sqrt{\frac{(b-f)^2}{4(c+g)^2} - \frac{H}{(c+g)}}\right) \tag{B.31}$$

因此,q_4 的解均可通过关节角度 q_1 和 q_2 的函数来定义,即

$$a = \left(-\left(\frac{W_z c(q_2)}{L_3}\right) + c(q_1)s(q_2)\frac{W_y}{L_3}\right)^2 \tag{B.32}$$

$$b = -2\left(\frac{W_z\cos(q_2)}{L_3} + \cos(q_1)\sin(q_2)\frac{W_y}{L_3}\right)\cos(q_1) \tag{B.33}$$

$$c = \cos(q_1)^2 \tag{B.34}$$

$$d = \sin(q_1)^2\cos(q_2)^2 \tag{B.35}$$

$$e = \frac{W_y^2}{L_3^2}\sin(q_1)^2 \tag{B.36}$$

$$f = 2\sin(q_1)^2 \frac{W_y}{L_3}\sin(q_2) \tag{B.37}$$

$$g = \sin(q_1)^2 \tag{B.38}$$

$$H = -(a - d + e) \tag{B.39}$$

由此得到最终的方程组,以确定与腕部和肘部位置的关节角度。可按以下顺序计算,即

$$q_2 = \arcsin\left(\frac{E_y}{L_{21}}\right) \tag{B.40}$$

$$q_1 = -\arccos\left(\frac{E_z}{-\cos(q_2)L_{21}}\right) \tag{B.41}$$

$$q_4 = \arccos\left(-\frac{(b-f)}{2(c+g)} \pm \sqrt{\frac{(b-f)^2}{4(c+g)^2} + \frac{H}{(c+g)}}\right) \tag{B.42}$$

$$q_3 = \arcsin\left(\frac{\frac{W_y}{L_3} - \sin(q_2)\cos(q_4)}{-\cos(q_2)\sin(q_4)}\right) \tag{B.43}$$

需要对计算出的 q_4 进行检验以确定其是否为复数,即当 $q_4 = 0$ 时进行。经检验,如果为复数,则将 q_4 的值替换为零。

将所得到的角度集合(正值和负值)应用于正运动学式(B.4,…,B.6)以得到给定角度的腕部位置。将这些位置与目标位置进行比较。利用最接近的位置匹配求出正确的角度集合。

参考文献

Craig J(2005)Introduction to robotics:mechanics and control,3rd edn. Pearson Prentice Hall,Upper Saddle River

附录 C 自适应柔顺控制器的理论概括

定理 1(稳定性):假设已知式(2.1)或式(4.16)的机器人动力学和式(8.1)的受控笛卡儿动力学,那么自适应跟踪控制律由式(8.3)和式(8.27)、式(8.28)给出,其中式(8.22)~式(8.25)为带有抗饱和补偿器(式(8.20)、式(8.21))的自适应律。对于冗余自由度系统,该控制器增加了式(8.17)的姿态控制方案,对于所设定的有界轨迹 X_r,该控制器在局部意义上保持最终有界稳定。因此,相对于 X_d 的跟踪误差也是最终有界稳定的。

C.1 定理1证明

为证明稳定性,考虑对式(8.28)的控制律略作修改,即

$$\boldsymbol{\Gamma} = \mathrm{Sat}(\boldsymbol{J}^{\mathrm{T}}\hat{\boldsymbol{f}} + (\boldsymbol{I} - \boldsymbol{J}^{\mathrm{T}}\hat{\bar{\boldsymbol{J}}}^{\mathrm{T}})\,\mathrm{sat}(\boldsymbol{\Gamma}_p)) \tag{C.1}$$

首先证明这一经过修改的控制律的稳定性,从而证明式(8.28)的稳定性。这里,将饱和函数 Sat(·)应用于姿态控制器 $\boldsymbol{\Gamma}_p$。之所以选择饱和元素 $\bar{\mathrm{s}}$at,是为了使 $\boldsymbol{J}^{\mathrm{T}}\hat{\boldsymbol{f}} + (\boldsymbol{I} - \boldsymbol{J}^{\mathrm{T}}\hat{\bar{\boldsymbol{J}}}^{\mathrm{T}})\,\mathrm{sat}(\boldsymbol{\Gamma}_p)$ 保持在 Sat(·)的线性区域内。由于 K_f 已经足够小,因此就有可能使 $\boldsymbol{J}^{\mathrm{T}}\hat{f}$ 严格地保持在 Sat(·)的线性区域内。随后,选择 Sat($\boldsymbol{\Gamma}_p$)的界限,以使 $\boldsymbol{J}^{\mathrm{T}}\hat{f} + (\boldsymbol{I} - \boldsymbol{J}^{\mathrm{T}}\hat{\bar{\boldsymbol{J}}}^{\mathrm{T}})\,\mathrm{Sat}(\boldsymbol{\Gamma}_p)$ 保持在 Sat(·)的线性区域内。

可以分两步证明式(C.1)的稳定性。第一步证明任务-空间动力学的稳定性,姿态空间动力学则单独证明。任务-空间动力学通过李雅普诺夫函数方法分析,姿态动力学则通过基于被动性的方法来分析。

任务-空间动力学使用 Colbaugh 等(1995)和 Herrmann 等(2007)的思路,可以证明所提出控制方法的稳定性。李雅普诺夫函数(见 Colbaugh 等,1995)可表示为

$$V_{\text{Lyap}} = \frac{1}{2}\boldsymbol{s}^{\text{T}}\boldsymbol{\Lambda}(q)\boldsymbol{s} + k\lambda\boldsymbol{e}_x^{\text{T}}\boldsymbol{e}_x + \frac{1}{2\beta_1}\boldsymbol{\phi}_p^{\text{T}}\boldsymbol{\phi}_p + \frac{1}{2}\text{tr}\left[\frac{1}{\beta_2}\boldsymbol{\phi}_{\Lambda(q)}\boldsymbol{\phi}_{\Lambda(q)}{}^{\text{T}} + \frac{1}{\beta_3}\boldsymbol{\phi}_B\boldsymbol{\phi}_B{}^{\text{T}} + \frac{1}{\beta_4}\boldsymbol{\phi}_K\boldsymbol{\phi}_K{}^{\text{T}}\right] \tag{C.2}$$

式中，$\boldsymbol{\phi}_p = \hat{p} - p$，$\boldsymbol{\phi}_{\Lambda(q)} = \hat{\boldsymbol{\Lambda}}(q) - \boldsymbol{\Lambda}(q)$，$\boldsymbol{\phi}_B = \hat{B} - \mu(X, \dot{X}_d^*)$，$\boldsymbol{\phi}_K = \hat{K} + \mu(X, \dot{X}_d^*)$。计算李雅普诺夫函数 V_{Lyap} 的导数，可得

$$\dot{V}_{\text{Lyap}} = \frac{1}{2}\dot{\boldsymbol{s}}^{\text{T}}\boldsymbol{\Lambda}\boldsymbol{s} + \frac{1}{2}\boldsymbol{s}^{\text{T}}\dot{\boldsymbol{\Lambda}}\boldsymbol{s} + \frac{1}{2}\boldsymbol{s}^{\text{T}}\boldsymbol{\Lambda}\dot{\boldsymbol{s}} + k\lambda\dot{\boldsymbol{e}}_x{}^{\text{T}}\boldsymbol{e}_x + k\lambda\boldsymbol{e}_x{}^{\text{T}}\dot{\boldsymbol{e}}_x + \frac{1}{2\beta_1}\boldsymbol{\phi}_p{}^{\text{T}}\dot{\boldsymbol{\phi}}_p + \frac{1}{2\beta_1}\dot{\boldsymbol{\phi}}_p{}^{\text{T}}\boldsymbol{\phi}_p + \text{tr}\left[\frac{1}{\beta_2}\dot{\boldsymbol{\phi}}_\Lambda\boldsymbol{\phi}_\Lambda{}^{\text{T}} + \frac{1}{\beta_3}\dot{\boldsymbol{\phi}}_B\boldsymbol{\phi}_B{}^{\text{T}} + \frac{1}{\beta_4}\dot{\boldsymbol{\phi}}_K\boldsymbol{\phi}_K{}^{\text{T}}\right]$$

采用滑模控制元素中的 $\boldsymbol{s}^{\text{T}}\dfrac{\boldsymbol{s}}{\|\boldsymbol{s}\|} = \|\boldsymbol{s}\|$，得到李雅普诺夫函数关于时间的导数 $\dot{V}_{\text{Lyap}}$，即

$$\begin{aligned}\dot{V}_{\text{Lyap}} = {} & k\|\boldsymbol{s}\|^2 - \lambda^2\|\boldsymbol{e}_x\|^2 - \lambda^2\|\dot{\boldsymbol{e}}_x\|^2 - \boldsymbol{s}^{\text{T}}\boldsymbol{\phi}_\Lambda\ddot{\boldsymbol{X}}_d^* + \boldsymbol{s}^{\text{T}}\hat{\boldsymbol{\Lambda}}(t)\ddot{\boldsymbol{x}}_d^*(1-c) - c\boldsymbol{r}^{\text{T}}\hat{B}(t)\dot{\boldsymbol{X}}_d^* + \\ & \boldsymbol{s}^{\text{T}}\hat{p}(t)(1-c) - \boldsymbol{s}^{\text{T}}\boldsymbol{\phi}_p - 2ck\|\boldsymbol{s}\|^2 - \boldsymbol{s}^{\text{T}}\hat{\boldsymbol{K}}(t)\boldsymbol{s} - (1-c)\boldsymbol{K}_p\|\boldsymbol{s}\| + \boldsymbol{s}^{\text{T}}\boldsymbol{\mu}(\boldsymbol{X},\dot{\boldsymbol{X}})\dot{\boldsymbol{x}} - \\ & \boldsymbol{s}^{\text{T}}F_{\text{ext}}(1-c) + \boldsymbol{s}^{\text{T}}\boldsymbol{\mu}(\boldsymbol{X},\dot{\boldsymbol{X}})\boldsymbol{s} - \boldsymbol{s}^{\text{T}}W - \frac{\alpha_1}{\beta_1}\left(\boldsymbol{\phi}_p^{\text{T}}\boldsymbol{\phi}_p + \boldsymbol{\phi}_p^{\text{T}}f + \frac{1}{\alpha_1}\boldsymbol{\phi}_p^{\text{T}}\dot{p} - c\frac{\beta_1}{\alpha_1}\boldsymbol{\phi}_p^{\text{T}}r\right) - \\ & \frac{\alpha_2}{\beta_2}\text{tr}\left[\boldsymbol{\phi}_\Lambda\boldsymbol{\phi}_\Lambda{}^{\text{T}} + \hat{\boldsymbol{\Lambda}}\boldsymbol{\phi}_\Lambda{}^{\text{T}} + \frac{1}{\alpha_2}\dot{\hat{\boldsymbol{\Lambda}}}\boldsymbol{\phi}_\Lambda{}^{\text{T}} - c\frac{\beta_2}{\alpha_2}\boldsymbol{s}(\ddot{\boldsymbol{X}}_d{}^*)^{\text{T}}\boldsymbol{\phi}_\Lambda{}^{\text{T}}\right] - \\ & \frac{\alpha_3}{\beta_3}\text{tr}\left[\boldsymbol{\phi}_B\boldsymbol{\phi}_B{}^{\text{T}} + \boldsymbol{\Lambda}\boldsymbol{\phi}_B{}^{\text{T}} + \frac{1}{\alpha_3}\dot{\boldsymbol{\Lambda}}\boldsymbol{\phi}_B{}^{\text{T}} - c\frac{\beta_3}{\alpha_3}\boldsymbol{s}(\ddot{\boldsymbol{X}}_d{}^*)^{\text{T}}\boldsymbol{\phi}_B{}^{\text{T}}\right] - \\ & \frac{\alpha_4}{\beta_4}\text{tr}\left[\boldsymbol{\phi}_K\boldsymbol{\phi}_K{}^{\text{T}} - \mu(\boldsymbol{X},\dot{\boldsymbol{X}}_d{}^*)\boldsymbol{\phi}_K{}^{\text{T}} - \frac{1}{\alpha_4}\dot{\mu}(\boldsymbol{X},\dot{\boldsymbol{X}}_d{}^*)\boldsymbol{\phi}_K{}^{\text{T}} - c\frac{\beta_4}{\alpha_4}\boldsymbol{r}\boldsymbol{r}^{\text{T}}\boldsymbol{\phi}_K{}^{\text{T}}\right]\end{aligned} \tag{C.3}$$

式中，$\boldsymbol{W} = \bar{\boldsymbol{J}}^{\text{T}}\boldsymbol{N}^{\text{T}}\text{sat}(\boldsymbol{\Gamma}_p)$，而 $\boldsymbol{N}^{\text{T}} = (\boldsymbol{I} - \boldsymbol{J}^{\text{T}}\hat{\bar{\boldsymbol{J}}}^{\text{T}})$，$\Gamma_p$ 为式(8.17)姿态扭矩控制。进一步简化，即加上和减去 $\dfrac{1}{4\alpha_1\beta_1}\|\dot{\boldsymbol{p}} + \alpha_1\boldsymbol{p}\|_F^2$，$\dfrac{1}{4\alpha_2\beta_2}\|\dot{\boldsymbol{\Lambda}} + \alpha_2\boldsymbol{\Lambda}\|_F^2$，$\dfrac{1}{4\alpha_3\beta_3}\|\dot{\boldsymbol{\mu}}(\dot{\boldsymbol{X}},\dot{\boldsymbol{X}}_d^*) + \alpha_3\boldsymbol{\mu}(\dot{\boldsymbol{X}},\dot{\boldsymbol{X}}_d^*)\|_F^2$ 和 $\dfrac{1}{4\alpha_4\beta_4}\|\dot{\boldsymbol{\mu}}(\dot{\boldsymbol{X}},\dot{\boldsymbol{X}}_d^*) + \alpha_4\mu(\dot{\boldsymbol{X}},\dot{\boldsymbol{X}}_d^*)\|_F^2$，然后完全平方，得

$$\begin{aligned}\dot{V}_{\text{Lyap}} = {} & -k\|\boldsymbol{s}\|^2 - \lambda^2\|\boldsymbol{e}_x\|^2 - k\|\dot{\boldsymbol{e}}_x\|^2 + -\frac{\alpha_1}{\beta_1}\left\|\boldsymbol{\phi}_p + \frac{1}{2\alpha_1}(\boldsymbol{p}\dot{\boldsymbol{p}} + \alpha_1\boldsymbol{p})\right\|_F^2 - \\ & \frac{\alpha_2}{\beta_2}\left\|\boldsymbol{\phi}_\Lambda + \frac{1}{2\alpha_2}(\dot{\boldsymbol{\Lambda}} + \alpha_2\boldsymbol{\Lambda})\right\|_F^2 - \frac{\alpha_3}{\beta_3}\left\|\boldsymbol{\phi}_B + \frac{1}{2\alpha_3}(\dot{\mu}(\dot{\boldsymbol{X}},\dot{\boldsymbol{X}}_d^*) + \alpha_3\mu(\dot{\boldsymbol{X}},\dot{\boldsymbol{X}}_d^*))\right\|_F^2 -\end{aligned}$$

$$\frac{\alpha_4}{\beta_4}\left\|\boldsymbol{\phi}_K-\frac{1}{2\alpha_4}(\dot{\boldsymbol{\mu}}(\dot{\boldsymbol{X}},\dot{\boldsymbol{X}}_d^*)+\alpha_4\mu(\dot{\boldsymbol{X}},\dot{\boldsymbol{X}}_d^*))\right\|_F^2+\frac{1}{4\alpha_1\beta_1}\|\boldsymbol{p}\dot{\boldsymbol{p}}+\alpha_1\boldsymbol{p}\|_F^2+$$
$$\frac{1}{4\alpha_2\beta_2}\|\dot{\boldsymbol{\Lambda}}+\alpha_2\boldsymbol{\Lambda}\|_F^2+\frac{1}{4\alpha_3\beta_3}\|\dot{\boldsymbol{\mu}}(\dot{\boldsymbol{X}},\dot{\boldsymbol{X}}_d^*)+\alpha_3\mu(\dot{\boldsymbol{X}},\dot{\boldsymbol{X}}_d^*)\|_F^2+$$
$$\frac{1}{4\alpha_4\beta_4}\|\dot{\boldsymbol{\mu}}(\dot{\boldsymbol{X}},\dot{\boldsymbol{X}}_d^*)+\alpha_4\mu(\dot{\boldsymbol{X}},\dot{\boldsymbol{X}}_d^*)\|_F^2-\boldsymbol{s}^{\mathrm{T}}\phi_\Lambda\ddot{\boldsymbol{X}}_d^*(1-c)+\boldsymbol{s}^{\mathrm{T}}\hat{\boldsymbol{\Lambda}}(t)\ddot{\boldsymbol{X}}_d^*(1-c)+$$
$$\boldsymbol{s}^{\mathrm{T}}\hat{p}(t)(1-c)+-\boldsymbol{s}^{\mathrm{T}}\boldsymbol{\phi}_p(1-c)-(1-c)K_f\|\boldsymbol{s}\|-\boldsymbol{s}^{\mathrm{T}}F_{\mathrm{ext}}(1-c)+$$
$$\boldsymbol{s}^{\mathrm{T}}\mu(\boldsymbol{X},\dot{\boldsymbol{X}}_d^*)\dot{\boldsymbol{X}}(1-c)+(1-c)2k\|\boldsymbol{s}\|^2-\boldsymbol{s}^{\mathrm{T}}\boldsymbol{W} \tag{C.4}$$

重新排列上式中的某些项有

$$\dot{V}_{\mathrm{Lyap}}=-k\|\boldsymbol{s}\|^2-\boldsymbol{\lambda}^2\|\boldsymbol{e}_x\|^2-k\|\dot{\boldsymbol{e}}_x\|^2-\frac{\alpha_1}{\beta_1}\left\|\boldsymbol{\phi}_p+\frac{1}{2\alpha_1}(\boldsymbol{p}\dot{\boldsymbol{p}}+\alpha_1 p)\right\|_F^2-$$
$$\frac{\alpha_2}{\beta_2}\left\|\boldsymbol{\phi}_\Lambda+\frac{1}{2\alpha_2}(\dot{\boldsymbol{\Lambda}}+\alpha_2\boldsymbol{\Lambda})\right\|_F^2-\frac{\alpha_3}{\beta_3}\left\|\boldsymbol{\phi}_B+\frac{1}{2\alpha_3}(\dot{\boldsymbol{\mu}}(\dot{\boldsymbol{X}},\dot{\boldsymbol{X}}_d^*)+\alpha_3\mu(\dot{\boldsymbol{X}},\dot{\boldsymbol{X}}_d^*))\right\|_F^2-$$
$$\frac{\alpha_4}{\beta_4}\left\|\boldsymbol{\phi}_K-\frac{1}{2\alpha_4}(\dot{\boldsymbol{\mu}}(\dot{\boldsymbol{X}},\dot{\boldsymbol{X}}_d^*)+\alpha_4\boldsymbol{\mu}(\dot{\boldsymbol{X}},\dot{\boldsymbol{X}}_d^*))\right\|_F^2+\frac{1}{4\alpha_1\beta_1}\|\boldsymbol{p}\dot{\boldsymbol{p}}+\alpha_1\boldsymbol{p}\|_F^2+$$
$$\frac{1}{4\alpha_2\beta_2}\|\dot{\boldsymbol{\Lambda}}+\alpha_2\boldsymbol{\Lambda}\|_F^2+\frac{1}{4\alpha_3\beta_3}\|\dot{\boldsymbol{\mu}}(\dot{\boldsymbol{X}},\dot{\boldsymbol{X}}_d^*)+\alpha_3\boldsymbol{\mu}(\dot{\boldsymbol{X}},\dot{\boldsymbol{X}}_d^*)\|_F^2+$$
$$\frac{1}{4\alpha_4\beta_4}\|\dot{\boldsymbol{\mu}}(\dot{\boldsymbol{X}},\dot{\boldsymbol{X}}_d^*)+\alpha_4\boldsymbol{\mu}(\dot{\boldsymbol{X}},\dot{\boldsymbol{X}}_d^*)\|_F^2+\boldsymbol{s}^{\mathrm{T}}(1-c)(\hat{\boldsymbol{\Lambda}}(t)\ddot{\boldsymbol{X}}_d^*+\boldsymbol{\mu}(\boldsymbol{X},\dot{\boldsymbol{X}}_d^*)\dot{\boldsymbol{X}}+$$
$$\hat{p}(t)-\boldsymbol{F}_{\mathrm{ext}}-\boldsymbol{\phi}_p-\boldsymbol{\phi}_\Lambda\ddot{\boldsymbol{X}}_d^*)-(1-c)K_f\|\boldsymbol{s}\|+(1-c)2k\|\boldsymbol{s}\|^2-\boldsymbol{s}^{\mathrm{T}}\boldsymbol{W} \tag{C.5}$$

鉴于式(C.5)右边的最后四项满足

$$\boldsymbol{s}^{\mathrm{T}}(1-c)(\hat{\boldsymbol{\Lambda}}(t)\ddot{\boldsymbol{X}}_d^*+\mu(\boldsymbol{X},\dot{\boldsymbol{X}}_d^*)\dot{\boldsymbol{X}}+\hat{\boldsymbol{p}}(t)-\boldsymbol{F}_{\mathrm{ext}}-\boldsymbol{\phi}_p-\boldsymbol{\phi}_\Lambda\ddot{\boldsymbol{X}}_d^*)-$$
$$(1-c)\boldsymbol{K}_f\|\boldsymbol{s}\|+(1-c)2k\|\boldsymbol{s}\|^2-\boldsymbol{s}^{\mathrm{T}}\boldsymbol{W}$$
$$\leqslant+\|\boldsymbol{s}^{\mathrm{T}}\|(1-c)\|(\hat{\boldsymbol{\Lambda}}(t)\ddot{\boldsymbol{X}}_d^*+\boldsymbol{\mu}(\boldsymbol{X},\dot{\boldsymbol{X}}_d^*)\dot{\boldsymbol{X}}+\hat{\boldsymbol{p}}(t)-\boldsymbol{F}_{\mathrm{ext}}-\boldsymbol{\phi}_p-\boldsymbol{\phi}_\Lambda\ddot{\boldsymbol{X}}_d^*)\|-$$
$$(1-c)\boldsymbol{K}_f\|\boldsymbol{s}\|+(1-c)2k\|\boldsymbol{s}\|^2-(1-c)\|\boldsymbol{s}^{\mathrm{T}}\|\|\boldsymbol{W}\|+c\|\boldsymbol{s}^{\mathrm{T}}\|\|\boldsymbol{W}\|$$

$\boldsymbol{K}_f$ 满足

$$\boldsymbol{K}_f\geqslant\|(\hat{\boldsymbol{\Lambda}}\ddot{\boldsymbol{X}}_d^*+\mu(\boldsymbol{X},\dot{\boldsymbol{X}}_d^*)\dot{\boldsymbol{X}}+p-\boldsymbol{F}_{\mathrm{ext}})\|+2k\|s\|-\|\boldsymbol{W}\| \tag{C.6}$$

因此有

$$\boldsymbol{s}^{\mathrm{T}}(1-c)(\hat{\boldsymbol{\Lambda}}(t)\ddot{\boldsymbol{X}}_d^*+\mu(\boldsymbol{X},\dot{\boldsymbol{X}}_d^*)\dot{\boldsymbol{X}}+\hat{\boldsymbol{p}}(t)-\boldsymbol{F}_{\mathrm{ext}}-\boldsymbol{\phi}_p-\boldsymbol{\phi}_\Lambda\ddot{\boldsymbol{X}}_d^*)-$$
$$(1-c)K_f\|\boldsymbol{s}\|+(1-c)2k\|\boldsymbol{s}\|^2-\boldsymbol{s}^{\mathrm{T}}\boldsymbol{W}$$
$$\leqslant c\|\boldsymbol{s}^{\mathrm{T}}\|\|\boldsymbol{W}\|\leqslant\|\boldsymbol{s}^{\mathrm{T}}\|\|\boldsymbol{W}\|$$

通常,若选择适当的 K_f 和紧凑集 $\hat{\boldsymbol{\Lambda}},\ddot{\boldsymbol{X}}_d,\boldsymbol{X},\dot{\boldsymbol{X}}_d^*,\dot{\boldsymbol{X}},\hat{\boldsymbol{\Lambda}},\hat{\boldsymbol{p}},\boldsymbol{F}_{\text{ext}},\boldsymbol{q},\dot{\boldsymbol{q}}$,则可以满足式(C.6)的约束。因此,通过式(C.6)可以得到典型的局部约束。此外,幅值 $\|\boldsymbol{W}\|$取决于惯性/质量矩阵 $\hat{\boldsymbol{\Lambda}}$ 的估计值的准确度,其通过离线识别得到,且对于一个固定的且足够大的紧凑集,通常假设该幅值是恰当的,因而$\|\boldsymbol{W}\|$有界且幅值小。

$$
\begin{aligned}
\dot{V}_{\text{Lyap}} \leqslant & -k\|\boldsymbol{s}\|^2-\lambda^2\|\boldsymbol{e}_x\|^2-k\|\dot{\boldsymbol{e}}_x\|^2-\frac{\alpha_1}{\beta_1}\left\|\boldsymbol{\phi}_p+\frac{1}{2\alpha_1}(\boldsymbol{p}\dot{\boldsymbol{p}}+\alpha_1\boldsymbol{p})\right\|_F^2- \\
& \frac{\alpha_2}{\beta_2}\left\|\boldsymbol{\phi}_\Lambda+\frac{1}{2\alpha_2}(\dot{\boldsymbol{\Lambda}}+\alpha_2\boldsymbol{\Lambda})\right\|_F^2-\frac{\alpha_3}{\beta_3}\left\|\boldsymbol{\phi}_B+\frac{1}{2\alpha_3}(\dot{\boldsymbol{\mu}}(\dot{\boldsymbol{X}},\dot{\boldsymbol{X}}_d^*)+\alpha_3\mu(\dot{\boldsymbol{X}},\dot{\boldsymbol{X}}_d^*))\right\|_F^2- \\
& \frac{\alpha_4}{\beta_4}\left\|\boldsymbol{\phi}_K-\frac{1}{2\alpha_4}(\dot{\boldsymbol{\mu}}(\dot{\boldsymbol{X}},\dot{\boldsymbol{X}}_d^*)+\alpha_4\mu(\dot{\boldsymbol{X}},\dot{\boldsymbol{X}}_d^*))\right\|_F^2+\frac{1}{4\alpha_1\beta_1}\|\boldsymbol{p}\dot{\boldsymbol{p}}+\alpha_1\boldsymbol{p}\|_F^2+ \\
& \frac{1}{4\alpha_2\beta_2}\|\dot{\boldsymbol{\Lambda}}+\alpha_2\boldsymbol{\Lambda}\|_F^2+\frac{1}{4\alpha_3\beta_3}\|\dot{\boldsymbol{\mu}}(\dot{\boldsymbol{X}},\dot{\boldsymbol{X}}_d^*)+\alpha_3\boldsymbol{\mu}(\dot{\boldsymbol{X}},\dot{\boldsymbol{X}}_d^*)\|_F^2+ \\
& \frac{1}{4\alpha_4\beta_4}\|\dot{\boldsymbol{\mu}}(\dot{\boldsymbol{X}},\dot{\boldsymbol{X}}_d^*)+\alpha_4\boldsymbol{\mu}(\dot{\boldsymbol{X}},\dot{\boldsymbol{X}}_d^*)\|_F^2+c\|\boldsymbol{s}^{\text{T}}\|\|\boldsymbol{W}\|
\end{aligned}
$$

再次考虑上述选择的紧凑集并按照与 Colbaugh 等(1995)相同的步骤,可以证明

$$
\dot{V}_{\text{Lyap}} \leqslant -c_{\text{Lyap}}V_{\text{Lyap}}+\delta
$$

式中,δ 有界,且对于上述所考虑的紧凑集来说足够小。标量 c_{Lyap}是一个正定常数。因此,任务控制器可实现最终的有界稳定性。

姿态空间动力学使用一般的被动性论证方法证明姿态动力学的稳定性,而不是基于严格的李雅普诺夫函数的方法。如备注 8.1 中所述,假设姿态控制

$$
K_p\left(\frac{\partial \boldsymbol{U}_p}{\partial q}\right)^{\text{T}}+K_d\dot{q}
$$

是开环系统的被动输出。此外可以注意到,对于任意的向量 $\boldsymbol{\Gamma}_p$ 和可逆估计 $\hat{\Lambda}$,有(见式(4.40)或式(8.15))

$$
\boldsymbol{\Gamma}_p^{\text{T}}\boldsymbol{N}^{\text{T}}\boldsymbol{\Gamma}_p \geqslant 0
$$

因此,运算 $\boldsymbol{N}^{\text{T}}\boldsymbol{\Gamma}_p$ 是被动的。考虑到 $\boldsymbol{N}^{\text{T}}$ 的正确估计 $\hat{\boldsymbol{\Lambda}}=\boldsymbol{\Lambda}$,零空间动力学的秩为 $n-3$,若假设任务空间坐标固定(姿态控制的稳态是一个姿态控制的函数,尤其是 U(Arimoto,1996,第 3 章)和任务坐标),则闭环

$$
\boldsymbol{\Gamma}=\boldsymbol{N}^{\text{T}}\boldsymbol{\Gamma}_p
$$

可以得到渐近稳定的零空间动力学(见 Lewis 等(2003,定理 5.3.1)和 Khalil (1996,定理 10.8))。此外,若假设 Sat(・)的输入/变量是有界的,任何静态饱和元素,即 Sat(・),都是严格被动输入的(Khalil 1996,第 10.3 节)。因此,使用

Khalil(1996,定理 10.8),控制器即

$$\boldsymbol{\Gamma}=\boldsymbol{N}^{\mathrm{T}}\mathrm{sat}(\boldsymbol{\Gamma}_p)$$

也能保持零空间动力学的闭环稳定性,但仅在固定任务坐标的局部或半全局意义上。任务坐标的稳定性已得到证明,因为任务坐标控制器在局部意义上是最终有界稳定的。有界任务坐标作为姿态坐标的有界扰动,意味着姿态坐标的有界稳定性,以及式(C.1)控制器可得到局部意义上的最终有界稳定性。由于被动性控制器具有固有鲁棒性,因此可以保证对于姿态控制器中的有限不准确估计 $\hat{\boldsymbol{A}}$ 的控制律的鲁棒性。

式(8.28)的控制律:注意,之所以选择饱和函数 Sat(·),是为了使

$$\boldsymbol{J}^{\mathrm{T}}\hat{\boldsymbol{f}}+(\boldsymbol{I}-\boldsymbol{J}^{\mathrm{T}}\hat{\bar{\boldsymbol{J}}}^{\mathrm{T}})\mathrm{sat}(\boldsymbol{\Gamma}_p)$$

严格保持在 Sat(·)的极限范围内。实际上,如果移除 Sat(·),即式(8.28)会使姿态控制 $\boldsymbol{\Gamma}_p$ 在饱和函数的极限范围之外依然能够进行控制,以便由式(C.1)更为保守的稳定性来确保式(8.28)的稳定性。

参考文献

Arimoto S (1996) Control theory of non - linear mechanical systems. Oxford University Press, Oxford

Colbaugh R, Seraji H, Glass K (1995) Adaptive compliant motion control for dextrous manipulators. Int J Robot Res 14(3):270 - 280

Herrmann G, Turner M, Postlethwaite I(2007) Performance - oriented antwindup for a class of linear control systems with augmented neural network controller. IEEE Trans Neural Netw 18(2):449 - 465

Khalil HK(1996) Control theory of non - linear mechanical systems. Prentice Hall, Upper Saddle River

Lewis F, Dawson D, Abdallah C(2003) Robot manipulator control: theory and practice. Marcel Dekker, New York

附录 D 视频列表

用于仿真或实际验证的在线视频为本书中的内容提供了支持。尽管在本书相关内容已经对这些视频进行了标注，但本列表提供了所有视频的链接以便读者快速访问。

第 4 章：最初的控制器实现，视频链接为 https://youtu.be/VzY7iGGc9KA。

第 5 章：任务/姿态分离导致的柔顺性，视频链接为 https://youtu.be/AHbh-sZ82vp4。

第 6 章：基于“不舒适”姿态的平滑关节极限，视频链接为 https://youtu.be/3wzK0w8kfxo。

第 8 章：主动柔顺控制验证，包括递一个杯子，视频链接为 https://youtu.be/IKE8Rrtr-Ow。

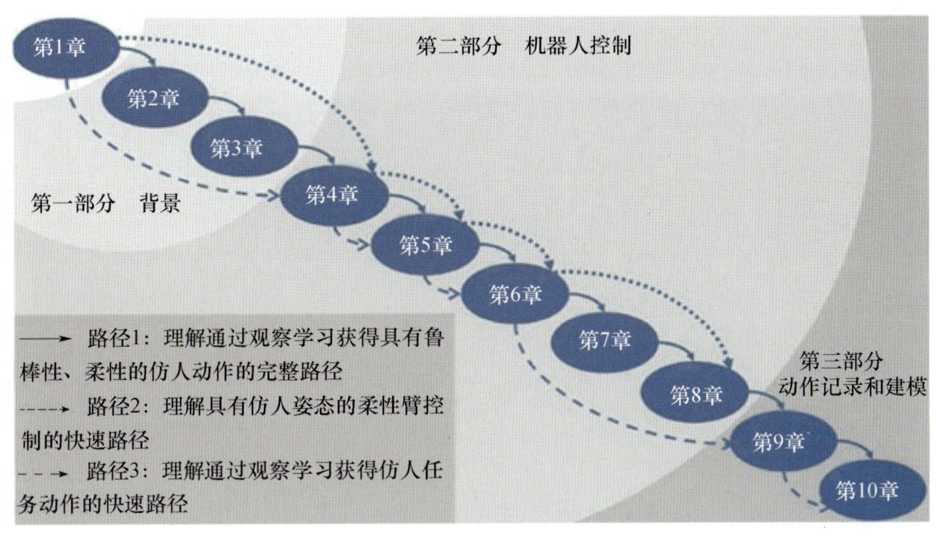

图 1－3　本书的结构及推荐阅读路径

图 4－1　志愿者伸手够头上的目标(图示印制经志愿者允许,2013 年 5 月 26 日)

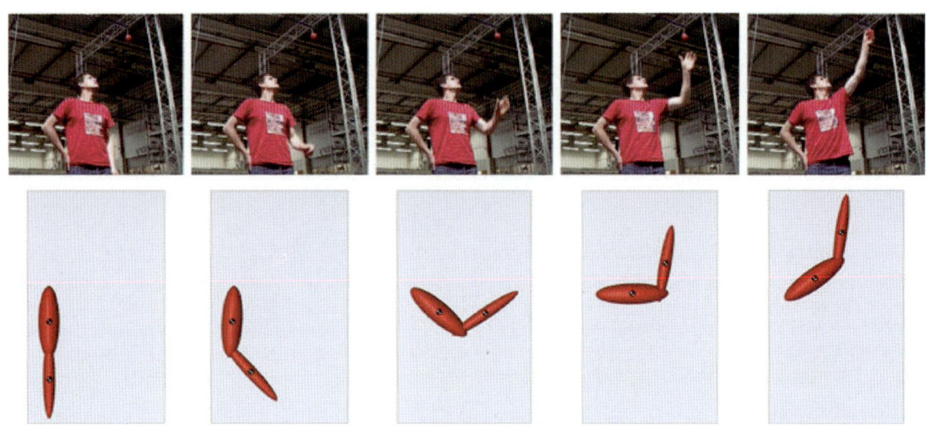

图 4－15　任务仿真动作与图 4－1 中参试志愿者的动作比较。为了有助于更好地进行比较，参试志愿者的图像经过水平翻转(图示印制经志愿者允许,2013 年 5 月 26 日)

图 4－16　BERT 机器人中的控制器实现。再次产生了图 4－15 中所示的与人类似的动作模式(图片经志愿者允许使用,2013 年 5 月 26 日)

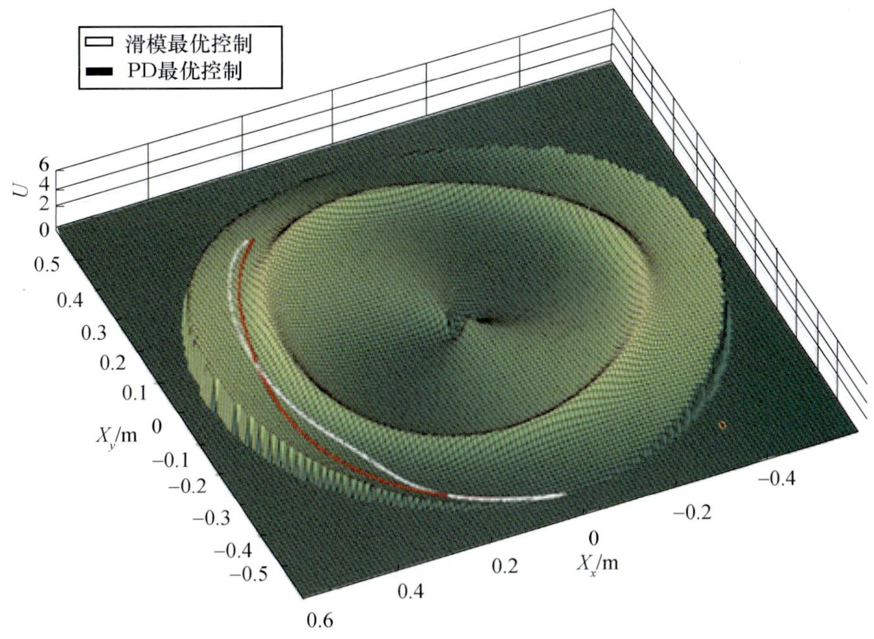

图 7－3　图 7－2 中的任务仿真轨迹在笛卡儿力作用空间上的投影。力作用空间包括一个肘关节屈曲极限，即 90°

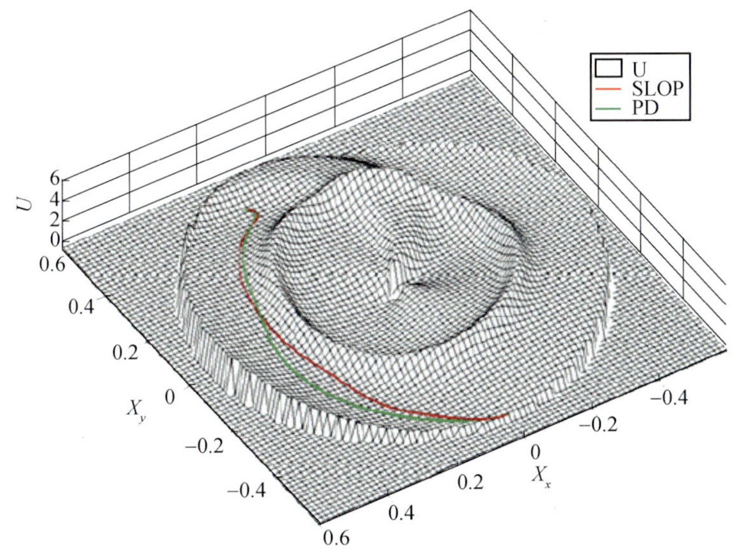

图 7－9　2 自由度仿真中轨迹和三维力作用合成图

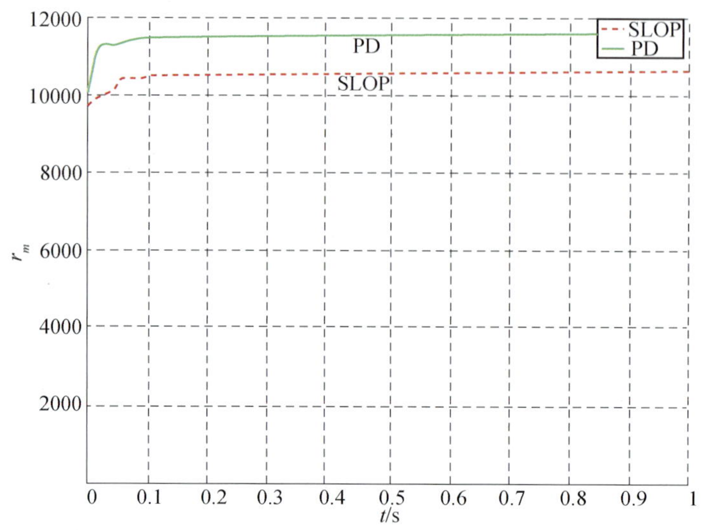

图 7 - 10　2 自由度仿真中扭矩度量值

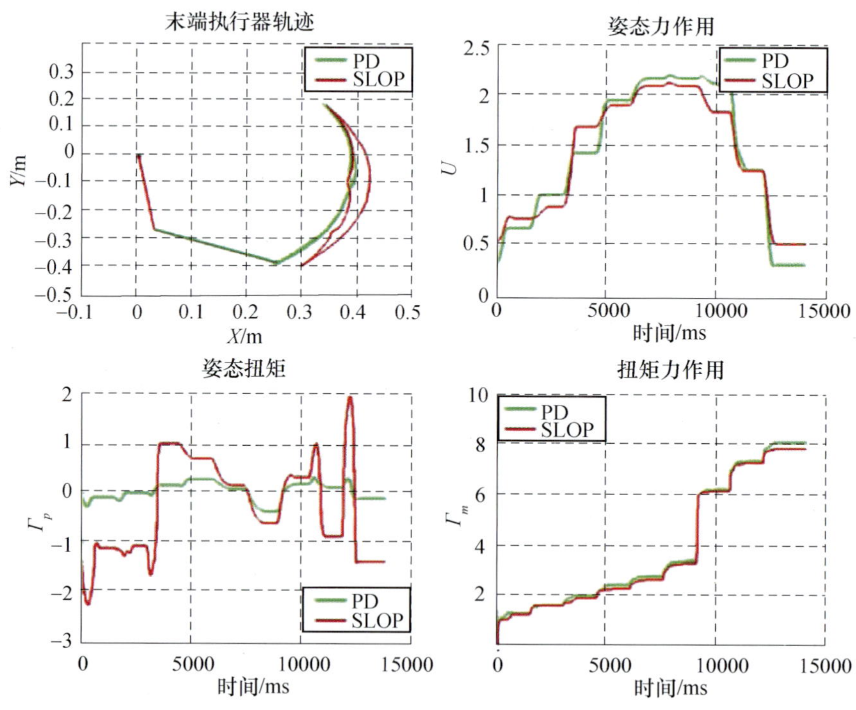

图 7 - 13　实例 A 实际数据比较，其中 SLOP 控制器的力作用 U 值要比 PD 控制器的低

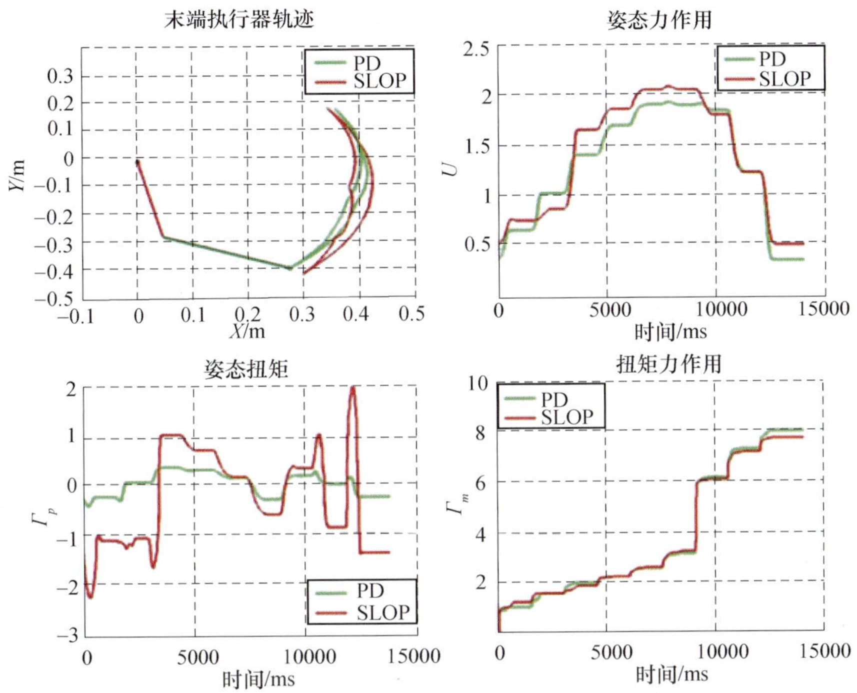

图 7-15　实例 C 实际数据比较,其中 PD 控制器的 U 值要比 SLOP 控制器的低

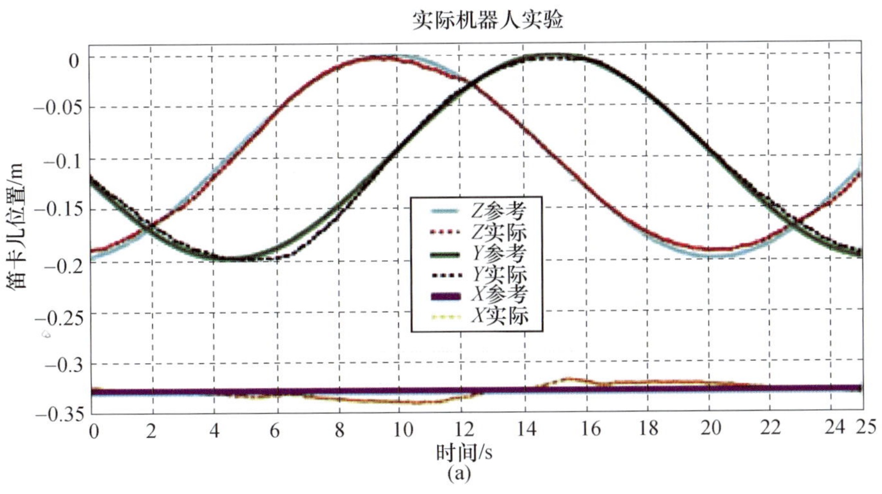

(a)

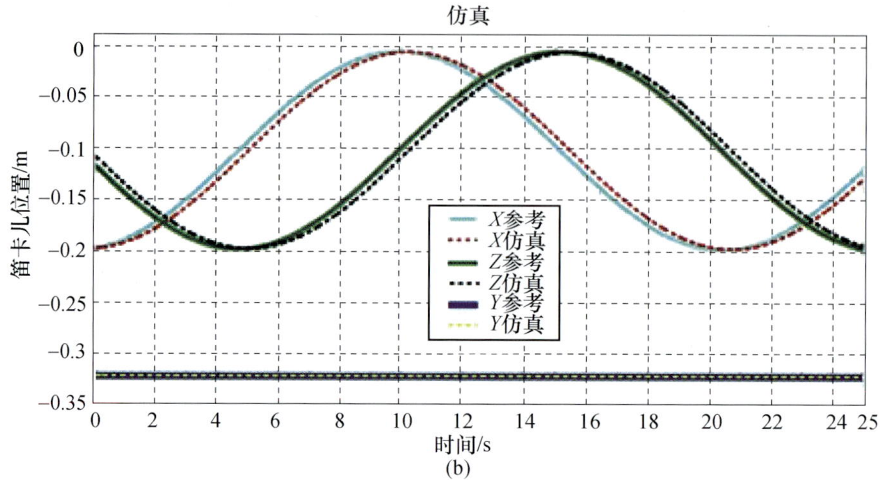

图 8－5　笛卡儿位置 X_x（余弦轨迹），X_y（常值轨迹）和 X_z（正弦轨迹）

（a）实际实验结果；（b）仿真结果。

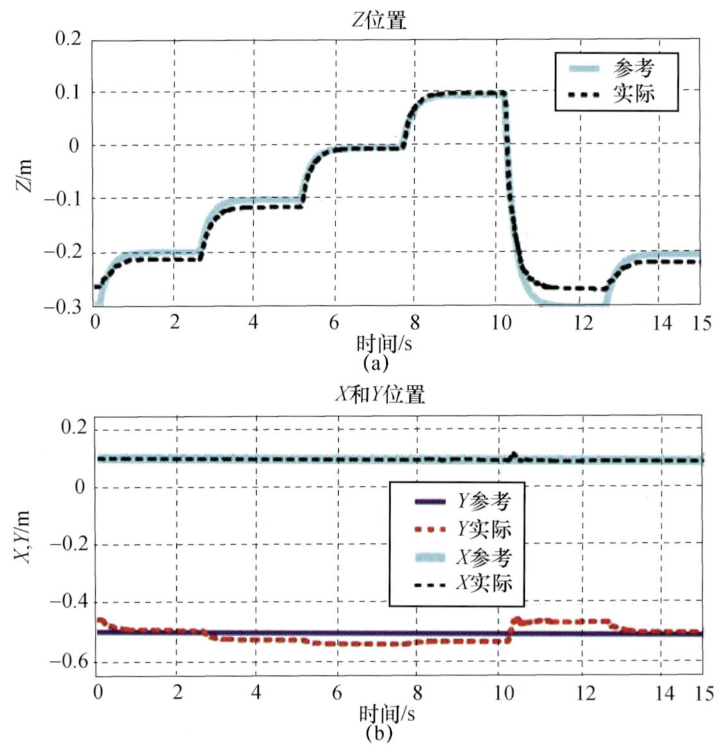

图 8－6　笛卡儿位置 X_x，X_y（常值轨迹）和 X_z（多步阶梯形轨迹）（BERT2 机械臂）

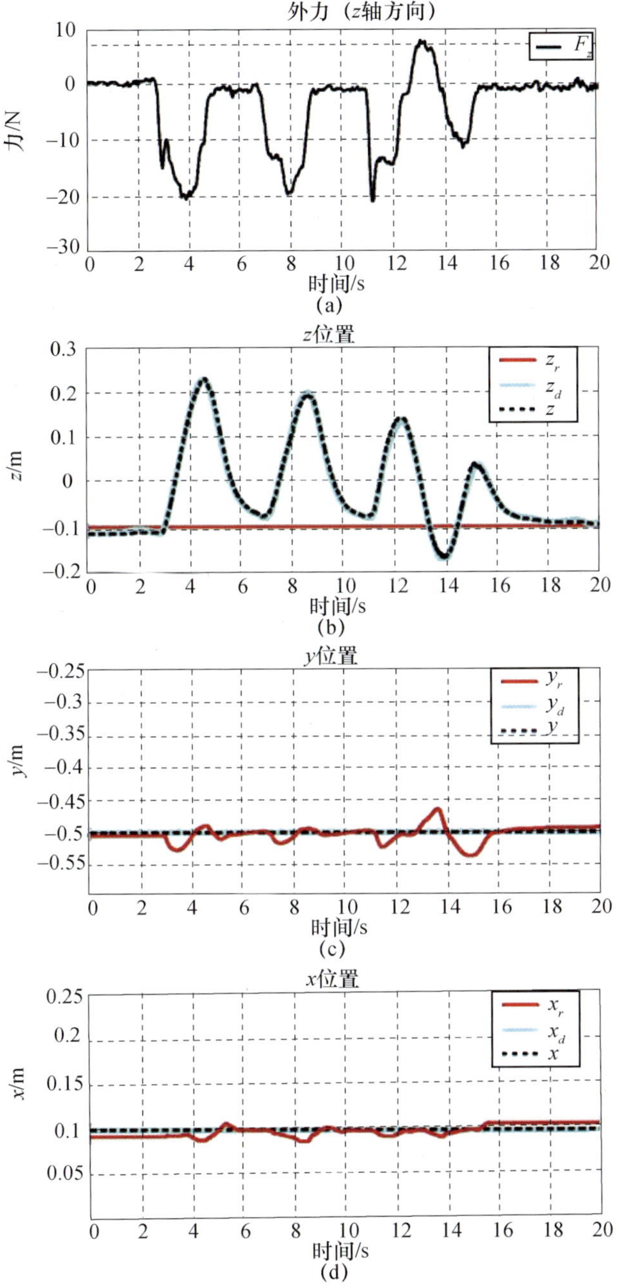

图 8-7　当 $K_{ref}=50N/m$ 和 $C_{ref}=15N/m$，产生外部接触力（z 轴方向）时的笛卡儿位置 X_x，X_y 和 X_z（实际机器人实验）

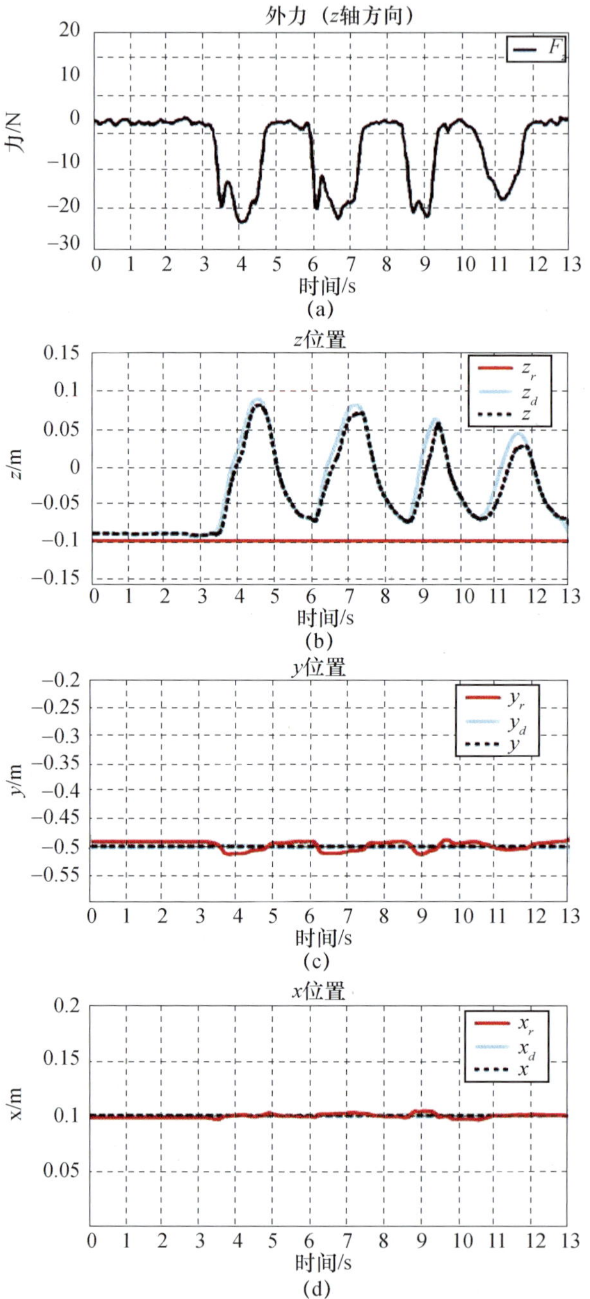

图 8－8　当 $K_{\mathrm{ref}}=100\mathrm{N/m}$ 和 $C_{\mathrm{ref}}=10\mathrm{N/m}$ 时，产生外部接触力（z 轴方向）时的笛卡儿位置 X_x，X_y 和 X_z（实际机器人实验）

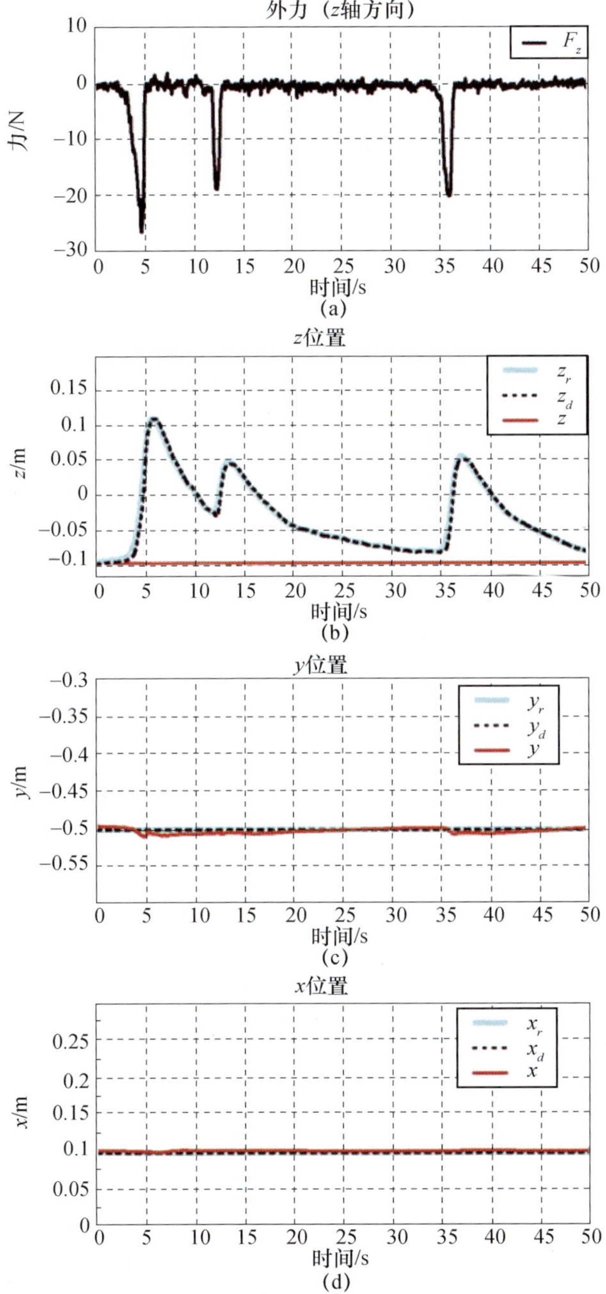

图 8-9 当 $K_{ref}=20\text{N/m}$ 和 $C_{ref}=100\text{N/m}$，在 z 轴方向上对机器人末端执行器施加外部接触力时的笛卡儿位置 X_x，X_y 和 X_z（实际机器人实验）

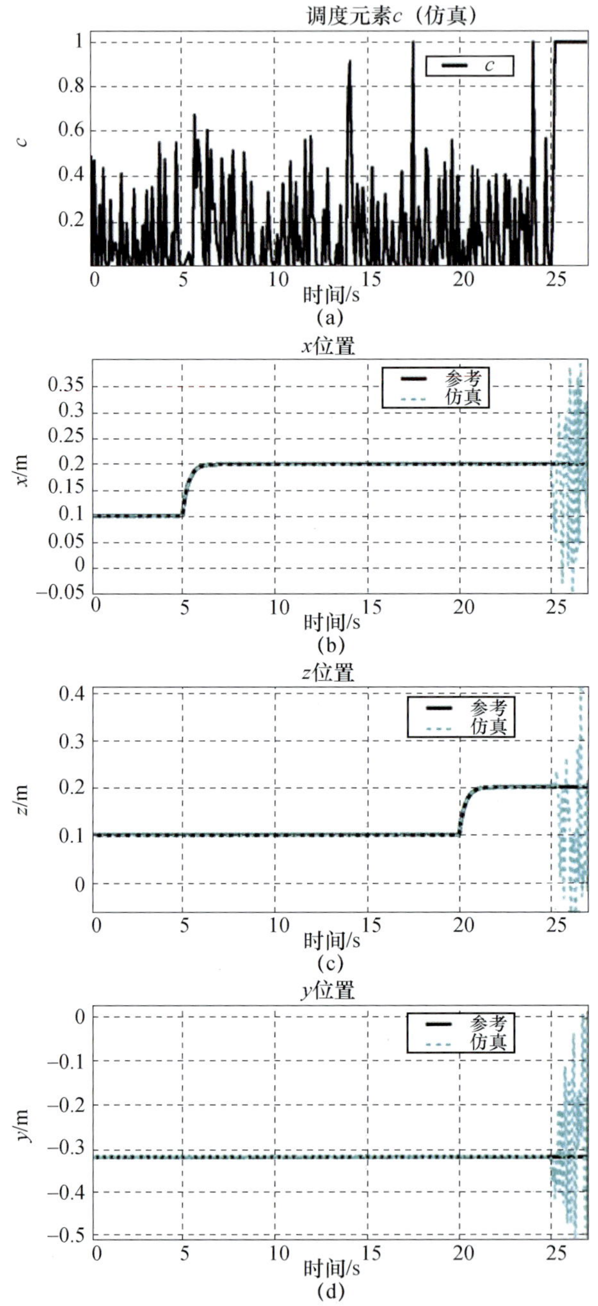

图 8－10 仿真控制系统中的笛卡儿位置 X_x，X_y 和 X_z 以及调度元素 c（在 25s 时禁用抗饱和补偿器，即 $c=1=$ 常数）

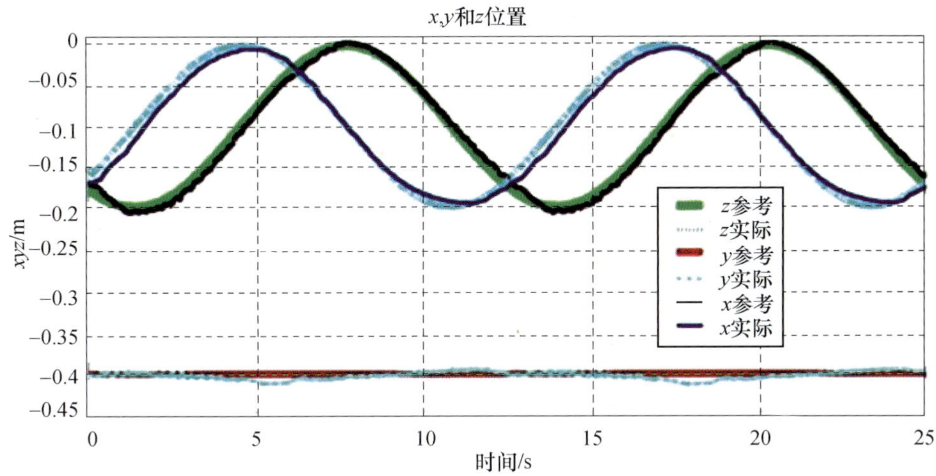

图 8－14 笛卡儿位置 X_x（余弦轨迹），X_y（常值轨迹）和 X_z（正弦轨迹）

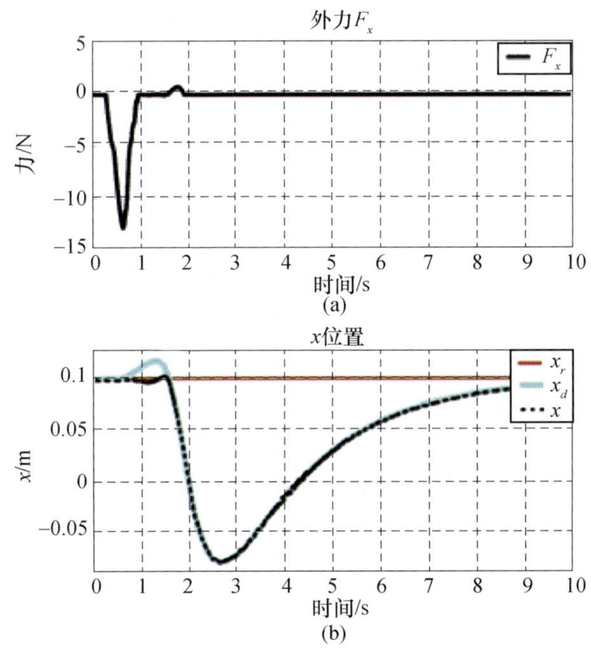

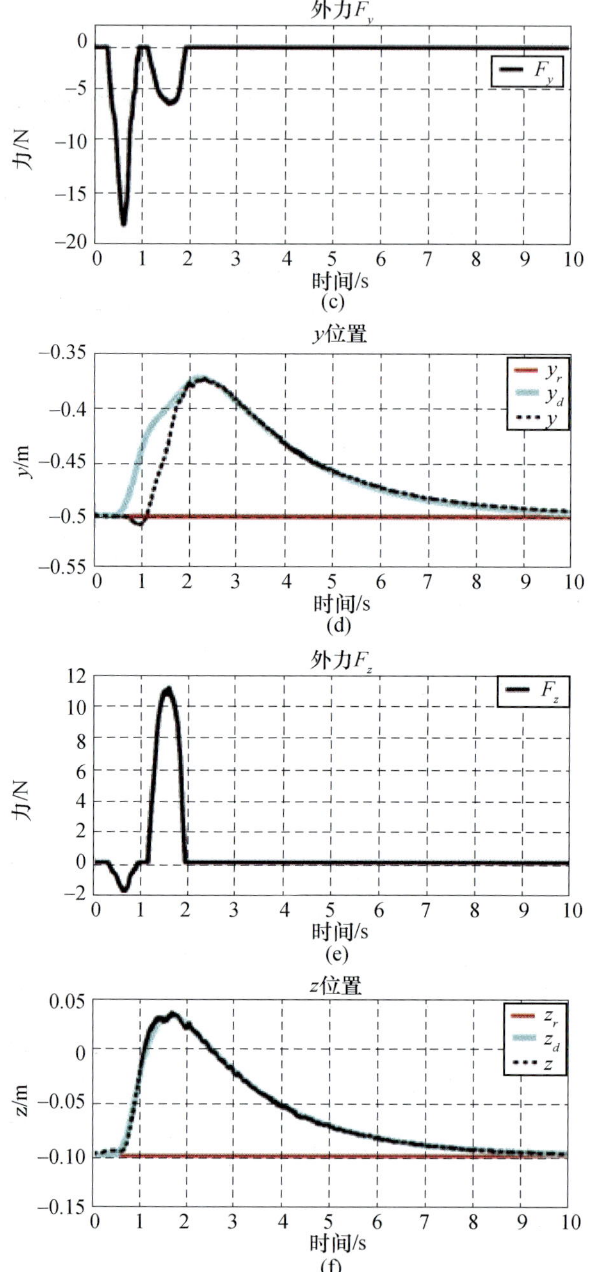

图 8－15　外部接触力作用时的笛卡儿位置 X_x，X_y 和 X_z，$K_{ref-xz}=10\text{N/m}$，$C_{ref-xz}=20\text{Ns/m}$，$K_{ref-y}=20\text{N/m}$，$C_{ref-y}=40\text{Ns/m}$，$M_{ref-xyz}=2\text{kg}$（实际机器人实验）

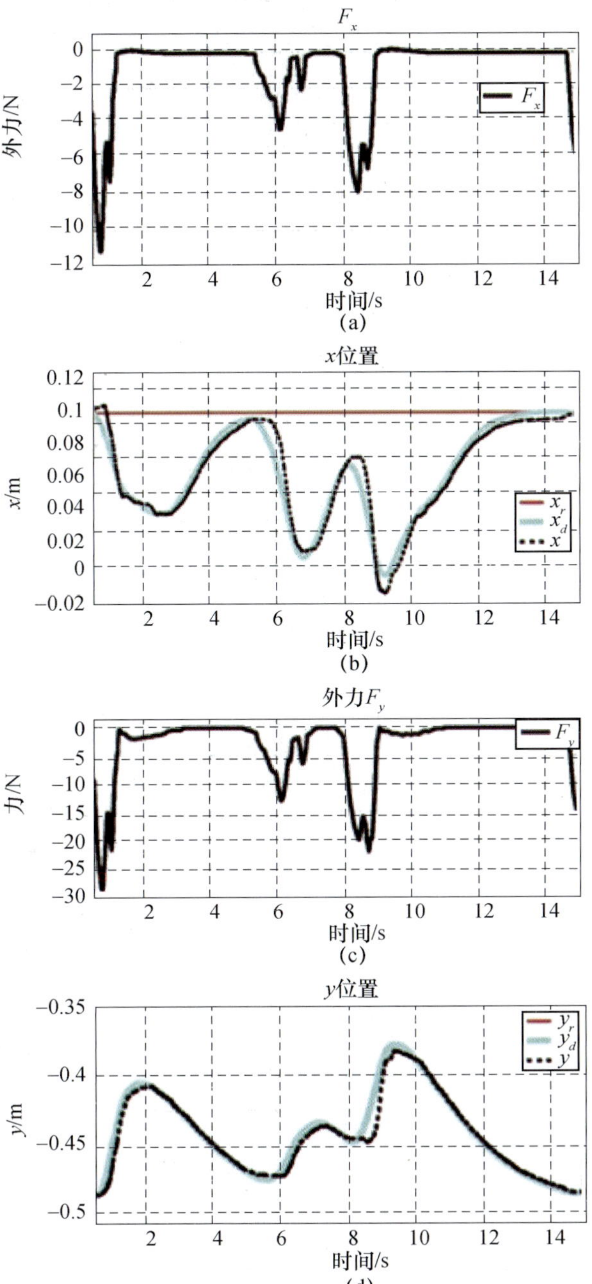
F_x
0
−2
−4
−6
−8
−10
−12
外力/N
F_x
2
4
6
8
10
12
14
时间/s
(a)
x位置
0.12
0.1
0.08
0.06
0.04
0.02
0
−0.02
x/m
x_r
x_d
x
2
4
6
8
10
12
14
时间/s
(b)
外力F_y
0
−5
−10
−15
−20
−25
−30
力/N
F_y
2
4
6
8
10
12
14
时间/s
(c)
y位置
−0.35
−0.4
−0.45
−0.5
y/m
y_r
y_d
y
2
4
6
8
10
12
14
时间/s
(d)

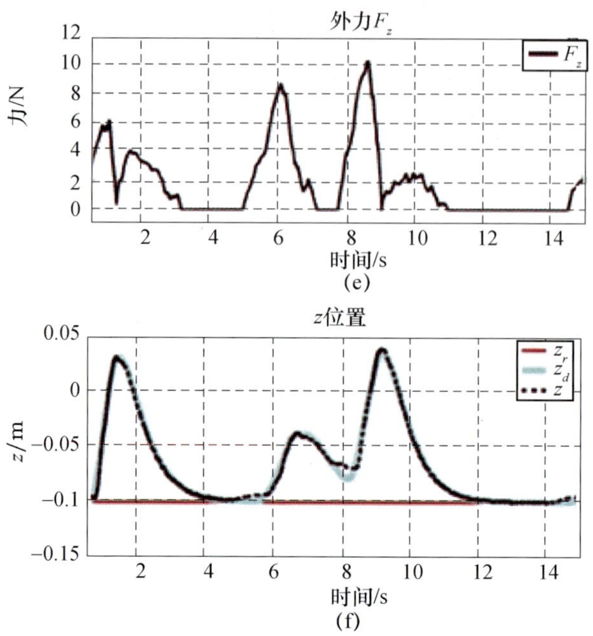

图 8－16　外部接触力作用时的笛卡儿位置 X_x，X_y 和 X_z，$K_{ref-xz}=50\mathrm{N/m}$，$C_{ref-xz}=30\mathrm{Ns/m}$，$K_{ref-y}=30\mathrm{N/m}$，$C_{ref-y}=100\mathrm{Ns/m}$，$M_{ref-xyz}=2\mathrm{kg}$（实际机器人实验）

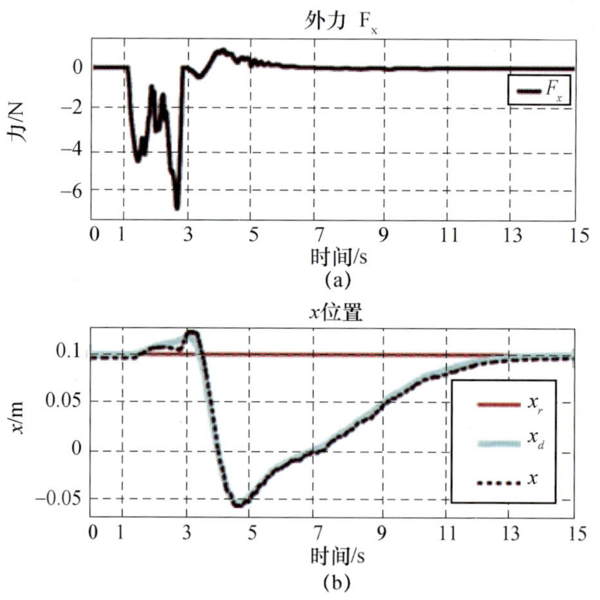

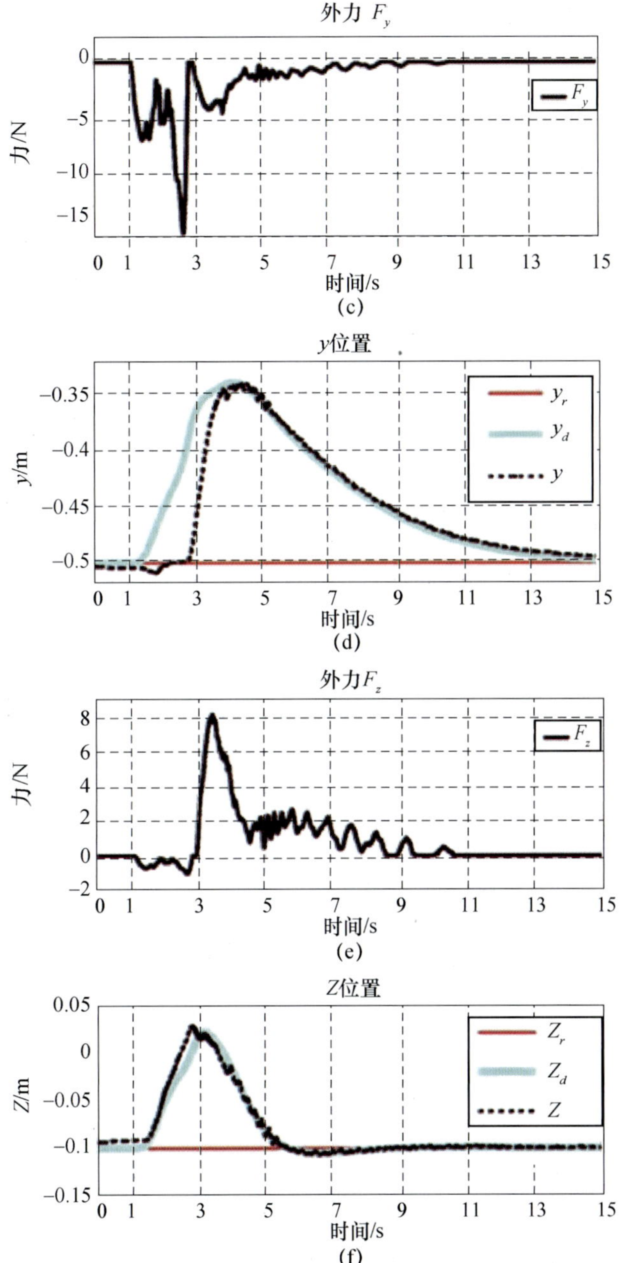

图 8-17　外部接触力作用时的笛卡儿位置 X_x,X_y 和 X_z($K_{ref-xz}=20\text{N/m}$,$C_{ref-xz}=20\text{Ns/m}$)和($K_{ref-y}=20\text{N/m}$,$C_{ref-y}=40\text{Ns/m}$)(实际机器人实验)

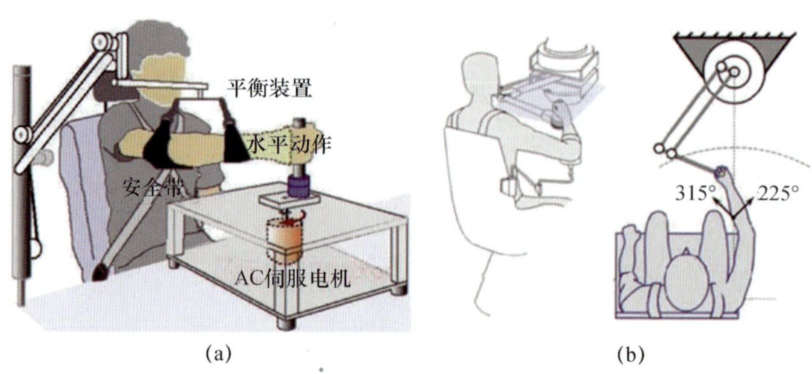

图 9－4 (a)Luo 等(2005)中的一个实验,(b)Patton 等(2006)中的一个中风康复系统。两位参试者都佩戴胸式安全带以约束肩部和背部的移动。额外的支撑装置以防止冗余自由度垂直移动(© 2005,图示经 IEEE 许可转载,引自“Luo Z,Svinin M,Ohta K,Odashima T,Hosoe S(2005)On optimality of human arm movements. In:IEEE International Conference on Robotics and Biomimetics,pp 256－261”)

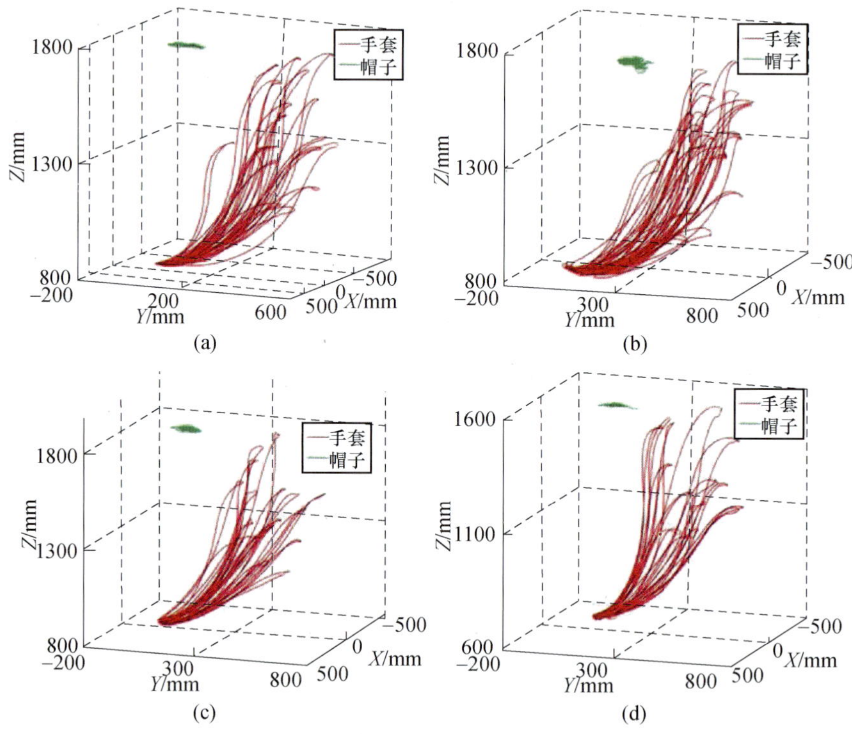

图 9－8 参试者从一个静止(放松)位置(手臂悬于身体两侧)伸臂够不同的点所产生的手的三维空间轨迹

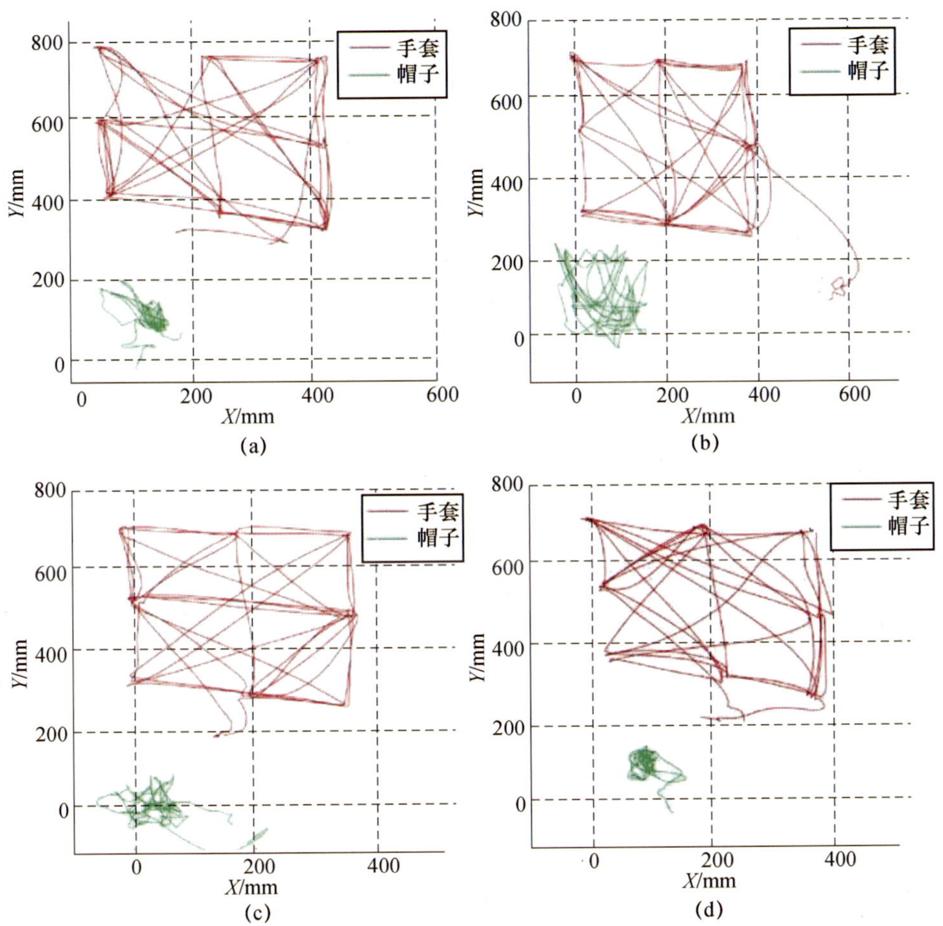

图 9－9　参试者坐着够到水平放置的实验框架上不同的点的平面图（如图 9－7 所示）

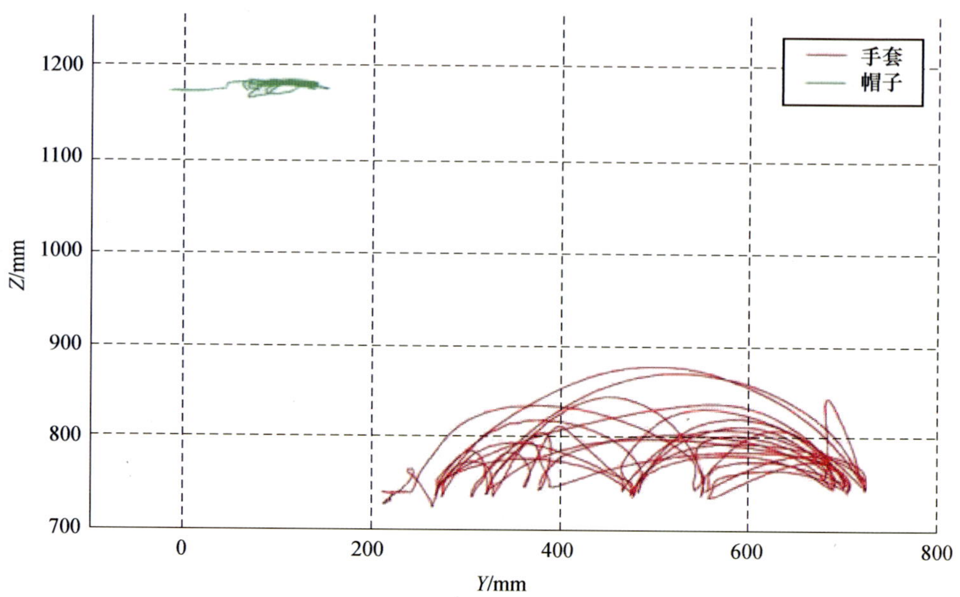

图 9－10　典型的桌上任务动作侧视图，所有参试者从实验框架上的一点移向另一点时手指的动作轨迹，即在垂直方向上呈现出抛物线形态

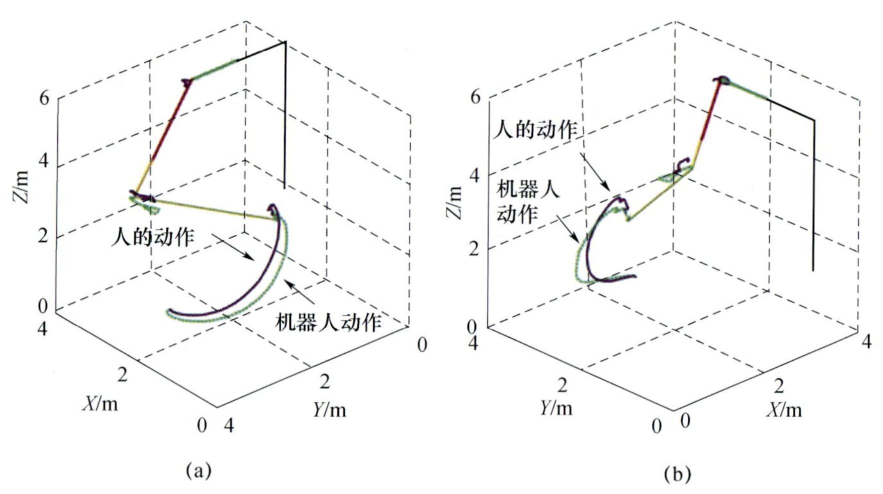

图 9－22　通过本章所描述的方法对动作捕捉数据处理之前和之后的对比。(a)和(b)为同一动作轨迹和机械臂的不同视图。图中参试者的动作轨迹显示为深蓝色，在机器人实例中不可能出现的肩部平移轨迹也显示为深蓝色

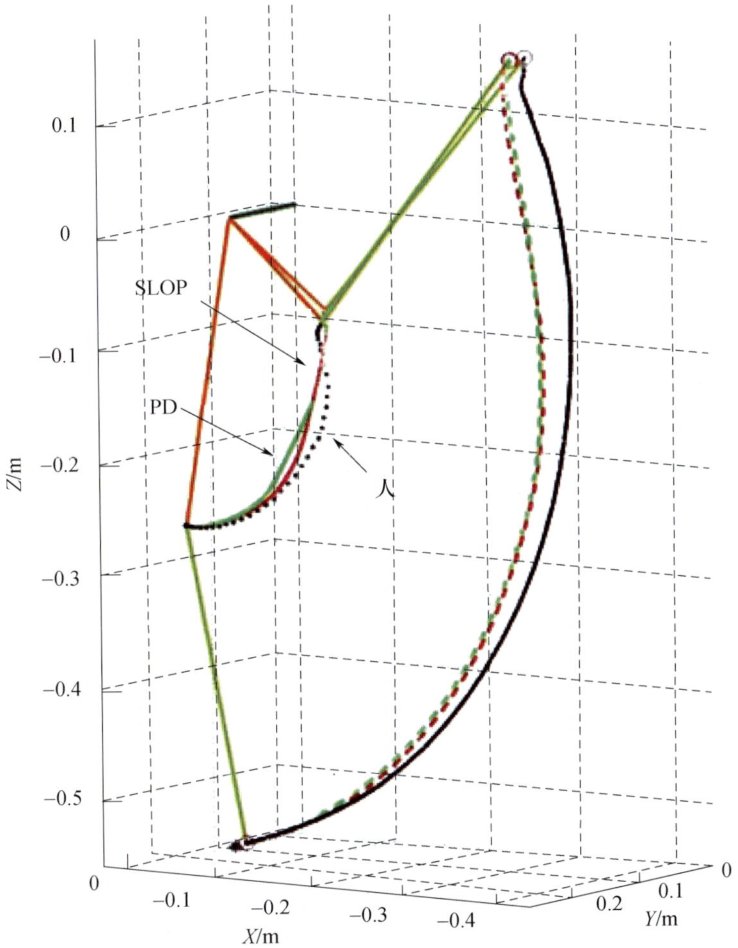

图 9 – 25　BRRUL2 机器人仿真模型对参试人员末端执行器任务动作的跟踪轨迹曲线。肘部轨迹的变化导致姿态控制器性能的差异

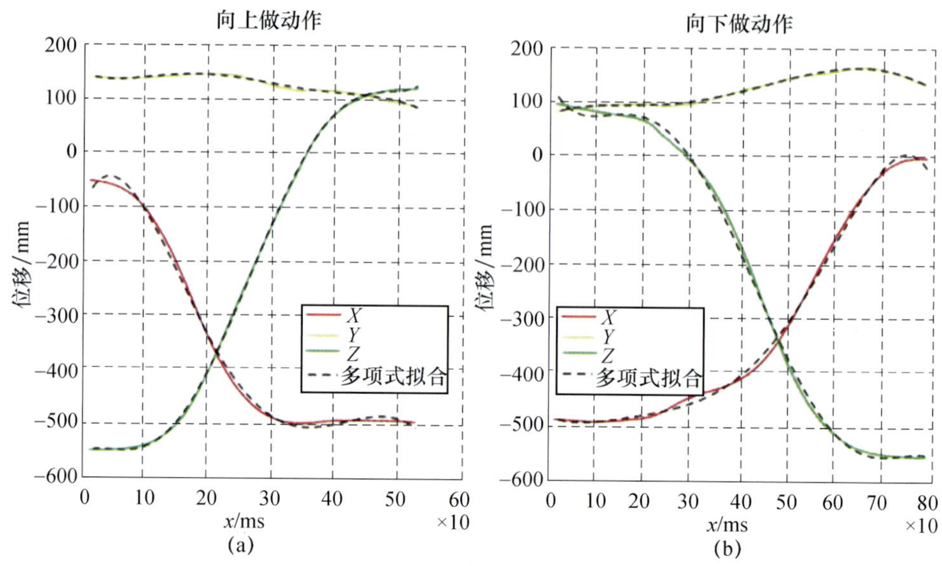

图 10－3　X、Y 和 Z 分量的动作轨迹的五阶多项式近似，例如向上和向下动作（不应用时间归一化的效果以便进行视觉比较）

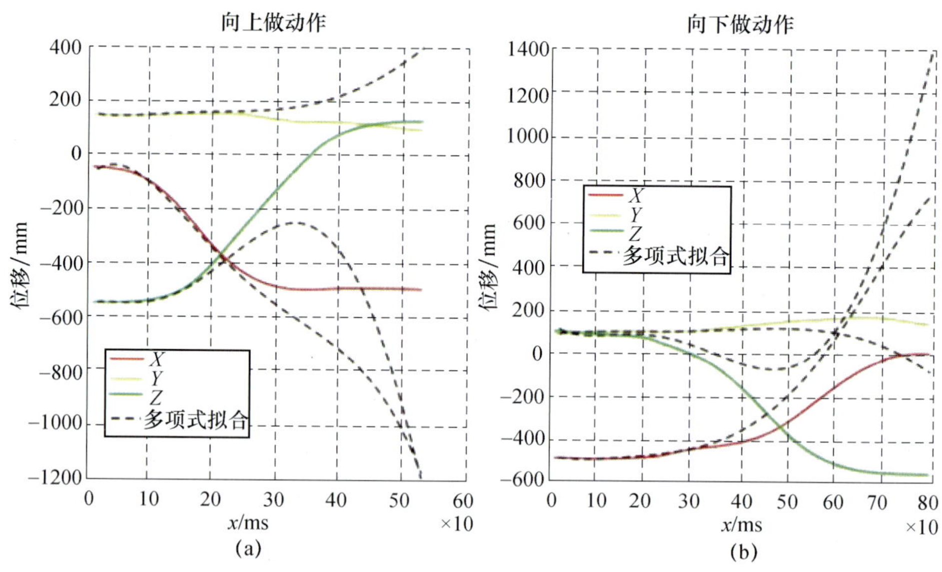

图 10－5　时间不归一化条件下原始轨迹的多项式拟合。对于每一个笛卡儿分量，c_4 增加 10%

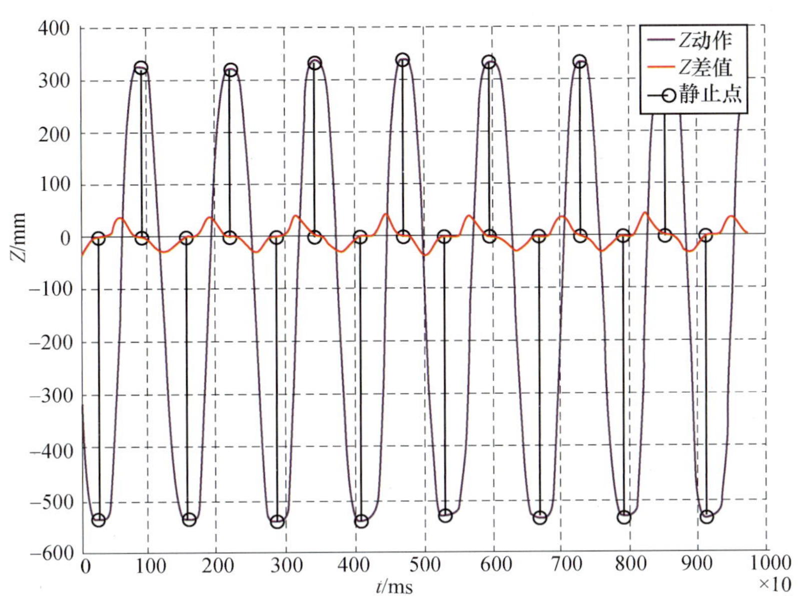

图 10 - 9　针对固定目标进行多次重复任务动作的 Z 分量轨迹的自动分割曲线。垂直线表示速度数据中的静止点（“Z”差值）

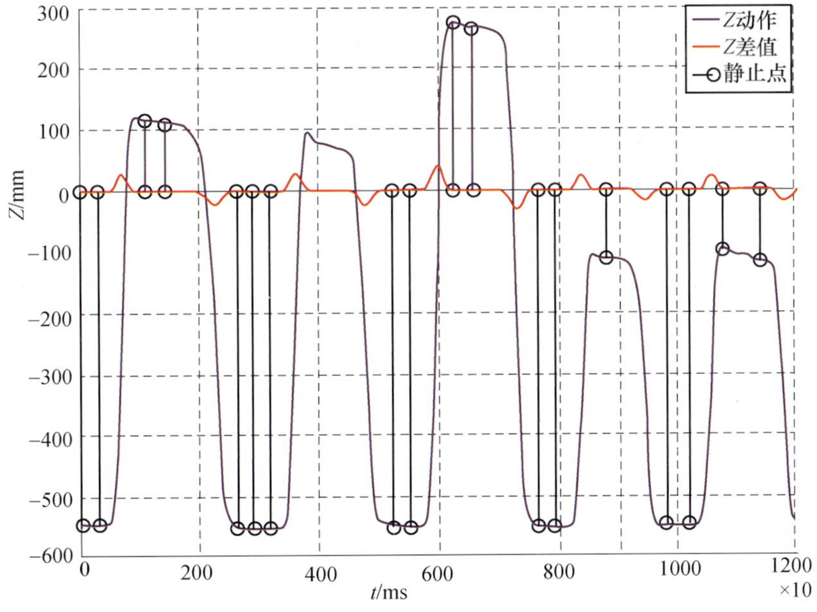

图 10 - 10　在目标物位置不同的条件下，对较复杂的 Z 分量的动作的自动分割效果较差。垂直线表示速度数据中的静止点

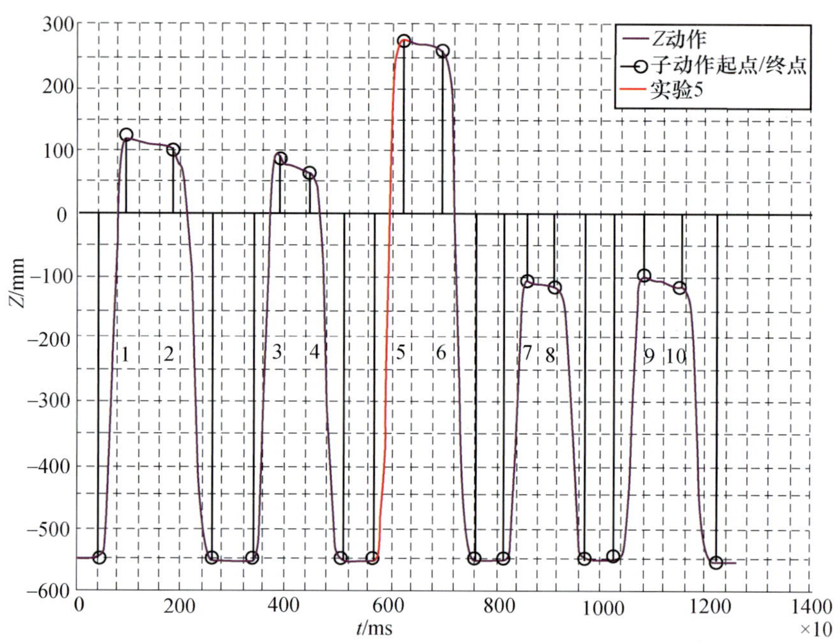

图 10-11　原始 Vicon 训练数据中的 Z 元素，垂直线表示数据的分割。训练过程不包括第五次实验，以便将其用于之后的测试

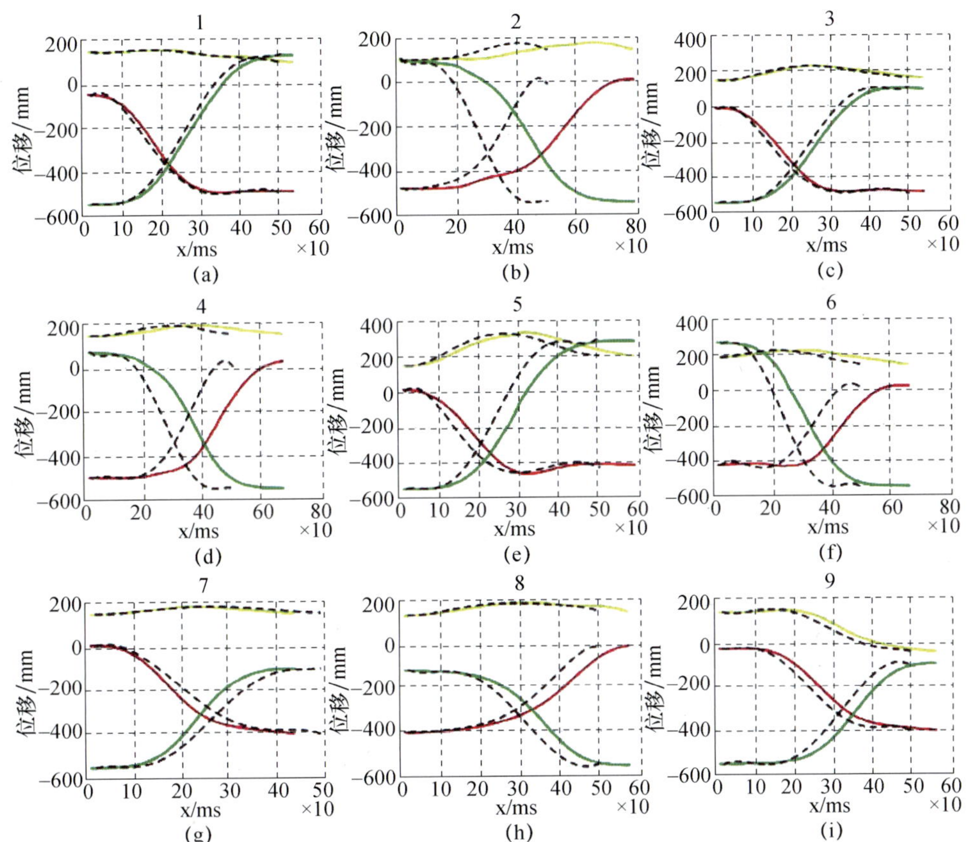

图 10－12　时间归一化条件下的训练数据(虚线)和原始 Vicon 数据(实线)

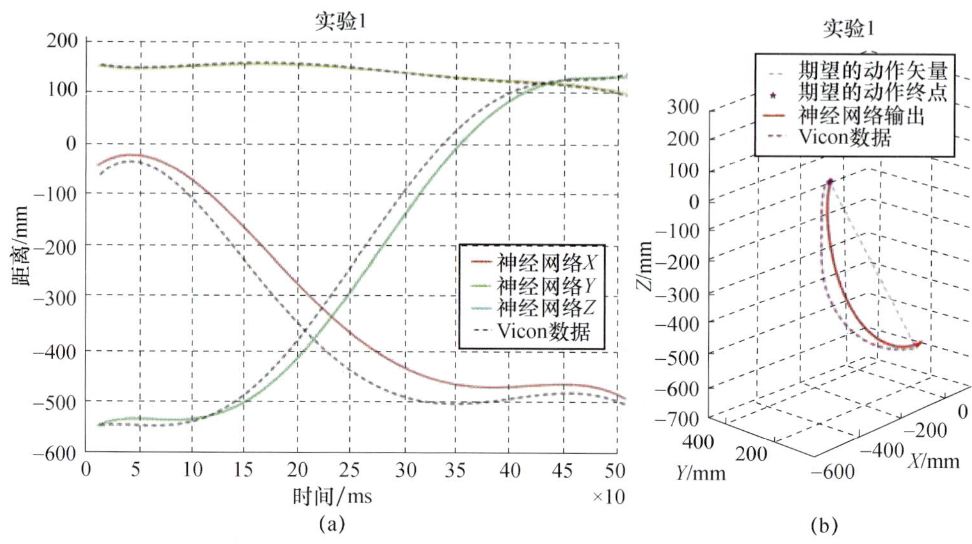

图 10－14　对已知向上动作数据(实验 1)的网络响应

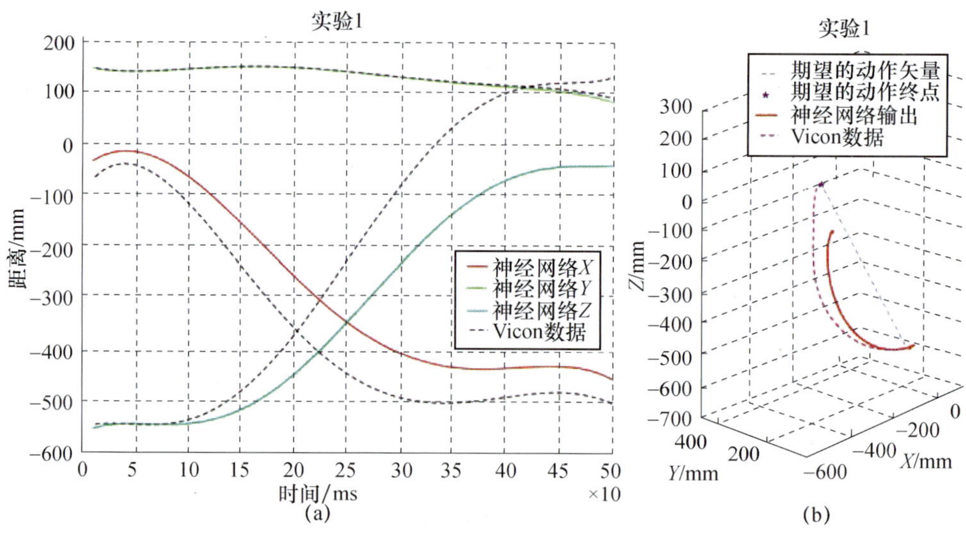

图 10－15　没有使用比例换算和拟合算法情况下,对已知向上动作数据(实验 1)的网络响应

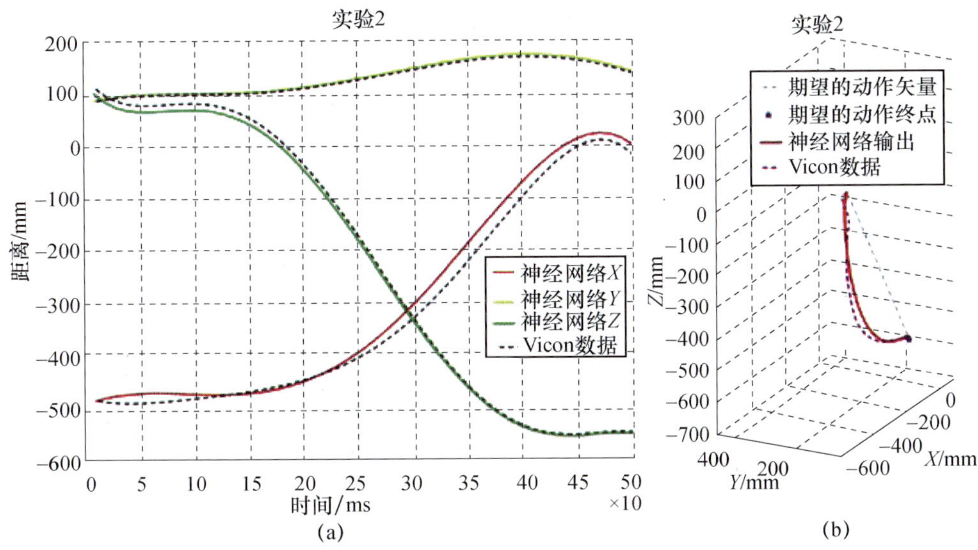

图 10－16　对已知向下动作数据的网络响应(实验 2)

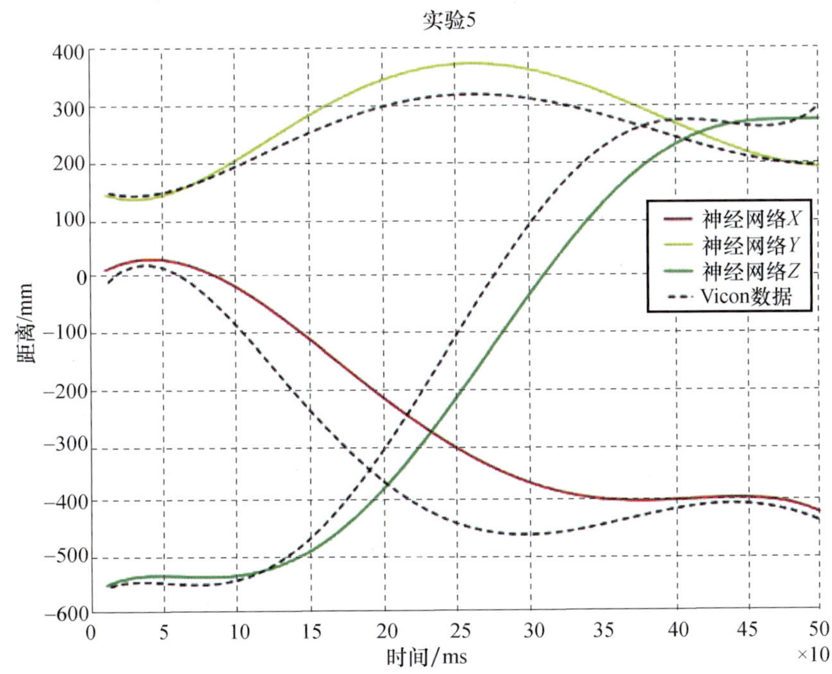

图 10－17　对不包括在训练集中数据的网络响应曲线(实验 5)

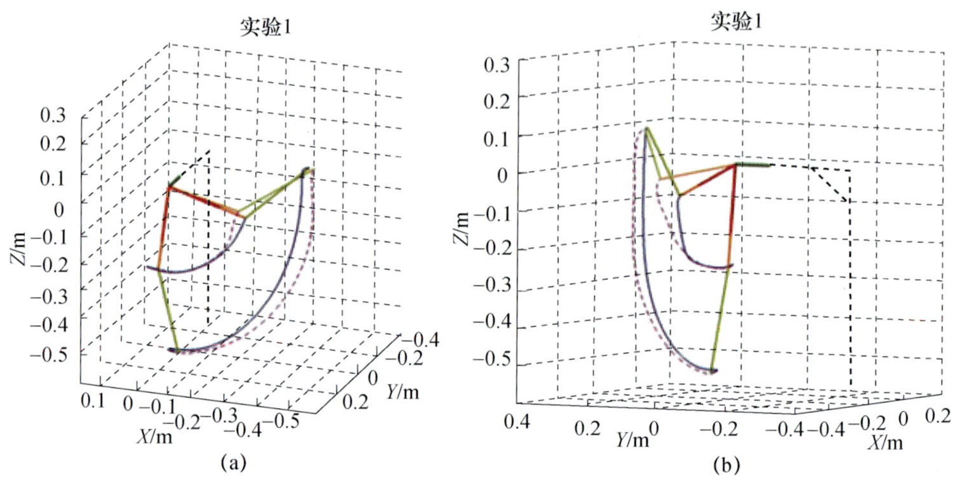

图 10 - 20　BERUL2 仿真机器人相对于实验 1 中的期望动作轨迹的响应动作轨迹视图，该动作包括在训练集中。虚线表示相同的期望动作条件下捕捉到的真人动作轨迹

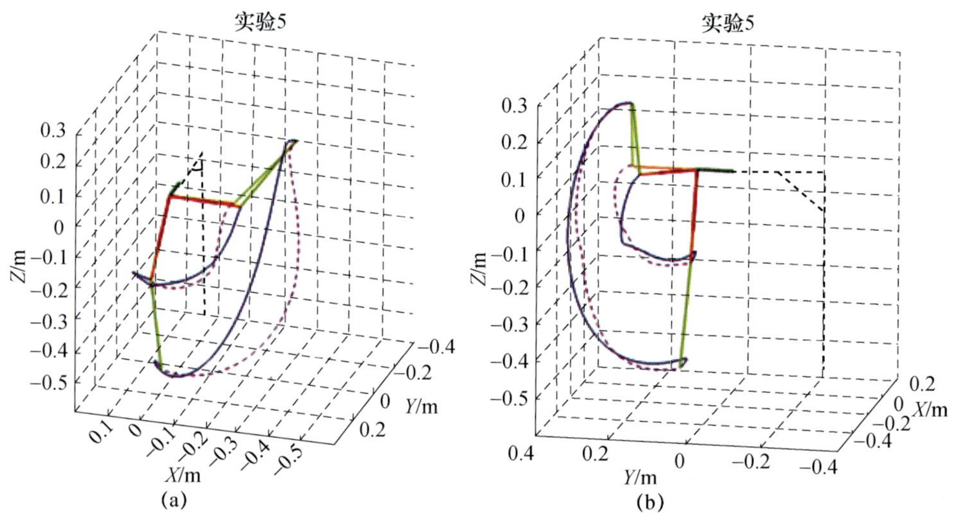

图 10 - 21　BERUL2 仿真机器人相对于实验 5 中的期望动作轨迹的响应动作轨迹视图，该动作不包括在训练集中。虚线表示相同的期望动作条件下捕捉到的真人动作轨迹